高等学校专业教材
高等学校粮食工程专业教材
中国轻工业“十四五”规划立项教材

稻谷加工工程

主编　沈汪洋　王展

中国轻工业出版社

图书在版编目（CIP）数据

稻谷加工工程 / 沈汪洋，王展主编. -- 北京：中国轻工业出版社，2024. 11
ISBN 978-7-5184-4598-1

Ⅰ. ①稻…　Ⅱ. ①沈…　②王…　Ⅲ. ①稻谷—粮食加工　Ⅳ. ①TS212

中国国家版本馆 CIP 数据核字（2023）第 208215 号

责任编辑：罗晓航
策划编辑：罗晓航　　责任终审：白　洁　　封面设计：锋尚设计
版式设计：砚祥志远　　责任校对：吴大朋　　责任监印：张　可

出版发行：中国轻工业出版社（北京鲁谷东街 5 号，邮编：100040）
印　　刷：北京君升印刷有限公司
经　　销：各地新华书店
版　　次：2024 年 11 月第 1 版第 1 次印刷
开　　本：787×1092　1/16　印张：20. 5
字　　数：510 千字
书　　号：ISBN 978-7-5184-4598-1　定价：59. 00 元
邮购电话：010-85119873
发行电话：010-85119832　010-85119912
网　　址：http://www. chlip. com. cn
Email：club@ chlip. com. cn

231246J1X101ZBW

本书编写人员

主　　编　沈汪洋（武汉轻工大学）

王　展（武汉轻工大学）

副 主 编　李春雷（益海嘉里米业事业部）

参　　编　郭　城（武汉轻工大学）

贾喜午（武汉轻工大学）

李金玲（武汉轻工大学）

纪执立（武汉轻工大学）

杨国燕（武汉轻工大学）

蔡红燕（武汉轻工大学）

高　春（安徽捷迅光电技术有限公司）

葛家山（安徽捷迅光电技术有限公司）

刘　冠（益海嘉里米业事业部）

王立兵（安徽永成电子机械技术有限公司）

徐京城（安徽永成电子机械技术有限公司）

审　　稿　刘　英（武汉轻工大学）

杨　开（益海嘉里米业事业部）

前言 | Preface

稻谷加工是粮食再生产过程中的重要环节，是粮食产业链条中的重要组成部分，在国民经济和国家粮食安全中具有重要的地位和作用。党的二十大报告中指出，坚持把发展经济的着力点放在实体经济上，推进新型工业化。当今的稻谷加工业正朝着规模化、集约化、自动化、智能化方向发展，加工工艺不断更新，新型的加工设备不断涌现，推动稻谷加工行业绿色发展，加快发展方式绿色转型，积极稳妥推进碳达峰、碳中和。为满足教学、科研和生产实践的需要，编者结合多年的教学、科研与实践经验，在2005年刘英老师等编写的《谷物加工工程》教材的基础上，参阅国内外相关领域的大量科技成果和文献资料，借鉴国内外同类教材的优点，编撰了《稻谷加工工程》一书。本书可作为粮食工程专业的教材，同时也可作为稻谷加工行业从业者的参考资料。

本教材在编写过程中，将稻谷加工相关的新标准、新理论、新技术、新成果和发展新动态融入教材的每一章节中，充分显示了科教融合、产教融通的特点。同时在内容取舍和编排上突出重点，尽量删除陈旧的内容。本教材不仅详细介绍了稻谷加工的基本理论与方法、加工设备的基本工作原理、典型设备的结构特点与应用等内容，还增加了散料输送设备、稻谷干燥工艺、压缩空气系统、工艺连锁、生产技术管理、工程项目管理等与工程密切相关的内容，强化了实践性与实用性。本教材从工程的角度开展编写工作，重点在于理论和实际生产的结合，以培养学生的工程素质为目标，帮助学生掌握专业基础知识和工程技术知识，具备初步解决行业复杂工程问题的能力。同时，将思政内容贯穿于整部教材，培养学生及从业人员的家国情怀、工程伦理和大国工匠精神。

本教材由武汉轻工大学沈汪洋教授、王展副教授任主编，益海嘉里米业事业部李春雷高级工程师任副主编，武汉轻工大学的多位教师和部分企业一线工作人员参与了编写工作。具体编写分工如下：绪论（郭城、李春雷），第一章（杨国燕第一至三节，王展第四节、第五节），第二章（贾喜午第一节，李春雷第二节、第三节），第三章（蔡红燕第一节、第二节，李金玲第三节，纪执立第四节，沈汪洋第五节、第六节），第四章（王展第一至三节，沈汪洋第四节），第五章（王展第一至四节，沈汪洋第五节），第六章（王展第一至三节，高春、葛家山第四节，李春雷第五节，王立兵、徐京城第六节），第七章（刘冠第一节，李春雷第二节），第八章（李春雷）。黄文晶、陈轩、金伟平、李芳参加了本书的编排和校核工作。全教材初稿完成后，由王展和李春雷改写和重写了部分章节，并完成了对全书章节的多次校对修改，最后由沈汪洋统稿。

本教材由武汉轻工大学刘英老师和益海嘉里米业事业部专业副总监（生产技术）杨开审稿。教材编写工作得到了武汉轻工大学食品科学与工程学院的大力支持和帮助，黄学林老师和胡中泽老师也提出了宝贵意见。安徽捷迅光电技术有限公司、湖南郴州粮油机械有限公司、安徽永成电子机械技术有限公司等多家企业为本教材提供了大量相关资料。本教材参考了诸多专家和学者的文献资料，借鉴并引用了部分插图、资料和研究成果，在此一并致以诚挚的谢意。

由于编者的水平有限，书中难免有缺点和错漏之处，恳请广大读者和同行专家提出宝贵意见，以便进一步修改。

沈汪洋　王展

2024 年 5 月

目录 Contents

绪论

INTRODUCTION

重点与难点

①“稻出白”工艺与“糙出白”工艺的区别；②稻谷加工业面临的问题；③稻谷加工业发展趋势。

课程思政点

一、稻谷加工业概况

稻谷是全世界一半以上人口的主食来源，是人类赖以生存的主要生活资料之一，也是人类社会发展的重要物质基础。2004 年联合国“国际稻米年”将“稻米就是生命”作为主题，希望通过发展稻谷种植解决世界粮食安全问题，消除贫困和维持社会稳定。

我国稻谷产量居世界各国首位，素有“稻谷王国”的美称。稻谷是我国单产最高、稳定性最好、总产最多的大宗粮食作物，占全国粮食作物总产值的 40%以上。全国约 60%的人口以大米为主食，近三十多年来，我国大米年产量逐步上升，充沛的大米供给，是人民生活稳定的主要保障。稻谷加工工程技术直接影响人民生活水平和食品工业的发展。

稻谷加工业主要包括：大米生产，大米食品生产，碎米、米胚、米糠、稻壳等副产品综合利用，以及稻谷加工机械装备和检测仪器设备的制造。它是粮食再生产过程中的重要环节，是粮食产业链条中的重要组成部分，是关系国计民生的重要产业，在国民经济和国家粮食安全中具有重要的地位和作用。

中华人民共和国成立前，我国的稻谷加工业以简易而原始的手工作坊为主。在江浙、广东等沿海地区的产稻地区和东北部分地方建有小规模的机制米厂，但设备简陋、制造工艺技术滞后、操作机械笨重、质量低下、工业生产环境恶劣。中华人民共和国成立后，随着我国社会主义革命和现代化建设事业的蓬勃发展，建立了一些中、小规模碾米厂，对原来的碾米厂设备也进行了更新和改造，并更新了加工工艺，大幅提高了机械化程度。改革开放后，尤其是进入 21 世纪以来，我国稻谷加工业的技术水平、装备水平、主要经济技术指标以及产品品种和质量等诸多方面已经达到和接近世界先进水平。党的十八大以来，以习近平同志为核心的党中央始终把解决粮食安全问题作为治国理政的头等大事，确保实现谷物基本自给、口粮绝对安全。我们把饭碗牢牢端在自己手中，为保障经济社会发展提供了坚实支撑，为应对各种风险挑战赢得了主动。在当前大力推进供给侧结构性改革的背景下，稻谷加工行业迎来了新的发展机遇，呈现出新的发展态势，对稻谷加工工程技术也提出了更高的要求。

2023 年 12 月 29 日第十四届全国人民代表大会常务委员会第七次会议通过《中华人民共和国粮食安全保障法》，国家鼓励和引导粮食加工业发展，重点支持在粮食生产功能区和重要农产品生产保护区发展粮食加工业，协调推进粮食初加工、精深加工、综合利用加工，保障粮食加工产品有效供给和质量安全。国家鼓励和引导粮食加工结构优化，增加优质、营养粮食加工产品供给，优先保障口粮加工。

二、稻谷加工业发展简史

我国稻谷加工起步于大规模采集野生稻的时期，我们的祖先将稻米作为食物的同时，也创造了与生产规模相适宜的稻米加工工艺。大量出土的文物及稻米加工工具实物显示，最原始的稻米加工工艺是从原料稻谷直接加工生产大米的“稻出白”工艺。原料稻谷和可能夹带的稻草、草籽以及泥块等各种杂物一同进入“碾磨/舂米”，利用原始的碾盘、杵臼、碓等工具进行稻谷脱壳和碾皮，成为由糙米、白米、稻壳、米糠及杂物等构成的混合物，再经过“整理”，即利用风力、筛面等将混合物中的稻壳、米糠、杂质与白米/糙米分离，得到糙米和白米混合物。

经过几千年的实践和改良，稻谷加工在“稻出白”工艺的基础上，演化出先砻谷，再经过谷糙分离制得糙米，最后将糙米碾成白米的“糙出白”工艺。在公元 17 世纪中叶明代宋应星《天工开物》中明确指出：“凡既砻，则风扇以去糠秕，倾入筛中团转。谷未剖破者浮出筛面，重复入砻。”“凡稻米既筛之后，入臼而舂。”这不仅阐明了砻谷需与碾米分开进行，而且提出了谷糙分离的加工工序，是现代稻谷加工工艺的雏形。此后全球的稻谷加工工艺虽在此工艺基础上增加其他工段或工序，但由“砻谷—谷糙分离—稻谷回砻—糙米碾米”构成的“糙出白”稻谷加工核心工艺迄今没有改变。

中华人民共和国成立以后，国家非常重视稻谷加工工业的建设和发展。首先调整不合理的稻谷加工工业布局，有计划地在各产粮区和粮食集中消费区兴建了一大批稻谷加工厂，并对老厂进行了改造。20 世纪 50 年代，为了保证全国人民的粮食供应，国家粮食部储运局和粮油工业管理局制订了我国粮食加工原料及其加工产品的标准。此外，20 世纪 50~60 年代，在国家粮食部的推动和支持下，为了适合当时的国情，稻谷加工工业开展了技术革新，在原有的清理、碾米、整理等工段中增设了“除稗”“擦米”“凉米”和“副产品整理”等工序，从而实现降低下脚、稻壳、米糠等副产物夹带完善粮粒，提高各种副产品的纯度，提高各自的利用率。1957 年国家粮食部工业局制订了《碾米工厂操作规程》，于 1963 年正式颁布，并于 1981 年做了局部补充。规程中各种指标不仅指导着当时稻谷加工厂的实际生产，也被作为“科研为生产服务”应该达到的标准。1976—1980 年，国家粮食部工业局进一步完成了碾米设备的选型、定型等标准化工作。与此同时，国家也十分重视谷物加工专业技术人才的培养。1954 年起，成立了一批与谷物加工业紧密相关的高等院校及中等专业学校，有关科学研究院所也相继成立，从而为我国谷物加工工业的持续发展，提高谷物加工技术水平奠定了良好的基础。

改革开放以后，我国稻米加工工艺实现了再次升级，增加了“糙米精选”“白米精选”“白米色选”等工序，并在清理、砻谷、碾米、白米整理等多个工段增加“计量”步骤，以掌握出糙率、糙出白率、出米率等生产数据。进入21世纪之后，“一道色选”发展为“多道色选”工序，“多道抛光”工序发展为“刷米工序”与“抛光工序”相结合的工艺；2019年起又发展出“回砻谷净化”“糙米净化”“留胚粒分选”等工序；目前稻谷加工业正在向更加低破碎、低能耗和精准化加工的方向发展。

近年来，我国研发了大米适度加工关键技术装备、加工精度精准控制系统和碎米率精准控制装备，并使用自动化碾米机组，实现将白米留皮度和产品碎米率的控制精度控制在设定目标的±0.5%，开发出柔性化碾米、刷米、抛光、自动化砻谷和碾米、米粒外观品质在线检测、物料形选和质选等技术装备。

三、稻谷加工业面临的问题

同处粮油加工行业，油脂行业已完成了整合与规模化的道路，形成了大公司之间的竞争，面粉行业也已经进入了集团与集团的规模化竞争。稻谷加工行业在集中度和发展水平上仍处在起步阶段，呈现小、散、弱和集中度低等特点，大部分企业以中小型规模为主，全国性的米业集团更是少之又少。米业的集约化、规模化、标准化、自动化水平低，造成这种情况的原因，主要有以下几方面：

（1）稻谷品种多样、地域性较强，制约企业扩张规模。原粮批次多、批量少，且批次间差异大、品质不稳定。同地区同品种在不同时间的收购标准不同，同品种不同地区收购标准也不同，对市场影响较大。另外，稻谷易变质、生虫，贮藏和运输难度较大。

（2）稻谷加工技术含量低，准入门槛低，且没有统一标准。稻谷基础加工产能盲目扩大，从而导致产能过剩，行业竞争激烈，但行业综合竞争力不强，同时也进一步压缩企业利润空间，企业生存面临困境。加工设备不成熟，自动化程度低。行业内技术人员匮乏，缺少既有理论知识又有实践经验的专业人员。

（3）稻谷加工产业链短，产品普遍同质化，精深加工不足，多数稻谷加工企业仍限于普通大米和精米等初级产品加工，品牌缺乏市场竞争力。产品包装规格多样但无统一标准，市场对小包装的认可度有待提高。

（4）食品安全水平整体偏低　虽然近年国家加大了食品安全的监察力度，对于SC认证（食品生产许可认证）要求越发严格，但由于稻谷加工为粗加工，大米也不是直接入口的食品，加之各地食品生产许可认证（SC）标准不统一，执行力不够。多数企业车间没有按清洁区域划分，尤其是应划为高清洁区域的打包间多为开放式作业。目前行业内有少数企业为了加强食品安全管理，紧跟食品行业的“高标准、严要求”的管理步伐，进行了美国烘烤技术研究所（American Institute of Baking，AIB）的《AIB食品安全统一标准》认证，对生产车间进行清洁区域划分，尤其是对于高清洁区域，按照食品工厂标准进行封闭管理，改变了原来开放式管理的形式。

综上所述，稻谷加工行业一直处于一个低门槛、低标准、以价格竞争为主的市场环境中，处于规模化的起步阶段，需要找到合适的生产和管理模式，才能真正引领行业的发展。

四、稻谷加工业发展趋势与展望

保障稻谷加工产品的卫生和安全是我国稻谷加工工业的首要任务。包括建立各种稻谷加工产品的卫生和安全的标准体系与质量控制体系；严格限制稻谷加工产品中的添加剂和外来有害物质；加速研制稻谷品质快速检测仪器和在线检测仪器；在稻谷加工安全管理上普遍实行“良好作业规程（GMP）”；在稻谷加工产品安全控制上普遍实行“危害分析与关键控制点（HACCP）”体系等。

（1）调整产品结构，满足人类膳食结构调整和变化的需求　人类的生存质量与人类的膳食结构密切相关。注重稻谷在膳食结构中的地位和作用，推崇粗细搭配、粗细混食的膳食结构，避免稻谷加工产品“过精”“过细”而造成现代“三高症”等文明病。在区域营养因子缺乏的地区，重点推广稻谷加工产品营养强化，减轻食物营养缺乏的状况。开发营养、方便的米制品和专用产品，充分利用米糠、碎米等加工副产品研究开发功能性食品，满足我国人民日益增长的生活水平的需要。

（2）规模化生产，集约化经营　21 世纪全球市场的竞争变得越来越激烈，小型企业劳动生产率低，成本高，经济效益差，资金、原料、技术、质量、人才等各方面条件都经不起市场经济风浪的冲击，更缺乏国际市场的竞争力。规模化生产、集约化经营，走联合之路可以大幅增强企业的实力，提高企业生产效率，降低生产成本，同时在提升产品档次、科技创新等方面也能显示出强大的优势。因此，规模化生产、集约化经营是未来稻谷加工业发展的主导方向。

（3）发展个性化、地域化的小规模特色米业　随着品牌意识的增强，国家加大了原产地地理标识的管理，越来越多的有特色的企业在原产地深耕细作，从原料到成品，更好地把控原粮品质，以高端、高品质、品牌认可度来占领需求市场，这部分企业会在市场上长期存在。

（4）提高稻谷加工的成品率和稻谷加工副产品资源利用率　据统计，目前世界粮食资源有效利用率的总体水平还很低，平均有效利用率还不到 60%，严重威胁着全人类的粮食安全。各地区稻谷加工的出米率差异也很大，同品种大米的出米率相差可达 5%，甚至更高。稻谷加工副产品的综合利用是提高稻谷资源利用率的重要途径。世界上发达国家对稻谷资源的全利用技术使副产品综合利用的价值超过稻谷自身价值的 3~5 倍。提高稻谷加工的成品率并进行副产品的综合利用，减少稻谷产后数量和质量损失，是稻谷加工工业的中心任务，是提高稻谷加工综合生产能力的重要途径，也是保障国家粮食安全的重要举措。

（5）稻谷加工生产线的智能化、数字化升级改造　伴随中国稻谷加工业的大规模蓬勃发展，过去依靠传统的机械继电器进行手动控制早已无法满足现代大米生产企业的管理要求，随之发展的计算机自动化控制系统也越来越无法适应现代企业的需要。而基于数字化、智能化和物联网的生产管理系统是现代企业的发展方向。当前大米生产智能化控制装置已经比较完善，部分单机设备已经实现了智能化和数字化改造，但唯有实现单机设备之间的数据交换和共享，才能实现稻谷加工产线的全面控制和优化。稻谷加工生产线的数字化升级改造，对于提升我国大米生产企业的科技创新能力，提高企业经济规模和社会效益，使生产企业追求最高原料使用价值和减少能源消耗，意义重大。

第一章 稻谷及其加工品质

CHAPTER 1

重点与难点

①稻谷籽粒形态结构；②稻谷和优质稻谷国家标准；③稻谷单颗籽粒性质；④稻谷籽粒群体性质；⑤稻谷籽粒各组成部分的质量与化学组成；⑥稻谷加工产品和副产品；⑦大米国家标准。

课程思政点

稻谷的品质主要包括外观品质、加工品质、食用品质、营养品质、贮藏品质和卫生品质等。在不同的情况下，考虑稻谷品质的侧重点不同。对于稻谷加工而言，重点探讨与加工密切相关的品质。

稻谷加工是指稻谷经过清理、砻谷及砻下物分离、碾米等工业化处理脱去稻谷谷壳（颖壳）和皮层（糠层）制成半成品粮或成品粮的过程。稻谷加工的目的是以最小的破碎程度将胚乳与其他部分分离，制成有较好食用品质的大米。

稻谷加工品质，是指稻谷所具有的影响稻谷加工工艺效果的特性，包括稻谷籽粒的形态结构、理化特性和结构力学性质等。稻谷加工品质直接影响稻谷清理、砻谷、碾米等每一道工序，最终影响产品质量。在稻谷加工中，只有充分了解稻谷加工品质，才能确定合理的工艺流程和加工方法，选择合适的设备技术参数，生产符合用户需求的产品，并在降低加工成本的同时充分利用稻谷资源。

第一节 稻谷籽粒形态结构与质量标准

稻谷主要种植区域分布在中国、印度、日本、孟加拉国及东南亚。就世界谷物产量而言，稻谷仅次于小麦和玉米居于第三位，却是世界上一半以上人口的主要食用谷物。我国稻谷种植至少可以追溯到5000年前，具有悠久历史。我国稻谷品种繁多，分布极广，全国各地都有种植，品种达6万个以上。我国水稻种植面积和产量均为我国谷类作物之首，其种植面积仅次于印度，居世界第二位，总产量则居世界首位，约占世界稻谷总产量的1/3。

一、稻谷籽粒形态结构

稻谷籽粒由颖（稻壳）和颖果（糙米）两部分组成，稻壳占稻谷质量的20%左右，糙米则占80%左右。其形态如图1-1和图1-2所示。

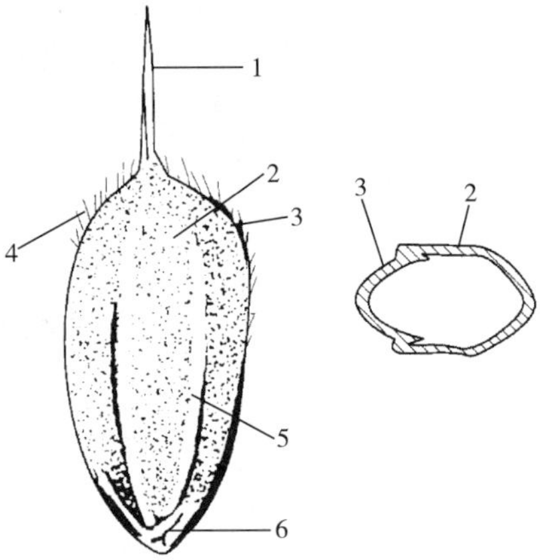

1—芒；2—外颖；3—内颖；
4—茸毛；5—脉；6—护颖。

图1-1　稻谷籽粒的形态

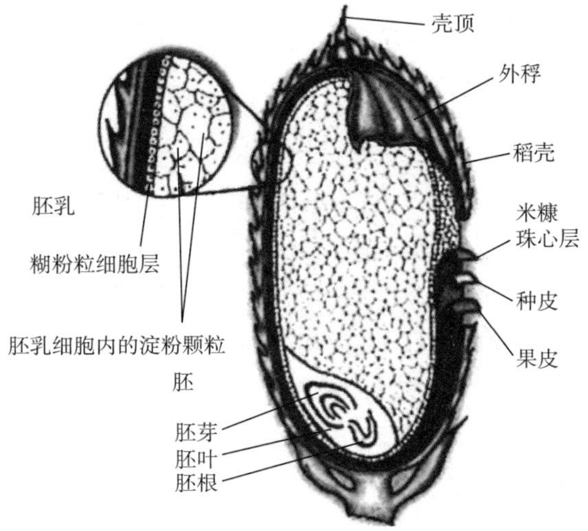

图1-2　稻谷籽粒的植物学结构

（一）颖

稻谷的颖包括内颖、外颖、护颖和颖尖（伸长即为芒）四部分。内、外颖各一瓣，呈船底形，外颖较内颖略长而大。内、外颖沿边缘卷起成钩状，外颖朝里，内颖朝外，二者互相钩合包住颖果，起着保护颖果的作用。稻谷籽粒具有完整的内外颖（稻壳），能够保护易于变质的胚乳部分，具有一定的抵抗虫霉、温湿侵害的能力，并且稻谷籽粒最外层的水分偏低，这些结构上的特点使稻谷相对易于贮藏。

内、外颖表面粗糙，生有许多麻点和长短不同的针状茸毛。内、外颖基部的外侧各生有护颖一枚，托住稻谷籽粒，起保护内、外颖的作用。护颖呈扁平形，一般长1.5~2.5mm，相当于外颖长的1/5~1/4。

内、外颖都具有纵向脉纹，外颖有5条，内颖有2条。外颖顶端尖锐，称为颖尖，或伸长成芒。芒的有无及长短，随品种不同而异。芒对稻谷的清理效果和散落性有影响，容易造成加工机器的堵塞。

（二）颖果

稻谷脱去内外颖后便是颖果（糙米）。颖果由皮、胚乳和胚三部分组成，见图1-3。胚所在的一侧称为颖果的腹部，胚的对面一侧称为颖果的背部。胚位于腹部下端，与胚乳的连接不很紧密，在碾米时容易脱落。颖果的皮层包括果皮、种皮、珠心层（又称外胚乳）和糊粉层，这四部分总称为糠层。果皮和种皮称为外糠层，珠心层和糊粉层称为内糠层。胚乳和胚都被皮层紧密地包裹着。在碾米时，被碾下的糠层和胚称为米糠，去皮的颖果则称为大米。

颖果籽粒在未碾去皮层时，表面光滑，具有蜡状光泽，并有纵向沟纹5条，背上的一条称背沟（即种脊），两侧面上各有两条纵沟，其中较明显的一条是内外颖钩合部位形成的痕迹，另一条与外颖上最明显的一条脉纹相对应，见图1-3。纵沟的深浅随稻谷品种的不同而异，对出米率有一定的影响。碾米主要是碾去颖果的皮层，而纵沟内的皮层往往很难全部碾去，若要全部碾去，必然对胚乳造成很大的损伤。因此，在其他条件相同的情况下，纵沟越浅，皮层越易碾去，胚乳损失小，出米率就高；反之，出米率则低。

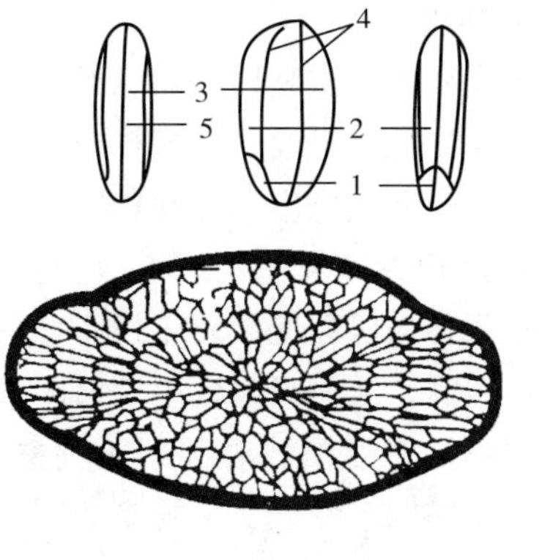

1—胚；2—腹部；3—背部；4—小沟；5—背沟。

图1-3　糙米籽粒的形态结构

二、稻谷分类

（一）根据粒形和粒质分类

稻属由2个栽培稻种和20个野生稻种组成，广泛分布于热带和亚热带地区。2个栽培稻种分别为亚洲栽培稻和非洲栽培稻，其中亚洲栽培稻的种植遍及全球，也称为普通栽培稻，可分为粳稻和籼稻两个亚种。

1. 粳稻

粳稻茎秆较矮，叶子较宽，深绿色，需要日照时间短，但生长期长，比较耐寒，较适于高纬度或者低纬度的高海拔种植。粳稻谷粒阔而短，较厚，呈椭圆形或卵圆形，稃毛长而密，芒较长。米粒丰满肥厚，横断面近于圆形，颜色蜡白，腹白和心白较小，或者完全没有，呈透明或半透明，质地硬而有韧性。籽粒强度大，耐压性能好，在加工过程中不易产生碎米，出米率较高，米质胀性较小而黏性较强。

2. 籼稻

籼稻稃毛短少，成熟时易落粒，出米率稍低。籼稻谷粒形细长而稍扁平，颖毛短而稀，一般无芒，即使有芒也很短。籼稻籽粒强度小，耐压性能差，易折断，加工时容易产生碎米，蒸煮的米饭米质胀性较大而黏性较弱。

（二）根据熟期性和季节分类

根据播种期、生长期和成熟期的不同，籼稻和粳稻各分为早稻和晚稻两类。全生长期（从播种到收获所需时间）在130d以内的称早稻，在150d以上的称晚稻，介于二者之间的称中稻。

同一类型稻谷而言，一般中晚稻的硬质粒多，品质优于早稻。早稻米质疏松，耐压性差；中晚稻米质坚实，耐压性强。就米饭的食味而言，也是中晚稻优于早稻。

（三）根据大米淀粉性质分类

无论是籼稻谷还是粳稻谷，根据其大米淀粉性质的不同又可分为非糯性稻谷和糯性稻谷两类。

1. 非糯性稻谷

非糯性稻谷米质黏性小而胀性大，其大米淀粉一般含 10%～30%（质量分数①）的直链淀粉，支链淀粉相对较少，米粒断面不透明或者半透明，常有心白和腹白，淀粉吸碘性大，遇碘溶液呈蓝紫色反应，黏性较差，胀性大，出饭率高。

2. 糯性稻谷

糯性稻谷米质黏性大而胀性小，其大米淀粉中支链淀粉含量接近 100%，米粒断面呈蜡白色，不透明，淀粉吸碘性小，遇碘溶液呈棕红色反应，出饭率低，但食味好。糯性稻谷又分粳糯和籼糯。粳糯外观圆短，籼糯外观细长，颜色均为白色不透明，煮熟后米饭较软、黏。通常粳糯用于酿酒、米糕等的制作，籼糯用于八宝粥、粽子等的制作。

（四）根据土地生态分类

根据栽培地区土壤水分的不同，稻谷又分为水稻和陆稻（旱稻）两类。二者的主要区别在于品种的耐旱性。水稻种植于水田中，陆稻种植于旱地。与水稻相比，陆稻发芽力和耐旱能力较强，但米质较差，产量也较低，播种面积一直较少，故未纳入国家标准中。水稻的稻壳和米糠层较薄，出米率高，米粒强度大，种植面积大。

（五）根据糙米色泽分类

根据稻谷脱壳后糙米色泽的不同，稻谷又可分为普通稻和有色稻两类。有色稻是指糙米皮层带有特殊色泽的稻谷。

普通稻的糙米（颖果）皮层色泽为蜡白色或灰白色。有色稻糙米表皮呈现黄褐色、褐色、绿色、咖啡色、红色、红褐色、紫红色、紫黑色、乌黑色等颜色，其中以红表皮和黑表皮占绝大多数，但胚乳仍然为白色。与普通稻相比，有色稻含有较丰富的蛋白质和氨基酸，较多的微量元素及维生素，营养价值丰富，受到国内外的广泛重视。在我国保存的水稻种质资源中，有色稻种占 10%左右。有色稻也有籼、粳、糯、非糯之别，通常以糙米进食。

三、稻谷质量标准

我国目前实施的稻谷相关标准包括稻谷国家标准、优质稻谷国家标准以及特种稻质量标准。

1. 稻谷国家标准

现行国家标准为《稻谷》（GB 1350—2009），于 2009 年 7 月 1 日正式实施，属于国家强制性标准，不符合强制性标准的产品，禁止生产、销售和进口。

按照国家标准规定，稻谷分为早籼稻谷、晚籼稻谷、粳稻谷、籼糯稻谷、粳糯稻谷五类。稻谷质量指标涉及外观（色泽、气味等）、加工品质（出糙率和整精米率）等方面。各类稻谷以出糙率为定等指标，三等为中等，低于五等的为等外稻谷，卫生要求按国家有关标准和规定执行。

2. 优质稻谷国家标准

现行国家标准《优质稻谷》（GB/T 17891—2017）于 2018 年 7 月 1 日正式实施。此为推荐性标准。优质稻谷品种分为优质籼稻谷和优质粳稻谷两类，以整精米率、垩白度、食味品质为定级指标，直链淀粉含量为限制指标。定级指标中有一项达不到三级要求，或直链淀粉

---

① 如无特别说明，本书中“%”均为质量分数。——编者注

含量不在标准规定的范围内的，不得判定为优质稻谷。其中，依据糙米的长度，将优质籼稻谷分为长粒形籼稻（长度>6.5mm）、中粒形籼稻（长度5.6~6.5mm）和短粒形籼稻（长度<5.6mm）。

3. 特种稻质量标准

特种稻包括有色稻、饲料稻以及适合生产米粉、啤酒、黄酒、白酒、米饼、年糕、米糕、汤圆、蒸谷米、米醋、味精等产品的稻谷，还有富含某些微量元素、维生素、氨基酸等营养元素的稻谷，如富铁稻（如黑米）、富锌稻、富含γ-氨基丁酸（GABA）稻、富硒稻（如绿米）等。目前针对特种稻的生产、加工、利用情况，国家和地方已发布实施了部分特种稻的质量标准。如地方标准《米粉专用稻谷》（DB43/T 264—2005）、农业行业标准《饲料原料　稻谷》（NY/T 116—2023）。

第二节　稻谷物理性质及其加工品质

稻谷是一种散粒体物料，其基本形态和特性可以从两个方面来观察，一方面是单颗籽粒，具有明显固体性质；另一方面是单颗籽粒集聚而成的颗粒群体即谷堆或料堆。颗粒群体性质由单颗籽粒性质决定，但又与单颗籽粒性质不同。

稻谷加工过程中的在制品和成品都是粒状，其单颗籽粒和颗粒群体的物理性质与稻谷加工过程有着十分密切的关联，直接影响稻谷加工的产量、出米率以及产品品质。了解稻谷的各种物理特性是取得良好稻谷加工工艺效果的前提。

一、稻谷单颗籽粒性质

稻谷单颗籽粒性质包括：色泽、气味与表面状态；粒形、粒度与均匀度；密度与千粒重；谷壳率与出糙率；出米率与整精米率；透明度与垩白度；硬度等。

（一）色泽、气味与表面状态

1. 色泽

新鲜稻谷的色泽呈鲜黄或金黄色，糙米的色泽多为蜡白色或灰白色，未成熟的稻谷和糙米一般呈淡绿色。稻谷和糙米表面均富有光泽。由于病虫害的侵蚀和贮藏与处理不当等原因，常引起稻谷固有颜色的改变，这不仅使稻谷失去原有的正常光泽（色泽变得灰暗），而且米质也变差。

2. 气味

稻谷具有特有的香味，无不良气味。如气味不正常，说明谷粒变质或吸附了其他有异味的气体。如果稻谷在流通过程中吸附了异味或发热霉变，便常带有霉味、酸味甚至苦味。随着贮藏时间的延长，糙米气味也会发生相应变化，糙米常温贮藏10个月后陈米味明显，而在4℃低温下贮藏10个月的糙米与新鲜糙米无明显差异。引起陈米异味的主要为酮类和醛类物质，这些物质多来自油脂、氨基酸和维生素的降解。

3. 表面状态

稻谷表面状态是指稻谷表面粗糙或光滑程度，对稻谷加工的工艺效果有直接的影响。

表面粗糙的稻谷，脱壳和谷糙分离都比较容易。粳稻谷表面茸毛密而长，较粗糙，摩擦因数大；籼稻谷表面茸毛稀而短，较平整，摩擦因数小；糙米表面均较光滑。一般而言，粳稻谷表面粗糙度大于籼稻谷，而籼稻谷表面粗糙度大于糙米。

（二）粒形、粒度与均匀度

1. 粒形

粒形是指稻谷籽粒的几何形状，随稻谷类型、品种和生长条件的不同而有较大差异。稻谷、糙米和大米籽粒的形状多为椭圆形、卵圆形和细长形。

2. 粒度

谷粒大小可以用粒度，即籽粒的长、宽、厚或直径来表示，表示方法以粒形为基础。球形籽粒的粒度用直径表示，其他形状的籽粒则需同时用长、宽、厚三个尺度表示。所谓长度通常是指从籽粒基部到顶端的距离，腹背之间的距离为粒厚，两侧之间的距离为粒宽，一般都是粒长大于粒宽，粒宽大于粒厚。

籽粒粒度与稻谷加工工艺和工艺效果都有重要影响。就稻谷粒度而言，短粒形稻谷的清理、砻谷、谷糙分离和碾米都较长粒形稻谷容易。粒形还与出米率和碎米率有密切的关系。籽粒越接近于球形，其长宽比越小，壳和皮所占籽粒的表面积就越小，胚乳含量则相对增高，出米率就高；同时，籽粒越接近于球形，耐压性越强，加工时碎米率就低。这是粳稻出米率比籼稻高，而碎米率比籼稻低的原因之一。

3. 均匀度

谷物籽粒的均匀度（又称整齐度）是指粒形和大小的均一程度。同样形状和大小的籽粒占总量90%以上的为均匀，小于70%为不均匀。籽粒的均匀度高，对清理除杂、脱壳和碾米都较为有利，也有利于提高出米率。籽粒均匀度较差，会增加确定稻谷加工工艺技术参数的难度。

（三）密度与千粒重

1. 密度

稻谷密度是指一定体积稻谷的绝对质量与绝对体积之比。所以，稻谷的密度表示其内含物的充实程度或细胞结构的致密程度。不同种类稻谷的密度不同，同一种类稻谷的密度也不完全相同，根据品种和生长情况会有一定范围的变化。

密度的大小还与籽粒的化学成分有关。由表1-1可见，稻谷籽粒中各种化学成分的密度是有差别的，其中矿物质的密度最大，其次是淀粉，而脂肪的密度最小。稻谷籽粒的胚乳中绝大部分是淀粉，故密度大；而胚中富含蛋白质和脂肪，故密度小；皮壳中除含纤维素较多外，细胞空隙较多，故密度最小。

表1-1 稻谷籽粒中各种化学成分的密度 单位：g/cm^3

项目	淀粉	蛋白质	纤维素	水	脂肪	矿物质
密度	1.48~1.61	1.24~1.31	1.25~1.40	1.00	0.92~0.93	2.50

稻谷密度的大小，决定于籽粒的粒度、饱满度、成熟度和胚乳结构。因为胚乳占全谷粒的绝大部分，而胚乳中绝大部分为淀粉，因此，胚乳所占比例是影响稻谷密度的主要因素。

一般而言，凡是发育正常、充分成熟、粒大而饱满的谷粒，具有较多的胚乳，其密度必然较大；而发育不良、成熟不足、粒小而不饱满的谷粒，皮壳相对含量较多，其密度就较小。如上述条件相同，密度则取决于胚乳的结构。胚乳角质率大的籽粒，结构紧密，密度较大；胚乳粉质率大的籽粒，结构较松，密度较小。我国稻谷密度一般为 1.17～1.22g/cm^3，大米密度比稻谷要大一些，一般为 1.23～1.28g/cm^3。

2. 千粒重

千粒重是指一千粒稻谷所具有的质量，以克（g）为单位。由于稻谷的含水量很不稳定，千粒重经常受外界条件影响而改变，为了排除水分对稻谷千粒重的影响，可根据稻谷的含水量换算成以干物质为基础的千粒重，称为“干物千粒重”或“绝对千粒重”。通常所讲的千粒重，是指自然状态下风干稻谷的千粒重。

稻谷类型、品种和生长条件对千粒重有很大影响。千粒重的大小取决于稻谷的粒度、饱满度、成熟度和胚乳结构。一般粒大、饱满、成熟而结构紧密的稻谷，千粒重较大，反之则小。稻谷千粒重的变化范围为 15～43g，一般为 22～30g。千粒重在 28g 以上者为大粒，24～28g 为中粒，20～24g 为小粒，20g 以下为极小粒。粳稻谷的千粒重多为 25～27g，籼稻谷的千粒重为 23～25g。在其他条件相同的情况下，稻谷千粒重越大，其籽粒中胚乳所占比例就越大，出糙率也越高。

（四）谷壳率与出糙率

1. 谷壳率

谷壳率是指稻壳占净稻质量的百分比，用于表征稻谷中的稻壳含量。谷壳率的大小主要取决于稻谷的类型、品种、粒形、成熟程度和饱满程度等。一般粳稻谷的谷壳率小于籼稻谷。就同类型稻谷而言，早稻谷壳率小于晚稻。

2. 出糙率

出糙率是指一定数量净稻谷全部脱壳后所得糙米（其中不完善粒折半计算）占稻谷的质量百分比，其范围一般在 78%～85%。籽粒成熟、饱满、壳薄的稻谷出糙率高，反之，出糙率低。一般来说，粳稻籽粒结构紧密，角质率较高，其出糙率相对地比籼稻高。

（五）出米率与整精米率

1. 出米率

出米率指稻谷脱壳并碾磨成加工精度为《大米》（GB/T 1354—2018）规定的精碾精度的大米占稻谷试样的质量分数，以净稻谷出米率（%）表示。籼稻出米率一般在 60%～70%，粳稻出米率略高，一般在 67%～77%。

2. 整精米率

整精米包括完整米粒以及长度大于等于本批完整米粒平均长度 3/4 的非完整米粒（完整米粒是指除胚外其余部分未破损的完善米粒）。整精米率指稻谷脱壳并碾磨成加工精度为 GB/T 1354—2018 规定的精碾精度的大米中，整精米占稻谷试样的质量分数。籼稻整精米率一般在 40%～55%，粳稻整精米率略高，一般在 50%～65%。

（六）透明度与垩白度

稻谷籽粒的胚乳分角质和粉质。角质呈半透明状，这种角质胚乳占整个胚乳的体积百分率，就是稻谷籽粒的透明度。透明度通常可以反映籽粒内部结构的致密程度。如果胚乳细胞内的淀粉颗粒之间被蛋白质所充实，则胚乳结构紧密，断面呈透明状，即透明度较高，通常把这种胚乳称为角质胚乳。如淀粉颗粒及其与细胞壁之间具有空隙，甚至细胞与细胞之间也有空隙，则结构疏松、断面呈白色而不透明，称为粉质胚乳。

米粒胚乳中的粉质部分称为垩白，包括心白、腹白和背白。垩白米粒平放时，垩白投影面积总和占籽粒投影面积的百分率称为垩白度。垩白度的大小随稻谷类型、品种和生长条件而异，一般早稻大于晚稻，不成熟稻谷大于成熟稻谷。生产中通常将垩白度大于50%的垩白米粒称为重垩。米粒垩白区是胚乳淀粉及蛋白质颗粒积累不够密实所致，加工时容易破碎。因此，垩白度大的米粒，耐压性差，在加工中易形成碎米。此外，由于粉质部分的蛋白质含量较少，而淀粉含量相对较多，所以垩白粒的食味也较差。

（七）硬度

稻谷和其他固体物料一样，受到压缩、拉伸、弯曲、剪切等力的作用时，会引起形变，同时内部产生相应的抵抗力。当外力增加到抵抗力的极限时，籽粒即破碎，这种抵抗变形和破碎的能力称为稻谷籽粒的硬度（又称强度或刚度），单位为千克力（kgf，1kgf = 9.80665N）。稻谷硬度与稻谷籽粒本身的组织结构相关，也与所受作用力的性质及外界条件有关。

稻谷碾米时要求米粒完整，尽量减少碎米。因此，研究稻谷籽粒及其硬度有助于安排合理的工艺流程、选择和改进加工机械工作面的结构和操作方法，从而达到良好的工艺效果。

1. 稻谷籽粒硬度

稻谷籽粒由颖、皮层、胚和胚乳四部分组成，四者的组织结构不同，受外力作用时所表现的力学性质也各不相同。

（1）颖　即稻壳，主要由粗纤维和二氧化硅组成，质地坚硬，可承受一定的机械作用力，对米粒能起保护作用。根据测定，以内外颖拉开时最低强度为其破坏强度，一般在0.25kgf以内。

（2）胚　胚的细胞壁很薄，细胞内主要是具有胶体性质的原生质，它使细胞具有一定的韧性，可以被压扁而不易碎裂。

（3）皮层　皮层细胞壁较厚，主要由纤维素、半纤维素和木质素等组成，其间还填充着一些矿物质，细胞内容物很少，常成空胞。当谷粒成熟时，由于胚乳的充实长大，使皮层细胞被压成薄层。皮层处于籽粒的外层，易于吸收水分，吸水后具有一定的韧性，干燥时脆性增加。

（4）胚乳　胚乳细胞壁薄，其中充满着具有一定晶体结构的淀粉粒，淀粉粒之间填充或多或少的贮藏性蛋白质，作为黏结材料把淀粉粒粘牢，使胚乳具有不同程度的脆性。由于胚乳占整个糙米籽粒的90%左右，它的力学性质直接影响稻谷加工工艺。

2. 糙米籽粒硬度

糙米籽粒硬度的大小常以每粒糙米所能承受外力的千克力表示，可用米粒硬度计测定。一般采用静荷重的形式，对糙米粒施加压力，即将糙米粒放在两个试压面之间，缓慢增加荷重，直到糙米粒出现爆腰，此时荷重数值称为糙米籽粒的抗爆腰强度，如图1-4（1）所示。若荷重继续增加，至糙米粒突然破碎，此时的荷重数值称为抗破碎强度。

大米胚乳中的淀粉细胞多呈长形，具有一定的方向性，由此可知米粒基本上是一种“各向异性”的材料。糙米的各向抗破碎强度是不同的。因此，测定糙米籽粒的平卧、侧卧和直立位置的抗压强度，便能求得各个轴向的抗压强度。如果将上述硬度计的两个施压工作面改成如图1-4（2）、（3）所表示的形式，则能分别测出糙米籽粒的抗弯强度和抗剪强度。

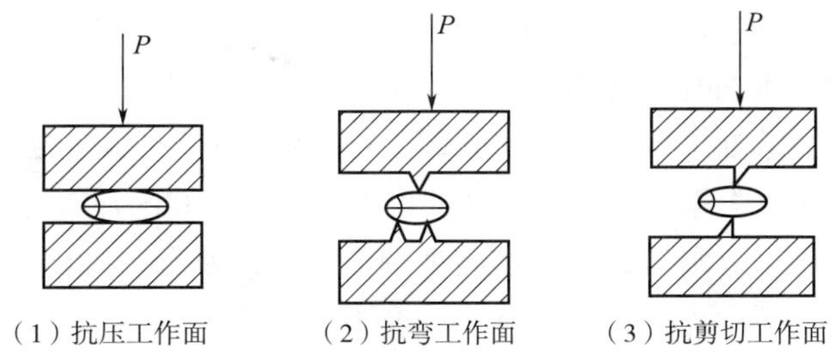

图 1-4　施压工作面形式

糙米籽粒的抗压强度为 5～10kgf，一般厚度方向的抗压强度较大，宽度方向的抗压强度居中，长度方向的抗压强度较小。而抗弯强度和抗剪强度为 1.5～3kgf，一般抗剪强度小于抗弯强度。从测定所得到碎粒和碾米机中的碎粒做形状上的比较，证明糙米籽粒在碾米机中所受的弯曲力较多。因此设计加工机械工作面时应尽量避免使糙米籽粒受弯曲力和剪切力。

3. 影响米粒硬度的因素

米粒硬度随稻谷的类型、品种、胚乳结构、水分和温度的不同而有很大差异。

（1）稻谷类型　籼稻谷籽粒粒形细长，粳稻谷籽粒粒形较宽厚，所以粳稻谷的抗压强度比籼稻谷大（表 1-2）。早稻谷生长期短，腹白度较大；而晚稻谷生长期长，蛋白质含量高，腹白度小，所以晚稻谷的强度比早稻谷大。

表 1-2　同类型糙米籽粒的抗压强度　单位：kgf/粒

类型	早稻谷	中稻谷	晚稻谷
籼糙米	5.3～7.0	5.4～7.1	5.1～7.7
粳糙米	6.7	6.1～8.2	6.2～10.3

（2）稻谷品种和胚乳结构　稻谷品种和胚乳结构不同，对糙米籽粒抗压强度的影响很大。不同品种的强度是各不相同的。同品种籽粒，也因胚乳结构不同，表现出抗压强度差异，其程度甚至超过品种间的差异。一般的规律是：角质粒的抗压强度最高，粉质粒最低，二者相差最高可达 2kgf/粒；心白粒的抗压强度较腹白粒小；爆腰粒的抗压强度均小于该品种的平均强度，而且在受力折断时皆从原有裂纹处断裂。

（3）稻谷水分　稻谷含水量对糙米籽粒的抗压、抗弯和抗剪强度均有一定影响。稻谷水分增加，则糙米籽粒强度降低，其降低程度为：抗压强度最大，抗弯强度次之，抗剪强度最小。角质粒糙米的强度变化尤为显著，角质率较高的粳稻谷对水分的敏感性要比籼稻谷大得多。因此，在碾米之前的烘干和仓储环节过程中，控制稻谷水分是十分必要的。

水分高的稻谷，碾米时出碎率高，出米率低，电耗大；含水量过小的稻谷，碾米时虽然有利于清理、脱壳、增加米粒强度，但米粒脆性增加，同样容易产生碎米，同时皮层坚硬不易碾去，影响产品质量。

稻谷含水量与碾米有着密切的关系。为了保证成品大米质量，提高出米率，国家对稻谷和大米的含水量都有严格规定，早籼稻谷、晚籼稻谷、籼糯稻谷的水分在 13.5%以下，粳稻谷、粳糯稻谷的水分在 14.5%以下；籼米、籼糯米的水分控制在 14.5%以下，粳米、粳糯米的水分在 15.5%以下。

（4）温度对糙米籽粒抗压强度的影响　温度在 0℃时，米粒抗压强度最高，温度越高，米粒抗压强度越低。夏季加工大米时，气温高，米粒抗压强度低，容易产生碎米。

在生产实践中，可以根据糙米籽粒的硬度大小，采用适宜的加工方法，如调节籽粒的水分、控制碾米机温度、采取水热处理等措施来调节糙米的水分，降低米温，改善胚乳结构，提高籽粒强度，以达到减少碎米、提高出米率的目的。

二、稻谷籽粒群体性质

稻谷籽粒的群体性质包括孔隙度、体积质量、散落性、自动分级、导热性、吸附性等。

（一）孔隙度与体积质量

1. 孔隙度

谷堆虽然占有一定的空间，但籽粒之间并非十分紧密，堆内存在着大小不同的空隙。所以，谷堆实际上是两部分组成，一部分为籽粒所占有（包括其他杂质部分，但可忽略不计），即籽粒的实际体积；另一部分是籽粒之间的空隙。谷堆体积就是稻谷的绝对体积和稻谷粒间所有空隙的总和。

如果用百分率来表示，则籽粒的绝对体积所占的百分率称为谷堆的密度，表示籽粒在谷堆空间的密集程度。籽粒间全部空隙所占的百分率，称作谷堆的孔隙度。

$$谷堆密度 = \frac{谷堆和杂质的体积}{谷堆总体积} \times 100\% \quad (1-1)$$

$$孔隙度 = \frac{谷堆孔隙的体积}{谷堆总体积} \times 100\% \quad (1-2)$$

一般来说，稻谷的孔隙度为 50%～60%，糙米的孔隙度为 40%～57%，大米的孔隙度为 35%～44%。

谷堆孔隙度的大小，受多种因素的影响。一般说来，谷粒细短，籽粒大小不齐，表面光滑无芒刺的，其孔隙度就小。谷堆中混有相对密度小的有机杂质时，孔隙度增大，混有砂石等相对密度较大的杂质时，孔隙度减小。稻谷含水量增大时，因籽粒吸湿膨胀，使颗粒间互相挤紧，孔隙度就会减小。

孔隙度大的谷堆占用较多的仓容，谷堆内气流的阻力较小，惰性气体或干冷空气容易进入谷堆，同时谷堆内的湿热空气和积累的二氧化碳（CO_2）也容易散发出来，但易受不良环境的影响。反之，孔隙度小的谷堆受外界环境影响较小。

2. 体积质量

稻谷体积质量指单位容积中谷物的质量，稻谷加工行业习惯称为容重，以 g/L 或 kg/m^3 为单位。体积质量的大小取决于谷粒密度和谷堆孔隙度，且与稻谷的品种类型、成熟程度、水分含量等有关。一般籽粒长宽比越大、籽粒越细长，则孔隙度越大，体积质量越小。稻谷籽粒大、饱满坚实、表面光滑、粒形短圆及密度大的籽粒，体积质量较大，出米率也较高。

稻谷籽粒表面粗糙，密度较小，谷堆的孔隙度较大，所以稻谷体积质量较小，一般在 450～600g/L。糙米和大米表面较光滑，密度较大，粮堆的孔隙度较小，其体积质量较大：糙米 760~820g/L，大米约 800g/L，碎米 850~900g/L。米糠的体积质量约为 360g/L。

由此可见，稻谷体积质量和谷堆孔隙度是相关性较密切的两种性质，凡是影响稻谷体积质量的因素，绝大部分也影响谷堆孔隙度。根据体积质量可以进行粮堆质量与体积的换算，对于粮食运输工作中计算装载量、仓储和工厂设计工作中计算仓容量等都具有现实意义。

体积质量、密度和千粒重都与谷粒粒形、大小和饱满度呈正相关，也即与胚乳所占质量比例呈正相关。但是，由于影响因素不完全相同，这三者之间并不总是呈线性关系。例如，粒形和表面性状对体积质量的影响较大，而颖壳的结构对密度和体积质量的影响较大。因此，在粒形、表面性状和颖壳结构不同的情况下，密度、体积质量和千粒重会表现出不一致性。

（二）散落性与自动分级

1. 散落性

料堆可以看作是由许多分散的质点（即散粒）组成的，通常将这些分散的质点称为散粒体。散粒体下落至平面时，有向四面流散并形成一个锥体的性质，这种介于固体和液体之间的性状称为散落性。

物料散落性的大小，是以物料圆锥体的斜面与底部直径所成的角度作为量度的指标，这个角度（α）称为静止角，见图 1-5。静止角越大，散落性越小。稻谷的静止角一般为 33°~40°，白米为 23°~33°，糙米为 27°~28°。散落性的大小与静止角的大小成反比。

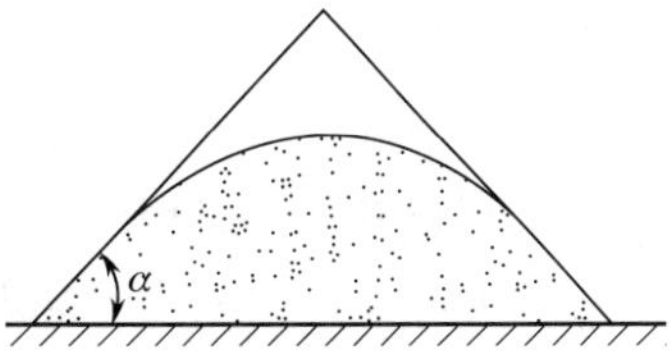

图 1-5　谷堆的静止角

表示散落性的另一指标是自流角。将物料放在某一物体的平面上，将平面的一边慢慢提升使其成为一斜面，当物料籽粒开始滚落时的角度（斜面与水平面的夹角）就是物料的自流角，也称为物料的外摩擦角。自流角越大，散落性越小。自流角的大小还与斜面物体的材料、质地有关。

影响物料散落性的因素很多。表面光滑、圆形颗粒的物料散落性较大。表面粗糙，甚至有毛刺、非圆形的稻谷，散落性较小。稻谷含水量越大，则稻谷粒间摩擦力加大，散落性相应降低。稻谷中的夹杂物一般会降低粮食的散落性，特别是各种轻浮的夹杂物（如稻谷壳等）会大幅降低稻谷的散落性。

物料散落性的大小是确定稻谷加工中的筛理、输送及各种自流设备角度的依据。在设计仓斗时，应根据所存物料的散落性，考虑仓斗壁所受的侧压力大小，散落性越大的物料对仓斗壁的侧压力越大。散落性差的物料，其流动性差，除了需要较大的自流角或筛面角度外，还影响产量的提高，使仓斗不易装满，并容易造成机器和输送管道堵塞等。

2. 自动分级

物料群体在移动或振动过程中，由于各组成部分散落性不同，会发生性质相类似的组成部分趋向集聚于同一部位，使物料群体不同部位的籽粒在品质上发生差异，散粒群体出现的这种现象称为自动分级。物料形成自动分级的条件有三项：物料颗粒之间需有适宜的相对运动；适宜的料层厚度；适宜的分级时间。

物料产生自动分级与物料颗粒的密度、形状、大小、表面粗糙度、含杂量等多方面因素有关。物料产生自动分级后，上层为密度小、颗粒大、表面粗糙的物料，下层为密度大、颗粒小、表面光滑的物料。

在稻谷加工中有时要利用物料的自动分级，如筛选除杂、谷糙分离、白米分级提碎等，只有产生良好的自动分级，才会取得较好的工艺效果。有时要采取一定的措施防止物料的自动分级，例如，若物料在入仓时形成自动分级，将造成仓内不同部位物料的品质不同，对稻谷的原粮贮藏十分不利；若物料出仓时产生自动分级，将影响加工工艺效果和成品品质。所以在稻谷原粮入仓前应先清除杂质，同时原粮入、出仓时采取措施尽量避免或减轻自动分级。

（三）导热性与吸附性

1. 导热性

物体传递热量的性能称导热性。料堆中热量的传递主要有两种方式，即籽粒间直接接触传导和料堆中空气对流，以对流为主要方式。导热性可用导热系数表示。稻谷是热的不良导体，导热系数较小，为0.12~0.2W/(m·K)，大米的导热系数为0.06W/(m·K)。

料堆的导热性能与料堆的形式、大小、密闭情况、孔隙度、含水量等因素有关，其中尤以含水量影响较大。空气的导热性不如谷物，水的导热性比谷物强，所以在密闭条件下，谷物的导热系数随着谷物水分的增加而增大，随着谷堆中空气量的增大而减少。疏松而干燥的谷堆，不易受外界高温的影响；紧密而潮湿的谷堆，不易保持稳定的温度。

由于谷物导热性较差，谷堆不易冷却，也不易升温，受热和散热都很慢，这在谷物贮藏和加工上有利也有弊。有利的一面是可以利用这一特性，采取谷物低温入库，隔热保冷，在外温变化较大时，相对地受影响较小，延缓升温速度，为低温贮藏谷物提供条件。不利的一面是谷温高时不易迅速冷却，如保持较长时间的高温，易导致谷堆或加工的产品发热霉变，造成较大损失。

2. 吸附性

稻谷是一种多细胞的有机胶体，其内部分布着多孔性的毛细管。这些大大小小的毛细管纵横贯通，其内壁具有吸附各种气体和水蒸气的能力，这种内壁称为有效表面。谷粒有效表面面积的总和大致超过谷粒本身外部表面面积的20倍。除了稻谷本身具有多孔毛细管的结构外，组成谷粒表面和毛细管内壁的胶质体分子，如蛋白质、淀粉、纤维素和半纤维素等，都具有一部分自由分子吸引力，能吸附外来的气体分子。因此，稻谷具有吸附气体及水蒸气的能力，这种能力称为稻谷的吸附性。

稻谷吸附性影响稻谷清理、分级、脱壳、碾磨等工艺的效果。稻谷吸附能量和吸附速度的大小主要与下列因素有关。

（1）周围环境中气体的浓度　环境中气体浓度越大，稻谷和气体的相对压力也越大，稻谷吸附能力就增强，反之则减弱。在梅雨季节，空气相对湿度大，稻谷吸湿性增强，而使其含水量增加，将使谷粒的散落性减弱，脆性降低，韧性增加。故在梅雨季节，稻谷的清理、脱壳和筛理分级要困难一些。因此，稻谷加工工艺效果经常随气候变化而改变。

（2）周围环境中气体的活性　气体性质越活泼，稻谷的吸附性就越强。如氧气充足，能增强稻谷的呼吸强度，加速稻谷中的各种物质的氧化与分解，从而引起稻谷内部物质的损失，甚至酸败变苦。稻谷吸附了煤油、汽油和某些熏蒸药剂、农药等物质后，不易解吸，将使稻谷带有异味，影响其商品品质，甚至不能食用。

（3）周围环境温度和稻谷温度差　环境温度高而稻谷温度低时，稻谷的吸附较强，空气中水蒸气更容易被稻谷吸附。

(4) 谷粒化学成分　谷粒中亲水胶体含量越多，则其吸附性越强；反之，脂肪含量越多，则其吸附性越弱。所以，稻谷吸附性较油料种子为强，胚的吸附性较其他部分为弱。

(5) 谷粒构造和细胞结构　外表粗糙和组织疏松的谷粒，吸附有效面积大，其吸附能力较强；外表光滑和组织坚实的谷粒，其吸附能力较弱。角质谷粒的蛋白质含量虽比粉质粒高，但角质粒的胚乳结构要细密得多，所以，角质粒谷粒的吸附能力反而较弱。

（四）爆腰率

稻谷爆腰是指稻谷胚乳产生横向或纵向裂纹，但籽粒仍保持完整，因此爆腰粒也称作裂纹粒。爆腰籽粒占试样的质量百分率，称为爆腰率。爆腰使籽粒的机械强度降低，在加工和储运过程中产生碎米，造成稻谷出米率降低，成品米的等级下降，商品经济价值降低、食味下降。爆腰率是影响稻谷加工品质的重要指标。爆腰率高的稻谷，特别是裂纹多而深时，不宜加工高精度大米。

稻谷产生爆腰有多种因素，总体来讲分为稻谷籽粒的内部因素和外部因素。内部因素主要包括稻谷籽粒的物理特性和化学组成，外部因素主要为稻谷籽粒加工处理及相关作业过程中所产生的外力作用。

第三节　稻谷籽粒化学组成及其营养品质

不同稻谷籽粒的性状、大小、物理特性等方面有一定差异，但其所含的主要化学成分基本相同，即碳水化合物、蛋白质、脂肪、维生素、水和矿物质等。稻谷中的各种化学成分，在籽粒不同部位的分布很不平衡，直接影响着稻谷的生理特性、贮藏特性和加工品质等性能，这对于谷物的质量评价，特别是对于加工工艺、利用途径以及产品方案的制订都有重要意义。

一、稻谷籽粒主要化学成分及其分布

稻谷中主要化学成分为碳水化合物（主要为淀粉），并含有一定量的水分、蛋白质、脂肪、矿物质及维生素等，各种化学成分及其分布随品种及生长条件的不同有所差异。

（一）水分

稻谷籽粒及各部分所含的水分各不相同，稻壳含水量较低，这有利于脱壳；皮层含水量较高，故韧性较大；胚乳含水量较低，籽粒抗压强度大。稻谷中的水分包括自由水和结合水。

(1) 自由水　又称游离水，存在于稻谷籽粒细胞间隙的毛细管中，具有普通水的物理特性。在外界湿度变化时，自由水能自由出入，导致其含水量发生变化。自由水能作为细胞内容物的溶剂，也可作为稻谷内部生化作用的介质，还能为微生物所利用，因此，自由水对稻谷的安全贮藏影响非常大。自由水是稻谷发霉变质的主要因素，是需要严格控制的水分。

(2) 结合水　又称束缚水，存在于稻谷细胞内，与淀粉、蛋白质等强极性分子紧密结合在一起，性质很稳定，不具有普通水的物理特性。因此，结合水不能为微生物和酶所利用。

常规的干燥方法不能将结合水除去。经常规方法干燥后，稻谷只含有结合水，其生理活性很弱，具有稳定的贮藏特性，因此，结合水又称安全水分。

（二）淀粉

稻谷品种不同，其淀粉含量差异较大，其中籼稻谷的淀粉含量平均为62.1%，粳稻谷的淀粉含量平均为64.5%，糯稻谷淀粉含量平均为62.4%。淀粉大部分存在于胚乳中。

1. 稻谷淀粉特点

稻谷淀粉是一种复合淀粉粒，呈球形或椭圆形，直径7~25μm，其内包含着20~60个小淀粉颗粒。稻谷淀粉颗粒呈不规则的多角体，是已知谷物中淀粉颗粒最小的，为3~8μm。稻谷品种不同，其淀粉颗粒大小也有明显差异。

2. 稻谷淀粉组成

淀粉按其分子结构可分为直链淀粉和支链淀粉。支链淀粉黏性大，直链淀粉黏性小，这两种淀粉的含量比例能反映稻谷的品质特性。稻谷的淀粉以籼米中直链淀粉高，米饭黏性小，干松，同时蒸煮膨胀值高，出饭率也高；粳米中支链淀粉含量较高，米饭黏性强，出饭率低；糯米中所含淀粉几乎都是支链淀粉，米饭黏性最大。

（三）蛋白质

稻谷中蛋白质含量为7%~10%，仅次于碳水化合物。稻谷品种不同，产地不同，其蛋白质含量也不同。稻谷中蛋白质的种类及其占比如下：清蛋白4.2%~15.9%，球蛋白9.4%~17.8%，谷蛋白64.7%~84.7%，醇溶蛋白<5%。以上几种蛋白质在糙米籽粒中的分布不均匀，清蛋白和球蛋白主要集中于糊粉层和胚中，在糙米胚乳外层含量最高，越向中心其含量越低；谷蛋白的分布规律则是中心部分含量很高，越向外层含量越低。

稻谷中蛋白质含量的高低，影响了稻谷籽粒抗压强度的大小。稻谷籽粒的蛋白质含量越高，籽粒抗压强度就越大，耐压性能越强，加工时产生的碎米越少。

（四）脂类

稻谷中脂类含量一般为2.6%~3.9%，但成分复杂，形式多样，不同测定方法测得的脂类含量不一样。稻谷脂类含量是影响米饭可口程度的主要因素，脂类含量越高，米饭光泽越好。但大米中脂肪易氧化酸败，因此长期存放的大米，往往有异味而影响食用。

脂类在稻谷籽粒中的分布不均匀，胚中含量最高，其次是种皮和糊粉层，内层胚乳中含量极少。大米中脂类含量一般为0.3%~0.5%，且随大米精度的提高而下降。

（五）矿物质和维生素

矿物质和维生素是人体必需的物质。稻谷中的矿物质（灰分）有铝、钙、铁、镁、锰、磷、钾、硅、钠、锌等，主要存在于稻壳、胚及皮层中，胚乳中含量极少。因此，大米的精度越高，灰分的含量越低。大米中的灰分约占稻谷灰分的28%。

稻谷中含有多种维生素，主要有水溶性B族维生素，如硫胺素、核黄素、烟酸、吡哆醇、泛酸、叶酸等，其次还有少量维生素A及维生素E。稻谷中维生素主要分布在糊粉层和胚中，籽粒外层的维生素含量最高，越靠近籽粒中心就越少。因此，糙米中维生素含量比大米高，随着加工精度的提高，维生素的含量也逐渐降低。

二、稻谷籽粒各组成部分的质量与化学组成

（一）稻谷籽粒各组成部分的质量比例

稻谷和糙米籽粒各组成部分的质量比例随着稻谷类型、品种和生长条件不同而变化。具体来说，以籽粒的形状、大小、成熟度及饱满度的不同为转移。一般而言，各部分质量比例为：稻壳15%~20%，果皮和种皮1.2%~1.5%，珠心层和糊粉层4%~6%，胚乳66%~73%，胚2%~3.5%。

（二）稻谷籽粒各组成部分的化学组成

（1）稻壳　质地粗糙而坚硬，含有大量的粗纤维和灰分。稻壳中不含淀粉，因而不能食用，加工时要全部除去。

（2）皮层　含纤维素较多，脂肪、蛋白质和矿物质含量也较多。因有皮层的存在，糙米吸水性差，出饭率低，蒸饭时间长，食味不佳，所以加工时要把全部或大部分皮层碾去。

（3）糊粉层　介于皮层和胚乳淀粉细胞之间，含有丰富的脂肪、蛋白质和维生素等，营养价值比果皮、种皮、珠心层高，但糊粉层的细胞壁较厚，不易消化，且含有较多的脂肪和酶类使大米不耐贮藏。

（4）胚乳　作为贮藏养分的组织，含淀粉最多，其次是蛋白质，而脂肪、灰分和纤维素的含量都极少。因此，胚乳是籽粒中供人们食用的最有价值的部分，加工时要尽量保留。

（5）胚　是谷粒生理活性最强的部分，富含蛋白质、脂肪、可溶性糖和维生素等，其营养价值很高，但因胚中的脂肪易酸败变质使大米不耐贮藏。因此，如大米不做长期贮藏，可尽量将胚保留下来。

稻谷籽粒及其各组成部分的化学成分含量见表1-3。

表1-3　稻谷籽粒及其各组成部分的化学成分含量　单位：%

组成部分	水分	蛋白质	脂肪	碳水化合物	纤维素	灰分
稻谷	11.7	8.1	1.8	64.5	8.9	5.0
糙米	12.2	9.1	2.0	74.5	1.1	1.1
胚乳	12.4	7.6	0.3	78.8	0.4	0.5
胚	12.4	21.6	20.7	29.1	7.5	8.7
皮层	13.5	14.8	18.2	35.1	9.0	9.4
稻壳	8.5	3.6	0.9	29.4	39.0	18.6

注：①上列数值为平均值。
②胚乳中的碳水化合物主要是淀粉，胚和皮层中一般不含淀粉。
③稻壳中的碳水化合物主要是多缩戊糖。

（三）稻谷在加工过程中营养成分的损失

在稻谷加工过程中，碾米精度越高，成品大米的化学成分越接近于纯胚乳，即大米中淀粉的含量随精度的提高而增加，其他成分则都相对地减少。在理论上，大米应当只是纯胚乳，但实际上，由于胚、皮层与胚乳有一定的结合力，以及米粒表面具有纵沟等原因，在碾

米时不可能全部分开。若将胚和皮层全部碾除，则势必使胚乳造成很大的损失。从营养的观点来看，糙米碾白程度越高，淀粉的相对含量越高，纤维素越少，消化率也越高，但维生素、脂类、蛋白质和矿物质等这些营养物质流失也就越严重。为了减少胚乳的损失，提高出米率，同时尽量保留上述这些营养成分，应对稻谷进行适度加工。

第四节 稻谷加工产品与副产品

一、稻谷加工产品

1. 糙米

糙米是指除了稻壳之外的全谷粒，即含有皮层、糊粉层和胚芽的米。糙米保留了稻谷的绝大部分营养成分，具有较高的营养价值。与普通白米相比，糙米被视为是一种绿色健康食品，尤其是有色稻，基本都是以糙米的形式流通。但是，由于糙米皮层粗纤维、糠蜡等较多，口感较粗，质地紧密，不利于人体正常的消化吸收。糙米的吸水性和膨胀性都较差，蒸煮时间长、质地干硬、粗糙、缺乏黏性和柔软感，且糙米含有较多脂肪和酶类，不耐贮藏。因此，糙米的产量和市场接受度有待提高。

2. 留胚米

留胚米又称胚芽米或活性米，一般是指留胚粒率在 75%（留胚籼米）或 80%（留胚粳米）以上的大米。其中，留胚粒是指糙米经碾白后，米胚为完整米胚一半及以上的米粒。留胚米的加工精度均为适碾。与普通大米相比较，留胚米含有丰富的维生素 B_1、维生素 B_2、维生素 E 以及膳食纤维。留胚米因保留胚芽较多，在温度、水分含量适宜的条件下，微生物容易繁殖。因此，留胚米常采用真空包装或充气（二氧化碳）包装，防止留胚米品质降低。

3. （精）白米

（精）白米是稻谷经过清理、砻谷脱壳得到糙米，糙米再碾去皮层和胚，得到的最终产品，也是消费量最大的成品形式。碾白程度越高，成品大米的化学成分越接近于纯胚乳。（精）白米的优点是口感好，缺点是营养成分损失较大。

4. 免淘米

免淘米也称清洁米、不淘洗米、免洗米，是指符合卫生要求，不必淘洗就可直接炊煮食用的大米。目前国际上规定免淘米的洁净度应小于 100mg/kg 即杂质在米中的比例应小于百万分之一（数值越小，洁净度就越高）。免淘米精度应达到或超过现行一级大米的国家标准，含杂要求也要严于国家标准，必须无杂质、无霉、无毒，才能在炊食前免于淘洗。此外，为了提高免淘米的食用品质和商品价值，还应尽可能地减少不完善粒、垩白粒及全粉质粒的含量，减少异品种粮粒含量，提高成品的整齐度、透明度与光泽。免淘米表面光洁并有胶质保护，因此具有较好的贮藏性能。

5. 蒸谷米

蒸谷米是指稻谷清理后，先经水热处理（含浸泡、汽蒸、干燥等），再经砻谷、碾米等加工所得的特种米。全世界有 1/5 数量的稻谷，经水热处理后制成蒸谷米。印度稻谷总产量的一半以上被加工成蒸谷米，西欧、中美、南美等地区一些国家也进行蒸谷米加工。蒸谷米的营养价值比普通白米高，胀性好，出饭率高，同时籽粒的结构变得紧密，更加坚实，加工后米粒透明，光泽变好，碎米率大为下降，出米率可提高1%~4%。但是，稻谷水热处理后制得的蒸谷米的米色较深，常常有一种异味，初食者很不习惯。蒸谷米饭黏性较差，不适宜煮稀饭。

6. 发芽糙米

发芽糙米是指糙米在一定的温度、湿度下进行培养，待糙米发芽到一定程度时将其干燥，所得到的由幼芽和带皮层的胚乳组成的制品。糙米发芽过程中，大量酶（如淀粉酶、蛋白酶、植酸酶等）被激活和释放，与植酸结合的各种营养成分呈解离状态，糙米的外皮变得柔软，从而易被人体消化吸收。同时，部分蛋白质分解为氨基酸，淀粉转变为糖类，在保留了糙米丰富的维生素、矿物质和膳食纤维营养成分的同时，又产生了多种具有促进人体健康的功能性成分。因此，发芽糙米食用品质接近大米，但营养价值超过大米，且具有一定的功能特性。

二、稻谷加工副产品

在稻谷清理、砻谷脱壳、碾白去皮、成品整理等一系列加工过程中，会产生一些副产品，包括瘪谷、青粒、异色粒、垩白粒、碎米（普碎、精碎）、稻壳、米糠（黄糠、白糠）等。其中稻壳、米糠和碎米的产量较大，为稻谷加工的主要副产品。稻谷副产品的精深加工可使稻谷的价值提高几倍，乃至十几倍，这是一个大有潜力可挖的重要领域，也是企业取得高效益的有效途径。

1. 瘪谷

瘪谷指颗粒不饱满的谷粒。导致瘪谷产生的因素有影响水稻植株正常生长发育的土质不佳、氮肥不足、水分过多或过少、病虫害、收割时间太早、气候不良等外界条件。收获的稻谷中一般含有2%~5%的瘪谷，在加工过程中大部分瘪谷会随着风选过程进入除尘系统或进入稻壳中，一般当作杂质或稻壳销售，也可作为饲料。当稻壳作为燃料燃烧时，稻壳中如果含瘪谷量过大，会影响稻壳灰的质量，对利用稻壳进一步制作白炭黑有负作用，需先将瘪谷提出。

2. 青粒

青粒也称未熟粒、青白片，是指在水稻成熟期由于气候原因导致谷粒没有完全成熟，但是内部又含有一部分淀粉的籽粒。青粒粒度小，不透明，全部为粉质。

3. 异色粒

大米异色粒是指稻谷生长过程中受各种病虫害的影响，或大米保管过程中由于微生物的侵害所产生的各种不正常颜色的米粒。异色粒包括黄粒米、病斑或虫害米等。黄粒米是胚乳呈黄色，与正常米粒色泽明显不同的米粒。病斑或虫害米是谷粒内颖出现褐色点或变褐，随病势进展变浓褐或黑褐色的米粒。在大米加工过程中，为提高大米的外观品质，保护人们的身体健康，应将其中的异色粒分离出去。

4. 垩白粒

垩白粒直接影响大米的加工品质、蒸煮品质、外观品质和商品流通。在GB/T 1354—2018中，对优质大米的垩白度有严格的要求。因此，在大米加工过程中，需将超标的垩白粒分离出去。垩白粒淀粉含量较高，宜用作酿酒、制糖等食品原料。

5. 碎米

稻谷在碾制过程中一般产生5%~25%的碎米，碎米的多少与稻谷的品种、水分、加工工艺及生产操作等因素密切相关。垩白多的谷粒，结构疏松，硬度低，加工时易出碎米。爆腰率高的稻谷，加工时碎米多。碎米含量是大米的定等指标之一，碎米多既影响大米的整齐度和食味，又不利于大米的安全贮藏。

碎米包括大碎米和小碎米。大碎米是指长度小于同批试样完整米粒平均长度3/4，留存在直径2.0mm圆孔筛上的不完整米粒；小碎米是留存在直径1.0mm圆孔筛上的碎米。对于长粒米，实际生产中一般将完整米粒平均长度1/2以下的籽粒称为小碎，1/2~3/4的籽粒称为大碎。碎米中蛋白质、淀粉等营养物质含量与大米相近，但经济价值比白米低1/3~1/2。

稻谷加工中，将来自不同工序的碎米分为普碎和精碎。在成品整理工序（抛光、色选）前产生的碎米为普碎，之后的加工过程中产生的碎米为精碎。普碎中含异色粒、糠粉等，常作为动物饲料。精碎类似大米成品品质，常用作米粉等食品原料。

近年来，碎米需求旺盛，国家已制定相应的商品碎米质量标准。不同用途的碎米在质量指标上有明确的区别。已有粮食行业标准《碎米》（LS/T 3246—2017）、农业行业标准《饲料原料　碎米》（NY/T 212—2021）、粮食行业协会团体标准《啤酒用大米、碎米》（T/LNSLX 016—2021）等。

6. 稻壳

稻壳是稻谷加工的主要副产品之一，占稻谷质量的16%~20%。稻壳富含纤维素、半纤维素、木质素和二氧化硅，表面坚硬耐腐，难以被动物消化和被微生物降解，不适合用作饲料和直接掩埋还田处理。稻壳的自然堆积密度小，不利于运输和存放，通常将其压块处理后再进行运输，但如果对稻壳的完整度要求高，则只能散装或打包运输。

稻壳含有木纤维结构，将其作为代木材料加工成具有良好力学性能的板材，可制作稻壳板、快餐盒等容器。稻壳作为养殖垫料、酿造载体都有很广泛的应用。稻壳粉碎后，可以做饲料的载体。稻壳经水解还可以制备木糖、木聚糖、糠醛等食品或化工相关产品。稻壳中可燃物达70%以上，稻壳燃烧值约为标准煤的一半。因此，稻壳是一种方便且廉价的能源，可用作燃料。稻壳灰是稻壳经高温煅烧后的剩余物，一般为稻壳质量的16%~20%。稻壳灰的主要成分是二氧化硅（SiO_2），比例高达87%~97%，可以制备含硅产品，如水玻璃、白炭黑、稻壳水泥、高温耐火材料、硅橡胶等。对稻壳灰进行特殊处理后，可制备高纯硅产品，如多孔二氧化硅、高纯硅、硅肥、精细陶瓷等。

7. 米糠

米糠是稻谷加工的主要副产品之一，占稻谷质量的9%~11%。受品种、水分、籽粒饱满度及加工精度等因素的影响，米糠质量差异很大。糙米出糠率的大小取决于米糠层的厚度、糠层的表面积和加工精度。在加工同一精度的大米时，品质优良的品种及成熟而饱满的稻谷，因其纵沟较浅、糠层较薄，表面积相对减小，出糠率较低，出米率较高。

（1）米糠的结构组成　除皮层被碾去外，大部分的胚也被碾下来。因此，从结构组成看，米糠包含了稻谷的果皮、种皮、糊粉层、亚糊粉层、珠心层、胚芽和少部分胚乳。稻谷品种、碾米前预处理方式、碾米工艺等流程和加工精度不同，使得各组分在米糠中所占的比例有很大不同。

（2）米糠的化学组成　米糠中含有 12%～22%的油脂、11%～17%的粗蛋白质、6%～14%的粗纤维、10%～15%的水分和 10%左右的灰分。此外，米糖还含有丰富的维生素、烟酸、米糠多糖、多酚、γ-氨基丁酸，以及铝、钙、铁、镁、锰、磷、钾、钠、锌等矿质元素。米糠中的粗蛋白质是已知的低过敏性蛋白源之一，且具有很高的赖氨酸含量。米糠中还含有约 4%的生育酚、生育三烯酚、角鲨烯和谷维素等天然抗氧化剂。

（3）米糠的分类　根据颜色不同，米糠又可分为黄糠和白糠。黄糠是前道碾米机碾下的米糠，其碾磨深度一般碾至外胚乳或糊粉层，颜色较黄，脂肪含量较高，可用于制取稻米油。白糠是后道碾米机和抛光机碾下的米糠，也称抛光粉，其淀粉含量较高，颜色较白，可用作食品原料。

（4）米糠的稳定化　米糠中含有一系列脂肪水解酶，从稻谷籽粒上被剥离下来后，能很快分解米糠中的油脂，使酸价迅速上升。防止米糠水解酸败的关键是抑制脂肪酶的活性，称为米糠的稳定化。目前，米糠稳定化的方法主要有高温法和物理挤压法，都需要消耗大量的能源，并且处理不当会导致米糠中的维生素和氨基酸遭到一定程度破坏。

（5）米糠的用途　目前，米糠主要用于提取食用油或用作饲料，不同用途的米糠在质量指标上有明确的区别。为规范行业中米糠的收购、贮藏、加工和销售，现行的质量标准中米糠又分为《油用米糠》（LS/T 3269—2020）、《饲料用米糠》（NY/T 122—1989）等。

第五节　大米食用品质与质量标准

一、大米食用品质

大米食用品质是指其在蒸煮和食用过程中所表现出的各种理化和感官特性，包括蒸煮和食味两个方面。

（一）蒸煮品质

蒸煮品质是指一定条件下大米在蒸煮和食用过程中所表现的各种理化性状及食味特性，如吸水性、膨胀性、延伸性、糊化性、回生性及米饭的形态、色泽、气味、适口性及滋味等。影响大米蒸煮品质的主要指标包括直链淀粉含量、糊化温度、胶稠度等。

1. 直链淀粉含量

直链淀粉含量高，米饭的黏性小，质地硬，无光泽，食味差；直链淀粉含量过低，则米饭软，黏而腻，弹性差。

2. 糊化温度

糊化温度指大米淀粉在加热的水中开始发生不可逆膨胀时的临界温度，其评价分为三级：小于 70℃为低，高于 74℃为高，介于 70～74℃为中。大米的物理蒸煮特性与糊化温度密切相关，高糊化温度的大米比低或中等的大米需要更多的水分和蒸煮时间。

3. 胶稠度

胶稠度是大米淀粉的一种胶体特性，指大米淀粉经糊化、冷却后米糊胶的延展长度（mm），表示淀粉糊化和冷却的回生趋势。胶稠度是影响大米蒸煮品质、米饭软硬及口感的重要因素。胶稠度大的米饭柔软、黏性大，口感好，有光泽，冷却后不易回生。一般来说，支链淀粉含量高的大米胶稠度大。

通常将大米的胶稠度分成软胶稠度（>60mm）、中胶稠度（40~60mm）、硬胶稠度（<40mm）三类。一般优质米的胶稠度都是软胶稠度。早稻品种大多胶稠度较小，米质较差，口感粗糙，冷却后易变硬。

（二）食味品质

大米食味品质是指米饭在咀嚼时给人的味觉感官留下的感觉，如米饭的黏性、弹性、硬度、香味等。评价指标主要有气味、外观结构、适口性、滋味、冷饭质地等。一般认为食味品质好的米饭应柔软而有弹性，稍有甜味和香味。

大米食味品质的评定主要有两种方法：一是通过大米蒸煮实验和感官评价进行米饭食味的评定；二是借助仪器测定大米或米饭的某些理化特性，用来预测大米的食用品质，二者具有较好的相关性。

1. 感官评价

大米蒸煮食用品质感官评价方法见《粮油检验　稻谷、大米蒸煮食用品质感官评价方法》（GB/T 15682—2008），挑选5~10名优选评价员或18~24名初级评价员，对按照规定要求制作出的米饭样品进行感官评价，分别将实验样品米饭的气味、外观结构、适口性、滋味、冷饭质地和综合评分对比参照样品进行评分或比较评定，最后以综合评分的平均值作为大米食用品质感官评定的结果。

2. 米饭理化特性测定

用于测定米饭理化特性的主要仪器有改进型托盘天平（测定黏着性）、质构仪（测定硬度、黏度、弹性、咀嚼性）、平行板流变仪（测定黏性、弹性）和测鲜仪（测定新陈度）等，以其测得的数值表示米饭食味的优劣。

近年来，大米食味计发展迅速，有米粒食味计和米饭食味计两类。米粒食味计利用近红外光测定大米的透光率和反射率，实现了对米粒中与食味有关的成分（直链淀粉、蛋白质、水分等）的测定，通过智能模糊理论来预测食味，直接对未经蒸煮的大米样品进行测量，可得出该样品的食味分数，分数越高，食味越优。米饭食味计利用可见光和近红外光来测定米饭，计算出感官品尝项目（外观、硬度、黏度、综合评分等）。

二、大米质量标准

目前我国实施的大米相关标准包括大米的国家标准、地方标准以及团体标准。

（一）大米国家标准

现行《大米》（GB/T 1354—2018）于2019年5月1日正式实施。该标准中，按原料稻谷类型，分为籼米、粳米、籼糯米、粳糯米四类；按食用品质分为大米和优质大米，其中优质大米分为优质籼米和优质粳米。

大米以碎米（总量及其中小碎米含量）、加工精度和不完善粒含量为定等指标。优质大米以碎米（总量及其中小碎米含量）、加工精度、垩白度和品尝评分值为定等指标。

GB/T 1354—2018调整了定等指标，并以“留皮度”作为衡量加工精度的指标。在优质大米质量指标方面，取消了籼糯米和粳糯米的分类，修改了加工精度指标，降低了碎米总量的要求，以垩白度指标代替了垩白粒率指标，并修改了直链淀粉含量指标；同时，提高了不完善粒含量、杂质限量、黄粒米含量指标要求，杂质限量二级指标中取消了糠粉、矿物质、带壳瘪粒、稻谷粒指标，增加了无机杂质含量指标。

（二）其他大米质量标准

因地理位置不同、土壤环境不同以及稻谷种植品种不同，导致不同地区的大米品质差异。为提高地方大米产品的市场竞争力，一些地方和团体对大米制订有地方标准和团体标准，此类标准涉及的内容包括地理标志产品保护范围、产地自然环境、稻谷品种等。在质量指标方面，这些标准在碎米总量或垩白度、直链淀粉含量、品尝评分值、胶稠度、不完善粒、互混率、黄粒米含量等有严格于大米或优质大米国家标准的项目，充分体现了产品的核心竞争力。

（三）大米安全标准

为了保障大米安全，国家发布《食品安全国家标准　食品中污染物限量》（GB 2762—2022）、《食品安全国家标准　食品中农药最大残留限量》（GB 2763—2021）和《食品安全国家标准　食品中真菌毒素限量》（GB 2761—2017），分别对大米中重金属最高残留限量、农药最大残留限量以及真菌毒素限量做了明确规定。

这些标准的不断修订，为大米品质和安全提供了强有力的保障。

复习思考题

1. 稻谷根据粒形和粒质分为哪几类？各有何特点？
2. 国家标准《稻谷》（GB 1350—2009）和《优质稻谷》（GB/T 17891—2017）中稻谷和优质稻谷各分几个等级？定等指标是什么？
3. 什么是垩白？垩白度和透明度对稻谷加工有何影响？
4. 米粒硬度与哪些因素有关？
5. 衡量谷物散落性的指标是什么？哪些因素会影响物料的散落性？
6. 自动分级现象是如何产生的？举例说明稻谷加工过程中自动分级现象的利弊。
7. 稻谷籽粒主要由哪几部分组成，各部分占稻谷籽粒的质量百分比约为多少？
8. 稻谷籽粒各组成部分的主要特点是什么？在加工过程中一般如何处理？
9. 稻谷加工的产品和副产品主要有哪些？
10. 国家标准《大米》（GB/T 1354—2018）中大米分几个等级？定等指标是什么？

第二章

CHAPTER 2

稻谷加工通用设备

重点与难点

①斗式提升机的主要结构和工作过程；②埋刮板输送机的主要结构和工作过程；③溜管的结构和辅助装置；④稻谷干燥的原理和主要参数；⑤稻谷烘干机的主要类型及其特点；⑥稻谷烘干工艺的选择和应用；⑦压缩空气系统的组成以及各部分的用途；⑧压缩空气系统的分类及其设计要求。

课程思政点

通用设备是指在粮油、食品、饲料等多种行业均广泛使用的设备，如散料输送设备、压缩空气系统和干燥设备等。这些设备在稻谷加工过程的各工段均起到重要作用。鉴于稻谷加工行业的特殊性，对此类设备的结构或工作参数有一些特殊要求。

第一节　散料输送设备

稻谷加工通常都是连续化的生产作业，所处理的原料、中间物料以及生产的成品，少则每小时以吨计，多则每小时上百吨。在生产过程中，这些物料必须在各工序间有序地、不间断地输送，需要充分、合理地利用各种物料输送设备，才能保证生产正常、连续地进行，实现生产自动化。

一、斗式提升机

斗式提升机是专门用在竖直或大倾角（β>70°）方向向上输送物料的设备，简称斗提机或提升机，可以输送粉状、粒状或小块状物料，在粮油、化工、矿山、建材、冶金、电力、轻工等部门广泛应用。在大米加工厂，斗式提升机用于物料的垂直提升。该设备结构紧凑，性能稳定可靠，输送量大，能耗低，噪声低，使用寿命长。

（一）斗式提升机的类型

按照斗式提升机的工作特征或结构特征不同，斗式提升机可分为多种类型。按固定与否可分为固定式和移动式；按牵引构件类型可分为带式（即带斗提升机）和链式（即链斗提升机）两种；按照料斗的运行速度可分为低速（<1m/s）、中速（1~2.5m/s）和高速（>2.5m/s）三种。可根据使用条件和所输送物料的性质选用斗式提升机类型。在稻谷加工厂中，对糙米、白米提升机的要求是：

（1）线速度小于1.2m/s，最好是重力式卸料（线速度0.5~0.6m/s），以减少碎米的产生（即减少增碎）。

（2）设备内部少残留，少卫生死角，防止生虫和结露，且便于清理。

（3）设备部件应尽量符合食品安全要求，以减少食品安全风险。

（二）斗式提升机的主要结构

稻谷加工厂使用的斗式提升机的主要结构如图2-1所示，由机头座、中间筒体、畚斗（承载构件）和畚斗带（牵引构件）、传动装置、张紧装置、底座（机座）等组成。如果把斗式提升机自上而下分为三部分，则上为机头，中为机筒，下为机座。

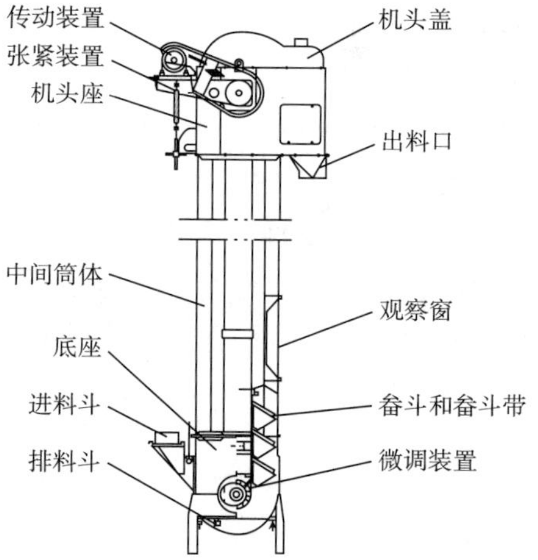

图2-1 斗式提升机的结构示意图

1. 机头

机头由机头壳体、覆胶头轮、头轮轴、卸料斗组成，并设有卸爆口及可调挡料装置。头轮由驱动装置带动，使斗提机获得动力并驱使其转动。头轮直径主要取决于物料提升量和提升高度，提升量大、提升高度大时，头轮直径应越大。

2. 畚斗及畚斗带

畚斗有尼龙或塑料材质，畚斗带多为聚氯乙烯（PVC）整芯带或聚氨酯包边带。畚斗按一定间距用畚斗专用螺栓、自锁螺母固定在畚斗带上，不同型号设备配备不同的畚斗型号及畚斗间距。采用重力式卸料的提升机畚斗其型式特殊，背部有用于后面畚斗物料溜出的“导向槽”。

3. 机筒

机筒包括普通机筒、气压平衡管（高速提升机采用）、观察检修机筒。普通机筒标准长度每节2~3m；气压平衡管通过法兰安装在机筒上（安装的位置及数量根据需要而定），使两机筒中的气压保持平衡，保证畚斗顺利装料和卸料；检修机筒上有观察检修门，供观察及更换畚斗和畚斗带时使用。

4. 机座

机座由机座壳体、底轮、底轮轴、张紧装置（包括重力张紧和螺杆张紧）、进料斗等部分组成。机座上设有顺向或逆向进料口，可满足用户采用顺向或逆向进料方式的需要。张紧装置用来调整头底轮的相对位置并张紧畚斗带，以防止跑偏及打滑。机座两侧设有排料插门，用以清除机内余粮和杂物。采用重力式卸料的提升机尾轮采用“鼠笼”式结构，可以排出掉入的物料，减少尾轮与皮带对物料的碾压。

（三）斗式提升机的工作过程

当减速电机通电后，通过联轴器、链轮链条或 V 型带带动头轮，将动力传递给畚斗带，按一定的间距安装在畚斗带上的畚斗随之由下到上沿机筒循环运动；物料从进料口进入运动的畚斗，装满并传送到提升机头部，当畚斗带在头轮上转过时，物料在离心力和重力的作用下从畚斗中抛射出来。由于头部外壳按抛物线设计，使物料沿机壳从出料口卸料。出料口处设有可调的挡料装置，可减少物料从提升机的下降管中回流。在头轮下面安装了一个对称的鞍座，能防止灰尘积聚和物料从管道中落入机座，而空的畚斗又经过皮带转动回到提升机机座，装满物料后被提升上去卸料。这样，反复循环，把底部物料提升到指定高度卸料，达到垂直提升的目的。

（四）斗式提升机的功率计算

同一型号的斗式提升机，因配置高度不同，所需功率也不同，按式（2-1）计算：

$$N = 0.005QH \tag{2-1}$$

式中　N——计算功率，kW；

Q——提升机输送量，t/h；

H——提升段高度，m。

实际选用的提升机电机功率规格≥N。

SE/SEC 系列提升机的主要技术参数见表 2-1，其中提升机的电机功率根据提升机实际高度选配。

表 2-1　　SE/SEC 系列提升机的主要技术参数

型号	输送量/（t/h）		线速度/（m/min）	畚斗带宽度/in	机长/mm	传动装置（减速电机）	
	糙白米	稻谷				功率/kW	减速比
SE6S-C	10	6	88	6	4891~15871	0.4、0.75	1/10
SE7S-C	20	12	83	7	5096~20046	0.75、1.5、2.2	1/15
SE8S-C	30	20	105	8	5385~30095	1.5、2.2、3.7	1/15
SE10S-C	50	30	130	10	5695~30405	2.2、3.7、5.5	1/15
SEC6S-C	6	—	30	6	4891~14961	0.4、0.75	1/20
SEC7S-C	10	—	30	7	5096~14856	0.75、1.5	1/20
SEC8S-C	15	—	30	8	5385~19725	1.5、2.2	1/45
SEC10S-C	30	—	30	12	5385~17895	2.2、3.7	1/45

注：1in（英寸）= 2.54cm。

二、埋刮板输送机

埋刮板输送机可以在水平、倾斜或垂直方向输送粉状、粒状及小块状物料，被广泛用于粮食、轻工、化工等行业。因其在工作时刮板链条被埋没在物料中与物料一起向前移动，故称为“埋刮板输送机”。埋刮板输送机密封性能好，灰尘不外扬，可防止输送物料被污染，进、卸料装置简单，可以多点进料、多点卸料，布置灵活方便。

（一）埋刮板输送机的类型

埋刮板输送机有水平型、垂直型、Z 型、扣环形、平面环形和立面环形 6 种标准布置形式，稻谷加工厂常用的是水平型。水平型埋刮板输送机用作水平或小倾角的输送，输送倾角一般不大于 15°。单台输送机输送长度可达 50~80m，机槽宽度有多种规格，最大输送量可达 $1600m^3/h$，可多点进料和多点卸料。

（二）埋刮板输送机的主要结构

埋刮板输送机主要由头部、尾部、进料段、中间段、刮板链条、驱动装置等零部件组成，如图 2-2 所示。

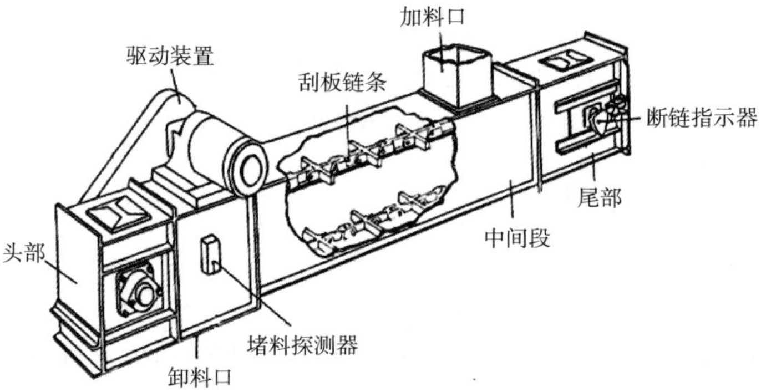

图 2-2 埋刮板输送机结构示意图

1. 刮板链条

刮板链条是埋刮板输送机的承载牵引构件，是刮板和链条的组合体，由许多链节通过销轴等零件连接而成。链节通常由不同型式的刮板和链条焊接而成，也有整体铸造的。刮板由不锈钢或耐磨工程塑料制成，按一定间距用螺栓将其连接在链条的副板上，起着推动物料的作用，输送结束时也可将机槽内剩余物料清扫干净。链条是埋刮板输送机的牵引构件，属于输送用链条。根据机槽宽度、节距大小、承载能力及物料特性的不同，链条和刮板有各种不同的型式，可根据机型和物料性能选用。

刮板节距通常与链条节距相等，当工作载荷较小时，也可比链条节距大。但刮板节距过大，会导致料槽内物料间的相对滑移，降低生产率，增加动力消耗。刮板节距过小，则增大了刮板链条的自重，加大运动阻力。刮板节距一般在不超过料槽宽度时能得到最好的效果。

刮板与机槽的间隙，一般取物料粒径的 3 倍左右，粮油工业中一般取 10mm 左右。间隙过小，运行过程中刮板容易与侧壁相碰撞，物料容易卡在刮板与料槽之间，增大运行阻力，加速刮板及机槽的磨损，甚至造成刮板损坏和断链事故口间隙过大，不利于增大物料的内摩擦力，以及克服物料与料槽的外摩擦力，导致料槽内物料颗粒之间产生相对滑移，料槽中物料的平均运动速度下降，生产率降低。

2. 链轮

埋刮板输送机刮板链条与一般链条不同，因此与其配合的链轮也不同，其特点是齿距大，齿数少。

3. 机壳

机壳包括有载分支用的料槽和无载分支用防护罩，可分为机头段、中间段（标准段、过渡段）、进料段和机尾段。

（1）机头段　其内部安装驱动用的链轮，用于链条的传动和张紧。张紧是通过调整调节螺杆的长度，来调整安装在导轨上的轴承座板上的尾轮轴的位置实现的。前端开设防堵门，以防物料被堵。

（2）中间段　包括标准段和过渡段，两端焊有连接法兰，在安装时根据需要进行拼接。标准段长度每节 2.5~3.0m。过渡段长度可根据工艺要求选配，在其内部安装导轨（托轮），用来支撑回行的链条。

（3）进料段　设有进料口和导料板，物料通过进料口进入，并通过导料板缓冲，穿过链条和导轨落入料槽中，再被刮板链条带走。

（4）机尾段　机尾段内装尾轮，用于链条的导向和张紧。通过调整调节螺杆的长度，可调整安装在滑动插板上的尾轮轴的位置，从而实现链条的张紧。

4. 安全保护装置

堵料报警装置是为了防止由于某种原因而引起的出料处物料被堵而设计的。当输送链条对堆积在尾部的物料的推力大于防堵装置的整个重力时（即尾部积料）开始报警。

5. 驱动装置

驱动装置通常由电动机、减速器、传动链轮、支架和防护罩等部分组成。驱动装置的作用是将电动机的动力传递给刮板链条，当驱动功率大于 18.5kW 时配液力耦合器。以上部件均装在驱动装置架上，具体情况根据产品的型号和工程安装位置确定。

（三）埋刮板输送机的工作过程

工作时，物料从进料口进入，被刮板链条直接推动。直接推动的牵引层和牵引层以上的被牵引层之间的内摩擦力，大于槽壁对物料的外摩擦力，这样牵引层和被牵引层物料形成一整体，共同在刮板的推力作用下向前输送，并从出料口输出。输送链条经过头、尾轮转动回到了物料的进料处，这样反复循环，达到水平（或微倾斜）输送的目的。

水平刮板输送机（TGSS）和 U 型刮板输送机（TGSU）两种类型埋刮板输送机的主要技术参数见表 2-2。

表 2-2　TGSS 型和 TGSU 型埋刮板输送机的主要技术参数

设备型号	机槽宽度（U 形机槽直径）/mm	机槽有效高度/mm	刮板链条节距/mm	刮板间距/mm
TGSS16	160	160	100	200
TGSS20	200	200	100	200
TGSS25	250	250	100	200
TGSS32	320	320	100	200
TGSS40	400	360	160	320
TGSS50	500	480	200	400

续表

设备型号	机槽宽度（U形机槽直径）/mm	机槽有效高度/mm	刮板链条节距/mm	刮板间距/mm
TGSS63	630	500	200	400
TGSU16	168	—	68	272
TGSU20	208	—	68	272
TGSU25	258	—	68	272
TGSU32	320	—	100	200

（四）埋刮板输送机的功率和输送量估算

埋刮板输送机的功率计算，在做工艺设计时初步计算出来，给电气设计使用。计算公式见式（2-2）：

$$N = 0.00322Q(1.5H + L) \tag{2-2}$$

式中 N——电机计算功率，kW；

Q——埋刮板机的额定产量，t/h；

H——埋刮板机输送提升的高度（倾斜安装时），m；

L——埋刮板机水平输送的长度，m。

选用电机功率规格时，埋刮板机实际功率≥N。

埋刮板输送机的输送量（实际产量），可根据刮板线速度、机槽宽度、机槽高度和物料体积质量进行估算。

$$Q_{实际} = 3.6 \times 10^{-6} vS\gamma \tag{2-3}$$

式中 $Q_{实际}$——埋刮板机的实际产量，t/h；

v——刮板线速度，m/s，米厂中一般取0.3~0.5m/s；

γ——输送物料的体积质量，kg/m^3；

S——埋刮板机的机槽输送物料的有效截面积，mm^2。

三、带式输送机

带式输送机是典型的连续输送机械，具有输送距离远、输送能力大、能耗低、不损伤被输送物料等优点。带式输送机可输送体积质量在2.5t/m^3以下的散状物料或单件100kg以下的成件物品，主要用于水平方向或小角度倾斜向上的输送。

带式输送机的主要缺点是输送带成本大（约占输送机造价的40%）且易磨损，在中间卸料时必须加装卸料装置。由于皮带输送机体积大、密闭性差、维修量大，因此在稻谷加工厂中，多用在原粮接收和成品打包工段，加工段使用较少。

（一）带式输送机的类型

根据带式输送机的结构不同或主要工作部件不同，可将其分为不同的类型。

（1）按支承装置的型式分类 可分为托辊式和气垫式带式输送机。

（2）按输送带的种类分类　可分为胶带式、帆布带式、塑料带式、钢带式和网带式输送机等。胶带输送机在粮油工业中使用最广泛。根据胶带表面形状，可分为普通胶带输送机和花纹胶带输送机。

（3）按输送机固定与否分类　可分为固定式和移动式两大类。固定式带式输送机通过机架安装在基础上，其工作位置不变，而且有许多种布置形式。移动式带式输送机装有行走机构，可根据使用需要进行移动，利用率较高，在粮油工业中有广泛的应用。

另外，为了满足特殊要求，要使用特种带式输送机。如在需要将物料向两个方向输送时，可以使用可逆带式输送机。

（二）带式输送机的主要结构

带式输送机主要由输送带、滚筒、支承装置、驱动装置、张紧装置、卸料装置、清扫装置和机架等部件组成，如图 2-3 所示。

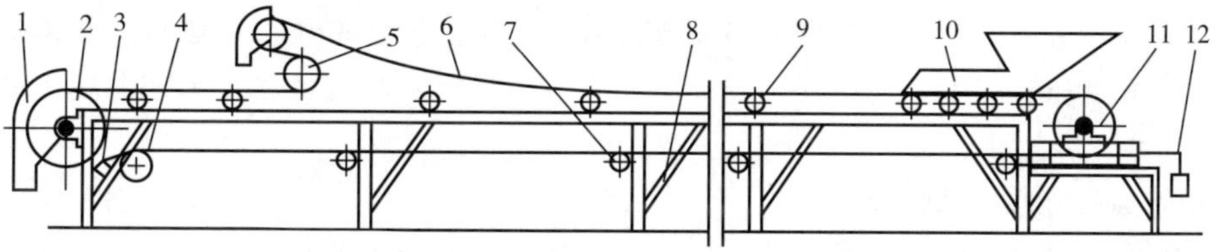

1—端部卸料；2—驱动滚筒；3—清扫装置；4—导向滚筒；5—卸料小车；6—输送带；
7—下托辊；8—机架；9—上托辊；10—进料斗；11—张紧滚筒；12—张紧装置。

图 2-3　带式输送机的结构示意图

1. 输送带

普通橡胶输送带应用最为广泛，由棉织物或化纤织物构成的带芯及其上、下表面及边缘的橡胶覆盖层构成。带芯是输送带的主体，承受输送带的纵向拉力和物料的冲击力；覆盖层是保护层，防止带芯受潮、机械损伤以及物料的磨损，并且可增大输送带与物料、驱动滚筒间的摩擦因数。带芯层数及覆盖层厚度根据输送带的使用要求而定。

2. 滚筒

按作用可分为驱动滚筒和改向滚筒，有转轴式和定轴式两种。驱动滚筒只能用转轴式，改向滚筒多为定轴式，也可以是转轴式。滚筒的制作方法有钢板卷圆焊接和铸造焊接两类。滚筒直径与带芯厚度与材质有关，滚筒长度应比输送带的宽度大 60~100mm。

3. 托辊

托辊用于支承输送带及带上物料，辊体可用无缝钢管或硬质塑料管制作。输送散料时，上托辊用两个以上的托辊组合成槽形（或用单辊制成槽形），使输送带横向成为凹槽状，以提高物料的装载量。托辊直径有不同规格，适用于不同的带宽。

4. 气室

气室是气垫带式输送机的重要部件，其作用是通过顶部弧形盘槽的气孔向输送带下面供气并形成气垫，承托输送带及物料，如图 2-4 所示。气室由

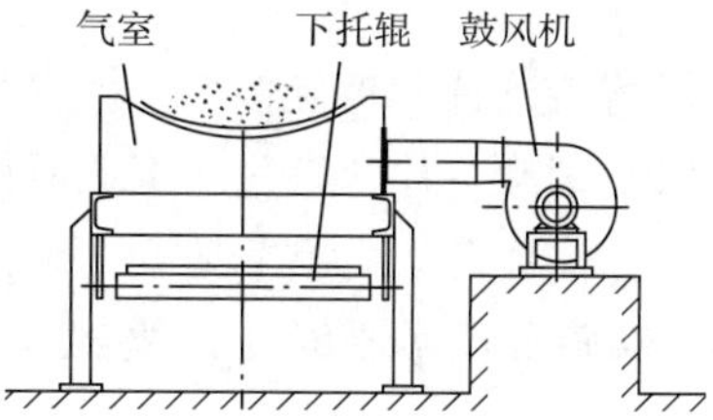

图 2-4　气室工作示意图

薄钢板折弯成形后焊接或用螺栓连接而成。

（三）带式输送机的工作过程

输送带作为牵引及承载构件，环绕于前、后两个滚筒上，驱动滚筒依靠摩擦力驱动输送带运动，并带动物料一起运行，从而实现输送物料的目的。

四、螺旋输送机

螺旋输送机俗称“绞龙”，是一种无挠性牵引构件的连续输送设备，它借助旋转叶片的推力将物料沿着机槽进行输送，适宜输送粉状、颗粒状和小块状物料，不适宜输送长纤维状、坚硬大块状、易黏结成块及易破碎的物料。螺旋输送机主要用于距离不太长的水平输送，或小倾角输送，少数情况也用于大倾角和垂直输送。

螺旋输送机结构简单，制造成本较低，易于维修，机槽密闭性较好，可以多点进料和多点卸料，一台输送机可同时向两个方向输送物料，在输送过程中还可以进行物料的混合、搅拌、松散、加热和冷却等工艺过程。稻谷加工厂中，螺旋输送机多用于米糠等副产品的水平输送。

（一）螺旋输送机的类型

螺旋输送机主要分为两大类：水平型（也称慢速螺旋输送机）和垂直型（也称快速螺旋输送机）。水平型输送机的输送长度一般小于 40m，最长不超过 70m，输送倾角 $\beta \leqslant 20°$，输送量不超过 300t/h。垂直型输送机的输送高度一般不大于 10m，输送量不超过 70t/h。

（二）螺旋输送机的主要结构

螺旋输送机的结构如图 2-5 所示，由料槽、螺旋叶片和转动轴组成的螺旋体、两端轴承、中间悬挂轴承及驱动装置所组成。

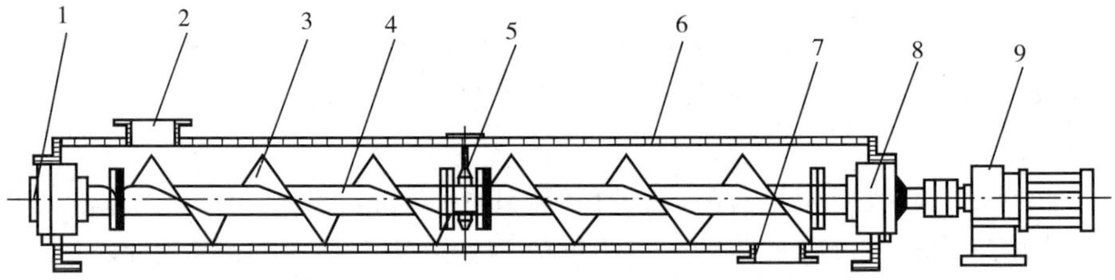

1—尾端轴承；2—进料口；3—螺旋叶片；4—螺旋轴；5—悬挂轴承；
6—料槽；7—出料口；8—首端轴承；9—驱动装置。

图 2-5　水平螺旋输送机

1. 螺旋叶片和螺旋体

（1）螺旋叶片　粮食加工业所用螺旋输送机的螺旋叶片通常由厚度为 2~8mm 的钢板制成，多为满面式、月牙式或桨叶式。螺旋叶片有左旋和右旋之分，叶片直径有多种规格可供选择。螺距可根据螺旋叶片直径、叶片形式、输送机的布置形式以及输送物料的特性来选取。

（2）螺旋体　螺旋体由两端轴承和中间悬挂轴承支承，由驱动装置驱动。

2. 机槽

（1）U 形机槽　用 2~6mm 的钢板制成，其两侧壁垂直，底部呈半圆形，半圆的内径应大于螺旋叶片的半径，使叶片与机槽之间保持一定的间隙（输送粮食一般 10mm 左右）。机槽上部用盖板封闭，盖板可以开启。机槽底部可以做成活动底，便于清理输送机内部。每节机槽长 2~4m。

（2）圆筒形机槽　又称机筒，一般采用焊接钢管或无缝钢管制成，机筒的内径要比螺旋叶片大一些，它们之间的缝隙为 5~10mm。圆形机筒密封性好、刚度大，主要应用在垂直螺旋输送机或物料充满机槽的输送机（如料仓出料口处）。

（三）螺旋输送机的工作过程

工作时，物料从喂料器的进料口进入输送槽，通过螺旋叶片的旋转对物料产生推力，把物料从进料口推向出料端。

在输送过程中，由于物料与机槽及螺旋体的摩擦，以及螺旋体对物料的搅拌翻动，致使机槽和螺旋叶片易于磨损，同时对物料具有一定的破碎作用，且输送功率消耗较大。螺旋输送机对超载敏感，需要均匀进料，否则容易产生堵塞现象。当螺旋输送机倾斜或垂直布置时，其输送效率将大幅下降，输送长度受到限制。

（四） TWLLS 型双螺旋喂料机

TWLLS 型双螺旋喂料机为水平输送设备（可小角度倾斜输送<20°），具有进口大、有变径等距、等径变距的特点，可以配置破拱装置使进料均匀，特别适用于配料仓出口。

双螺旋喂料机主要由传动、头部、螺旋体、进料段、输送段、吊挂轴承、出料段、尾部等组成，结构见图 2-6。

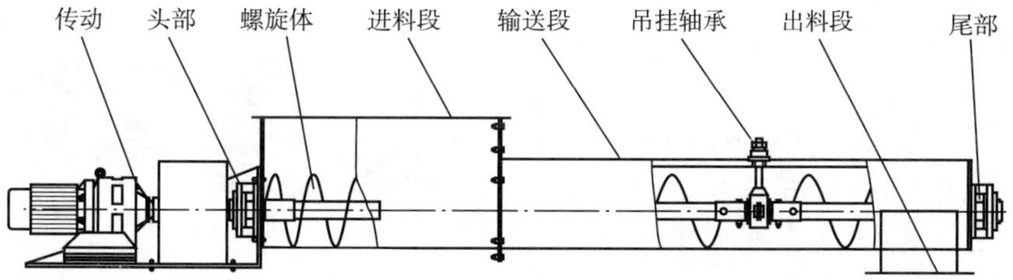

图 2-6　TWLLS 型双螺旋喂料机结构示意图

螺旋体是喂料机中最重要的部件，由螺旋叶片焊在主轴上组成。主轴为无缝钢管，螺旋叶片具有变径等距或等径变距的特点。通过叶片的旋转对物料产生推力，从而把物料输送到出口。吊挂轴承在长度超过 3m 的螺旋输送机设立，一般 2~3m 设一个。

工作时，物料从喂料机的进料口进入输送槽，通过双螺旋叶片（相向旋转）旋转对物料产生一个推力，把物料从进料口推向出料端。

五、管链输送机

管链输送机可以输送粉状、小颗粒状及小块状物料，可以做水平、倾斜、垂直输送或者多次转向的组合输送。管链输送机结构紧凑，占用空间小，输送线路灵活，可以在三维空间内改变输送方向，密闭输送，无尘、安全、卫生。

（一）管链输送机的类型

管链输送机按结构形式分为立式、卧式、提升式或组合式。

（二）管链输送机的主要结构

管链输送机通常由驱动单元（机头）、回转单元（机尾）、输送弯头、输送管道、链条盘片、清洁系统等组成，如图 2-7 所示。

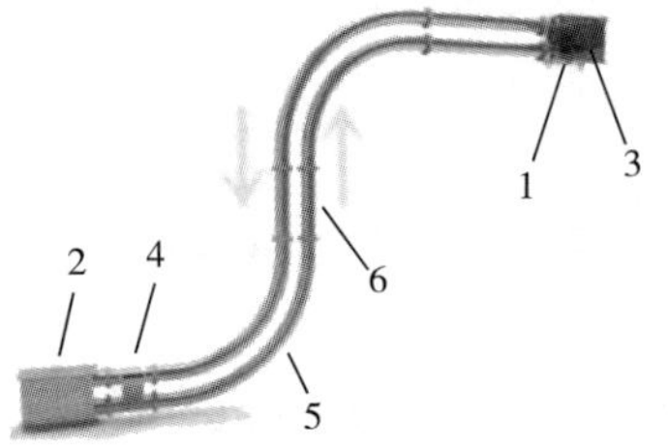

（1）管道上下分布式（立式）

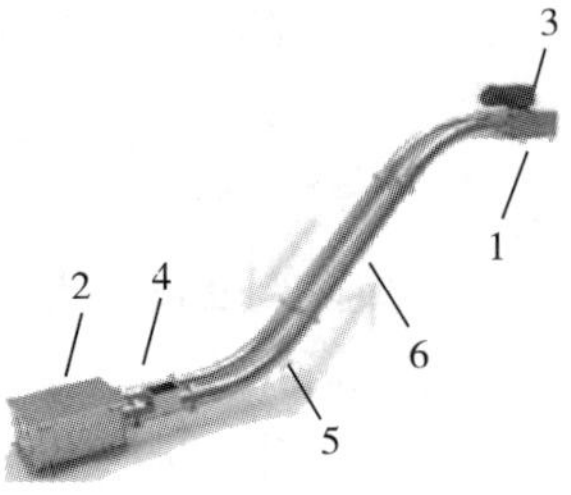

（2）管道平行分布式（卧式）

1—驱动单元（机头）；2—回转单元（机尾）；3—电机减速机；4—进料口；5—输送弯管；6—输送直管。

图 2-7 管链输送机示意图

（1）驱动单元　又称机头，由链轮、主动轴、轴承和驱动机箱等组成。

（2）回转单元　又称机尾，由链轮、从动轴、轴承、张紧机构和机箱等组成。张紧机构有气缸和弹簧两种张紧形式。垂直式管链输送机无回转单元，无张紧机构，依靠链条自重拉紧。

（3）输送管道　由直管和具有一定弯曲半径的弯管通过榫槽结构的法兰连接而成。

（4）链条盘片　由装配圆形的刮板（或称链片）的链条通过链条连接器（接头）连接的闭合型圆环链，作为牵引构件在封闭的圆形管道内输送物料，如图 2-8 所示。

图 2-8 链条盘片示意图

（5）清洁系统　环边毛刷刮片、空气刀吹扫系统、毛刷刷箱系统。

（三）管链输送机的工作过程

管链输送机是用来输送各种粉粒体物料的管道式输送设备，由闭合管道组成，在管道的端点设有驱动装置，在输送管道上设置有进料口和出料口。驱动链轮带动链条盘片，按规定方向在封闭输送管内循环转动，物料从进料口进入后，被移动的盘片推动一直到出料口，由于重力的作用，物料下落到出料口排出。由于电机减速机连续不间断运转，物料也就从一点被连续送到另一点，形成连续料流。

六、溜管及辅助装置

（一）溜管

溜管又称自流管，是利用物料的重力作用，从高处向低处输送物料的装置，在粮油加工厂、机械化粮仓和其他加工、运输行业都广泛使用。溜管用于输送散状物料，不需要动力驱动，结构简单、制造方便、使用经济，是工艺流程中不可缺少的重要环节，起着承上启下的联接作用。但是溜管只能做单向的向下输送，并要求保持一定的斜度。鉴于溜管的工艺特点，要求溜管具有耐磨损、安装方便、无毒无害、不易碎等特点。

1. 溜管及其辅助构件结构

（1）溜管　溜管一般采用不锈钢、玻璃等材质，不锈钢溜管使用最为普遍，通常是采用薄钢板焊接或咬口而成。溜管截面形状有圆形、方形或长方形，其中圆溜管安装方便，预制化程度高，因此得到广泛应用。

溜管安装时可采用预制的管件，根据其布置形式的要求任意连接固定。溜管件的壁厚按输送物料种类来定。为了提高溜管的耐磨性，减小摩擦阻力，溜管内部可垫衬钢格栅、高分子耐磨板、聚氨酯耐磨板，或直接采用耐磨钢板、锰钢板。

玻璃溜管硬度高、表面光滑、摩擦因数低，是很好的耐磨材料。但是玻璃属于脆性材料，强度较低，且不耐冲击。因此，玻璃溜管只在一些特殊场合使用，如米厂中输送稻谷、大糠等。玻璃溜管有圆形成品，现场制作一般做成方形。

聚氨酯硫化溜管是以聚氨酯弹性预聚体为主要原料，结合钢管高温硫化而成的管材。聚氨酯硫化溜管耐磨性能强，稻谷段可正常使用 3 年以上，且管材配方不含塑化剂、重金属等，符合食品安全要求。该管材还具有抗静电、阻燃等特性，磨损后的溜管可以二次覆胶，大幅降低了生产采购成本，且噪声低，可改善现场生产环境。

（2）辅助构件　辅助构件包括检查孔、法兰盘、缓冲段、拨斗等。

①检查孔：在多数溜管上，都应在方便操作的地方开设检查孔或活门，用于排除堵塞、检查物料或取样。检查孔上要配置盖子，防止粉尘外扬。

②法兰盘：较重、较大管口的溜管，在溜管与机器的连接处，以及溜管与溜管的连接处，应采用法兰盘连接固定，以免受振动而松脱。法兰边宽 20~40mm。

③缓冲段：如果溜管中的物料流速较快，容易使溜管曲折处的管壁因受物料的冲击而过早磨损。为了缓和物料冲击作用，延长溜管使用期，同时减少物料因撞击而产生的增碎，常在溜管曲折处设置缓冲段。缓冲的主要原理是让物料降低速度或让物料冲击物料。稻谷段的缓冲一般采用有残留、方便清理的缓冲，如图 2-9 所示。而白米部分的缓冲应设计成无残留的结构，常见结构如图 2-10 所示。

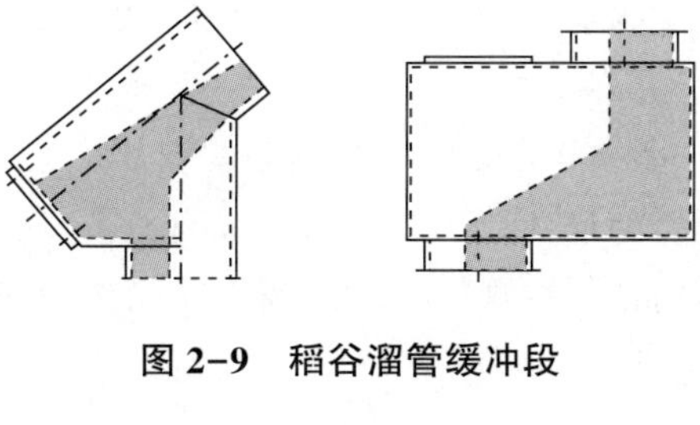

图 2-9　稻谷溜管缓冲段

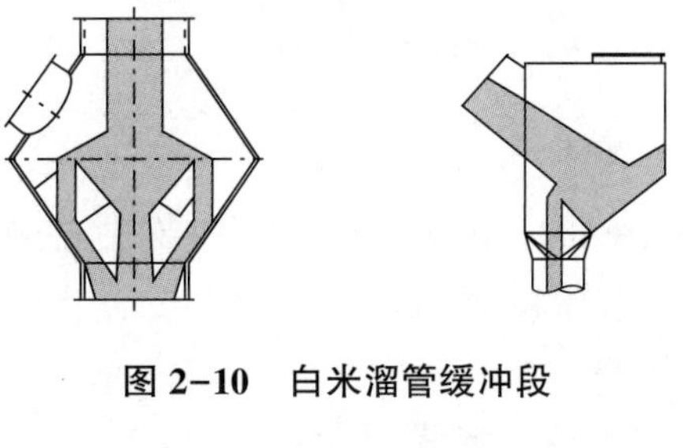

图 2-10　白米溜管缓冲段

2. 溜管内物料流动

（1）基本原理　溜管输送物料为斜面上物料的运动，即溜管的工作倾角不小于所输送物料与溜管的外摩擦角。

（2）物料在溜管内的流动速度　物料在溜管内流动时，既受管底的摩擦阻力，也受溜管侧壁的摩擦阻力，同时还要受到空气的摩擦阻力。物料与空气的相对速度越高，受空气的阻力越大。为了避免物料因下滑速度过快而造成物料破碎，以及对溜管转折处的冲击，物料的流速最好控制在 2~4m/s。溜管的曲折改向，会降低物料的流动速度。改向角度越大，物料流速降低得越多，其关系如表 2-3 所示。

表 2-3　溜管改向角度与物料速度下降的百分比

项目	溜管改向角度/（°）								
	10	20	30	40	50	60	70	80	90
速度降低百分数/%	3	7	15	25	37	55	75	90	100

（3）溜管倾斜角度　使用溜管输送物料的适宜倾斜角是根据物料特性、溜管材料和形状以及使用条件决定的。由于溜管侧壁的摩擦力增加了物料流动阻力，必须增加溜管的斜度才能保证物料顺利流动。

物料在滑动状态和静止状态下对管壁的摩擦因数是不同的。一般来讲，动摩擦因数约为静摩擦因数的 0.7 倍。因此，确定溜管的倾斜角，还要考虑物料进入溜管时的运动情况。如果物料具有较高的初速度，则溜管的倾斜角只需能保持物料的正常流动即可；如果物料的初速度很低或接近于零，则溜管倾斜角需要在上述计算的基础上增加 3°~5°或更多，使物料尽快地加速下滑。例如，提升机出口连接的溜管，倾斜角可以小一些；料仓下连接的溜管，其倾斜角则要大一些。

在稻谷加工厂中，输送稻谷、糙米、大米、米糠、谷壳等物料的不锈钢溜管的最小倾斜角度分别为 37°~40°、30°~32°、32°~35°、55°~60°、50°~55°。物料初速度为零时，用较大角度，反之用较小角度。

（4）溜管的输送量　用溜管输送物料时，总要伴随着部分空气一起流动，因此，溜管内物料的充满程度是很低的。在理论上溜管的输送量可按式（2-4）计算：

$$Q = 3600\psi\gamma v F \tag{2-4}$$

式中　Q——溜管的理论输送量，t/h；

ψ——物料充满系数，粒状物料取 $\psi = 0.4 \sim 0.5$，粉状物料取 $\psi = 0.2 \sim 0.25$；

γ——物料的体积质量，t/m^3；

v——物料流动速度，m/s；按物料进入溜管时的初速度计算；

F——溜管的横截面积，m^2。

在实际生产中，由于在开、停车时会出现流量的波动，使溜管内的流量超过正常流量，所以在设计中，往往按大于实际流量的数据来选择溜管的尺寸。另外，为了车间的整齐美观以及制作和安装的方便，同一车间内的溜管应尽量采用相同的规格。常用溜管产能参考表见附录一。

（二）辅助装置

1. 闸门

在机械化的物料输送线路中，经常需要对料仓或设备出料口进行开启或关闭，以及经常需要改变管道中物料的流动路线，这时候需要设置相应的闸门。闸门是用来开闭料仓、设备的出料口或调节出仓物料流量的一种装置。对闸门的基本要求是：尺寸小、质量轻、操作方便、密闭性好、不损伤物料。闸门按其结构型式的不同，可分为平面式、料槽式、扇式和光圈式等，粮食行业所用的闸门主要是平面式闸门。

最简单的平面式闸门就是通常所说的插板（图 2-11）。这种闸门适用于小颗粒、易流动的物料，在粮食行业使用非常广泛。

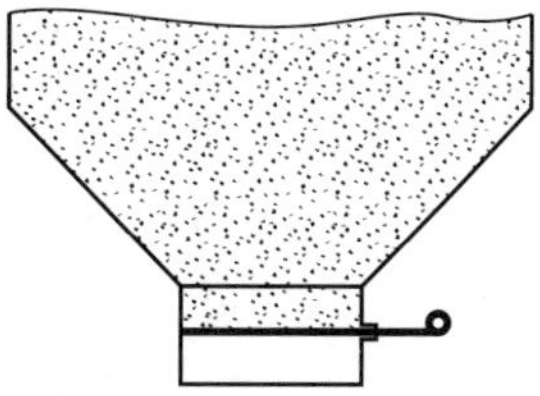

图 2-11　平面式闸门

平面式闸门不仅用于料仓的出料口，还用于控制某些输送设备多点卸料。如立筒仓上部的进仓设备，就需要配置多个闸门控制向各个仓进料。平面式闸门的优点是高度尺寸小、结构紧凑且简单，并能调节物料流量，且密闭性好。近几年开发应用的气密性闸门，能够适应粮食筒仓内部熏蒸的气密性要求。其缺点是平板上承受的压力较大，造成滑动阻力大、调节困难并容易卡住物料。平面式闸门较好的结构是采用齿条、链条或螺杆传动，操作方便、灵活、省力。根据驱动力的不同，平面式闸门可分为手动式、电动式和气动式，以及由两种型式组合的复合式。

2. 拨斗

拨斗是指用于管道中控制物料流向、分配物料流量的装置，又称分路阀、分流器、三通，有两分式、三分式和四分式等几种。当因工艺需要，将物料分成两路或两路以上，或者改变物料的流向时，需要装设拨斗。对拨斗的基本要求是：尺寸小，质量轻，操作方便；易于调节物料流量的分配；关闭严密，不串料；物料流动顺畅，不积料。

按其工作机构的种类，拨斗可分为翻板式、摆管式（料筐式）、转管式等。

（1）翻板式拨斗　翻板式拨斗适合用于小颗粒、易流动的物料，在粮食行业使用非常广泛。驱动方式有手动、电动和气动，口径形状有方形和圆形，分路的数量有双路、三路和四路，分路的型式有正分式和偏分式（图 2-12）。其优点是结构简单、紧凑、尺寸小，并能将物料分成两路或两路以上。缺点是翻板受物料的冲力大，在物料流动时换向费力，有时会出现卡位或积料现象。

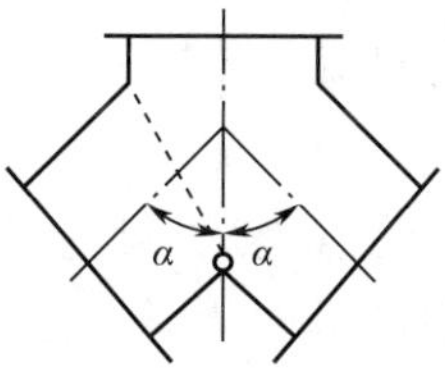

（1）正分式双路拨斗（正三通）

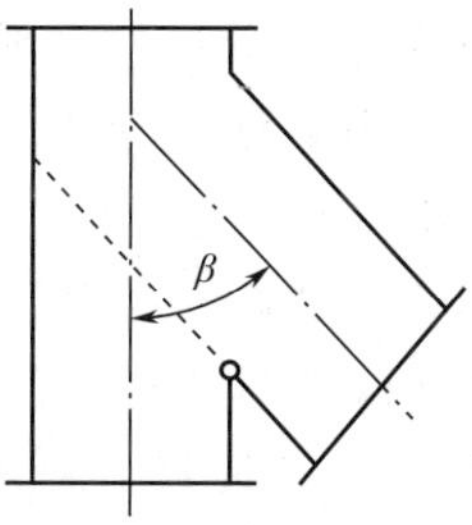

（2）偏分式双路拨斗（偏三通）

图 2-12　翻板式拨斗

（2）摆管式拨斗　摆管式拨斗适合用于粒状或块状物料，可以手动、电动或气动，基本结构如图 2-13 所示。其优点是摆管换向时受物料的冲击力影响不大，不会出现摆管卡位现象，物料不积存、不结块，并能将物料按比例分成两路。缺点是体积较大。

（3）转管式拨斗　转管式拨斗也称作分配盘，适合用于分配路线较多的场合，基本结构如图 2-14 所示。这种拨斗可以将物料分配到更多的线路中去，其分路多、体积较大，一般用于物料的分配入仓。转管式阀门可以手动或电动驱动。

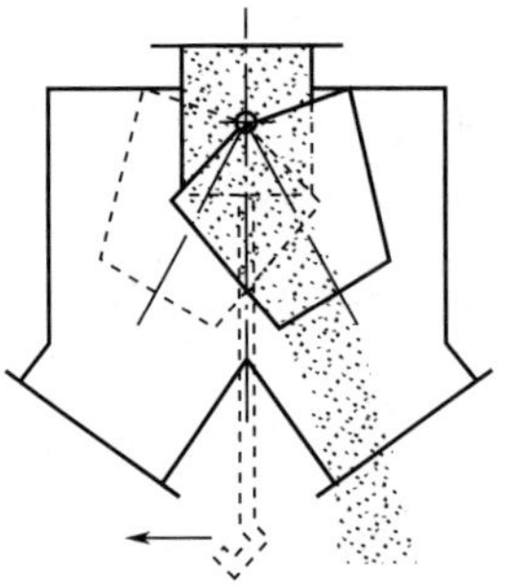

图 2-13 摆管式拨斗

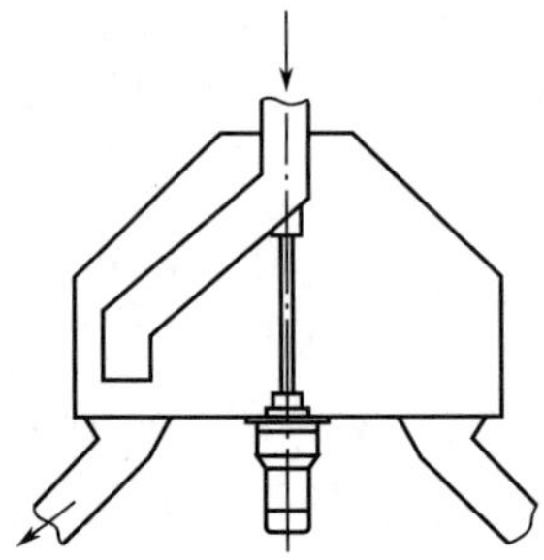

图 2-14 转管式拨斗

第二节 稻谷干燥设备与工艺

干燥是稻谷能够安全贮藏的必不可少的一道工序。水分含量对稻谷收割、贮藏到加工的整个过程中都有着至关重要的影响。水分含量过高容易导致稻谷霉烂变质，烘干或晾晒过度，则会造成稻谷的水分损失，增加碎米率。因此，对稻谷进行科学合理的干燥能有效实现节粮减损，对稻谷的收购、贮藏、加工等工作具有十分重要的意义。

一、稻谷干燥原理与特点

稻谷干燥的基本原理是利用干燥介质的热能和水分迁移势驱使稻谷中的水分向介质中迁移，从而实现降水的目标。干燥介质的相对湿度会随着温度升高而减少，通过介质汽化谷物的水分，并将之转移到介质内，最终通过介质将谷物的水分带走，使水分在物料表面的蒸气分压超过干燥介质中的蒸气分压，实现水蒸气迁移。常见介质有干空气、热空气、热烟气等，介质的作用是载热和载湿。传热的基本方式主要有对流、传导和辐射。

（一）稻谷中的水分

稻谷干燥过程本质是去除稻谷内部水分的过程，其终点是达到物质和能量交换的平衡状态。依据平衡时空气相对湿度和稻谷含水率的对应关系和平衡特征，将稻谷中的水分为结合水和非结合水两种形式，图 2-15 体现了水分和稻谷的结合情况。其中：M_0 表示稻谷初始含水率（%），M_e 表示平衡含水率（%），M_c 表示最大吸湿含水率（%）。

图中的吸附等温线表征了一定温度下，两相界面上吸附过程达到平衡时空气和稻谷的含水情况。将吸附等温线作为参考基准，吸附等温线上任意点 M_e 表征稻谷含水率在相应空气湿度条件下达到的平衡状态，表示了在该空气条件下稻谷降水的极限。向右越过平衡水分点，表示该部分水为自由水，能通过干燥过程去除。当空气相对湿度为 100%，此时的平衡水分点为最大吸湿含水率 M_c。当含水率超过 M_c，超出部分都为非结合水，是完全自由的液体，由此明确了稻谷干燥去水过程的极限和目标。

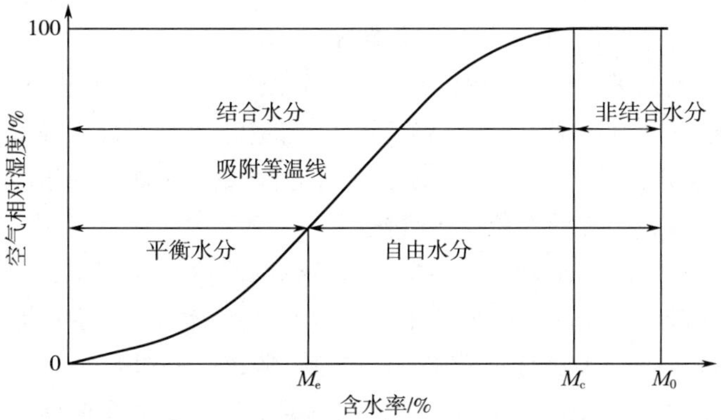

图 2-15　水分与稻谷的结合情况

稻谷在空气中长时间存放会达到水分平衡，稻谷平衡水分对稻谷通风以及干燥，具有十分重要的意义。当稻谷内部蒸气分压高于环境空气，水分散失，即解吸；当谷物内部蒸气分压低于环境空气，水分增加，即吸湿。不同空气相对湿度和不同粮温条件下的稻谷、大米的平衡水分见附录二。

（二）稻谷干燥原理

1. 稻谷内部水分传导理论

稻谷籽粒主要由稻壳和糙米两部分组成。由于稻壳与糙米之间联接松散，存在明显的分界面，成为传热、导湿等过程的间断面，所以稻谷的干燥降水过程需先加热稻壳后，再由稻壳将热量传递给糙米。当糙米获得热量后，颗粒内部水分动能增加，加快蒸发和扩散速度，最后透过稻壳，被干燥介质带走，完成降水过程。但由于有种皮妨碍水分迁移，烘干时内部水分扩散速度小于外部水分蒸发速度，80%左右的水分由胚乳向胚芽转移，由胚芽转排糙米外的稻壳。若烘干温度过高或者蒸发速度过快，会导致稻谷内部水分梯度太大而产生应力，因此需要缓苏时间来平衡水分，如图 2-16 所示。

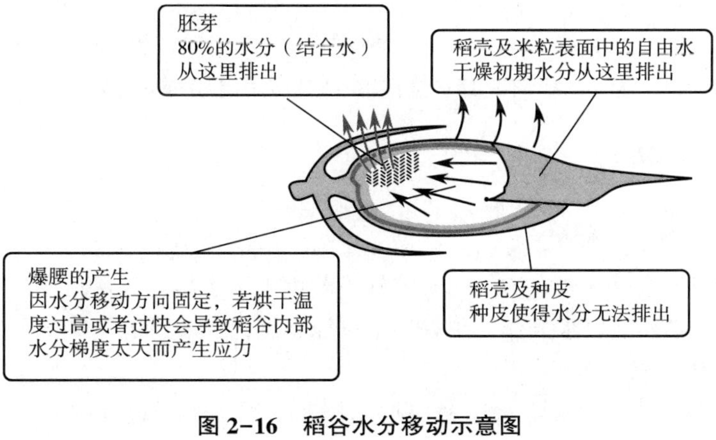

图 2-16　稻谷水分移动示意图

2. 稻谷玻璃化转变理论

玻璃化转变是指无定形物质从玻璃态到橡胶态或从橡胶态到玻璃态的转变。稻谷胚乳的主要组分是淀粉，淀粉是部分结晶、部分无定形的混合物，其无定形部分可以发生玻璃化转变。通常用玻璃化转变温度 T_g 来表征玻璃化转变。

根据玻璃化转变理论解释稻谷裂纹形成（T_g 裂纹理论）。如果热空气的温度为 50℃左右，稻谷在干燥的过程中就可能发生玻璃化转变。在室温下稻谷处于玻璃态，当热空气温度高于 T_g 时，颗粒从玻璃态进入橡胶态。随干燥的进行，稻谷颗粒内部出现水分梯度，靠近表面的部分水分低而接近中心的部位水分含量高。

进一步干燥将导致外层的水分进一步降低，从橡胶态返回玻璃态，而中心部位仍停留在橡胶态。随着干燥的进行，玻璃化区域向中心部位不断扩展。由于橡胶态时的热膨胀系数是玻璃态时的 5 倍左右，中心部分趋于膨胀而外层趋于收缩，在外层出现拉应力而在内层出现压应力。水分梯度越大，内外层 T_g 的差别越大，热膨胀系数的差别越大，内部应力也就越大，如果应力超过稻谷颗粒的强度，将导致裂纹形成。

根据 T_g 裂纹理论，除上述的过度干燥外，干燥后的缓苏或冷却也可以导致裂纹。如果缓苏温度低于 T_g（如图 2-17 中 B 点），在水分由内层向外层转移的同时，外层因温度降低而进入玻璃态，而中心部位仍处于橡胶态。如果这时内外层的水分梯度足够大，将由于内外层热膨胀系数的不同而产生裂纹。如果缓苏温度高于 T_g（如图 2-17 中 A 点），在发生玻璃化转变之前水分梯度已经消失，不会出现裂纹，随后冷却到以下也不会出现裂纹。如果干燥后不经缓苏而直接冷却到 T_g 以下，则在发生玻璃化转变时内外层的水分梯度更大，更容易导致裂纹。

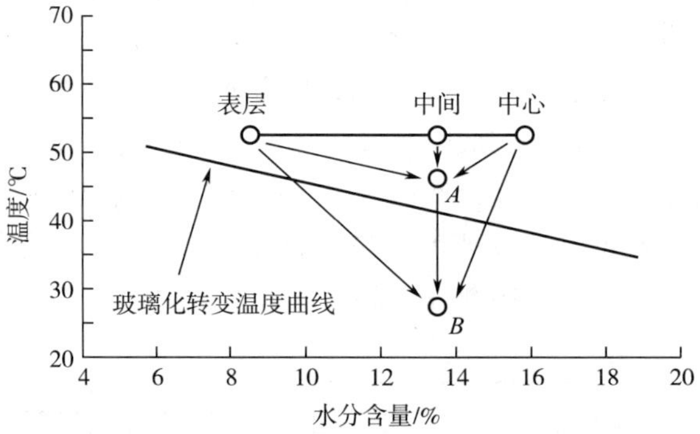

图 2-17　不同缓苏温度稻谷颗粒内的水分变化过程

（三）稻谷干燥主要参数

1. 稻谷干燥温度

稻谷干燥温度越高，爆腰率越高。干燥介质温度是稻谷烘干的重要工作参数，应根据原粮品质和水分加以调节，一般在 50~60℃较好。若烘干种子粮，为保持发芽，干燥介质温度在 40~50℃较好。但不能以水分作为稻谷烘干机控制点，宜采用稻谷温度作为控制点。

2. 烘干过程中的降水速率

由于稻谷的结构特点，其降水速率应加以控制。稻谷烘干过程中，为了减少增碎、爆腰，就要控制干燥（降水）速率和谷物的温度。有研究表明：当原粮水分较高时（大于 18%），可采用较高的降水速率，一般控制在每小时 1.0%~1.4%；在稻谷水分低于 18%时，降水速率越高，爆腰越多，一般控制在每小时 0.5%~1.0%。此外，依据原粮品种和品质不同，可适当调整降水速率。在东南亚，烘干高水分（水分 26%~30%）稻谷时，采用 100~130℃高温流化床，快速烘干 3min 可以降水 8%~10%，但不增碎。

3. 烘干与缓苏时间

稻谷烘干过程包括谷物内部水分扩散和谷物表面水分蒸发的两个基本过程。如果稻谷温度过高，表面水分蒸发速率大于内部水分扩散速率，稻谷内部产生应力，从而产生增碎、爆腰。因此，稻谷烘干过程，应留有一定的缓苏时间，通过控制稻谷温度（不超过 35℃）和降水速率的方式，让谷粒内部和表层水分达到平衡。即形成如下工艺：预热→[烘干-缓苏]→冷却。不同烘干方式采用不同缓苏方法，一般缓苏比（烘干时间和缓苏时间的比值）为（1∶3）~（1∶5）。

二、稻谷烘干机的类型

目前稻谷烘干以热风烘干为主，红外烘干及热传导烘干还在起步摸索阶段，本节主要介绍以热风烘干为主的烘干机。

1. 连续式烘干机（烘干塔）

连续式烘干机是指物料边进边出，经过一次烘干设备，不进行自身循环，其产量大，谷物一次降水速率较高，适合短粒稻谷的烘干。根据物料与热风的流向，稻谷烘干机可以分为顺流式、逆流式、混流式、横流式、流化床烘干机。顺流式、逆流式、混流式烘干进风道一般采用角状盒式进出风结构，如图 2-18、图 2-19 所示。

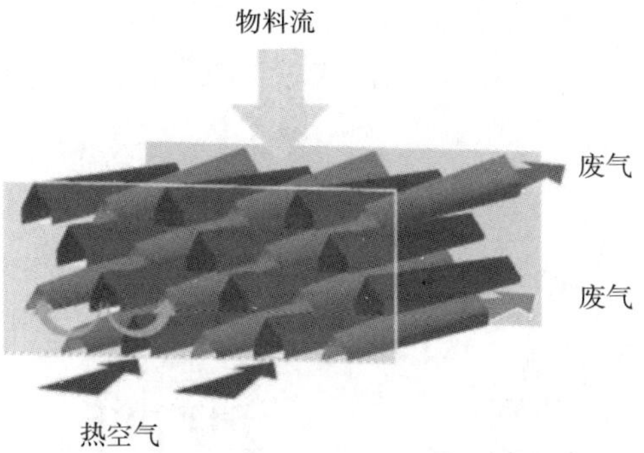

图 2-18　角状盒式进出风结构

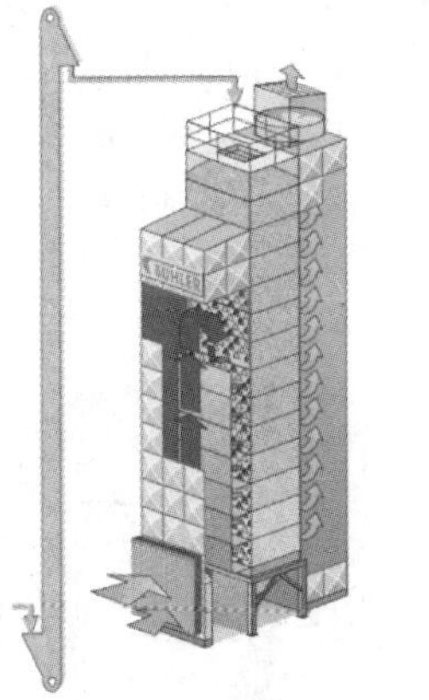

图 2-19　角状盒式烘干塔示意图

（1）顺流烘干　顺流烘干时，稻谷流向与热空气流向一致，进入烘干段的最热空气首先和最湿、最冷的稻谷接触，如图 2-20 所示。顺流烘干的特点是烘干用的风温高而粮温不高，尤其是烘干高水分低温稻谷，热效率和降水率指标良好。顺流式的热能利用率很高，一次降水幅度大，适合于低温、高水分、大流量的烘干作业。顺流烘干的缺点是，烘干后期风温降低，含湿量增加，故烘干能力差，低水分段烘干速度非常缓慢。

（2）逆流烘干　逆流烘干时，稻谷流向和热空气流向相反，最热的空气首先与含水率最低、温度最高的稻谷接触，如图 2-21 所示。在逆流稻谷烘干机中，稻谷缓慢下落，热风自下而上流动，与稻谷的流动方向相反，下部温度最高的热风最先与运动至烘干机下部的稻谷发生热交换，由于粮温和风温比较接近，因此在烘干稻谷过程中不需要很高的风温，但含水率较高的稻谷首先与温度较低的湿空气相接触，容易产生饱和现象。逆流烘干的特点是烘干能力强，适合烘干低水分段稻谷。但逆流烘干时，粮温较高，几乎接近风温，因此，逆流烘干不能使用高的风温。

图 2-20　顺流烘干工艺图

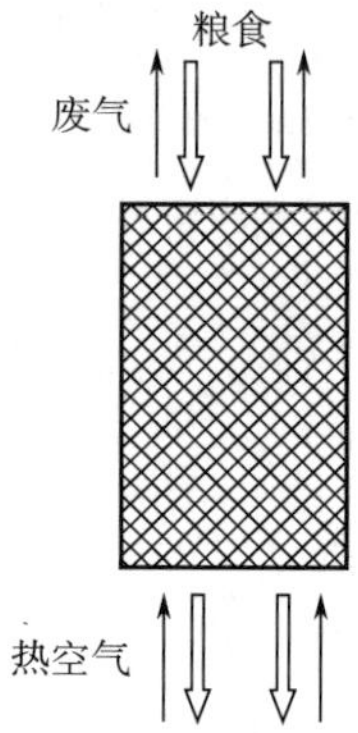

图 2-21　逆流烘干工艺图

（3）混流烘干　混流式烘干机把顺流和逆流结合起来，这样既能充分发挥顺流烘干可以采用高风温的特点，又能用逆流烘干来弥补顺流烘干后期烘干能力差的不足。混流烘干是在顺流烘干的基础上向前发展了一步，如图 2-22 所示。根据有关研究报告，混流烘干工艺比顺流烘干加逆流冷却工艺的热耗率降低 10%，比逆流烘干工艺热耗率降低 20%。

（4）横流烘干　横流式烘干机的结构多为圆柱型筛孔式或方塔型筛孔式结构，稻谷一般从上至下流动，而风水平穿透过粮层，如图 2-23 所示。横流式烘干机的制造工艺比较简单、成本低、烘干效率高，但能耗高。

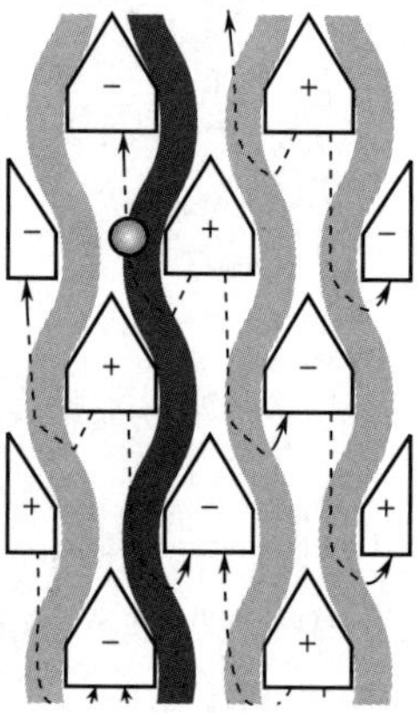

图 2-22　混流烘干工艺图

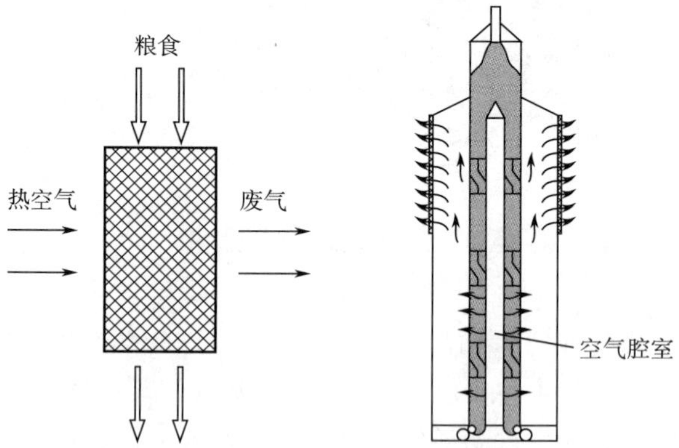

图 2-23　横流烘干工艺图

2. 批次循环式烘干机

批次循环式烘干机设备，一般烘干段采用横流式结构，自带提升机、分料机构、缓苏仓储、烘干段、排料循环机构、水分检控、自动控制系统，其主机分为机械部分和电控部分，如图 2-24 所示。

（1）机械部分　机械部分可分为物料输送部分、缓苏仓储部分和烘干部分。

①物料输送部分：由进料段、排料段和斗式提升机组成。进料段由提升机和进料绞龙组成，在提升机与绞龙的联接部下方设有拨斗装置，可以在烘干完毕后，控制切换拨斗进行排料。排料段由排料回转阀、排料绞龙组成，排料回转阀组与排料绞龙由单独电机带动，采用多个具有自清功能的回转阀排料，可保证缓苏仓储段的谷物形成整体流，即先进料先烘干先出料的形式烘干，以保证烘干均匀性。提升机是物料进料、循环、排料的主要输送设备。排料输送下部采用易清装置，清理简便方便。

②缓苏仓储部分：采用钢板仓，快速拼接型，以楔紧卡和蝶型螺母卡或螺栓为连接件，安装速度较快、方便。内部采用拉杆定型加固，在仓顶有检查门。

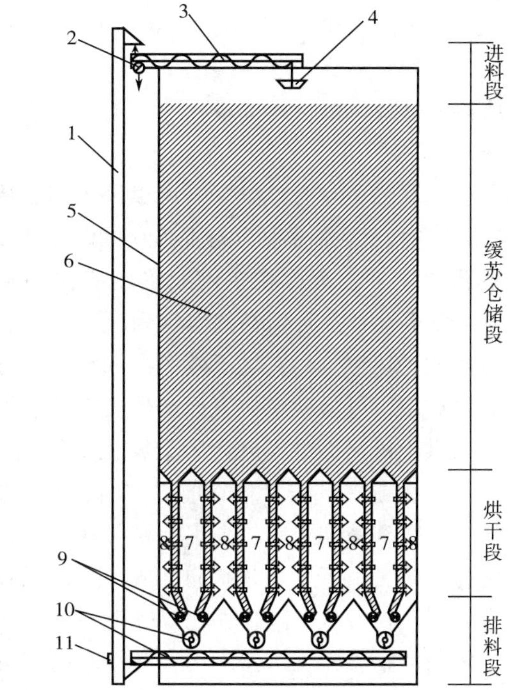

1—提升机；2—拨斗；3—进料输送；4—散料装置；
5—仓储部分仓板；6—稻谷；7—进风通道；8—出风通道；
9—排料辊；10—排料输送设备；11—在线水分仪。

图 2-24　批次循环式烘干机结构示意图

③烘干部分：烘干以横流为主，进风风道与出风风道在稻谷通道左右间隔错开，稻谷料通道两侧由冲孔板组成，以便风可以横向通过，稻谷通道的物料厚度不可过厚，防止烘干不均匀。稻谷通道下对应有排料辊，用于同时排料形成整体流动，先进先出。排料辊下是排料输送设备，用于把稻谷输送回提升机入口，实现稻谷的循环烘干，在提升机的入口附近设计有在线水分仪用于每次循环的水分测量，确保烘下的准确性。

（2）电控部分　由一系列传感器和控制系统组成，并将所有电动设备的开关集于一体，将烘干过程控制程序化，由电脑监控，自动化程度高。

①热风温度传感器：随时检测热风温度，当热风温度超过 80℃时停止供热；

②谷物温度传感器：每隔 10min 检测一次谷物温度，当谷物温度超过规定时，自动降低风温；

③失速传感器：驱动皮带出现破损、绞龙有堵塞时，干燥机停止运转；

④满料传感器：谷物装满后，满料报警；

⑤外气温度传感器：随时检测外界气温，控制燃烧炉的燃烧状况；

⑥风压开关：送风量因故减小时，报警并与热源联动；

⑦在线水分仪：根据程序及手动设定对烘干的稻谷水分进行检测并反馈；

⑧主电控箱：按程序处理传感器传送的信号，控制烘干温度和干燥速度，控制机电设备的工作。

与烘干塔比较，批次循环式烘干机的优点：①将烘干机内物料装到限定的高度后，开始自身的循环；②自动化程度高，烘干全程自动控制；③每次降水 0.5%～1%，可以更好地防止过烘；④每个烘干机根据容量（10～120t）可以进行少批量、小品种、不同水分的烘干；⑤烘干均匀性好，因为经过多次的循环，更利于稻谷的水分平衡。缺点：因为缓苏段在设备内部，所以整体效率低，成本较高，不适合单品种大量收粮时使用。

3. 流化床烘干机

高水分粮（22%以上）烘干时可以采用高温快速烘干的方式，这是因为在等速干燥阶段（去除自由水阶段），水分很容易去除，同时由于烘干时水变成水蒸气，会吸收热量，不会造成稻谷的温度上升。因此在东南亚采用流化床烘干，能在 2～3min 内把相对湿度为 25%～30%的稻谷降至 19%，且稻谷的质量和颜色都没有改变。对比其他烘干方式，可减少在碾米过程中整米的破坏率，具有烘干效率高的特点。有研究表明，这种快速烘干过程，使稻谷籽粒产生糊化作用，可帮助米粒表面产生裂痕的地方进行愈合，增加整米率。

流化床烘干机又称卧式流化床干燥机，其烘干原理如图 2-25 所示。一定量的热空气经过风机（可一台或多台）沿稻谷前进方向，倾斜吹入烘干机内部的筛片，进风温度可控制并反馈给热源，得到精准控制。高水分稻谷通过加料器均匀进入流化床筛面，与热空气充分接触呈现沸腾状态，由于风是倾斜向上的，所以稻谷沿筛面向前翻滚。底部与热空气接触的稻谷，干燥较快，稻谷含水减少，相对密度减小，在风的作用下沸腾时会向上浮；而原来在上面的水分较高的稻谷，相对密度大，沸腾时向下沉，形成自动分级，如此反复保证了稻谷水分梯度在烘干后的一致性。由于稻谷的水分高，虽然烘干的风温高，但是稻谷的谷温并不高，从而保证烘干的品质。为保证烘干风的均匀性，风机出风口有对应不同筛段的分配器，进、出料口都有闭风装置，保证气流沿设计方向流动。

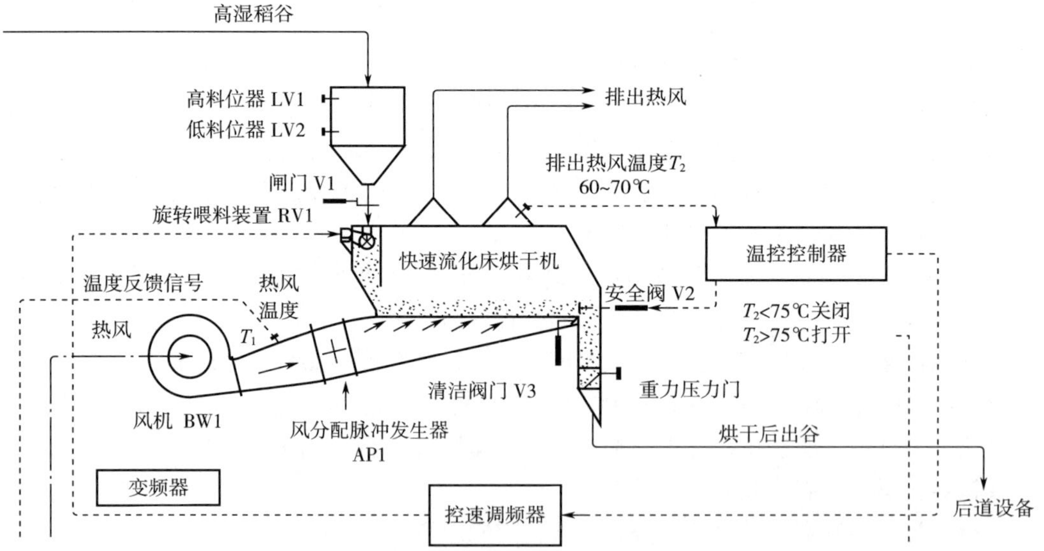

图 2-25 流化床烘干原理示意图

4. 远红外线烘干机

在稻谷烘干领域，目前较成熟的远红外线烘干设备是在批次循环式烘干机基础上，在烘干部分利用热量产生远红外线进行辐射辅助烘干，可适当提高烘干速率，如图 2-26 所示，目前只限于产量较小的烘干机型。

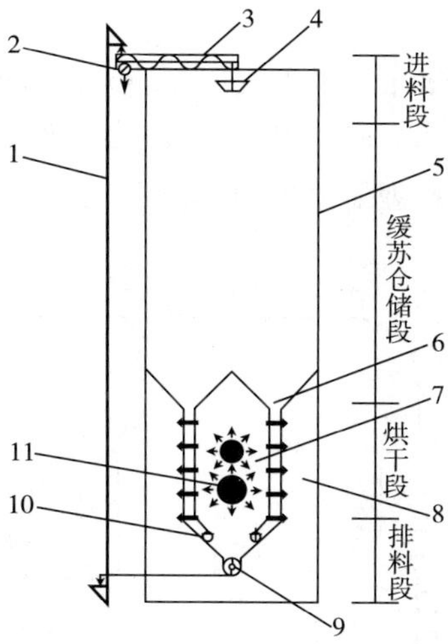

1—提升机；2—拨斗；3—进料输送；4—散料装置；5—仓储部分仓板；6—稻谷通道；7—进风通道；8—出风通道；9—物料输送设备；10—排料辊排；11—远红外线发生装置。

图 2-26　远红外线烘干机

5. 低温闭式谷物烘干机

低温闭式谷物烘干机又称颗粒流间壁式烘干机，是一种通过间接式热传导、热辐射、风对流组合方式对物料进行烘干，如图 2-27 和图 2-28 所示。

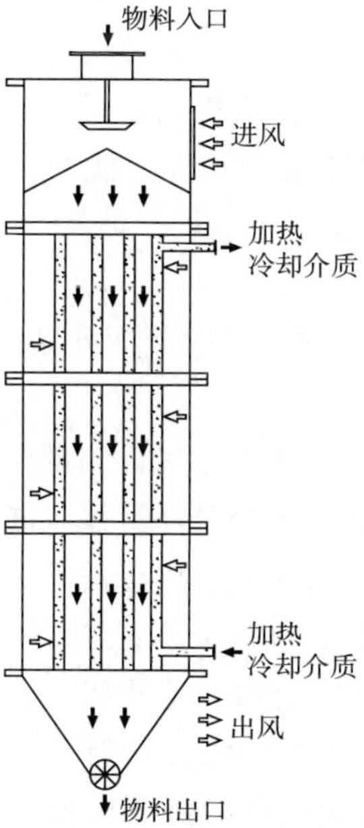

图 2-27　低温闭式谷物烘干机结构原理图

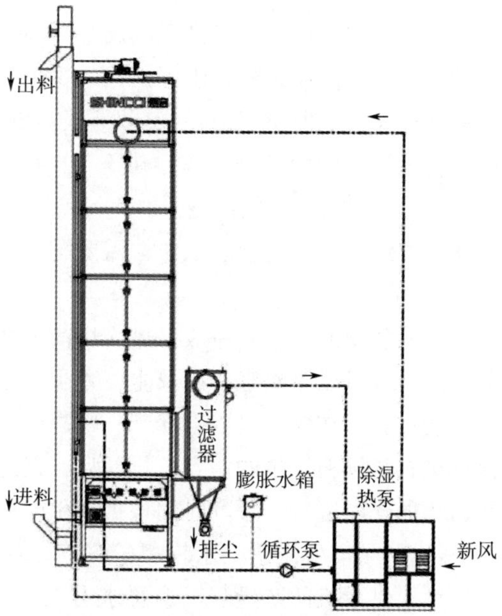

图 2-28　低温闭式谷物烘干机系统

颗粒物料由上至下沿板式热交换器流动，经加热介质间接加热后，水分蒸发至载湿气体排出，达到物料干燥的目的。烘干过程无缓苏工艺，采用热传导加热辐射方式进行间接传热及物料间导热，稻谷在烘干机内不连续排料、通风，而是静止被加热到指定的温度时，才进行通风、排料。

低温闭式谷物烘干机系统对烘干机带走水蒸气的风进行循环利用，风先通过除尘、再过除湿热泵，除湿热泵的作用是将热量回收用于加热冷却介质，湿热风经过冷却除水后，再回到设备内部循环使用。除湿热泵原理如图 2-29 所示。

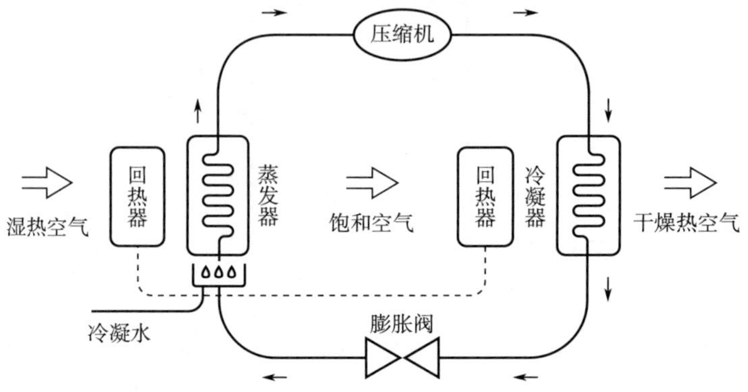

图 2-29 除湿热泵原理图

三、稻谷烘干工艺

稻谷烘干工艺因稻谷品种和烘干要求不同而不同。一般而言，水分差异小、大批量、短粒稻可采用连续式烘干工艺；种子烘干、小批量多品种的烘干、长粒稻宜采用批次循环式烘干工艺；既要求产量又要求品质的高水分粮，可以考虑采用流化床或连续式烘干与批次式烘干相结合的工艺。无论哪种烘干工艺，烘干时应满足：①同一批次粮同时烘干的稻谷的水分差异不能过大，一般小于 2%；②烘干前应进行清理，高水分粮可以不过除尘；③烘干的配套设备（输送、除尘）应该满足烘干工艺要求。

1. 连续式烘干的烘干工艺

连续式烘干机不能独立工作，需要配合仓储进行缓苏工作，俗称“体外循环”。工作原理如图 2-30 所示。

经过清理后的稻谷，一般先进入烘前仓暂存，烘前仓主要作用是保证流量稳定。稻谷烘干前先经过吸风以去除轻杂及灰尘，减少烘干机的除尘负担，再经过计量秤后进入连续式烘干机，物料需要在烘干机内部存到一定高度才可以边进料，边排料，以保证烘干效果，同时要保证进料与排料流量的一致。排料后，经过计量秤计量后，进入缓苏仓进行缓苏。缓苏时宜在密闭的仓内进行，缓苏时间根据烘干时间和缓苏比而定。连续式烘干机一次降水一般在 2%～3%，如果需要烘干降水较多，而需要多个缓苏仓，保证烘干的连续进行。

连续式烘干机的产量与工艺要求有关，要根据需求选用适合的烘干机型，并选用配套设备。

2. 批次循环式烘干的烘干工艺

目前常见机型有 10t、15t、20t、30t、60t、120t 等不同装机容量，这里的装机容量是指

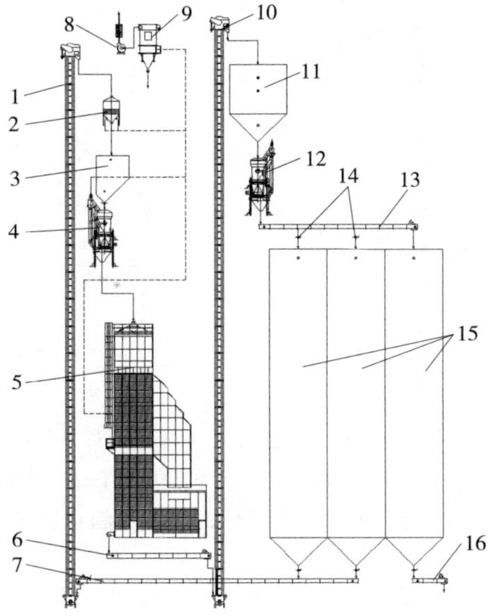

1、10—提升机；2—吸风分离器；3、11—料仓；4、12—流量秤；5—连续式烘机；6、13—刮板输送机；
7—二次烘干输送机；8—除尘风机；9—脉冲除尘器；14—自动闸门；15—筒仓；16—烘干后出仓刮板输送机。

图 2-30　连续式烘干工艺

批次循环烘干机可装满稻谷的最大量。批次循环式烘干每个批次的烘干时间 H 要根据稻谷的初始水分和最终目标水分而定。一般可以通过式（2-5）进行简单计算：

$$H=H_1+H_2+H_3+H_4 \tag{2-5}$$

式中　H——每个批次的烘干时间，h；

H_1——进料时间，h；如果利用烘干机自带提升机进料，一般为 1h；如果采用外接统一的输送设备进料，则进料时间由输送设备的产量决定，此时 H_1＝批次循环式烘机容量/输送设备的产量；

H_2——水分较高（18%）时的烘干时间，h；一般此时的烘干速率在每小时（即每次循环）降水 1.0%~1.2%。如果稻谷的初始水分高于 18%，而根据二者的水分差值和降水速率计算出 H_2 值；

H_3——水分较低（18%及以下）时的烘干时间，h；一般此时的烘干速率在每小时（即每次循环）降水 0.5%~0.6%；如果稻谷的终止水分（目标水分）低于 18%，而根据二者的水分差值和降水速率计算出 H_3 值；

H_4——排料时间，h；如果利用烘干机自带提升机进料，一般为 1h；如果采用从烘干机底部或缓苏段侧壁开排料口，外接输送设备排料，则排料时间主要由输送设备的产量而决定，要进行综合考虑。

批次循环式烘干机的装机容量根据稻谷的品种数量、水分均匀度、烘干需求量、初始水分和目标水分等确定，并计算出每个批次的烘干时间 H，进而计算出需要的烘干机数量。一般都会有多台设备组成一个烘干机组。图 2-31 所示是 2 台批次循环式烘干机组成的烘干系统。

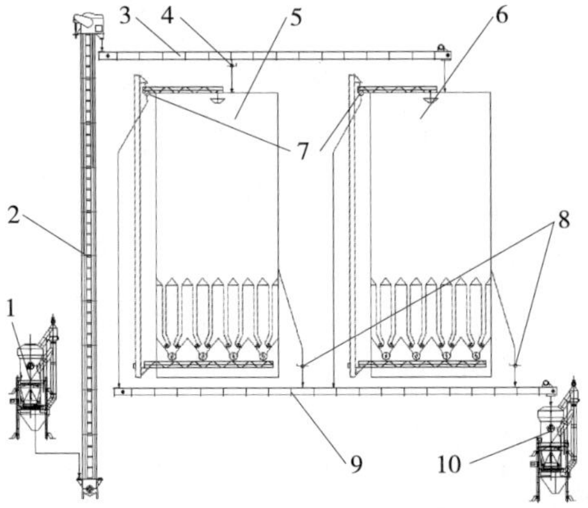

1—流量秤；2—提升机；3—刮板输送机；4—自动闸门；5—第 1 台批次烘干机；
6—第 2 台批次烘干机；7—批次烘干机自带的拨斗；8—自动闸门；9—出料刮板输送机；10—流量秤。

图 2-31 2 台批次循环式烘干机组合工艺

烘干前需进行正常清理，计量之后通过大产量提升机和刮板输送机给 2 台（或多台）烘干机供料，以减少进料时间。当稻谷达到相当的高度，关闭进料的自动闸门，批次烘干机开始自循环烘干工作，一直烘干到目标水分后，烘干机报警提示。可以先通过烘干机侧壁的开口，自动闸门放料给出料刮板输送机，并通过烘干后的计量后进入烘后仓；当自溜式排料至开口以下时，采用批次烘干机自带的提升机和排料拨斗进行排料，直到烘干机内的稻谷全部排空。

3. 高水分快速烘干模式

高水分（25%以上）稻谷的烘干，可采用流化床烘干机，结合批次循环式烘干机的方案，可提高烘干效率，保证稻谷品质，提高高水分稻谷的入仓速度。

烘干过程：稻谷清理后进入烘前仓，经过流化床进行快速烘干后进入调质塔进行调质，然后进入批次循环式烘干机前的烘前仓，再经由批次循环式烘干机干燥至目标水分。调质塔结构与混流式连续烘干机结构相似，但通的是自然风，主要作用是对流化床出来的稻谷进行降温，除去表面水分。

4. 烘干的配套设备

（1）烘干机热源　烘干机主要以生物质（稻壳为主）、天然气、空气热泵、蒸汽或汽油为热源。其中空气热泵适合于温度较高的地区，其投资较高，但使用成本最低。

（2）烘干除尘　烘干会产生大量粉尘，目前多数烘干机风量大，因此，一般采用沉降室加布袋除尘器的除尘方式来达到环保要求，也可以采用水雾除尘，但面临污水和污泥处理的问题。环保要求不高的地区可采用高效刹克龙进行除尘。

（3）烘干机控制系统　除连续式烘干机外，其他烘干机都自带控制系统。连续式烘干机需要人工进行水分检测，人工控制风温和排料速度。

四、烘干设备的发展趋势与前景展望

1. 推广多用途烘干机

稻谷收割的季节性很强，对于种植双季稻的地区，稻谷烘干机每年的使用时间不过 2 个月，而对于种植单季稻的地区，每年的使用时间约1个月。我国对油菜籽烘干机的需求数量也很大，而且理论和实验证明，稻谷和油菜籽的干燥特性有许多共同之处，可以实现一机两用，目前已基本实现。但烘干时烘干段的网孔不一样，油菜籽的孔较小，用于烘干稻谷时效率较低，如何保证烘干效率是重要突破点。进一步可以考虑与小麦、玉米的共同使用，实现一机多用。

2. 开发远红外线烘干机

目前稻谷烘干机的最大缺点在于：降水速率低、能耗高。这主要是因为谷物内部的水分梯度与温度梯度相反，使水分扩散困难。而热风干燥，先通过加热空气，然后靠热空气对流来干燥谷物，其中一部分热能被空气排出机外，热效率低，能耗高（热能转换损耗约为30%）。热风干燥方式在保证稻谷品质与提高降水速率之间存在矛盾：采用连续式大幅降水烘干机，稻谷品质不能保证；采用低温大风量、循环式烘干机，保证了品质，但降水速率低，进出料时间长，产量小。要同时保证稻谷品质和产量，就要增加设备，以致投资扩大，见效慢。

远红外线干燥是一种内外同时加热的辐射加热方式，只要保证料层的一定厚度，远红外线加热的籽粒就不会出现水分梯度，省去了稻谷在热风干燥时所需的缓苏比，从而提高降水速率。利用远红外线干燥有以下特点：

（1）干燥时间短，品质优　远红外线干燥的谷物，内部水分扩散均匀，水分梯度小，温度梯度小，与热风干燥相比，水分扩散较为容易。

（2）可抑制虫害　由于谷物中昆虫、虫卵含水率比谷物含水高，根据远红外线的特点，昆虫虫卵先吸收辐射能而迅速升温致死。

（3）热效率高，节能　以辐射方式直接作用物体上，几乎没有任何能量损失。有实验表明，远红外线干燥的能耗仅是热风干燥的30%。

（4）维护费用低　远红外线烘干机的机械、电器更简单，系统设施及运行维护费用低。

目前国内还没有真正的以单纯远红外线干燥谷物的设备。根据相关资料信息，目前世界上研制较为先进的发射远红外线的发生器有几种形式：一种是日本开发利用电能通过触媒介质发射的远红外线，但运行成本较高，难以推广；另一种是美国CDT公司开发研制的以煤气或天然气为能源，通过触媒介质直接转换为远红外线，而且产生的波长，是水吸收辐射热能的理想波长，辐射效果好，运行成本低。美国CDT公司2001年的收获季节，用自己研制的远红外线烘干设备对稻谷进行了实验，结果稻谷的干燥温度不超过45℃，水分含量从18%迅速降到12.6%，用时不超过2h。目前国内红外线发生装置已日趋成熟，相信将来远红外线谷物烘干技术会得到广泛应用。

第三节　压缩空气系统

压缩空气是仅次于电力的第二大动力能源，又是具有多种用途的工艺气源。压缩空气在稻谷加工行业一般是作为一种动力源，广泛应用于气动元件的驱动。例如，流量秤、配米秤、包装秤、砻谷机、气动闸门、气动拨斗使用的气缸就是采用压缩空气为动力源；色选机的喷射阀也是利用压缩空气对选别物进行分离；高压脉冲除尘器利用压缩空气对布袋进行反吹清理等。

一、压缩空气系统的组成

压缩空气系统由空气压缩机（空压机）、储气罐、过滤器、干燥机、分气缸和用气点组成，如图 2-32 所示。从空压机输出的压缩空气中，含有大量的水分、油分和粉尘等污染物，必须使用储气罐、干燥机、过滤器等净化设备适当清除这些污染物，以避免它们对气动系统的正常工作造成危害。空压机、储气罐、干燥机、过滤器等净化设备组合在一起也称为空压站。

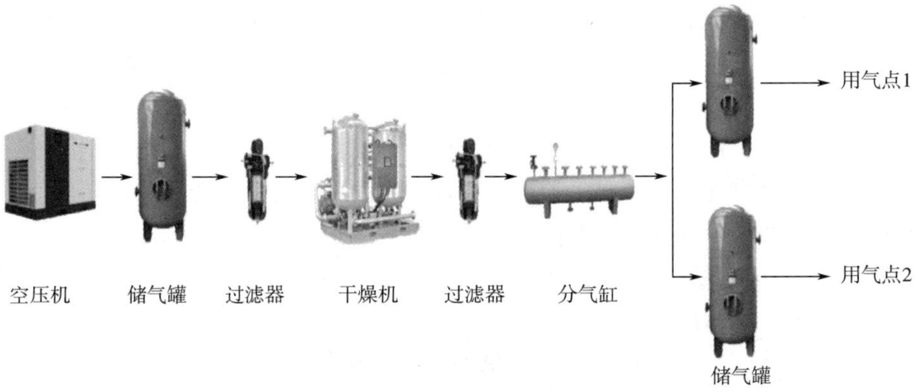

图 2-32　压缩空气系统组成

（一）空压机

空压机是压缩空气系统的气源设备，其作用是将自然状态下的空气压缩成为具有较高压力的压缩空气。空压机的种类很多，根据不同的结构形式，可分为容积式和动力式两大类，如图 2-33 所示。

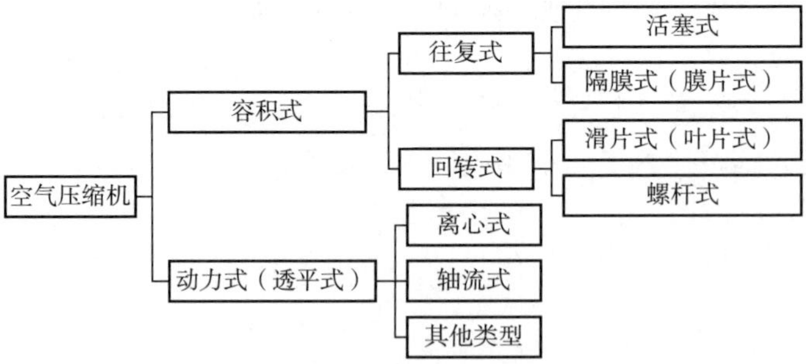

图 2-33　空压机分类

目前稻谷加工厂常用的螺杆空压机，适用于负荷波动较为频繁的应用场景，单台设备产气量基本在 50m^3/min 及以下，具有高效节能、可靠性高、维护简便的优点。但其投资较大、维护专业性强。螺杆式空压机按运行的频率分为工频或变频，按螺杆机内部是否有油分为有油或无油，按设备的冷却方式分为风冷或水冷。

工频适用于用气负荷波动较小、相对稳定的工况，满负荷运行时，效率高，能耗低。工频空压机可通过加载和卸载来调节负荷，但频繁加卸载会使能耗增高，卸载（空转不产气）时耗电量约为加载时的40%。变频适用于用气负荷波动较大的工况，可用于调节气量波动，稳定供气压力，负荷波动大时，能够通过调节电动机转速，减少能耗。变频空压机负荷调节范围最大可达10%~100%，设备价格较高。

此外，还可使用活塞式空压机，其具有压力范围大、气量调节对压力影响小、设备价格低、初投资低、操作方便、使用寿命长的优点。但设备体积大且笨重、结构复杂、易损件多，维修工作量大、运行时振动和噪声较大，设备安装基础要求高、运行维护费用相对较高，多用于临时用气点或对气源要求不高的场所。

空压机的基础应建立在硬质地面上，在安装前将基础水平面抹平以避免振动发生。如装在楼上，须做好防振措施，否则振动传至楼下或产生共振现象，极易对空压机与建筑物造成危害。一般螺杆空压机的振动速度值在7.1mm/s（联轴器传动）以下，可以不做特殊的基础，建议浇注一个高约120mm、长宽略大于空压机底面积的平台地基，以利于排污。

（二）干燥机

干燥机是对压缩空气进行干燥处理的设备，主要应用机型有冷冻式干燥机和吸附式干燥机。

1. 冷冻式干燥机

冷冻式干燥机简称冷干机，属于气动系统中的气源处理元件。利用冷媒与压缩空气进行热交换，使压缩空气降温。由于相同压力下，不同温度下的饱和湿度不同，压缩空气在降温后会有液态的凝结水析出，通过疏水器自动排除。经冷却的压缩空气与进口的温度较高的压缩空气换热，重新提高温度后排出，从而达到降低压缩空气露点温度的目的。由于其工作原理是采用制冷循环降温，所以压缩空气的露点温度范围为2~10℃。

冷干机价格便宜、安装简便，消耗的能源主要为电能，不会牵涉到环境污染等因素，在对压缩空气露点温度要求不是太低的情况下，可以优先考虑使用。冷干机按冷凝器的冷却方式分为气冷型和水冷型两种；按进气温度高低分为高温进气型（80℃以下）和常温进气型（45℃左右）；按工作压力分为普通型（0.3~1.0MPa）和中、高压型（1.2MPa以上）。冷干机选用时应注意：①必须具备无损自动排污功能，将冷凝水和液体油污排出，而不损耗压缩空气；②必须具备进出压缩空气的热交换功能，高温压缩空气进入干燥机前，首先与干燥后的低温压缩空气进行热交换，降低自身温度后，再进入冷冻式干燥机，降低干燥机电耗。

冷冻式干燥机的额定进气温度≤45℃，高温型冷冻式干燥机的额定进气温度≤75℃。冷冻式干燥机的制冷剂应采用安全环保型的制冷剂。冷冻式干燥机的散热器或者换热器，应采用防腐蚀的材料，特别是在沿海氯离子浓度高的地方。

2. 吸附式干燥机

吸附式干燥机利用吸附剂（活性氧化铝、硅胶、分子筛）吸附水分的特性来降低压缩空气中水分的含量，降低其露点温度。目前常见的吸附式干燥机有转鼓式和双塔式。其中转鼓式吸附式干燥机是典型的压缩热，结构复杂，需要严格结合空压机进行配套使用，目前市场上全部配套无油空压机，即离心式空压机或无油螺杆空压机。双塔式干燥机宜采用鼓风热再生式吸附式干燥机，可以有油或微油。

吸附式干燥机选型时，要根据进气温度和进气压力，对处理量（空压机产气量）进行修正。干燥机的修正系数：温度修正系数、压力修正系数、湿度修正系数等，由厂家提供。但需要注意：①标准状态下，干燥机的进气温度一般为 35～38℃，进气压力一般为 0.7MPa；②干燥机处理量在进气温度高于标定温度时会下降，进气温度低于标定温度时会上升，需根据温度修正系数重新计算；③干燥机处理量在进气压力高于标定压力时会上升，进气压力低于标定压力时会下降，需根据压力修正系数重新计算。如图 2-34 所示。

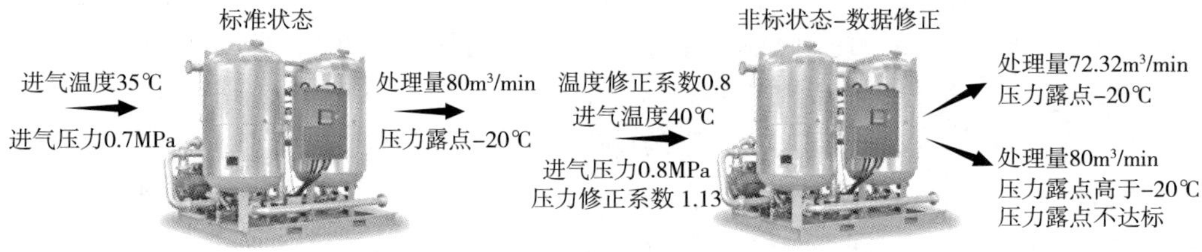

图 2-34　吸附式干燥机处理量的压力修正

例如，标准状态下，干燥机的进气温度为 35℃，进气压力为 0.7MPa 时，设定压力露点为-20℃，处理量为 $80m^3/min$。若进气温度为 40℃（温度修正系数 0.8），进气压力为 0.8MPa（压力修正系数 1.13），则干燥机的实际处理量为 $80×0.8×1.13=72.32m^3/min$，否则压力露点不能保证。如果要保证 $80m^3/min$ 的处理量和-20℃的压力露点不变，要选择处理量大于 $88.5m^3/min$ 的吸附式干燥机（$80÷0.8÷1.13=88.5m^3/min$）。

干燥设备的选型原则：条件满足时，优先选用零气耗、吸附式干燥机；采用有油/微油空压机，优先选用鼓风热再生式吸附式干燥机；采用无油空压机，优先选用压缩热吸附式干燥机；冷却水充足时，优先选用水冷干燥机。

干燥机选型时，数量上要与空压机逐一对应，其修正后的处理量，要稍大于对应空压机的供气量。干燥后的压缩空气的压力露点应小于当地冬季最低环境温度，一般按表 2-4 选用。

表 2-4　　不同环境温度下干燥机选用表

项目	冬季最低环境温度			
	高于 7℃	-20～7℃	-40～-20℃	-70～-40℃
干燥机机型	冷冻式干燥机	吸附式干燥机	吸附式干燥机	吸附式干燥机
冷却方式	风冷或者水冷	风冷	水冷	水冷-冷冻水
最低压力露点	5℃	-20℃	-40℃	-70℃

（三）过滤器

1. 过滤器的作用

过滤器安装在干燥机进、出气口。安装在干燥机进口处，用于过滤压缩空气中的灰尘、油分等杂质，保护干燥机中的干燥剂不被污染，维持干燥机的干燥功能。安装在干燥机出口处，作用是过滤干燥后压缩空气中的灰尘等杂质，保证用气点的压缩空气品质满足使用要求。过滤器精度分为粗滤（1μm）和精滤（0.01μm）；过滤器压差为初始压损≤0.02MPa。

2. 过滤器的结构

过滤器由压差指示器、进气口、出气口、滤芯、外壳和排污阀等组成，如图 2-35 所示。

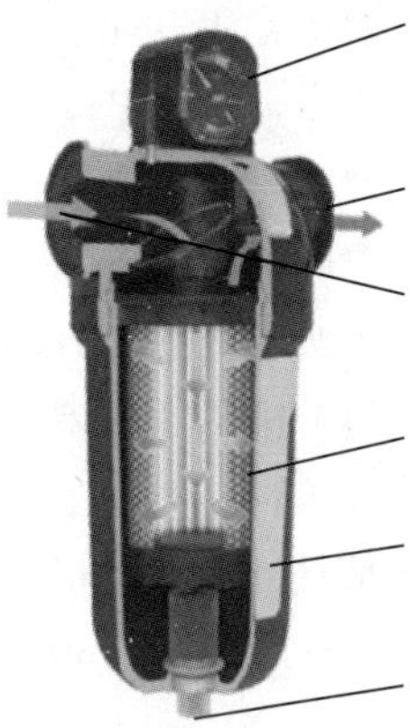

图 2-35 过滤器结构示意图

压差指示器的作用是指示压损，指针在绿色区域，说明压损符合要求，无须更换滤芯；在黄色区域，压损较高，可更换滤芯；在红色区域，压损太高，必须更换滤芯。在未更换滤芯的情况下，当指针由红色区域又转为绿色区域，说明滤芯被击穿，过滤器失去过滤能力，必须更换滤芯。更换滤芯时，应关闭压缩空气供气，将过滤器内的气体放空后，再拆除下部外壳体，更换滤芯。

进出气口安装时必须按标识安装。必须配置排污阀，且尽量采用无损排污阀。干燥机前的过滤器排污阀可采用气动或电动的自动排污方式；干燥机后的过滤器排污阀可以手动。

（四）储气罐

储气罐按用途可分为湿罐（干燥机前）、干罐（干燥机后）、缓冲罐（用气点附近）。

1. 储气罐的作用

（1）储存压缩空气　压缩空气储气罐可以在空气压缩机供气过程中储存压缩空气，从而保证其他设备的正常运行。

（2）平衡压力　在压缩机停机或工作负荷变化等情况下，储气罐可以平衡压缩机运行时的压力波动，保证稳定的气压供应。

（3）冷却空气　储气罐底部可以积累一定量的水，通过水的蒸发冷却空气，避免空气过热造成设备损坏。

（4）降低湍流　储气罐可以降低高速移动气体的速率，减少空气中的湍流，提高气体质量。

2. 储气罐结构

储气罐的罐体材质有碳钢或者不锈钢，必须配备的附件为安全阀、压力表和排污阀，结构如图 2-36 所示。

图 2-36 储气罐结构示意图

安全阀的起跳压力应为最大工作压力的 1.05~1.1 倍；压力表的工作压力应为最大量程的 2/3 左右；配备自动无损排污阀（电动或气动），需有旁路配置手动排污阀。

3. 储气罐的选型

储气罐的最小设计压力应为空压机最大工作压力的 1.1 倍左右。储气罐体容积的计算方法如式（2-6）：

$$V_c = 1.15 \times \frac{P_a \times Q_{max} \times t}{P - P_1} \tag{2-6}$$

式中 V_c——储气罐体容积，m^3；

P_a——大气压力，0.1MPa；

Q_{max}——储气罐对应的所有用气单件单位时间内的耗气容积量，m^3/min；

P——气罐内所充入的压缩空气压力，MPa；

t——储气罐所对应的所有用气单件，最大耗气量使用时间，min；

P_1——用气的最小工作压力，MPa。

一般而言，罐体（2个及以上）总容积 V_c 不小于压缩空气站最大供气量 Q_{max} 的1/6~1/5。可按以下方法快速估算：$Q_{max}<6m^3/min$ 时，气罐的容积 $V_c=0.2Q_{max}$；$Q_{max}=6\sim30m^3/min$ 时，气罐的容积 $V_c=0.15Q_{max}$；$Q_{max}>30m^3/min$ 时，气罐的容积 $V_c=0.1Q_{max}$。

（五）分气缸

1. 分气缸的作用

压缩空气系统的分气缸，主要起气体分流作用，通过分气缸可使压力均衡地分出多路支管供不同用气设备的供气之用。

2. 分气缸的结构

分气缸必备附件为安全阀、压力表和排污阀，结构如图2-37所示。

分气缸安全阀的起跳压力应为最大工作压力的1.05~1.1倍；压力表的工作压力应为最大量程的2/3左右；排污阀为手动排污阀（干罐后，基本无水）。分气缸的缸体材质为碳钢或者不锈钢，设计压力最少应为最大工作压力的1.1倍左右。根据进出接口数量和口径设计缸体容积，用于分配各用气点的流量调节用气压力。

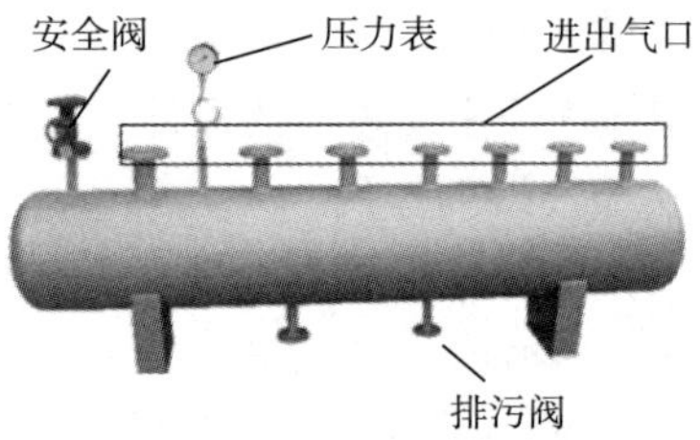

图2-37 分气缸结构示意图

（六）压缩空气管道及阀门

1. 管道

压缩空气管道的材质可以分为碳钢、不锈钢和铝合金（超级管道）三种。

（1）碳钢 碳钢的强度和硬度比铝合金高，不易破损；价格便宜，成本低。但质量较重，安装需要焊接，周期长。碳钢内部表面易腐蚀生锈，粗糙度高，摩擦阻力大，导致压损高，甚至腐蚀穿孔，导致泄漏。另外，腐蚀生锈产生杂质影响压缩空气洁净度。

（2）不锈钢 不锈钢的强度和硬度比铝合金高，不易破损；低压损，内表面光洁，摩擦阻力小；耐腐蚀，不易生锈，能保证压缩空气洁净度；采用卡压连接时，安装速度快，但价格较贵，成本高，安装要求较高。采用焊接连接时需要专业的氩弧焊，周期长；采用卡压连接时，安装精度较高。

（3）铝合金 铝合金（超级管道）质量较轻、强度较高；压损低，内表面光洁，摩擦阻力小；耐腐蚀，不易生锈，能保证压缩空气洁净度；安装快捷，采用锁紧结构，无须焊接，耗时短；管道拆装便捷，方便维修和改造。但是，管道压力取证较为困难，存在合规风险；硬度比钢管低，易破损；管道价格比碳钢贵，连接件越多越贵；连接件及密封件易损，寿命较短，易产生泄漏；安装精度和安装环境洁净度要求较高。管件的密封件存在老化漏气的问题。

压力小于1.6MPa且直径在150mm以下的压缩空气管道，不属于压力容器，不在特种设备管理范畴，安装前不需要办理相关手续。

2. 阀门

（1）输气管道上的阀门　输气管道上的阀门主要有球阀（全径）、常规闸阀、蝶阀、截止阀等。球阀（全径）一般用于管道的常规通断；常规闸阀主要用于主管道的切断；蝶阀主要用于管道的流量调节；截止阀主要用于管道的通断和流量调节。

阀门选型原则：在保证功能的前提下，尽量降低压损。由于阀门的流量系数越大，其对应的压损越小，因此压损由小到大，依次为：全径球阀< 蝶阀（厚度为通道直径的7%）<常规闸阀<截止阀。其中全径球阀压损小（几乎为0），在较大的压力和温度范围内能实现完全密封，可快速启闭，操作无冲击，结构紧凑，质量轻，适用寿命长，被广泛应用。

（2）排污阀　排污阀主要用于空压机、干燥机、储气罐、过滤器等需要排污的设备，分为手动排污阀和自动排污阀两类。手动排污阀需手动开闭进行排污，可用于干罐和管道过滤器（干燥后）排污。自动排污阀分为有损耗和无损耗两种，根据设定参数自动开闭进行排污。有损耗自动排污阀在排污的同时，会泄漏部分压缩空气；无损自动排污阀只排污，不会泄漏压缩空气。

（七）仪器仪表及控制系统

1. 仪表

压缩空气站必须配备的三类仪表：电表、流量计、压力露点仪。所有仪表的类型、精度等级、防护等级等技术要求，均需按照电子仪器的相关技术要求执行，均要求具有就地显示、数据远传的功能。

（1）电表　压缩空气站电能总表用于测量所有为压缩空气站服务的用电设备的用电量，包括空压机、干燥机、风机、水泵等。

（2）流量计　压缩空气流量计用于按空压机入口工况（压力、温度），测量干燥后品质符合要求的压缩空气的流量。

（3）压力露点仪　安装在压缩空气站成品压缩空气输出总管、干罐、分气缸处，用于测量干燥后品质符合要求的压缩空气的露点温度值。

2. 集中控制系统

压缩空气站集中控制系统要求：①压缩空气站内配置3台及以上空压机时（不含备用机），应当配置集中控制系统；②根据用户设定的目标压力范围，自动进行压力控制，使系统的压缩空气压力满足用户需求；③具备次序控制功能，能够自动调整常用机和备用机的启停时间，保证每台机器的运行时间趋于平衡；④具有干燥机控制功能，如压力露点仪的连锁自动控制，使之能与空压机配套运行；⑤安全保障功能强，集中控制系统发生故障时，所有的空压机将保持当前的状态，不被影响。

二、压缩空气站设计的整体要求

（一）依据标准

1. 压缩空气站设计要求

依据《压缩空气站设计规范》（GB 50029—2014）的相关规定要求，结合稻谷加工厂使用压缩空气需求情况，压缩空气站设计应注意：①靠近负荷中心，供电供水合理、有扩建可能性；②远离具有爆炸性、腐蚀性、有毒气体以及粉尘等有害物质的场所；③通风良好，日晒少；④单机额定功率≥75kW 或总台数>3 台时，宜为独立建筑物；⑤压缩空气站与其他建筑物毗连或设在其内时，宜用墙隔开；⑥设在多层建筑内的活塞空气压缩机，宜布置在底层；⑦米厂需要的压缩空气压强一般为 0.6~0.8MPa；⑧全部为无油空压机时，防火等级为戊级，其他情况均为丁级。

2. 压缩空气站能效等级

依据《压缩空气站能效分级指南》（T/CGMA 033001—2018），根据有油或无油、压力露点、供气流量等参数不同，压缩空气站能效按综合输功效率由高到低，划分为 1~5 级共 5 个能效等级。

（二）供气压力

供气压力与空压系统的设计组成有关，一般供气压力减去空压系统串联的设备（干燥机、过滤器）压损，再减去管网压损后，应满足最远用气点的需求压力。

空压机供气压力≥需求压力（最远用气点）+管网压损+过滤器 1 压损+干燥机压损+过滤器 2 压损。串联设备和管道取串联压损之和，并联设备和管道取较大压损值。当并联管道末端用气点的压力相差较大，且用气需求都很大时，应考虑分压供气。这是因为，压缩空气的压力每升高 0.1MPa，生产同样流量的压缩空气，空压机的电耗就增加约 7%。

例如，某压缩空气系统，末端用气点的气压分别为 0.4MPa 和 0.7MPa，并且用气量比例相当。如果系统要保证末端用气量 0.7MPa 的话，一般空压机的出口压力约需 0.75MPa，对于末端用气 0.4MPa 的用气点来说，这个压力太高，需要降压使用。将 0.7MPa 的压缩空气降压至 0.4MPa 使用，就要浪费 21%电量。此时，在空压系统设计时，可根据不同压力的用气量需求，计算降压使用时，电费经济成本。如果电费经济成本特别大，足以覆盖另外购买一套空气压缩系统及后续的维修保养成本，可选择另建一套空气压缩系统单独为低压需求供气，实行分压供气，节约成本。

分压供气时，可通过电动调节阀，将高压系统作为低压系统备用，备用空压机只需在高压系统中设置，低压系统中无须设置。以低压系统的管网压力为监测点，作为电动调节阀的压力信号，具体控制逻辑是：当低压系统空压机全开，管网压力还不达标时，电动调节阀开，且电动调节阀的开启压力应小于低压系统空压机的最低启动压力；当在低压系统空压机卸载前，管网压力快超标时，电动调节阀关闭，电动调节阀的关闭压力应小于低压系统空压机的最低卸载压力。注：卸载是指空压机达到设定的上限压力后，暂停工作的过程。

（三）供气流量

空压系统需要的流量，为各个需气点的需求气量 Q_1 与空压系统自身的气体损耗气量 Q_2 之和。需气点的需求气量 Q_1 按式（2-7）计算：

$$Q_1 = \sum Q_{max} \times (1+\varphi_1+\varphi_2+\varphi_3) \times K_1 \qquad (2-7)$$

式中 $\sum Q_{max}$——各设备耗气量总和，m^3/min；

φ_1——管道系统漏损系数，一般为 0.15~0.20，与管道的安装和密封情况有关；

φ_2——系统内气动机械增耗系数，一般为 0.15~0.20；

φ_3——不可预见系数，一般为 0.1；

K_1——同时使用系数，一般为 0.5。

空压系统自身的气体损耗气量 Q_2 由设备的排污气体损失量与再生用气损耗量组成，按式（2-8）计算：

$$Q_2 = \sum Q_{排污气体损失} + \sum Q_{干燥机再用气损耗} \tag{2-8}$$

三、压缩空气系统设计

后处理系统（干燥前过滤—干燥—干燥后过滤）应与空压机数量上（含备用空压机）逐一对应，增加空压机同时，要增加后处理系统，不能出现1套管道过滤器服务多台干燥机的设计，也不能出现1台干燥机服务多台空压机的设计，避免因为干燥机或者管道过滤器故障，导致整个系统的压缩空气品质不达标。

（一）压缩空气系统分类

1. 微油压缩空气系统

稻谷加工厂的压缩空气系统一般采用微油的压缩空气系统，主要是可以节省投资。通常配置鼓风热吸附式干燥机或者冷冻式干燥机，不能配置压缩热干燥机。冷冻式干燥机与鼓风热干燥机，可同时使用于一套干燥系统中，既可同时使用，也可各自独立使用，可根据环境条件和压缩空气品质需求进行选择，达到节能的目的。

在吸附式干燥机前，需配置两级过滤，充分过滤掉润滑油，保护干燥机内的干燥剂不被污染；在吸附式干燥机后，常规只配置1μm的除尘过滤器，如对压缩空气的品质要求很严，可选配0.01μm除尘过滤器。

必须配置湿罐，用于降低压缩空气温度、除去压缩空气中部分的水分和油分。必须配置干罐用于储存部分成品压缩空气、稳定管网压力。分气缸可根据项末端用气点压力和流量是否需要独立保障等需求进行选配。

2. 无油压缩空气系统

无油压缩空气系统可以配置鼓风热干燥机、冷冻式干燥机和压缩热干燥机。采用鼓风热干燥机或冷冻式干燥机时，要配置湿罐，用于降低压缩空气温度、除去压缩空气中部分的水分。采用压缩热干燥机时，不能使用湿罐、冷却器、气液分离器等空压机后置冷却设备，必须配置干罐，用于储存部分成品压缩空气，稳定管网压力。为了利用压缩空气所附带的热量，压缩热干燥机可与空压机直接通过管道连接。

无油空气压缩系统中不含润滑油，但空气中依然会存在其他颗粒污染物。因此，在吸附式干燥机、冷冻式干燥机前后，一般只配置1级除尘过滤器，在压缩热干燥机后需要配置管道过滤器，保证压缩空气洁净度。如对压缩空气的品质要求很严，可选配多级除尘过滤器。

（二）室内要求

1. 室内通风

室内通风一般采用吸气进风。稻谷加工厂多采用中小型螺杆式空压机，以风冷为主。因此在空压机房，为保证空压机的吸风和散热需求，一般在外墙上设进风口或者进风管道，通流面积应满足空气压缩机吸气和设备冷却的要求。空压机、冷干机的散热排风均应通过管道引至室外，排气管道较长时，压缩空气站应采取强制排风设施，使室内热量不聚集。北方等气候寒冷地区，夏季温度能够保持在40℃以下的，压缩空气站可以不安装强制排风设施。压缩空气站外墙上的散热排风口与进风口尽量分别安装在方向相反的墙上，避免热风又被吸入室内。夏季室内温度超过40℃ 时要有降温措施，冬季室内温度低于5℃时要有供暖设施，生产时室温应≥10℃。

室内其他要求：地面要求耐磨、防油、防滑；给水和排水管道应能放尽存水；外表面应采取防潮、防结露措施；如有地沟，应能排出积水，并铺设盖板；房间采用隔声、消声、吸声等措施；设备基础采取隔振、减振措施；储气罐采取减少日晒的措施。

2. 设备间距要求

压缩空气系统设备布置的间距要求见表2-5。

表2-5　　压缩空气系统设备间距

名称		空气压缩机额定容积流量 Q/（m^3/min）		
		$Q<10$	$10 \leqslant Q<40$	$Q \geqslant 40$
机器间的主要通道	单排布置/m	1.5	1.5	2.0
	双排布置/m	1.5	2.0	2.0
设备（含辅助设备）之间的通道/m		1.0	1.5	2.0
空气压缩机组与墙之间的通道/m		0.8	1.2	1.5
储气罐之间或储气罐与墙之间/m			1.0	
配气台与墙之间/m			1.0	

3. 空压机散热排风管安装要求

管道截面积≥空压机排气口截面积；排风管垂直高度>1.0m；排风管水平长度< 2.5m。水冷式空压机的冷却水进出管道，均要配置温度计和压力表。排污橡胶管建议采用透明橡胶管，能清楚观察排污是否正常。

（三）空压机管网的设计

1. 压缩空气管路设计方法

①根据各用气点的气量需求，及空压机站的耗气量，计算出空压机的需气量。

②根据空压机的气量，选用合适的设备。

③根据用气点的位置和空压机站的位置，以及用气特点，绘制气管的中心走向图。

④根据用气量计算出管道的管径及管壁厚度。

⑤根据气管的材质、流速计算出管道的压力损失。

⑥根据用气最远末端的用气压力、管网的压力损失与空压机系统的压力损失，计算出空压机所需的排气力。

2. 管道的设计计算

压缩空气系统是通过管道、阀门等和其他设备构成一个完整的系统。管道的设计计算和安装不当，将会影响整个系统的经济性及工作的可靠性，甚至会带来严重的破坏性事故。管道的设计包括管道内径和管壁厚度的计算。

（1）管径　管道内径 d_i 可按预先选取的气体流速由式（2-9）求得：

$$d_i = 18.8\left(\frac{q_v}{u}\right)^{1/2} \tag{2-9}$$

式中　d_i ——管道内径，mm；

q_v ——气体容积流量，m^3/h；

u——管内气体平均流速，m/s。

输气主管路（或主干管）内气体平均流速 u 的推荐值：空气压力 P 范围 0.6~1.0MPa，平均流速 u 在 10~15m/s；P 范围 0.3~0.6MPa，平均流速 u 在 10~20m/s。对于长度在 1m 内的管路或管路附件，如冷却器、净化设备、压力容器等的进出口处，有安装尺寸的限制，可适当提高瞬间气体流速。

（2）管壁厚度　管壁厚度 δ 取决于管道内气体压力。稻谷加工厂都采用的是低压管道，其壁厚可近似按薄壁圆筒式（2-10）计算：

$$\delta = \frac{npd_i}{2[\sigma]\varphi - np} + c \tag{2-10}$$

式中　δ——管壁厚度，mm；

p——管内气体压力，MPa；

d_i——管道内径，mm；

n——强度安全系数，$n = 1.5 \sim 2.5$；

$[\sigma]$——管材的许用应力，MPa；

φ——焊缝系数，无缝钢管 $\varphi = 1$，直缝焊接钢管 $\varphi = 0.8$；

c——附加壁厚（包括壁厚偏差、腐蚀裕度、加工减薄量），通常当 $\delta > 6$mm 时，$c \approx 0.18\delta$；当 $\delta \leqslant 6$mm 时，$c = 1$mm。

3. 压缩空气管路的压损计算

$$\Delta P = \frac{f_D L v^2 \rho}{2d} \tag{2-11}$$

式中　ΔP——压降，kPa；

f_D——摩擦阻力系数；

L——管道长度（阀件等可用等效长度），m；

v——气体流速，m/s；

ρ——气体密度，kg/m^3；

d——管道直径，m。

4. 压缩空气管路配管注意事项

（1）主管路配管时，管路须有 1°~2°的倾斜度，并在主管的最低端设计排污阀，以利于管路中冷凝水的排出。重要设备的压缩空气支管，从主管向外接出时，应有一段向上的直管，保证主管中可能产生的冷凝水无法进入支管中。

（2）支线管路必须从主管路的顶端接出，以避免主管路中的凝结水下流至工作机械中或者回流至空压机中。

（3）管路不要任意缩小或放大，管路需使用渐缩管，若没有使用渐缩管，在接头处会有扰流产生，产生扰流则会导致大的压力降，同时对管路的寿命也有不利影响。

（4）空气使用量很大且时间很短，最好另加装一储气罐作为缓冲之用，这样可以减少空压机加泄载次数，对空压机使用寿命有很大的益处。

（5）管路中尽量减少使用弯头及各种阀类。

（6）理想的配管是主管线环绕整个厂房，这样可以在任何位置均可以获得双方向的压缩空气。如在某支线用气量突然大增时，可以减少压降。除此之外，在环状主管线上应配置适当的阀组，以利于检修时切断之用。

（7）多台空压机空气输出管道并联联网时，空压机输出端无须加装止回阀。

复习思考题

1. 斗式提升机主要由哪几部分组成？米厂中使用的斗式提升机有何特点？
2. 埋刮板输送机的主要工作构件是什么？在使用时应注意哪些问题？
3. 稻谷加工厂中，稻谷段和白米段使用的溜管有何区别？
4. 稻谷干燥过程中，如何实现在高效降水的同时，尽量降低爆腰率？
5. 连续式和批次式烘干工艺的区别是什么？
6. 压缩空气系统主要由哪些部分组成？各组成部分的用途是什么？
7. 在设计和使用压缩空气系统时，应注意哪些问题？

CHAPTER 3

第三章 稻谷清理

重点与难点

①稻谷中杂质的种类及其危害；②清理的目的和要求；③风选设备的用途和主要结构；④筛选原理和基本条件；⑤筛面种类和筛选工作面的运动形式；⑥典型筛选设备的主要结构，以及影响筛理效果的主要因素；⑦吸式比重去石机的主要结构和工作过程，以及影响去石效果的主要因素；⑧磁选设备的主要结构和用途。

课程思政点

第一节 概述

稻谷在加工前，需经过收获、脱粒、收购、晾晒、烘干、运输、贮藏等许多环节，难免有多种多样的杂质混入其中。在稻谷加工过程中，各种杂质会对加工设备及产品质量造成不利的影响。因此，利用稻谷与杂质物理特性上的差异，借助相应的设备与工艺，将混入稻谷中的各种杂质清理去除，是稻谷加工过程中必不可少的重要工序，称为稻谷清理。

一、稻谷中杂质的种类

按化学成分的不同，稻谷中的杂质分为无机杂质与有机杂质两类。无机杂质是指混入的各种矿物质和金属物质，如泥土、砂石、材料碎块、磁性物质或其他矿物质的碎渣碎块等。有机杂质是指混入的异种粮粒、野生植物籽粒、稻谷植株的其他组织部分和无食用价值的稻谷籽粒，如稗子、桔梗、穗枝、异种粮粒和病变虫蚀籽粒等。一般而言，稻谷中的杂质以无机杂质居多。

按照清理作业的特点，稻谷中的杂质分为轻杂、大杂、小杂、并肩砂石类、磁性杂质、异种植物籽粒等。这种分类方法更切合实际，对清理工序的工艺制定和设备选用更具有指导意义。

1. 轻杂

轻杂指相对密度明显小于稻谷，悬浮速度明显低于稻谷的杂质。轻杂主要包括灰尘、颖壳、碎屑以及其他轻型杂质。通常采用风选设备进行清理。

2. 大杂、小杂

大杂、小杂指粒度与稻谷存在差异的杂质。

（1）大杂　留存在 $\Phi5.0$mm 圆孔筛上的杂质。一般指粒度明显大于稻谷粒度的杂质，利用筛选设备的大杂筛面分离清除，为大杂筛面的筛上物。粒度更大的杂质，称特大型杂质，采用初清设备分离清除。

（2）小杂　通过 $\Phi2.0$mm 筛孔的杂质。一般包括无机类小杂、未成熟粒、不完善粒和破碎的稻谷籽粒等，粒度明显小于稻谷粒度，利用筛选设备的小杂筛面分离清除，为小杂筛面的筛下物。

3. 并肩石

并肩石指相对密度和悬浮速度大于稻谷，而粒度与稻谷差异不明显的各种无机杂质。所谓“并肩”，意指粒度相近，通过筛选极难清除。这类杂质包括砂石、泥土、材料碎块碎片和矿物碎渣碎块等，习惯上将它们统称为“并肩石”。一般通过比重分选①设备分离而清除。

4. 磁性杂质

磁性杂质指在磁场中，具有较好导磁性的杂质，如磁性金属及其制品、生产设备上脱落的磁性零配件与磨损物、磁性矿渣等。一般通过磁选设备分离而清除。

5. 异种植物籽粒

异种植物籽粒指稻谷从种植到加工各个环节中混入的其他谷物籽粒、野生植物籽粒和伴生植物籽粒等。通常异种植物籽粒与稻谷在粒度和粒形上存在比较明显的差异，故而采用筛选设备和精选设备进行分离。

二、清理的目的与要求

（一）稻谷清理的目的

就稻谷加工而言，清理的目的主要体现在以下几个方面：

（1）确保加工后成品和副产品的质量　稻谷中的杂质如不清除，必然会混入成品和副产品中，从而降低产品纯度，影响产品质量，降低产品的食用价值和商品价值，影响食用安全以及再加工性能。

（2）保护后续工艺设备安全，确保后续设备发挥正常的工艺效果　在稻谷加工工艺中，使用大量的各种各样的机械设备，包括一些机械作用力大、运转速度快的设备。稻谷中的杂质会影响这些设备的工艺效果、使用性能和工作稳定性，严重时，造成设备破坏和损伤，影响其使用寿命。例如，砂石、金属等坚硬杂质，极易损坏或损伤加工设备，增加维修费用，甚至造成设备事故和工伤事故，还可能产生火花，引起火灾和粉尘爆炸。又如，一些纤维性杂质和柔性杂质，可能阻塞喂料机构和输送机构，阻塞筛孔、袋孔、管道等，影响设备工艺效果和生产能力。

（3）保护生产环境，确保工人身心健康　稻谷中含有轻杂和灰尘，且在加工过程中还会

① 比重分选是粮食加工行业常用术语，此处“比重”意指“相对密度”。——编者注。

产生再生灰尘，如不及时清理，在加工过程中就会造成粉尘飞扬（甚至粉尘爆炸），污染生产车间环境，危害工人身体健康。

（二）稻谷清理的要求

在稻谷加工过程中，清理后的稻谷称“净谷”。所谓“净”，并非完全干净，不含任何杂质。所以稻谷清理的最终要求是：使清理后的稻谷满足工艺要求和产品质量要求。

通常，稻谷清理后的工艺指标主要包括各类杂质允许标准限量，以及清理出来的杂质（即“下脚”）中允许含粮标准限量。下脚中含粮，指的是具有加工价值和食用价值的、正常而饱满的稻谷籽粒。

清理工艺指标要求：①净谷工艺指标：含杂总量≤0.6%，其中并肩石含量≤1 粒/kg；②下脚含粮指标：依照不同的清理设备，以及所得的不同杂质，下脚含粮允许指标的限量数值有所不同。例如，去石机清除的石子中含粮≤50 粒/kg；而对于与稻谷特性差异较大的杂质，清除后的下脚中应不含稻粒。因清理设备种类多，又可能使用于不同场合，这里不予详列。

（三）清理工艺效果的评定

清理设备工艺效果的评定主要用除杂效率（或去杂效率），以及下脚中含正常、饱满稻谷的程度来表示。评定整个清理工艺的除杂效率时，计算总杂的除杂效率；评定某一设备效率时，计算清除的某种杂质的除杂效率；当该设备清除多种杂质时，分别计算各种杂质的除杂效率，并计算其总的杂质除杂效率。采用的取样方式、检验方法和计算公式都是类同的。被清除杂质中若含有极少正常稻谷，在计算除杂效率时，通常可以忽略不计。因此，在取样、检验后，除杂效率由式（3-1）计算：

$$\eta = \frac{Z_1 - Z_2}{Z_1} \times 100\% \tag{3-1}$$

式中　η——除杂效率，%；

Z_1——清理前稻谷含杂率，%；

Z_2——清理后稻谷含杂率，%。

总杂除杂效率和各类杂质的除杂效率（如除轻杂效率、除大杂效率、除石效率等）分别检验计算。

第二节　风选

在稻谷清理工艺中，风选一般设置在清理流程的前部和其他需要吸出轻型杂质的部位，以保证车间内的环境卫生，并提高后道工序的除杂效率。

风选设备可以单独用于清理流程中，也可以与其他清理设备组合使用。稻谷清理工艺中所用风选设备，按含尘空气（含轻杂空气）的处理方式可分为外吸式和循环式：

①外吸式：气流由外部风网提供，含尘空气的除尘净化由外部风网处理，以使用垂直气流的吸式风选设备（如垂直吸风道）为主。

②循环式：气流由自带风机提供，含尘空气在设备内净化并被循环使用，以使用垂直气

流循环式风选设备（如循环气流风选器）为主。

一、风选原理

风选是利用不同的物料在气流中受力不同和运动状态的不同而进行选别的方法。所使用的设备称为风选设备。

（一）风选的目的与基本原理

1. 风选的目的

风选的主要目的是清理物料中的轻型杂质和不完善粒，如灰尘、谷物壳、瘪粒、虫蚀粒、砻糠等，以保证成品质量和生产正常稳定地进行。除此之外，风对石子和土块等较重杂质的分离起辅助作用，也可以用于分离中间制品以及对成品、副产品进行整理。

2. 风选基本原理

物料在风选中得以分离，主要根据不同物料的悬浮速度的差别，利用气流进行分离。

风选采用的气流形式有三种，即垂直上升气流、水平气流以及倾斜向上气流。物料运动状态主要与所用气流的形式相关。

无论在任何形式的气流中，物料受到的气流作用力方向均与气流方向相同，其大小由式（3-2）计算：

$$P = K\rho_a F(V_a - V)^2 \tag{3-2}$$

式中 P——气流对物料的作用力，N；

K——阻力系数，与物料粒形粒度、表面特性、气流状态等相关；

ρ_a——空气密度，kg/m^3；

F——物料的受风面积，m^2；

V_a——气流绝对速度，m/s；

V——物料绝对速度，m/s。

物料在气流中受力有三个，即气流的作用力 P、物料自身重力 G 以及物料排出同体积空气产生的浮力 P'，其中，P 方向与气流方向相同，G 垂直向下，P' 垂直向上，且因空气密度很小，物料体积也很小，P' 可以忽略不计。三个作用力的合力大小与方向，将决定物料在气流中运动的方向、速度和距离。显然，空气动力学特性存在差异的不同物料，就能因此得到分选。

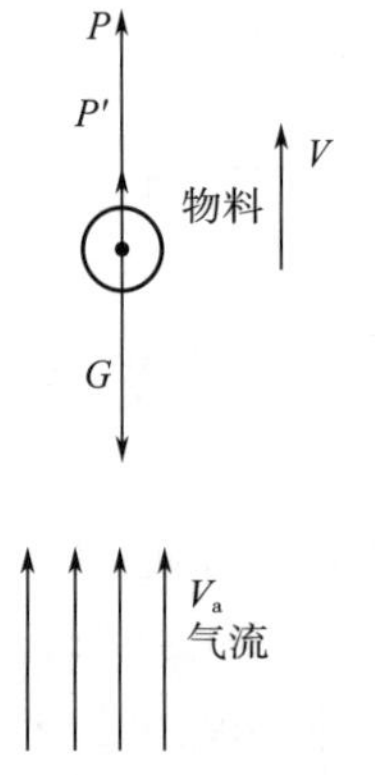

图 3-1 物料在垂直上升气流中的受力分析

（二）不同气流形式的分选原理

1. 垂直上升气流

物料在垂直上升的稳定气流中的受力分析如图 3-1 所示。

其运动方程式为：

$$m\frac{dv}{dt} = (P + P') - G \tag{3-3}$$

式中 m——物料质量，kg；

$\frac{dv}{dt}$——物料运动加速度，m/s^2。

若忽略 P'，则有：$m\frac{dv}{dt}=P-G$

当 $P>G$ 时，$\frac{dv}{dt}<0$，物料向上运动。在实际生产应用中，表现为谷物中的轻质物料向上运动而与主流物料分离。

当 $P<G$ 时，$\frac{dv}{dt}>0$，物料向下运动。在实际生产应用中，表现为主流物料即谷物和较重的其他物料下落到出粮口。

当 $P=G$ 时，$\frac{dv}{dt}=0$，理论上物料静止或做匀速运动。实际生产中表现为物料在气流中轻微地上下波动，即呈悬浮状态，此时气流的绝对速度 V_a 称为该物料的悬浮速度。

在实际生产应用中，悬浮状态并不能促使物料分选，但悬浮速度这一概念在风选技术，尤其是垂直上升气流风选技术中却是至关重要的。当气流速度大于物料悬浮速度时，该物料将随气流上升；当气流速度小于物料悬浮速度时，该物料下行运动。因此，只要控制气流速度大于轻质物料而小于重质物料的悬浮速度，重质物料就可在风道中下落而轻质物料被气流带走，从而实现轻质物料和重质物料的分离。当气流速度选用适当，而两类物料悬浮速度差异明显时，便能获得较好的分离效果。

因此，物料的悬浮速度是垂直气流风选的主要依据。物料的密度、形状、大小和阻力系数不同，其悬浮速度也不相同。在实际使用时，物料悬浮速度一般通过实验测得，可参照表 3-1 所列。

表 3-1　稻谷、糙米及有关物料的悬浮速度参考值　单位：m/s

名称	悬浮速度	名称	悬浮速度	名称	悬浮速度
粳稻谷	7.7~9.5	籼糙米	9.6~11.0	大糠（谷壳）	3.0~4.0
籼稻谷	6.3~7.7	大米	11.0~14.0	米糠	2.0~3.0
粳糙米	11.3~12.6	小碎米	10.0~13.0	并肩石	11.0~14.0

2. 水平气流

物料在稳定的水平气流中的受力分析如图 3-2 所示。合力 R 使得物料将沿 x 轴向下呈抛物线运动。合力 R 与垂力 G 夹角 α 越大，物料被气流带走的距离越远，反之越近。$\tan\alpha$ 为水平气流作用 P 与重力 G 的比值，被称为物料的“飞行系数”，是表征物料在水平气流中的空气动力学特征的重要参数。不同物料的飞行系数不同，在同一水平气流作用下的飞行距离也不同，即落入不同的区域。轻物料飞得远，重物料飞得近，从而分离。

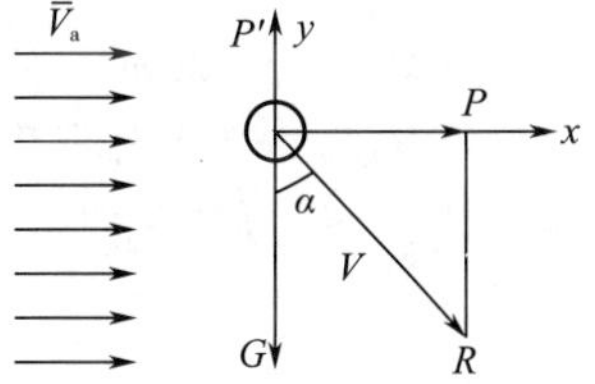

图 3-2　物料在水平气流中的受力分析

由此可见，水平气流可以分选多种物料，既可用于分离谷物中的轻杂、不完善粒和重杂，也可用于谷物和其在制品的分级。但是，混合物料中部分物料的飞行系数可能是交互混杂的，因而分离效果通常较垂直气流稍差。

3. 倾斜气流

倾斜气流中，气流的运动方向与水平面有一定的夹角 β。其分离原理类似于水平气流，也是利用不同飞行系数的物料被气流带走的距离远近不同进行分选。相同条件下，物料在倾斜气流中飞行系数大于水平气流中物料飞行系数。因此，采用倾斜气流风选可以取得比水平气流风选更好的分选效果。根据生产经验，倾斜气流的运动方向角 β 取 30°为宜。

（三）风选区和风道

目前，谷物选别的风选设备以使用垂直气流的吸式风选设备（如垂直吸风道）和使用垂直气流循环式风选设备（如循环气流风选器）为主，其他风选设备较少采用。

风选设备的主要工作构件为风选区和风道。风选区即物料进入后与气流直接接触并被风选的工作区域。风道由金属板材围成，截面一般为矩形，其中可设置截面面积调节装置或阀门，以便于操作和控制。一定处理量的风选设备，必须配以合理的风量大小和适宜的风选区面积以及合适的风道尺寸，才能达到良好的工艺效果。

垂直气流风选设备的风道尺寸，可按下述各参数关系和要求来设计计算或选用。

1. 物料流量与风道宽度的关系

当物料流量（处理量）一定时，风道宽度和进料的速度就决定了物料进入风选区时的料层厚度，料层厚度影响风选效果。反之，一定的风道宽度，决定合理的处理量。二者之间的关系，可通过单位宽度流量的取值来确立。单位宽度流量是指单位时间内单位风道宽度所处理的物料流量，即：

$$q_B = \frac{G}{B} \tag{3-4}$$

式中 q_B——单位宽度流量，kg/(cm·h)；

G——处理量，kg/h；

B——风道宽度，cm。

q_B 的取值一般在 50~150kg/(cm·h)，视清理的谷物种类和清理的目的而定，清理要求较低或谷物含轻杂较少时，可取大值，反之取小值。例如，用于谷物初清除尘时，取大值；用于清理谷物中的不完善粒等轻杂时，取小值；谷物中含轻杂较多时取较小值；以此类推。

2. 物料流量与风量的关系

物料流量和风道尺寸一定时，风量的大小决定了风选时气流的风速，即决定了风选效果，同时也决定了风选的经济合理程度和除尘净化的负荷。它们之间的关系，可通过单位耗风量的取值来确立。单位耗风量是指单位处理量所需的供风量，即：

$$q = \frac{Q}{G} \tag{3-5}$$

式中 q——单位耗风量，m^3/kg；

Q——风量，m^3/h。

q 的取值原理类同于 q_B 的取值，一般为 $50 \sim 85m^3/kg$。

3. 风量与风道尺寸的关系

风选设备的风量按式（3-6）计算：

$$Q = 3600FV \tag{3-6}$$

式中 F——风道风选区截面面积，m^2，$F=B\cdot C$；

B——风道风选区宽度，m；

C——风道风选区厚度，m；

V——风道风选区气流速度，m/s，$V=0.4V_{悬}\sim0.8V_{悬}$；

$V_{悬}$——谷物的悬浮速度，m/s。

当处理量 G 确定后，可由式（3-5）选择风量 Q，由式（3-4）选择风道宽度 B，再由式（3-6）即可计算风道厚度 C。风道厚度一般为 100~300mm。

二、典型风选设备

（一）垂直吸风道风选器

1. 主要结构

垂直吸风道风选器主要由喂料机构、垂直吸风道、风量调节装置等部分组成，如图 3-3 所示。

（1）喂料机构　由进料箱、喂料槽和振动电机构成。喂料槽在振动电机驱动下振动，使料斗中的物料沿宽度方向均匀分布并呈薄层料流抛入风道，与气流接触并被带走物料中的轻型杂质。喂料槽的振幅可通过改变振动电机内偏重块的相对位置而改变，以适应不同的物料和流量需求。喂料槽装有用于均匀喂料的淌板，淌板与喂料斗之间的间隙可调，以保证进料箱内至少有 10cm 左右高度的物料，既有利于均匀给料，也可防止气流由此进入吸风道。

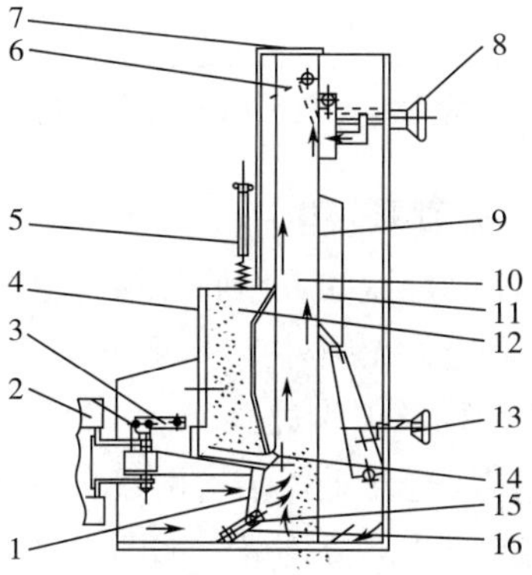

1—限位杆；2—振动电机；3—支承装置；4—检查窗；5—螺杆；6—蝶阀；7—吸风口；8—手轮；9—观察窗；10—吸风道；11—隔板；12—进料箱；13—手轮；14—喂料槽；15—滚轮；16—限位器。

图 3-3　TFDZ 型垂直吸风道风选器

垂直吸风道常与其他清理设备（多为筛选设备）组合使用，即进入分离区的物料为该设备的主流出口物料，此时无喂料机构。

（2）吸风道　吸风道由钢板和有机玻璃制成。透过可调玻璃板可观察吸风道内的物料状况。通过上、下调节手轮，将可调玻璃板推入或拉出，可分别改变风道上部或下部截面的厚度，以调整风道中气流速度和状态，获得最佳的风选效果。风道开设观察窗，并辅于光源，便于观察物料运行和分选状况，为调节控制提供分析、判断的依据。

2. 工作过程

物料由喂料箱落入喂料槽内，物料的重量使喂料槽下降，在进料箱与喂料槽间打开一喂料口，同时在振动电机的作用下做水平往复振动，保证物料均匀地分布在整个淌板上，呈薄层料喂入风道。气流由底部侧板进入，进入风选区，穿过物料层，带走轻型杂质，通过风道至上部出口进入外部风网，从而完成清理任务。

3. 主要规格和技术参数

垂直吸风道风选器可通用于各种谷物的清理，但技术参数应有所不同。一般技术参数表中仅列出某种谷物清理的参考值，若用于其他谷物清理时，可参照体积质量、悬浮速度的区别以及除杂目的的不同而调整其处理量和风量。垂直吸风道的规格以风道宽度为特征尺寸，主要有 100cm、150cm 和 200cm。其处理量和配用的吸风量与规格相关。TFDZ 型垂直吸风道风选器主要规格和技术参数见表 3-2。

表 3-2 TFDZ 型垂直吸风道风选器主要规格和技术参数

型号	风道宽度/mm	风道厚度/mm	配用动力/kW	分离瘪粮		分离粮粒中的皮壳	
				处理量/（t/h）	风量/（m^3/min）	处理量/（t/h）	风量/（m^3/min）
TFDZ100	1000	75~125	0. 2	2. 6~3. 4	44	4. 9~6. 6	41
TFDZ100G	1000	175~225	0. 2	4. 7~6. 2	80	8. 9~11. 8	74
TFDZ150	1500	75~125	0. 2	3. 9~5. 1	66	7. 3~9. 9	61
TDFZ150G	1500	175~225	0. 2	7. 0~9. 3	120	13. 0~17. 7	111

注：型号中的“G”表示用于大产量初清理时的配置。

（二）循环气流风选器

循环气流风选器的工作原理与垂直吸风道风选器相似，其特点是自带风机，采用内部循环气流进行风选，无须外接风网。

1. 主体结构及工作过程

循环气流风选器主体结构由喂料系统、吸风道、循环风道、轻杂分离器、离心风机和集尘排料系统等组成部分构成，如图 3-4 所示。

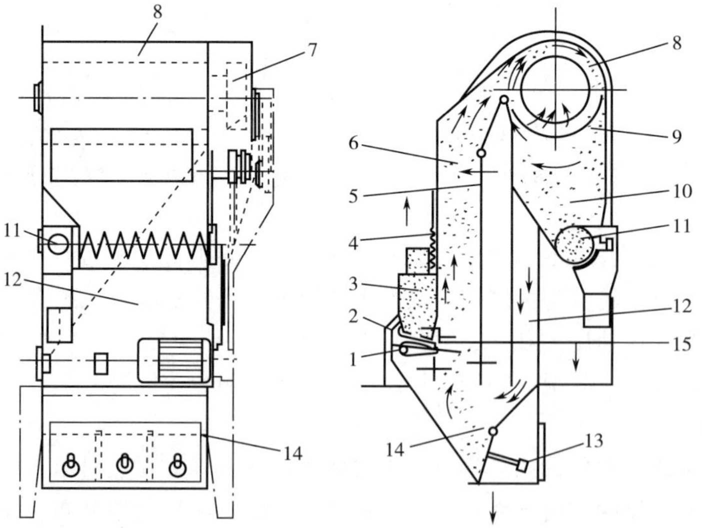

1—隔板；2—偏心机构；3—料斗；4—弹簧；5—中隔板；6—垂直吸风道；7—风机；8—圆筒分离器；9—导风板；10—集尘器；11—排杂绞龙；12—回风道；13—出料压力门；14—收集斗；15—卸料槽。

图 3-4 循环气流风选器结构示意图

（1）喂料系统　由料斗、振动导板和偏心机构等构成。振动导板通过弹簧悬挂在机架上，偏心机构带动喂料器做水平振动，使物料沿风选宽度上分布均匀地、稳定连续地进入垂直吸风道风选区。

（2）垂直吸风道　内设调风板，可通过调节手轮改变风道上部或下部截面的厚度，并控制吸风道内风速。

（3）轻杂分离器　由圆筒分离器和栅状导风弧板组成。圆筒分离器用于分离气流带入的灰尘轻杂。轻杂由狭窄通道以较高速度进入分离器，在惯性作用下，继续沿圆筒壁面运行，并穿过与隔板的间隙进入集尘器。集尘器截面面积较大，风速很低，因此轻杂沉降落入底部绞龙中，最终排出机外。分离圆筒的一端与风机的进风口相连，经分离器净化后的空气由栅状导风弧板处进入分离圆筒内被风机吸走，然后通过回风道返回垂直吸风道循环使用。

（4）集尘排料系统　谷物出口（主流物料出口）采用重砣式压力门，起到一定的关风作用。轻杂采用绞龙排料排出机外至下脚收集装置，为了防止漏风影响风选效果，轻杂出口应加装关风器。

循环气流风选器自成独立的密闭通风系统，不受外部影响，工作稳定，操作管理方便，结构也较紧凑。但是循环使用的气流最终会含尘较多，一定程度上影响风选效果。一种改进方式是适当辅以外部通风，并相应补充适量的新鲜空气，以降低循环气流的含尘浓度，从而改善其效果。补充空气量一般为循环风选风量的10%左右。

2. 主要规格和技术参数

循环气流风选器的特征尺寸是风道名义宽度，其厘米（cm）数是型号中的规格标识。常见的规格有60cm、100cm、150cm等。循环气流风选器主要规格和技术参数见表3-3。

表3-3　TFXH型和MVSQ型循环气流风选器主要规格和技术参数

参数	处理量/（t/h）		补充吸风量/（m^3/min）		配用动力/kW		外形尺寸（长×宽×高）/mm
	清理	初清	清理	初清	风机	绞龙和喂料	
TFXH60	10	40	8	8	2.2	0.55	1030×1074×2240
TFXH100	16	60	12	12	3.0	0.55	1420×1074×2240
TFXH150	24	100	18	18	4.0	0.55	2140×1074×2240
MVSQ-60	9	40	4	8	2.2	0.55	1205×1135×1765
MVSQ-100	16	66	6	10	4.0	0.55	1645×1135×1765
MVSQ-150	24	100	8	12	2×2.2	0.55	2510×1135×1765

三、影响风选工艺效果的因素

（一）稻谷原料特性

原料与轻杂的空气动力学特性的差异大小直接影响物料在气流中的运动状况和风选效果。原料中轻杂与粮粒间悬浮速度差异越大，越易于分选，风选效果越好。

物料颗粒大、水分高、表面较粗糙、粒形大小不整齐等，易导致喂料速度低且不均匀稳定，从而降低设备生产能力和风选效率。原料含杂过多，尤其含轻杂过多，将增加吸走轻杂的难度，降低风选效率。在这种情况下，可通过减少进机流量、调薄料层而加以改善，但降低了设备生产能力。

（二）进机物料流量

进机物料流量大小与风选设备的处理量和料层厚度密切相关。风道宽度一定时，流量越大，料层就越厚，部分位于料层中下部的轻杂不易被吸走，风选效率降低；反之，风选效率提高，但降低了设备生产能力。风选器的工作流量不应大于设备的设计流量。

（三）分离区工作状态

物料接触气流并被风选的过程是一个相对短暂而快速的过程，必须同时做到以下几点，才能获得满意的工艺效果：①物料沿工作宽度均匀分布并连续稳定地进入分离区；②气流分布均匀且以接近垂直的方向和合适的速度作用于料层；③轻杂有更多接触气流并被气流及时带走的机会。

（四）风速和风量

当风道尺寸一定时，风量和风速成正比。风量越大，风选时风速越高，轻杂被吸走得越干净，风选效率越高，但是轻杂中带粮的可能性也越大。吸风道的风速应小于完整粮粒悬浮速度的下限值。设计足够的吸风量是保证适宜风速的前提，实际使用时可通过调节风门来调整合适的风速。

（五）吸风道结构尺寸

吸风道的结构尺寸与物料沿风道的分布和气流作用于物料的时间有密切关系，直接影响风选效果。

1. 风道宽度

风道宽度主要影响进料的均匀程度和设备的处理量。宽度大，处理量大；但宽度过大，易造成进料不均匀，料层沿宽度方向厚度不一致，影响风选效果。料层较厚处，风速低，除杂不净；料层较薄处，吸出物中可能混入稻谷。风道宽度也会对气流稳定性产生一定影响，风道越宽，气流稳定性越差。

2. 风道厚度

风道厚度与风道单位宽度流量和轻杂去除率有关。一般情况下，单位宽度流量随风道厚度增加而增加。适当增大风道厚度，有利于提高设备处理量和轻杂去除率。但厚度过大，容易导致物料和气流分布不均匀而使风选效率降低，必须加大供风量，因此也加大了风网系统和空气净化处理的负担。

3. 风道高度

风道高度与气流稳定性有关。风道过低，风选区周围气流容易形成涡流，使气流速度在风道中分布不均匀，容易夹带粮粒。适当提高风道高度，能使气流稳定，提高风选效率。但风道高度过高，则设备形体变大。根据生产经验，风道高度在 0.8~1.5m 较为合适。

对于正在使用的风选设备而言，风道厚度调整（可调时）和风量调节是确保其工艺效果的最直接和最有用的操作控制手段。

第三节 筛选

筛选是许多行业广泛采用的分离或分级技术。筛选法在稻谷的清理工作中主要用于去除原料稻谷中夹杂的与稻谷粒度不同的杂质，以确保成品大米的纯度。在稻谷加工过程中，筛选设备还常与风选设备组合清除轻杂，也广泛用于粒度互混的中间产品（在制品）的分离或分级、副产品整理、下脚整理以及成品整理等。

一、筛选原理

（一）筛选原理与基本条件

1. 筛选原理

筛选是利用被筛理物料在粒度（长度、宽度、厚度）上的差别，借助物料和筛选工作面（简称筛面）的相对运动，通过具有一定形状、规格的筛孔去除特定粒度的物料或将物料进行分级的方法。粒度较小的物料穿过筛孔成为筛下物，粒度较大的物料留存在筛面上成为筛上物，从而达到筛分的目的。

2. 筛选的基本条件

被筛分的物料中，满足穿孔条件，理论上应该能穿过筛孔而成为筛下物的物料，称为“应筛下物”；反之称为“应筛上物”。

筛选的前提条件是被筛分的物料之间存在粒度上的明显差异。理想的结果是所有应筛上物均留存在筛面上，所有应筛下物均穿过筛孔。在筛选过程中，要达到除杂或分级的目的，必须具备以下三个基本条件：①应筛下物必须与筛面接触；②选择合适的筛孔形状和大小；③被筛选物料与筛面之间有适宜的相对运动。

（二）筛选工作面

筛选工作面（筛面）是筛选设备的主要工作部件，是一层或数层并用的、运动或静止的、具有一定形状和大小筛孔的工作面。筛面可以呈平面形状、圆柱筒体或圆锥筒体，也可以是多边形筒体。

筛面可以采用多种材料，以不同的成孔方式制成。从工作的可靠性和使用寿命考虑，筛面需有足够的强度、刚度和耐磨性；从工艺效果的角度考虑，应使筛面有尽可能大的筛面利用率（筛孔面积总和与筛面总面积的比值，也称筛面开孔率），且筛孔不易堵塞，应筛下物具有更多接触筛面并穿过筛孔的机会。

1. 筛面种类

粮食加工厂常用的筛面有冲孔筛面和编织筛面。

（1）冲孔筛面　冲孔筛面通常由0.5~2.5mm的薄钢板冲孔而成。其优点是强度大，耐磨，刚度好，不易凹陷变形，筛孔形状大小均一，筛分精度高；缺点是筛面利用率较低，一定程度上影响筛选能力，且除小杂筛面容易堵塞，需设置筛面清理装置。根据冲孔后筛面的截面形状，冲孔筛面分成平板冲孔筛面和波纹形冲孔筛面两种。

①平板冲孔筛面：也称冲孔筛板，冲孔后筛板仍呈平整形状，如图3-5所示。筛孔形状

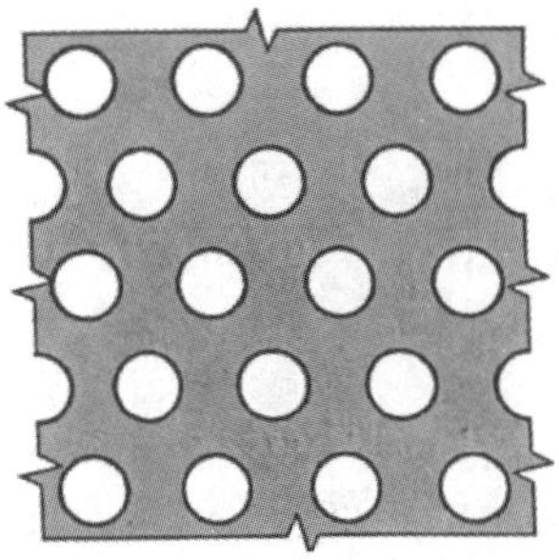

图 3-5 平板冲孔筛面

常见的有圆形、方形、长方形、长圆形和三角形等。平板冲孔筛面多用于振动筛、平面回转筛上。

②波纹形冲孔筛面：筛面截面呈波浪形，也称沉孔筛面，如图 3-6 所示。比平板冲孔筛面加工要复杂，成本高，多用在高速振动筛和厚度分级机上，用于清理细长形杂质、带芒杂质、未熟粒等。

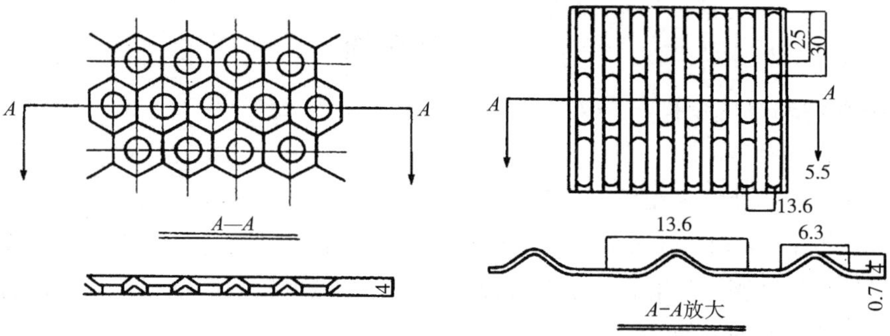

（1）圆形筛孔　　（2）长方形筛孔

图 3-6 波纹形冲孔筛面（沉孔筛面）结构示意图

波纹形冲孔筛孔形状有圆形和长方形两种。圆形孔呈漏斗状，上大下小，对需要直立穿过筛孔的物料可起辅助引导作用，使其容易穿过筛孔，而且筛孔间距离缩小，几乎不存在物料滑过去的“通道”，更有利于需要直立穿过筛孔的物料获得更多的穿孔机会。长方形呈上宽下窄的斜槽形，可对物料沿长轴运动起导向作用。

相对平板冲孔筛面，波纹形筛面刚性更好，筛孔尺寸可比平板冲孔筛面小些，筛面利用率较高，筛分效果更好，单位流量较大。

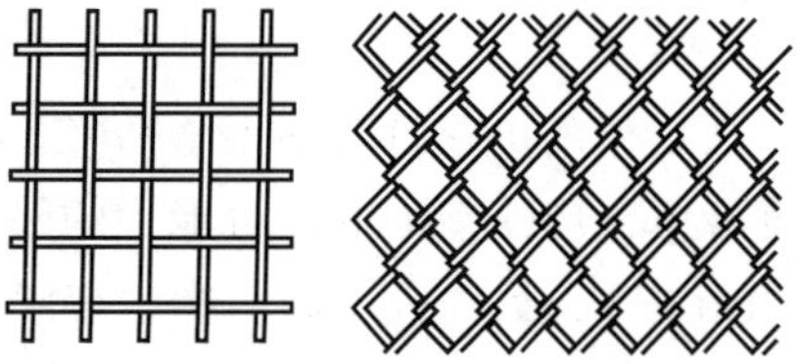

平织筛面　　绞织筛面

图 3-7 编织筛面

（2）编织筛面　编织筛面通常由各种钢丝、铁丝或其他金属丝线编织而成。稻谷加工使用的编织筛面，主要是用镀锌钢丝或低碳钢丝编织，编织方法分平织和绞织两种，如图 3-7 所示。

编织筛面制作容易，造价低廉，筛面利用率较高。绞织由于钢丝相互交织，筛面凹凸不平，对物料的摩擦因数较大，容易使物料产生自动分级。平织筛面的钢丝容易移动，引起筛孔变形，且易夹住物料造成筛孔堵塞。由于编织筛网形成的孔为矩形（正方形），对角线长度与边长不等，因此影响筛分的准确性。编织筛面多用于高速振动筛、平面回转筛、溜筛。

2. 筛孔形状

筛孔形状有圆形、方形、长方形、三角形等，主要针对平板冲孔筛面。筛选用途不同，所选择的筛孔形状也不同，在实际选用时，不仅要考虑被筛物料的断面形状，也要考虑物料的穿孔方式，如图 3-8 所示。

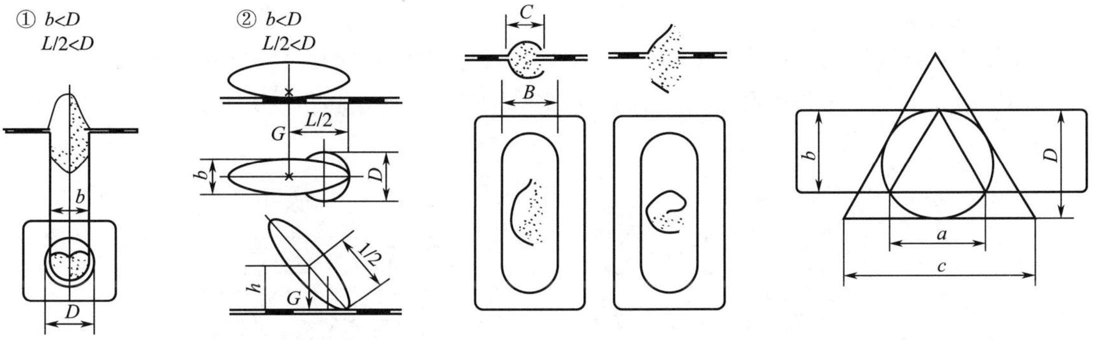

（1）圆形筛孔　　（2）长形筛孔　　（3）三角形筛孔

图 3-8　物料穿孔原理示意图

注：（1）*D*—筛孔直径；*b*—物料宽度；*L*—物料长度；*G*—物料重力；*h*—物料直立翻转时高度的 1/2。

（2）*B*—筛孔宽度；*C*—物料厚度。

（3）*a*—等边三角形筛孔的边长；*b*—其等效矩形筛孔的宽度；*D*—其等效圆形筛孔的直径；*c*—圆形孔的外切等边三角形边长。

（1）圆形孔　圆形孔既可以按物料的宽度进行分级，也可以按物料的长度进行分级，孔的直径是限制物料穿孔的重要尺寸。这主要取决于物料在筛面上的运动状态和穿孔方式。如果物料在筛面上能直立过筛，则主要是按其宽度不同进行筛选的；如果物料不能在筛面上直立，而是平卧过筛，则主要是按物料长度的不同进行分级。只有当物料的宽度小于筛孔直径且在筛选过程中能在筛面上直立，或物料是小于筛孔的球形时，才能穿过筛孔，如图 3-8（1）所示。

（2）长形孔　长形孔主要是按物料的厚度不同进行筛选的，筛孔宽度是限制物料穿孔的重要尺寸。只有当物料的厚度小于筛孔的宽度，且能侧立或侧卧时，才能穿过筛孔，如图 3-8（2）所示。

（3）方形孔　与圆形孔相同，方形孔也是按物料的宽度和长度不同进行筛选。但是，由于方形孔的对角线比其边长要长 40%，而物料既可能沿筛孔的边长方向穿孔，也可能沿筛孔的对角线方向穿孔，因此分级不精确。

（4）三角形孔　三角形孔适用于清理谷物中形状或截面近似于三角形的杂质，如稗子、砂石等。当物料形状或截面呈三角形且每条边边长小于三角形筛孔边长时，才能穿过筛孔，如图 3-8（3）所示。

3. 筛孔大小

筛孔大小是限制物料过筛的尺度，应按照被筛物料的粒度大小来确定。筛孔大小的表示方法因筛面种类不同而异。

冲孔筛面的筛孔直接用筛孔的实际尺寸（直径或边长）mm 表示。如 Φ6mm 表示直径为 6mm 的圆孔；1.5mm×20mm 表示宽度为 1.5mm、长度为 20mm 的长形孔；Δ3mm 表示边长为 3mm 的三角形孔。

编织筛面的筛孔一般用每英寸（2.54cm）长度上的筛孔数表示。如 5×5（也称 5 目）

表示筛网的径向、纬向都是每英寸筛网上有 5 个孔的方形孔；而 5×7 表示径向每英寸筛网上有 5 个孔，纬向每英寸筛网上有 7 个孔的长方形孔。编织筛面的有效筛孔尺寸还应考虑编织筛网的钢丝直径。

4. 筛孔的排列

筛孔的排列是指筛孔在筛面上的分布规律，筛孔排列针对的是平板冲孔筛面。

（1）圆形孔或正方形筛孔　有正列排列和错列排列两种，如图 3-9 所示。

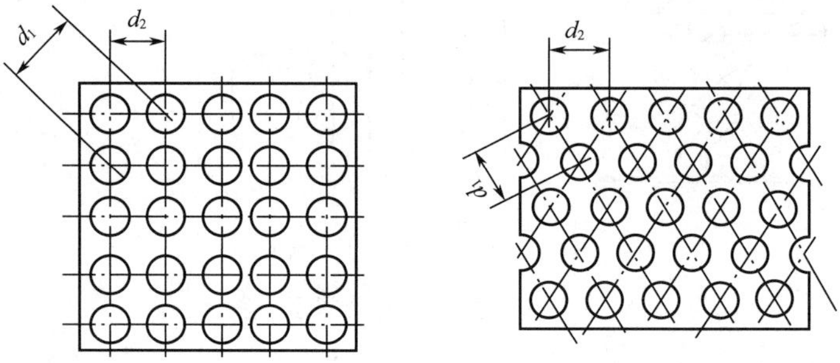

（1）正列排列　　（2）错列排列

图 3-9　圆孔排列方式

注：d_1—斜向孔距；d_2—横向或纵向孔距。

①正列排列：纵、横两个方向的筛孔都互相对齐的筛孔排列形式，见图 3-9（1）。各孔之间的孔距不同（$d_1 \neq d_2$），因此筛面各处强度不一。另外，正列排列中两列筛孔之间无筛孔，物料易走空道，减少了被筛物料的穿孔机会，其筛选效率较低。

②错列排列：只有一个方向呈平行对齐排列，而另一方向呈对称交错排列的筛孔排列形式，见图 3-9（2）。各孔之间孔距相等（$d_1 = d_2$），因此筛面各处强度一致，且被筛物料在筛面上无空道可走，穿孔机会多，有利于筛选效率的提高。生产中大都采用错列排列。

（2）三角形筛孔　有同向交错和异向交错两种，如图 3-10 所示。

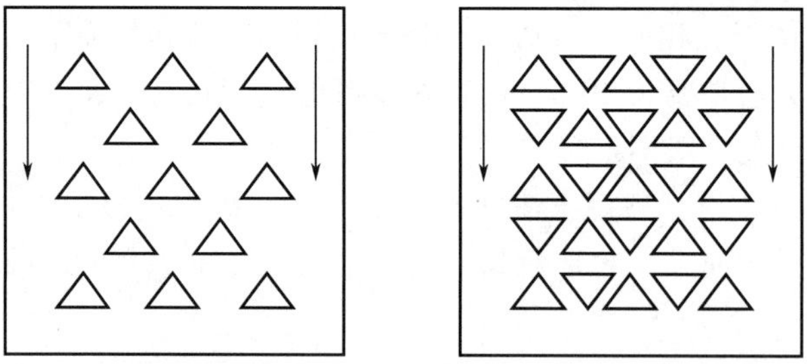

（1）同向交错排列　　（2）异向交错排列

图 3-10　三角形筛孔的排列

（3）长形筛孔　有直行、直行纵向交错、直行横向交错、顺序旋转等几种排列方式，如图 3-11 所示。其中顺序旋转排列用于做平面回转运动的筛面上。

5. 筛理路线

筛理路线是指多层筛面的筛选工艺流程的组合。生产中，一层筛面往往达不到工艺要

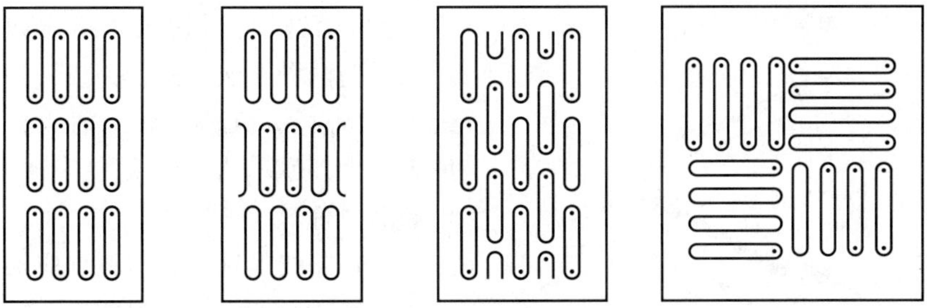

（1）直行排列　（2）直行纵向交错　（3）直行横向交错　（4）顺序旋转

图 3-11　长方形筛孔排列方式

求，需要多层筛面组合使用，才能有效地进行筛选。所以，筛面组合的合理与否，对筛选过程有着重要的作用。筛面组合的方法可分筛上物连续筛理法、筛下物连续筛理法和混合法三种。

（1）筛上物连续筛理法　其工艺路线如图 3-12 所示，筛上物连续筛理，分出不同粒度的筛下物，筛孔尺寸从小到大（$d_1<d_2<d_3$）。特点：先提取粒度小的物料，后提取粒度大的物料（Ⅰ<Ⅱ<Ⅲ<Ⅳ），粒度大的物料筛理路线长。一般用于下脚处理、副产品整理等。

（2）筛下物连续筛理法　其工艺路线如图 3-13 所示，筛下物连续筛理，分出不同粒度的筛上物，筛孔尺寸从大到小（$d_1>d_2>d_3$）。特点：先提取粒度大的物料，后提取粒度小的物料（Ⅰ>Ⅱ>Ⅲ>Ⅳ），粒度小的物料筛理路线长。常用于稻谷清理、稻谷分级、成品整理等。

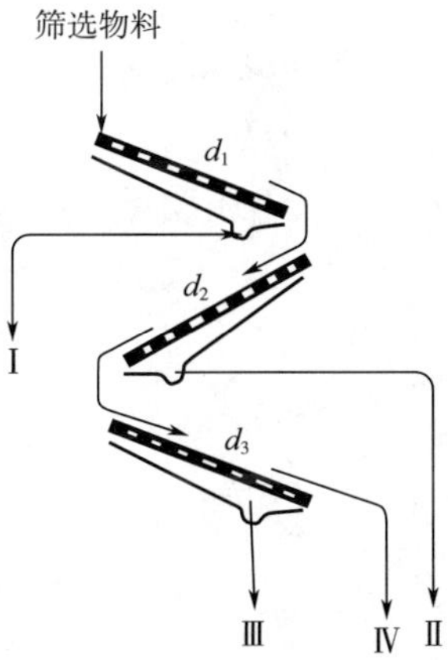

图 3-12　筛上物连续筛理法

注：d_1、d_2、d_3 分别为从上到下各筛面的筛孔尺寸。

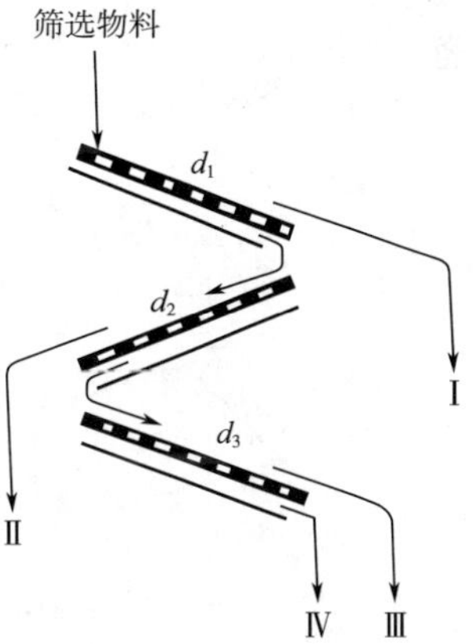

图 3-13　筛下物连续筛理法

注：d_1、d_2、d_3 分别为从上到下各筛面的筛孔尺寸。

图 3-13 中各层筛下物经收集底板集中后引导至下层筛面前端，称集中进料，有利于加长物料筛理路线长度，进而促进物料自动分级，确保筛分效果。在筛选设备中，省去中间的收集底板，筛面倾斜方向一致，上层筛面的筛下物在各处穿孔后直落分散进入下层筛面筛理，称分散进料。在不强调自动分级、应筛下物容易穿过筛孔时可以采用分散进料方式，从

而节省筛体高度。

（3）混合法　其工艺路线如图 3－14 所示，是前两种方法的混合路线，筛孔尺寸交叉配置。特点：流程灵活，各种物料筛理路线长度无太大差别。常用于稻谷清理、成品整理、副产品整理等。

筛理路线的选择，需根据应筛上物和应筛下物粒度差别的大小、目的提取物的特性和纯度要求、应筛下物穿过筛孔的难易程度以及工艺要求，综合考虑后对照其特点确定。

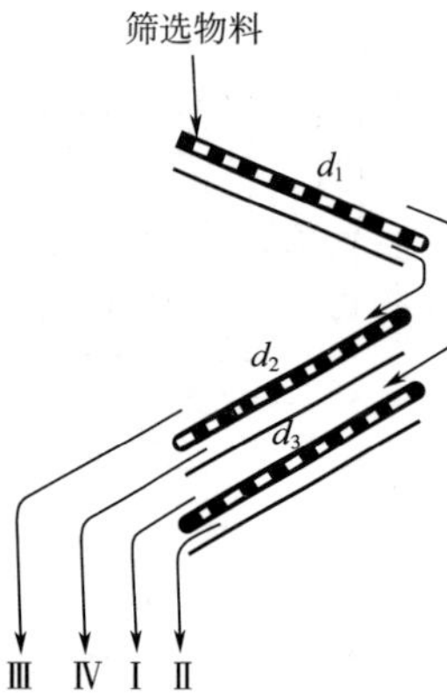

图 3-14　混合筛理法

注：d_1、d_2、d_3 分别为从上到下各筛面的筛孔尺寸。

（三）筛选工作面的运动形式

1. 物料自动分级对筛选工作的影响

料层厚度适当的散粒物料群在适宜的运动过程中，会产生自动分级现象。在筛选过程中，物料良好的自动分级会使粒度小的物料趋向底层，而获得更多的穿孔机会，也会使粒度大的物料趋向上层，而更可靠地留存于筛上，为提高筛理效率创造有利条件。因此，应当充分利用物料的自动分级特性并为此提供最佳条件。

2. 筛面的运动形式

筛面的运动形式主要有静止、往复振动、高速振动、平面回转运动、旋转运动等，如图 3-15 所示。

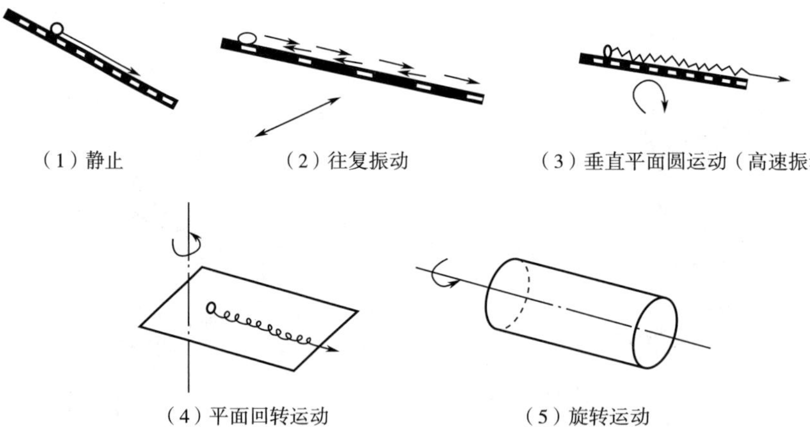

图 3-15　筛面常见运动形式

（1）静止　筛面倾斜静止放置，物料依靠自身重力沿筛面自上而下做直线运动，如图 3-15（1）所示。改变筛面与物料之间的摩擦因数或改变筛面倾斜角，可以促使物料在筛面上产生自动分级。物料在静止筛面上运动时，相对于筛面运动的路线较短，因此静止筛面的筛理效率较低。

（2）往复振动　筛面做往复直线运动，物料沿着筛面做正反两个方向的相对滑动，如图 3-15（2）所示。筛面的往复运动能促进物料产生自动分级，且物料相对于筛面运动的路线较长，故筛选效率较高。

（3）垂直平面圆运动（高速振动） 筛面在垂直平面内做轨迹为圆或椭圆的平动（有的也可做直线振动），物料在筛面上做小幅度跳动，如图 3-15（3）所示。筛面的振动频率高，振动力强，物料在筛面上跳动，因而不易产生自动分级，且不易堵塞筛孔。此筛面适宜处理难筛粒含量多的物料。

（4）平面回转运动 筛面在水平面内做圆轨迹平动，物料在筛面上做圆周运动或螺旋线运动，如图 3-15（4）所示。平面回转筛面能促进物料的自动分级，物料在筛面上的相对运动路线较长，且物料所受的水平惯性力在 360°范围内周期变化方向，因而不易堵塞筛孔，筛选效率和生产率均较高。这种筛面常用于粉料和粒料的分级和除杂，筛理路线长、筛理效率高，在清理工艺中除杂效果较好。

（5）旋转运动 筛面呈圆筒形或六角筒形，绕一水平或倾斜轴旋转。物料在筛筒内相对于筛面滑动，如图 3-15（5）所示。筛面的旋转使物料在筛筒内不停地翻滚，无法产生自动分级。由于重力作用，与接触物料的工作面积仅为整个筛面的 1/8～1/4，因此筛面利用率低，但杂质不易堵塞筛孔，清理工作少。

二、典型筛理设备

（一）圆筒初清筛

圆筒初清筛是原粮接收、入库、加工时的初步清理筛选设备，主要用来清除稻谷中的大型杂质，包括秸秆、石头、泥块、穗、包装材料等。因为稻谷与这类杂质在粒度上的差异特别明显，分离较易，所以其整体结构相对简单，操作管理也极为便利。

1. 主要结构

TCQY 型圆筒初清筛主要结构由进料装置、筛筒、减速传动机构、出口、机架等部分组成，其主要工作构件是绕水平或倾斜轴旋转的筛筒，如图 3-16 所示。

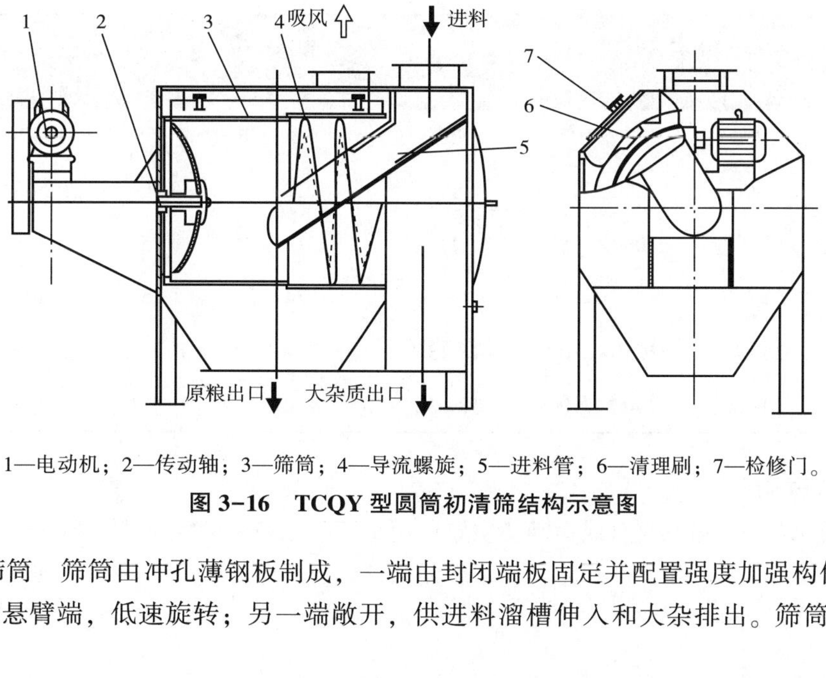

1—电动机；2—传动轴；3—筛筒；4—导流螺旋；5—进料管；6—清理刷；7—检修门。

图 3-16 TCQY 型圆筒初清筛结构示意图

（1）筛筒 筛筒由冲孔薄钢板制成，一端由封闭端板固定并配置强度加强构件，装配在机体主轴的悬臂端，低速旋转；另一端敞开，供进料溜槽伸入和大杂排出。筛筒分为两段，前段提大杂，为清理段；后段精选出大杂中含粮，为检查段。因此检查段筛孔尺寸要略小于清理段筛孔尺寸。为便于大杂质顺利排出，在检查段设有导向螺旋。

（2）进料装置　进料管从大杂出口端伸入筛筒内。其安装方式有两种：一种为进料管直接进入筛筒中间位置；另一种是让进料管有一偏转角，使落料点向筛筒旋转的下行方向偏移，有利于提高产量和分离效率。

整个筛筒及进料装置由机架及钢板密闭，钢板壳体上部开有带联接法兰盘的进料口和吸风口以及观察窗，下部开有原粮出料口和出杂口。在筛筒旋转的上行方向的壳体内壁上（筛筒外）安装清理刷，清理筛筒，防止筛孔堵塞。筛筒呈水平悬臂状安装于传动端的主轴上。主轴一般由带减速器的电动机直接驱动。

2. 工作过程

物料从进料口经进料斗落入筛筒内部，筛筒旋转时，穿过清理段筛孔的筛下物从原粮出口流出。筛上物为大杂，进入检查段进一步筛理出其中的粮粒，并在导流螺旋推进装置的推导下，被引至大杂出口处排出机外。穿过检查段筛孔的筛下物从原粮出口流出。吸风口可与吸风系统连接，主要作用是防止灰尘外扬，机内扬起的灰尘由气流带走至外部除尘风网处理。

XYQS 型圆筒初清筛采用长筛筒筛选工艺，筛筒采用分段式，每段由多张筛片拼装式结构，筛理面积加大，不仅能保证原粮清杂效果，而且能减少杂质含粮率，除杂效果较好。该设备采用变频电机无级变速，高效节能，操作维护方便，工作过程与 TCQY 型圆筒初清筛基本相同。

3. 主要规格和技术参数

圆筒初清筛的生产能力不仅与筒体直径相关，更受到配用筛孔大小的直接影响。筛孔放大或缩小，生产能力将大幅度增大或减小。一般地，清理段配用边长 13~20mm 的方孔，检查段配用边长 10~15mm 的方孔或相应直径的圆孔。其他主要参数见表 3-4。

表 3-4　TCQY 型圆筒初清筛主要技术参数

型号	产量/（t/h）	筛筒规格（直径×长度）/m	筛筒转速/（r/min）	吸风量/（m^3/min）	动力/kW	外形尺寸（长×宽×高）/mm
TCQY·63	20	630×800	20	8	0.55	1640×840×1170
TCQY·80	40	800×950	17	12	0.75	1950×1000×1455
TCQY100	60	1000×1089	11	18	1.5	2029×1100×1660
TCQY125	80	1250×1139	9	24	1.5	2300×1400×1870
XYQS125	20~40	1250×2100	18~36	8~10	1.5×2	2875×1400×2082
XYQS180	30~60	1800×2100	18~36	8~10	4	3175×1400×2082

（二）高效振动筛

高效振动筛筛面做往复直线运动，主要作用是清除原粮中的大、小杂质，若与吸风分离装置配合，还可清除轻杂质和灰尘。设备整体结构稳固，运行可靠，操作管理便利，筛选和风选效果均佳。

1. 主要结构

振动筛由进料装置、筛体、出料机构、振动电机驱动装置及机架等部分组成，如图 3-17 所示。

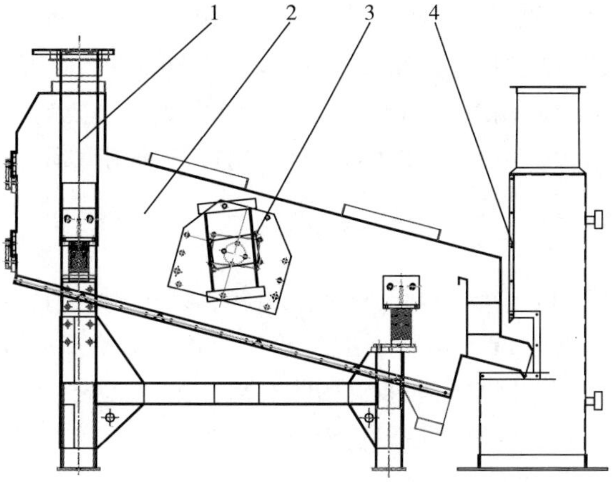

1—进料箱；2—机架；3—振动电机；4—垂直吸风道。

图 3-17　TQLZ 型振动筛结构示意图

(1) 进料机构　由进料管和进料箱两部分构成。进料管固定于机架上，通过软布套管与进料箱连接。进料管内设有偏心锥形圆筒，旋转偏心圆锥筛筒可引导物料落入进料箱的中心部位。进料箱安装在筛体上，随筛体一起振动，可提高喂料的均匀性。进料箱内固定有分料板和匀料板，可用于调节流量及其稳定性和匀料状况。

(2) 筛体　筛体由钢板焊接及螺栓连接而成，通过中空橡胶弹簧支承在机架上。筛体内装有两层抽屉式筛格，由导轨支承。筛格主要由筛框、筛面和清理装置等组成。冲孔薄钢板筛面固定在筛框上，筛框平均分成若干个筛仓，每个筛仓内装有 3 个以上橡胶球，用于清理筛面，如图 3-18 所示。筛格通过压紧机构锁紧固定，更换筛面时需松开压紧机构，抽出筛格。

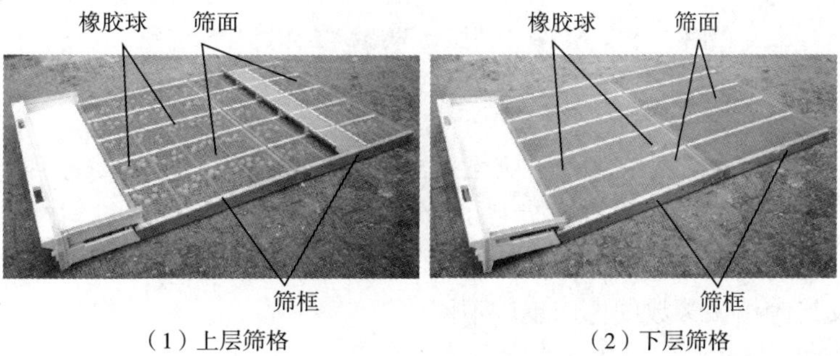

(1) 上层筛格　　(2) 下层筛格

图 3-18　筛格结构示意图

两层筛面构成筛下物连续筛理的筛路。第一层筛面为除大杂筛面，一般采用 Φ8.0mm 或 Φ10.0mm 圆形筛孔；第二层筛面为除小杂筛面，一般采用 Φ1.5mm 或 Φ2.0mm 圆形筛孔或边长为 3mm 的三角形筛孔，采用分散进料方式。

通过上下调节出料端支承装置的支点位置，可以调节筛面倾角（0°~12°），以调节物料在筛面上被筛理的路线长短、筛理时间以及平均流速。通常用于初清、清理产量大时，筛面倾角为 8°~12°；清理产量小、清理效果要求高时，筛面倾角为 6°~8°。

（3）驱动装置　振动电机驱动装置安装在筛体两侧，与筛体重心位置重合。通过两个振动电机安装角度或其内偏重块相对位置的同步调节，调节振动方向角和振幅，从而调整筛体振动状态，改善物料与筛面的相对运动状况。要特别注意两个振动电机安装角度不宜过大，否则筛体上下振动幅度增大，引起物料跳动，且影响设备使用寿命，同时注意电机运转方向和激振力必须一致。

2. 工作过程

稻谷由进料口偏心锥管通过软布套筒落入进料箱，经可调匀料闸门和分料板，沿筛框方向均匀分布，料层厚度可通过调节均料板进行控制。物料以合适的流量进入第一层筛面筛理，筛上物为大杂，通过筛体尾部横向收集槽收集后，由侧面大杂出口排出；筛下物分散落入第二层筛面继续筛理。第二层筛面筛下物为小杂，收集后由底部小杂出口排出，筛上物为稻谷，由末端淌板直接喂料进入垂直吸风道分离器，如图 3-19 所示。

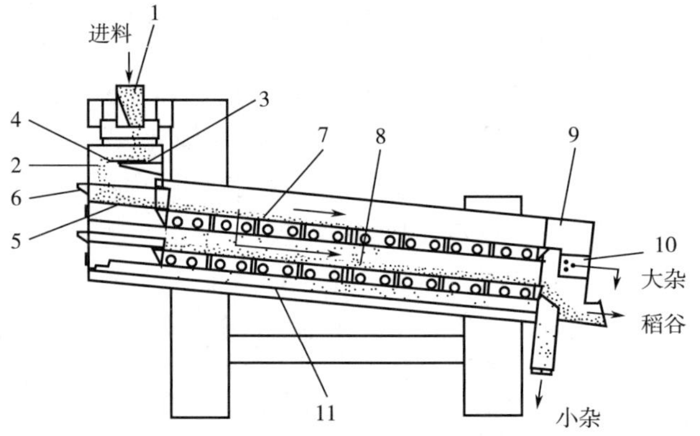

1—进料斗；2—振动料门；3—分料挡板；4—可调滑块；5—喂料底板（上外抽屉底板）；6—外抽屉（上）；7—第一层筛面；8—第二层筛面；9—出口部分；10—大杂（大粒）出口；11—筛下物收集底板。

图 3-19　MTRC 型振动分级机工作过程示意图

3. 主要规格和技术参数

振动筛的主要技术参数见表 3-5。应当指出，处理的稻谷（主要是品种、含杂程度、水分高低和整齐程度）不同时，或者处理目的（主要指分离或分级）不同时，或者使用场合（主要指初清或清理）不同时，同一设备的生产能力和工艺效果是不同的，筛孔形状和尺寸大小的选择以及其他相关参数的选用也应不同。

（三）平面回转筛

平面回转筛筛体做回转运动，有利于物料形成良好的自动分级。筛面有一倾斜角，物料在筛面上做平面螺旋线轨迹运动，筛理路线长，物料接触筛孔的机会多，清除大、小杂效果显著。

表 3-5　　高效振动筛主要技术参数

型号	筛面宽度/mm	筛面长度/mm	产量/（t/h）	吸风量/（m^3/min）	配备动力/kW	筛面倾角/（°）	振动频率/（r/min）	振幅/mm	振动角/（°）
TQLZ60×100	600	1000	3~5	30	0.2×2				
TQLZ80×150	800	1500	6~12	50	0.25×2				
TQLZ100×200	1000	2000	12~20	80	0.37×2	5~12	920~950	3.5~5.5	0~45
TQLZ150×200	1500	2000	16~30	100	0.65×2				
TQLZ150×250	1500	2500	20~35	120	0.75×2				
MTRC100/200	1000	2000	16	10	2×0.30	清理 6，初清 12	1000	5~5.5	清理 20，初清 25
MTRC150/200	1500	2000	24	12	2×0.75				

1. 主要结构

TQLM 型平面回转筛结构如图 3-20 所示，主要由进料装置、筛体、传动机构、机架和吸风系统等组成。

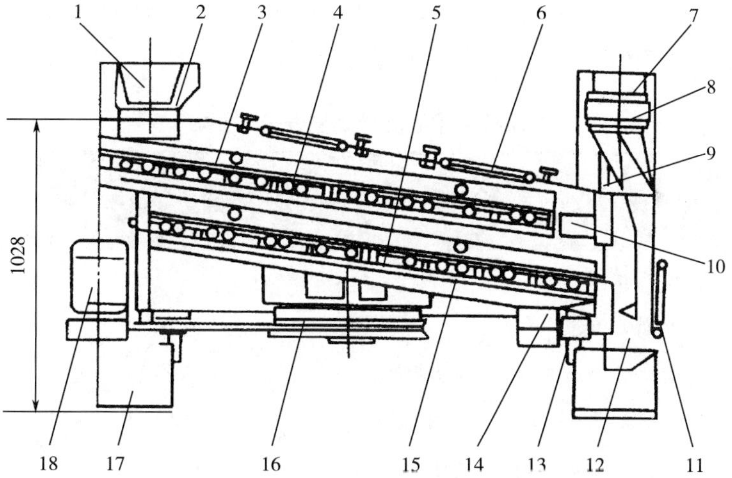

1—进料口；2、8—布筒；3—压紧机构；4—第一层筛面；5—第二层筛面；6—观察门；7—吸风管；9—吊杆；10—大杂溜槽；11—观察门；12—吸风道；13—限振器；14—小杂溜槽；15—筛体；16—振动器；17—机架；18—电机。

图 3-20　TQLM 型平面回转筛结构示意图

（1）进料装置　与 TQLZ 型振动筛类似，进料箱可稳定进机流量，并使料流在筛宽方向均匀分布。

（2）筛体　筛体有单筛体和双筛体两种，为全封闭式结构。筛体由自组吊杆或钢丝绳吊挂在机架上。筛体内装有两层抽屉式筛格，筛格分前后两段，由进料端抽出或推入，压紧机构采用偏心压紧，可避免筛格与筛体之间嵌入谷粒或杂质。筛面采用薄钢板冲孔筛面，第一层筛面若用于分级异种粮粒，可选用长筛孔，除大杂时则选择圆形筛孔；第二层筛面配用圆形或三角形筛孔，筛孔交叉排列。筛面配有橡皮球清理机构，堵孔率低。

（3）传动装置　采用惯性振动机构。电机固定在筛体进料端的下部，筛体底部中间位置上安装带有偏重块的皮带轮，带轮内扇形偏重块的质量，可根据筛体回转半径的大小而增减。启动后，电机通过三角带驱动偏重带轮，由偏重块旋转产生的离心惯性力使筛体做平面回转运动。这种传动机构结构简单、紧凑、运转平稳，但在启动和停机的瞬间振幅较大，因此在筛体底部前、后两端机架上装有限振装置。筛体运动时，同时产生三种运动轨迹，前部为椭圆，中部为圆，尾部近似为直线往复运动。

（4）吸风系统　垂直吸风道直接装在筛体的出料端，随筛体一起振动。清理后的物料，通过匀料板进入垂直吸风道进行风选。

2. 工作过程

物料经过进料装置均匀地沿整个筛面宽度进入筛面，第一层筛的筛上物为大杂，从侧面出口排出，筛下物落入第二层筛理；小杂穿过第二层筛面，从底板引导至小杂出口排出，第二层筛面的筛上物为粮食与轻杂的混合物，流入垂直吸风道，吸去轻杂，净粮从吸风道下方流出。

3. 主要规格和技术参数

不同规格的 TQLM 型平面回转筛，其筛面倾角多为 7.5°或 8°，筛面长度一般为 1500mm，转速为 300r/min、400r/min、500r/min 三级可调，其他主要技术参数见表 3-6。同一规格的设备应用在稻谷初清工段时，处理量远大于清理工段。

表 3-6　TQLM 型平面回转筛主要技术参数

参数		型号		
		TQLM80	TQLM100	TQLM125
处理量/(t/h)	初清	16	20	25
	清理	5	6.4	8
筛面宽度/mm		800	1000	1250
吸风量/（m^3/h）		2100	2700	3300
额定功率/kW		0.75	0.75	0.75
外形尺寸（长×宽×高）/mm		2150×1200×1460	2150×1400×1460	2150×1650×1460

（四）旋振清理筛

旋振清理筛又称平面回转旋振筛，简称旋振筛，其设备结构和工作原理与平面回转筛相似，整个筛体作平面回转运动，筛体更大更长，且进料处集合了风选功能，使得设备的产量、筛分效率和筛分效果更高。该设备同样可灵活与多种不同的风选器搭配使用，获得更佳的清理效果，卫生条件好。TQLG 型旋振清理筛采用拨料辊进料，流量大且连续平稳，产量可数字化调节，设备密闭性好，有利于环境卫生。

1. 主体结构

TQLG 型旋振清理筛主要由拨料辊进料装置、匀料吸风装置、筛体、垂直吸风分离器、传动装置、筛面清理装置等部分组成，如图 3-21 所示。

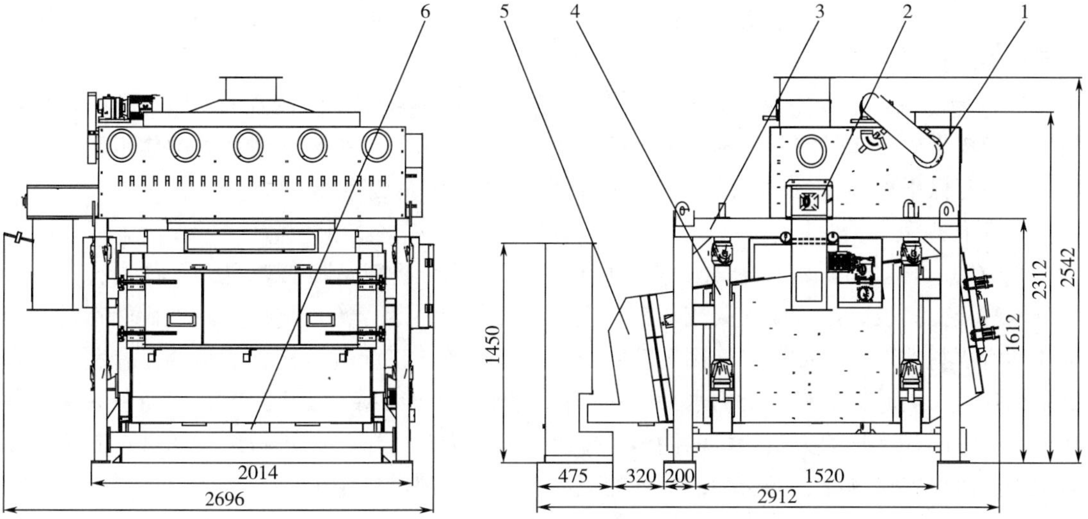

1—拨料辊进料装置；2—风选装置；3—机架；4—万向节；5—筛体；6—传动组件。

图 3-21 TQLG150A 型旋振清理筛总体结构

（1）进料和匀料吸风装置 稻谷通过进料口后被拨料辊搅拌分布均匀，产量可无级调节。稻谷下降到筛体的过程中，面板前面的进风将物料中的轻杂部分吸走，到重力沉降室后，瘪谷、秸秆等相对密度大的沉降下来，通过绞龙输送到设备外面，灰尘被风送到后路的除尘设备，如图 3-22 所示。

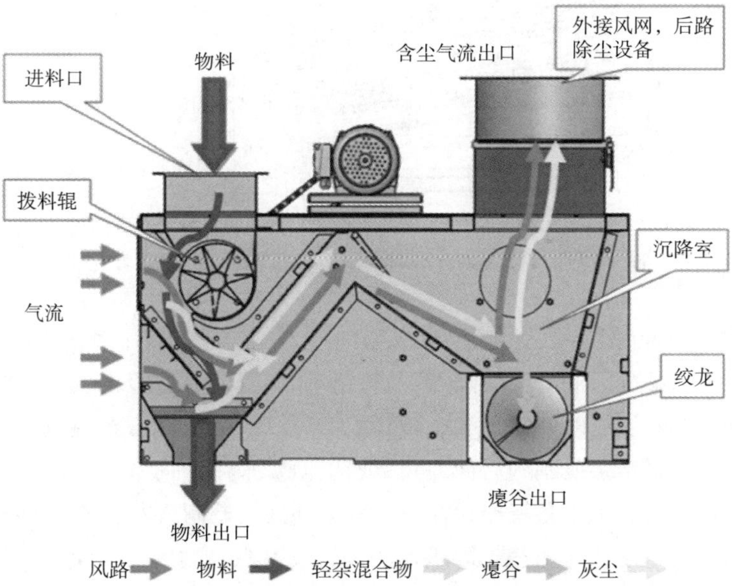

图 3-22 TQLG 型旋振清理筛进料和匀料吸风装置示意图

（2）筛体 筛体用四根万向节吊杆悬挂在机架上。TQLG150A 型筛体内装有两层筛面，上层筛面一般用来清除大杂，下层筛面清除小杂，在每层筛面下方均设有橡皮球清理装置，筛格为抽屉式，由进料端推入或拉出，拆装方便。TQLG200×4 型筛体内装有四层筛面，第一、三层筛板筛除大杂、中杂、秸秆等纤维杂质，第二、四层筛板筛除小杂，第一层和第三层筛板带清扫装置。

（3）传动装置　采用无偏心的惯性传动机构。在筛体底部中间位置的支座上装有带偏重块的三角皮带轮，通过安装在筛体侧面的电机传动，由于偏重块离心惯性力的作用而使筛体和电机一起做平面回转运动。这种传动装置结构简单紧凑，运转平稳。

2. 工作过程

TQLG200×4 型旋振清理筛工作过程如图 3-23 所示。物料从拨料辊进入筛体内，落在可调分料淌板上。吸风道适度的气流将轻杂吸走，其余物料落入筛面上。物料做椭圆运动，能迅速地将物料均匀地分散开。椭圆运动路线增加了物料与筛面进行接触的机会，有利于清理效果的提高。同时，物料所受的水平惯性力在 360°范围内周期性变化方向，因而不易堵塞筛孔。上层筛的筛上物为大杂，由两侧出口排出，筛下物落入下层筛进行继续筛理，其筛上物为稻谷，由出料口排除，下层筛的筛下物为小杂，由底部出口排出。

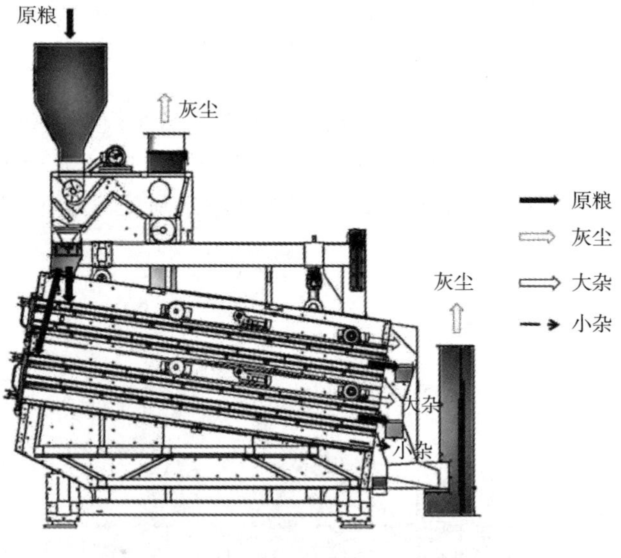

图 3-23　TQLG200×4 型旋振清理筛工作过程示意图

TQLG 型旋振清理筛偏心驱动装置处在筛体中心，保证整个筛面获得相同的筛分效果，且无需齿轮箱，所以减少了润滑和故障点。匀料吸风装置能有效吸走轻杂。清理大杂层的筛板上面安装自动清扫装置，时间间隔和旋转圈数都可以根据实际含杂量调整，通过刮板将筛面上的大杂、秸秆、纤维杂质刮到后面的收集槽里面。采用万向节柔性吊挂筛体四角，运转平稳，机械性能稳定。整机配备智能化控制，每个部件的控制（如拨料辊转速、刮板运转时间和间隔、筛体运转速度）都可根据要求现场设置，整机一键启动，操作简单。

3. 主要规格和技术参数

TQLG 型旋振清理筛既可用于初清工段，也可用于清理工段，同一规格设备用在不同工段时处理量有所不同。TQLG 型旋振清理筛筛面斜度为 8°，筛体运动速度 300r/min，其他主要技术参数见表 3-7。

表 3-7 TQLG 型旋振清理筛主要技术参数

参数		型号		
		TQLG150A	TQLG200	TQLG200×4
处理量/(t/h)	初清	20~25	40~60	80~100
	清理	15~20	20~50	50~80
筛面宽度/mm		1500	2000	2000
筛面长度/mm		2000/2700	2700/3000/3600	3000
吸风量/(m^3/h)		4000~4500	6000~7500	6000~7500
额定功率*/kW		1.5+0.75+0.55	4+0.75+0.55	7.5+0.75+0.55+0.55
外形尺寸（长×宽×高）/mm		2860×2010×2100	2880×3320×2630	3560×3320×3220

注：* 表示该设备配备了 3 个不同功率的电机。

三、影响筛选工艺效果的因素

（一）原料工艺特性

1. 水分

原料水分含量的高低，在很大程度上影响稻谷的摩擦因数，进而影响稻谷与筛面以及稻谷之间的相对运动，最终影响设备的生产能力和筛分效果。尤其当处理高水分粮（如稻谷水分>18%）时，这种影响将会趋于严重，通常需要大幅度调低流量，并适当调整运动参数和筛孔大小，才能保证满足工艺要求。

2. 含杂的种类、特性和含量

复杂而量多的含杂情况，会加大筛分难度，使设备工艺效果下降，一般需要多道不同设备的分选或强化整个清理工艺来解决。

3. 原料粒形和大小的整齐程度

原粮整齐程度越差，意味着稻谷与杂质在粒度上的交叉重叠部分越大，势必影响筛孔形状和大小的选择，影响杂质去除效率或者杂质中的含粮程度。

原料工艺特性中的其他能够影响其自动分级效果和运动状况的特性，同样会对筛选设备工艺效果带来一定程度上的影响。

（二）筛体运动参数

1. 转速

转速快，物料在筛面上的相对运动速度快，自动分级作用强，但物料穿孔比较困难，转速过快，还会影响筛下物的量；转速慢，物料的筛面上的相对运动速度慢，自动分级作用差，但物料穿过筛孔容易，易使不应过筛的物料穿过筛孔，影响筛下物纯度。

2. 回转半径

回转半径的大小主要影响物料在筛面上运动轨迹的大小。在转速一定的情况下，回转半径大，物料相对筛面的运动轨迹大，筛理路线较长，有利于物料的自动分级和提高分离效率。但回转半径过大，会使物料穿孔困难，反而使分离效率下降。回转半径过小，则会得到相反的效果。

筛体的转速和回转半径是两个相互联系的因素。二者的关系为：转速与回转半径的平方根成反比。为了保证物料在筛面上有适宜的相对运动速度，小的回转半径应采用较高的转速，大的回转半径应选用较低的转速。

筛体的工作转速（频率）和振幅（或回转半径）以及筛面倾斜角度都是重要的运动参数，三者之间既相互影响，又相互制约，应当相互搭配、协调统一。

部分平面回转筛通过偏心轴驱动，其偏心半径即为筛体的回转半径，此时回转半径为定值。

（三）筛面特征参数

1. 筛面结构尺寸

筛面结构尺寸即筛面宽度（圆筒筛为筛筒直径）和筛面长度。

（1）筛面宽度　通常指“名义筛宽”，即筛格宽度。扣除筛格构件遮挡部分宽度后的净筛宽尺寸称“有效筛宽”。筛面宽度决定设备的生产量，当单位筛宽流量一定时，筛面越宽，生产量则越大；但筛面过宽，将造成筛面上物料料层厚度沿筛宽方向分布不一。平面筛面宽度以 800~2400mm 选用最广，而圆筒筛面以直径 630~1800mm 居多。

（2）筛面长度　与筛理效率密切相关。在一定范围内，筛面长度增加，有利于筛理效率的提高，但长到一定程度后，筛理效率的改善就不明显，若再加长，反而增加非应筛下物穿孔机会，致使筛选效果下降。因此，应根据物料筛选的难易程度和清理工艺的要求来确定筛面长度。筛面长度一般不超过 3600mm，以 2000mm 居多。

2. 筛孔形状与大小及其排列方式

筛孔的形状、大小和筛孔的排列，应根据筛理物的粒度大小、流量和工艺要求等因素决定。从工艺要求来讲，平面回转筛的上层筛面，应使粮食全部穿过筛孔，其筛上物（大杂）中不含粮，为此，应选用（5~6）mm×（23~25）mm 的长形孔，四纵四横交错排列，或者 10~12mm 的圆形孔。下层筛面要求小杂全部筛理干净，但又不能允许稻谷穿过，一般采用 1.5~2.0mm 的圆形孔交错排列。

3. 筛面倾斜角度

筛面倾角除了影响筛体运动特性外，还直接影响物料从进口到出口的平均料流速度以及在筛面上的筛理路线和筛理时间，从而影响设备工艺效果。角度大，则平均料流速度快，厚度变薄，筛理路线时间变短，可适度加大流量，提高产量，但应筛下物可能仍留存而混入筛上物出口，反之亦然。因此，不同筛选设备、处理不同的物料、满足不同的工艺要求时，应配用适宜筛面倾角。

另一方面，筛面倾角大小也影响筛孔有效尺寸，即筛孔在水平面上投影尺寸的大小。显然，角度越大，这种影响越明显，在选择筛孔大小应加以适当考虑。

（四）操作控制因素

1. 流量

在其他条件正常的情况下，流量大小直接关系到物料在筛面上的料层厚度、相对运动状态和自动分级状态。流量大，则料层厚，料层运动趋缓，虽产量提高但筛选效率下降（主要是应筛下物穿孔机会减少）；若流量太小，则生产能力不足，且应筛上物接触筛面过多可能混入筛下物中。料层厚度的变化还会引起筛体总重的变化，可能影响筛体振幅或回转半径的大小，不利于筛选效率的保证。因此，在生产中应保持稳定而又适当的流量。

2. 分料

对于具有多层筛面的设备，应利用分料装置均匀分料，使得流向每层筛面的物料流量相同，以保证每层筛面的筛选效果一致。

3. 筛面清理

为了保证筛选的有效作用，各层筛面，特别是下层筛面必须经常注意清理装置的实际效果。一般应保持 80%以上的筛孔畅通。

四、筛选设备的操作与维护

（一）圆筒初清筛的操作与维护

1. 圆筒初清筛的操作

圆筒初清筛应在开机和空车运转正常后，再进料，流量应均匀适当。

2. 常见故障分析

（1）大杂出口含粮粒

①流量过大，应适当降低进机流量。

②筛孔尺寸小，需根据原粮和杂质的粒度更换具有合适筛孔的筛筒。

③筛孔堵塞或清理刷故障，应及时清理筛孔、排除故障。

（2）大杂清理不干净　筛孔尺寸大或由于筛筒磨损导致筛孔变大，应及时更换合适筛孔的筛筒。

（二）高效振动筛的操作与维护

1. 高效振动筛的使用

启动前确保各紧固件锁紧，两振动电机的安装角度和偏重块的位置必须保持一致。空载启动后检查运转是否正常。在持续运行 15min 至 2h 后用扭矩扳手重新拧紧驱动机构区域内的所有螺栓。输入的物料量必须均匀稳定，不要超过最大产能。

2. 常见故障分析

（1）机器运行中物料走单边

①物料未落到进料箱中部或沿下料斗宽度方向下料不均，可通过调整偏心锥形套筒和匀料闸板控制物料的进料和分流状况。

②筛体横向不水平，应检查机架安装是否水平。

（2）运转时筛体运动有扭摆现象

①四个支撑点受力不匀或橡胶弹簧损坏，需检查四只橡胶弹簧，及时调整或更换。

②电机扇形偏重块相位角不同或两侧电机安装角度不一致，应检查并调整振动电机的安装角度和偏重块位置。

（3）运动时有异常声响

①设备各处固定螺栓可能松动，需检查并拧紧各处螺栓。

②筛格可能松动，应调节压紧机构。

（4）除杂效率低、产量小

①振幅大小不适宜或振动方向角大小不适当，可酌情调整振幅、振动方向角。

②筛面倾角偏大或偏小或筛孔堵塞，应适当调节筛面倾角，同时注意清理筛面。

③进料箱匀料板或出料口阻风板位置太低，可适当调高匀料板或阻风板位置。

（5）下层筛下物有饱满粮粒

①筛网破损或进料箱与筛格间有缝隙，需及时更换筛网或密封条。

②压条与筛床间有间隙，筛格太薄或太厚，应调节压筛机构，或增减筛格压条厚度。

（三）平面回转筛的操作与维护

1. 平面回转筛（旋振筛）的使用

机器首次通电或机器过长时间未开机工作时，需要对电机、进料电机、清扫电机等分别进行启动、停止控制测试，观测各个控制器件是否控制准确、运行方向验证、调节参数是否变化与正常显示等。使用过程中，应经常检查吊杆、传动带、传动轴承、筛面状态、筛面清理装置以及吸风道，确保各部件工作正常。

2. 常见故障分析

（1）筛面上的物料走单边

①拨料辊转速过快，料斗没有存料导致分料不均匀，应适当调慢拨料辊的转速，使进料速度与进料流量相当。

②筛面横向不水平，需检查调整筛面横向水平与前后吊杆的长度，使用筛面横向截面保持水平。

（2）小杂中含粮较多

①小杂筛面磨损有漏洞，需及时更换筛板。

②小杂筛面搭接处缝隙过大，应及时堵塞缝隙。

（3）瘪谷、轻杂去除率不高或轻杂中含粮　可能是因为风道的风速过小或过大，可调节风门使风道风速适当。

（4）筛体运行振动过大

①四根万向节吊杆松动，需检查并拧紧松动的吊杆。

②轴承损坏，应及时更换轴承。

（5）大杂带料

①产量过大，进机物料大于设备的处理量，需适当降低拨料辊转速，减小产量，或者将第一层筛板更换大一个规格的孔径。

②清扫装置转速过快，将物料扫到大杂口，可适当降低清扫装置的转速。

第四节　比重分选

在稻谷清理工艺中，与谷物粒度接近的砂石、泥块等杂质（即并肩石）无法采用筛选设备去除，通常采用比重分选法。比重分选是根据物料之间相对密度、摩擦因数以及悬浮速度等物理性质的差异，物料在往复振动的倾斜工作面上运动，辅以穿过工作面的气流，产生自动分级，达到去除石子或物料分级的目的。清除稻谷中并肩石使用的比重分选设备称为比重去石机。

在稻谷清理流程中，比重分选原则上安排在筛选、磁选之后。经过筛选和磁选的物料，已经去除了大、小杂质和磁性杂质，此时进行比重分选，能有效防止去石工作面堵塞，减少工作面的磨损，更好地发挥比重分级的作用。

比重分选方法也用于颗粒物料的分级或分离，如稻谷加工中稻谷和糙米的分离，以及玉米干法加工中的提胚等。本节重点介绍比重去石机。

一、比重分选原理

（一）比重分选的目的和基本原理

1. 比重分选的基本原理

物料在往复振动的工作面和气流的共同作用下产生自动分级，相对密度大、表面光滑、粒度小的物料沉于底部，与工作面接触；相对密度小、表面粗糙、粒度大的物料则浮于上层。上层物料在工作面的往复振动作用、自身重力沿工作面下滑方向分力作用以及不断流入的物料推力等作用下，沿倾斜工作面流向下出料口；而沉于底层的物料则在工作面的推力作用下，沿倾斜工作面向上出料口爬行，从而实现物料的分离。

2. 比重分选的条件

（1）入机物料必须具有良好的自动分级，相对密度小的物料浮于料层上部，相对密度大的物料位于料层底部并与工作面接触。

（2）工作面必须具有相当的粗糙程度，以保证底层物料在工作面和上层物料的共同作用下，得以在倾斜的工作面上上行。

（3）工作面应有合理的运动参数，使物料与工作面以及物料之间具有适宜的相对运动，从而确保物料良好的自动分级和实现分离。

（4）利用气流作为辅助手段，可以提高物料的分级和分离效果。

（二）比重去石工作面

比重去石机分选的工作面也称去石筛板，是比重去石机的核心工作部件，直接决定分级去石的效果。去石筛板要求具有一定的摩擦因数、较大的开孔率、较小的空气阻力、良好的气流导向作用和较持久的耐磨性。目前国内各种型号的去石机使用的去石筛板主要有鱼鳞孔板和编织筛网两种。鱼鳞孔板和编织筛网的筛孔尺寸小于所有正常物料的粒度，不起筛选分离的作用，而是用于增加工作面粗糙程度和提供气流通道。

1. 鱼鳞孔板

鱼鳞孔板采用厚度 1. 2～1. 5mm 的钢板冲压而成。鱼鳞孔的凸起高度、冲孔面积的大小以及排列是否均匀等，都直接影响去石效果。现使用的鱼鳞孔有单面凸起和双面凸起之分，如图 3-24 所示。

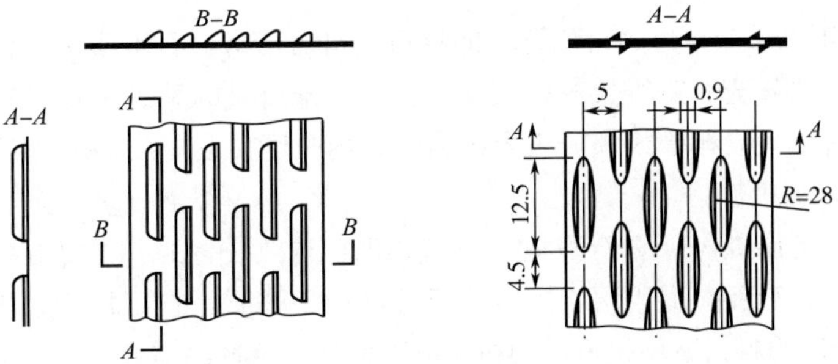

（1）单面凸起鱼鳞孔　（2）双面凸起鱼鳞孔

图 3-24　鱼鳞孔形状

单面凸起鱼鳞孔筛板的工艺效果较优，主要是因为筛孔的截面尺寸大，有利于阻止石子的下滑，且诱导的气流运动方向几乎平行于筛面，有利于石子的向上推送。

2. 钢丝编织筛网

钢丝编织筛网工作面是由直径 0.8～1.0mm 的不锈钢丝编织而成的平纹方孔网，如图 3-25 所示。这种平纹方孔网具有大小均匀、连接牢固、平度好、长期使用不变形等特点，在工艺应用中，气流均匀垂直向上，不易堵孔。筛网的规格一般为 12 目。纬线钢丝为波形曲线，形成凹凸不平的表面，以增大表面粗糙度和进风面积，促进物料在工作面上的自动分级，有利于提高分选效率，并能阻挡石子的下滑。径向钢丝为有微量弯曲的圆形直丝，微量弯曲的目的是固定孔形。

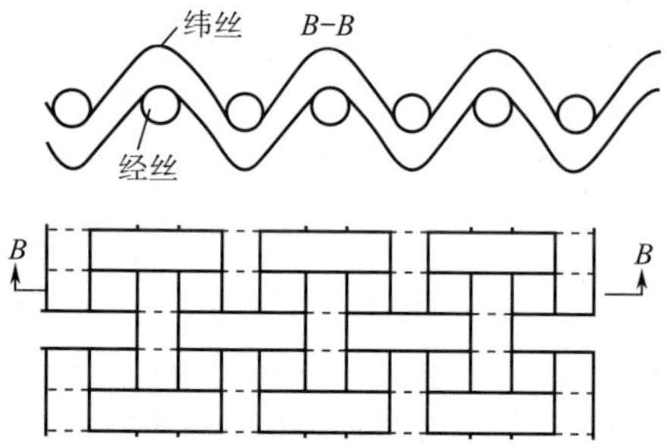

图 3-25　钢丝编织筛网工作面

二、典型比重去石机

稻谷清理工段所用比重分选设备主要为吸式比重去石机和重力分级去石机，机内气压为负压状态，无灰尘外扬现象，有利于保护车间操作环境，但其去石效果与风网工作状态和稳定状态关系密切，需配用单独外部风网，耗风量较大。

比重去石机的型号和规格众多，结构形式多样化，但它们的结构原理相近、功能基本相同、组成部分类似，只是具体的零部件结构有所区别。

（一）比重去石机的一般结构

比重去石机主要由进料机构、机体、机体悬吊或支承装置、工作面倾斜角度调节机构、振动与传动机构、供风系统、出口、机架等部分组成。

1. 进料机构

进料机构由料斗、料门、匀料装置和流量调节装置组成。主要功能是缓冲进料、匀料、稳定流量和控制流量大小。

（1）匀料装置　采用匀料板或锥形体布料装置。

（2）流量调节　采用弹簧式压力门或料门料板调节装置。不同型号的去石机，流量调节装置是不完全相同的，但可归结为两种方式：①通过料门截面面积调节；②通过弹簧压力门初拉力大小调节。

（3）接料位置　或者称为落料位置，即物料进机后落入去石工作面的位置，主要影响轻质物料和重质物料被分选的路线长短以及从各自出口排出时的纯度和难易程度。可以通过改变进料机构中喂料板、喂料槽或预分板向机内伸入的长度，改变接料位置。

2. 机体和去石筛板

机体是指配置工作机构（去石筛板）及其辅助机构或装置的、往复振动的箱体。机体内配置一层或两层去石筛板。配用两层去石筛板既可用于去石，也可用于在去石的同时进行物料分级，上层提轻质物料，下层提重质物料。由于聚石和精选的需要，去石筛板的平面形状并不是矩形的，应呈梯形或多边形收缩状，如“船头”，所以去石机的机体也被称为“筛船”。

进入去石机的物料通常已经过多个清理工序的处理，其去石筛板一般无堵塞之忧，故无需筛面清理装置。但必须在工作面下方增设导风板和匀风板，以确保气流均匀、稳定地穿过所有的鱼鳞孔或钢丝编织筛孔，进而确保物料分层和分离的效果。

（1）鱼鳞孔板工作面　按其对物料的作用或功能，通常将鱼鳞孔板分为接料区、分离区、聚石区和精选区（检查区）等，如图 3-26 所示。鱼鳞孔板在机内安装时，横向必须水平，主体部分纵向（图中出料箭头方向）与水平平面呈 6°~12°的倾斜角度，而在精选区和聚石区连接处折成水平，即精选区筛板基本上呈水平布置。

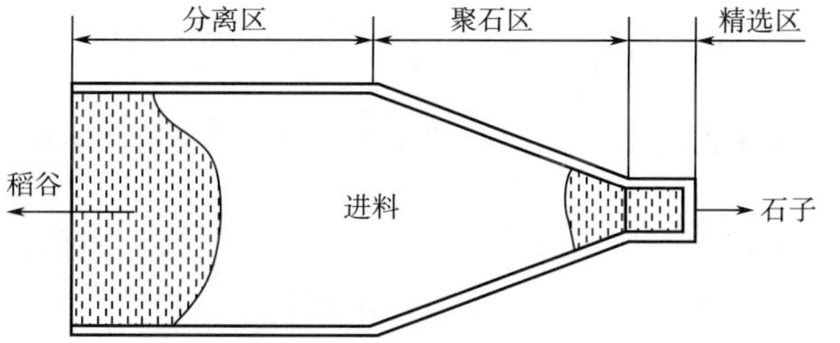

图 3-26　去石工作面（鱼鳞孔板）结构示意图

物料落入工作面中部的接料区域即进料处，迅速铺开并形成自动分级。并肩石和少数较重的短圆形稻谷颗粒占领底层，与工作面接触并上行（向上运动）。在聚石区即收缩区，由于宽度尺寸逐步减小，底层物料中稻谷颗粒被逐步挤压，而并肩石浓度逐渐提高，起到聚石作用。到达聚石区末端的并肩石仍可能含有少量稻谷，再经过精选区气流的作用将稻谷吹回，使石子中的稻谷含量比例降低。分离区使稻谷下行时进一步进行自动分级，促成其中的并肩石沉入底层，向上运动而不能混入稻谷出口中，稻谷则落入下端出口排出机外。

精选区鱼鳞孔配置形式与其他两区段不同，一般采用反向向下单面凸起的鱼鳞孔筛板，以诱导气流反向吹出，也有采用编织筛网的。精选区上部为矩形有机玻璃壳罩，出石口安在精选室外端。反向风直接从外部吸入，通过精选室筛面下部进风门调节反向风大小，来调节其作用效果。

当去石机工作时，物料进入鱼鳞孔筛板的中部，借助筛面的往复直线运动产生初步的自动分级，相对密度小的粮粒浮于上层，相对密度大的石子沉于下层接触筛面。同时由于自下而上穿过物料的气流作用，使得上层相对密度小的粮粒呈半悬浮状态，降低了与石子间的正压力和摩擦力，更促进了自动分级，使得相对密度小的上层物料在重力、惯性、气流作用和连续进料的推力作用下，相对于去石筛面下滑至净粮出口；而下层相对密度大的石子在筛面摩擦阻力、惯性和气流的作用下相对于筛面向上滑至出石口。

（2）钢丝编织筛网工作面　钢丝编织筛网工作面分为四个工作区，分别是预分区、分离区、聚石区和检查区，如图 3-27 所示。预分区采用无孔薄钢板。物料进入预分区后，不受气流影响，直接在振动的作用下产生初步的自动分级后进入分离区。大部分物料在分离区与石子分离后，从出料口排出，含石子较多的小部分物料经聚石区集中石子后到达精选区，稻谷由反向风吹回筛面，石子由出石口排出。

当去石机工作时，进机物料在筛面往复直线运动和穿过编织筛网的气流的综合作用下自动分级，相对密度大的石子及部分粮粒沉到下层与去石筛面接触。当筛面做正向加速运动时，石子因受到向上惯性的作用，借助气流的上推力，使石子沿着筛面的凸起向上跳跃爬

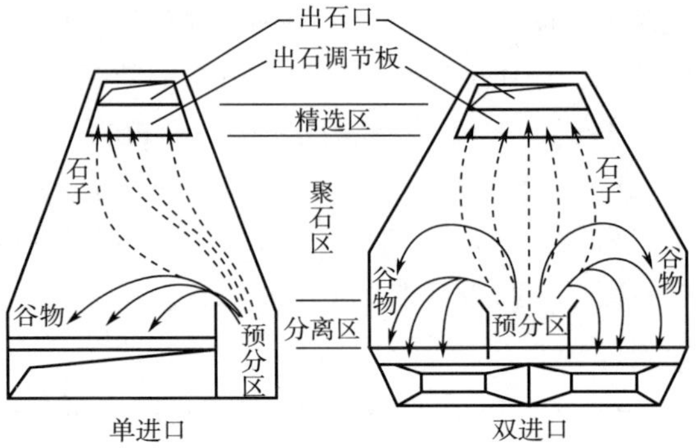

图 3-27　去石工作面（钢丝编织筛面）结构示意图

行，并跃过凸起；当筛面做反向加速运动时，则受到筛面凸起的阻挡，难以向下滑动。如此不断交替，使石子逐步向上跳动至出石口排出，粮粒在去石筛面惯性、气流作用力和连续进料的推力作用下，相对于倾斜筛面下滑至净粮出口排出。

3. 机体悬吊或支承装置

悬吊或支承装置联接机体和机架，主要功能是承重受力和构成运动副，配合振动机构或振源使机体有确定的运动轨迹。

早期定型的国产去石机多用偏心连杆传动配以吊杆悬吊机体或支承杆支承机体的方式。悬吊机体两侧各有两根吊杆，即在机体四角四点悬吊。若用支承形式，也可采用“三支点”形式，即用三根支承杆，机体下端两侧和上端（收缩末端）中间各一。三支点运动更平稳，同时调节上端支承点的上下位置即可方便地调节筛面倾角。

引进的编织筛面去石机和国产类似产品多用弹性支承，与振动电机相配用。弹性支承一般采用中空橡胶弹簧，或采用钢制弹簧组。

4. 振动与传动机构

振动和传动机构的主要功能是提供合适方向和大小的激振力，使机体按所需的振幅振动。常用偏心连杆传动机构或者采用振动电机为振源，与筛选设备所用同类机构的原理、功能和调节方式均相同。

5. 供风系统

去石机中的气流作用主要是促进物料在去石工作面上良好的自动分级，并有利于实现稻谷与并肩石的分离。稻谷在去石机工作面上运动时，应呈流化状态（即散粒物料群运动时，其状态在某些方面具有流体特征，也称“微沸腾”状态），才能获得较为理想的去石效果，这就要求穿过工作面的气流均匀稳定且风速适当。一般可通过吸风管风门开启程度大小的调节而实现。

吸式去石机的工作气流由外部风网提供。去石工作面上部为密闭壳体，正好罩住整个工作面，中部开有吸口与外部风网相联；去石工作面下部是调风板（匀风板）和进风室。吸式去石机吸风量较大且要求较高，应采用单独使用的外部风网。

（二）TQSX 型吸式去石机

TQSX 型吸式去石机采用振动电机为振源，振幅可调，分离效率较高，处理量大，适应性强，性能稳定，运转可靠。

1. 主要结构

TQSX 型吸式比重去石机主要由进料装置、去石装置、吸风装置、支承机构和振动电机等部分组成，其主要结构如图 3-28 所示。

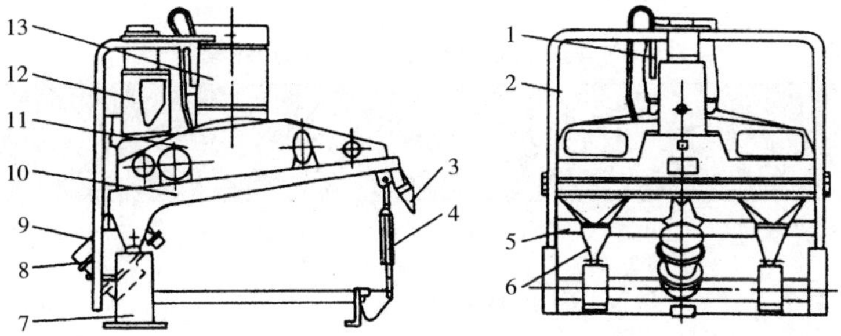

1—U 型压力计；2—后支架；3—出石口；4—筛角调节装置；5—横轴；6—出料口；7—机座；8—振动电机；9—弹簧；10—去石机体；11—吸风罩；12—进料箱；13—吸风管。

图 3-28 TQSX 型去石机结构示意图

（1）进料装置　由进料管、进料箱和淌料板等部件组成。进料管与进料箱之间采用挠性件连接，整个进料装置与筛体一起振动，可以促使物料的均匀分布。物料由进料管进入进料箱，箱内的淌板起缓冲作用。设有进料压力门，调整进料箱外拉簧的拉力可以控制料门的开启大小。操作中应保证进料箱中有一定的存料以保持连续供料和避免漏风。进料箱的下方设有匀料淌板或安装一层短筛面，可以改变淌料板的角度达到均匀分流的目的。

物料进料管位于出料端（工作面下端）中间，实际落在角部，与中部进料相比，工作面上的物料不受进料冲击影响，并肩石等重质物料上行路线延长，而稻谷能很快落入出料口，故有利于提高出石口物料纯度和稻谷处理量。

（2）筛体　由去石工作面、匀风格、匀风板和筛格压紧装置组成。去石机工作面采用鱼鳞板或编织筛网，摩擦因数大，物料分层和分离效果明显。工作面分为四个工作区，分别为预分区、分离区、聚石区和检查区。去石工作面的下部设有匀风板，以增加匀风效果，确保作用于料层的气流均匀稳定。

（3）振源　采用振动电机，小型的去石机用一台，中大型去石机用两台，安装在机体下部靠近出料端。通过其在机体上的安装角度的调整或电机内偏重块相对位置的调整来改变有效激振力的大小而调节振幅，以适应不同的来料状况，以及调整生产能力和分选效果。

（4）支承装置　机体通过弹性支承装置与机架联接。可采用弹簧组（每组两根，呈人字形排列），也可采用中空橡胶弹簧。一般地，出石口端为单支点，支座用长度可调的垂直杆支撑，该支撑杆中间分断，通过反向螺纹装置连接，旋转螺母，可改变支撑杆实际长度，从而改变筛面倾角。

此外，TQSX 型吸式去石机设有负压表，随时检测气流压力状况，能及时指示风网工作状况和指导其调整操作。

2. 工作过程

进机物料先经过预分区或短筛面接料、缓冲并在筛面振动的作用卜初步分级。由于预分区无气流的作用，所有物料上行进入分离区，在气流和筛体振动的作用下，物料充分分级。

物料经分离区分离石子后迅速流向出料口，含石较多的小部分物料则经预分区进入聚石区，石子流向出石口。

3. 主要规格和技术参数

TQSX 型吸式去石机的工作转速为 930r/min，其他技术参数见表 3-8。

表 3-8　TQSX 型吸式去石机主要规格和技术参数

型号	产量（净谷）/（t/h）	动力/kW	吸风量/（m^3/h）	静压力/mmH_2O①	外型尺寸（长×宽×高）/mm
TQSX85B	3.5~4.5	0.75	3200~3400	40~50	1520×1050×2200
TQSX100B	5~6.5	0.75	3800~4100	40~50	1520×1190×2200
TQSX125A	7~8.5	1.1	4800~5200	40~50	1520×1380×2200
TQSX168	10~12	1.5	7500~7800	40~50	1550×1380×2370

（三） MTSD 型去石机

MTSD 型去石机主要由进料装置、吸风装置、筛体、筛体支承装置、传动装置和机架等部分组成，如图 3-29 所示。

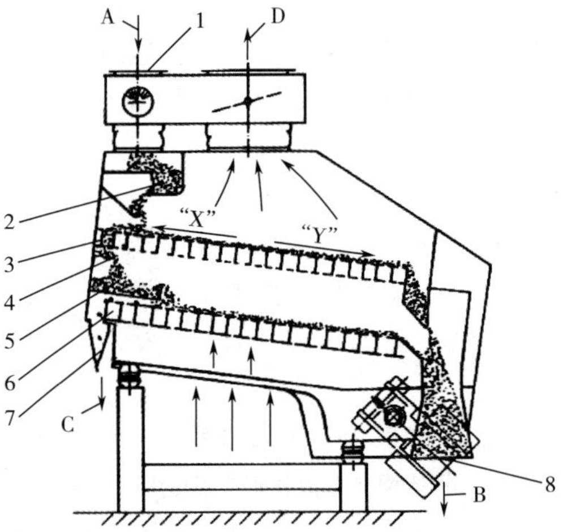

1—进料口；2—进料装置；3—预分筛面；4—出料板；5—去石工作面喂料槽；6—去石工作面；7—出石口；8—稻谷出口。
A、B、C、D—来料、稻谷、并肩石和气流流向；“X”—重质物料运动方向；“Y”—轻质物料运动方向。

图 3-29　MTSD 型吸式去石机结构示意图

1. 进料装置

进料装置由进料管、套环和喂料装置等部件组成。在进料口接管与进料管上装有套环，

① $1mmH_2O=9.80665Pa$。——编者注

进料口接管上安装了一个离心锥，可根据进料分布情况旋转锥体，实现物料均匀分布。进料时采用反向淌板加上料槽来缓冲和匀料，通过末端钩折的淌板喂料、闭风。喂料装置连接于筛体内，随筛体一起振动，促使物料沿整个设备宽度方向均匀分散，其中淌板主要起缓冲作用，以减少物料对预分筛面的冲击及磨损。

MTSD-120/120 型去石机设有可调节的分料板，当旋转调节锥体无法使物料达到满意的分布状态时，应停机调节分料板位置，直至物料均匀分布于预分级筛面。

2. 筛体

筛体内设有上下两层筛面，上层为预分级筛面，主要起分级作用，下层为去石筛面，完成去石功能。上、下两层筛面均由弯曲钢丝编制而成，筛面下设有匀风格和匀风板，与木制筛框及筛面一起组成筛格，通过压紧螺栓固定于筛体。少量气流从出石口端筛面进入，穿过下层筛面和喂料槽之间的间隙，即为反向风。

整个筛体由橡胶弹簧支承在机架上，筛面倾角可通过安装在机架前端的调节装置实现 5°~9°的调节，一般筛面倾角为 6.5°~8°。

3. 传动装置

在稻谷出口端安装两台振动电机用作振源，安装角为 40°左右，可小幅度调节。采用全抽屉式筛格、中空橡胶弹簧三点支承和“T”形机架，整体结构合理而简练。其一端单支点支座用矩形套架通过螺纹机构与机架联接，转动螺母，即可调节其上下位置而改变机体倾斜角度。

特别地，其主要规格的去石机，采用双口出石。对出料口稍作变动即可用于在去石同时将物料分级，即去石时，两层筛网下端出口物料合并；而去石兼分级时，两层筛网下端出口分别排出轻质、较重质物料。其中，MTSD-65/120E 型采用单层去石工作面，单出石口，单振动电机；进料机构中的末端钩折的淌板改用加长的喂料槽。

工作过程如图 3-29 所示。从进料口均匀流入的物料通过供料装置分散到整个机器宽度并到达预筛分装置。在这个筛分板上物料流按相对密度分层：上部分布的是较轻的部分，下部是较重的部分。下层的较重部分沿“X”方向流动并通过出口处流到下层去石板的最终分离区。在这个去石板上物料流按相对密度分层：上部分布的是较轻的部分，下部是较重的部分。在预筛分装置上沿“Y”方向流动的无石头的物料与下层去石板上的谷物一起流入谷物出料口。

对于单层机器 MTSD-65/120E，物料从供料装置直接进入最终分离区，石头在去石板的织物上被输送到石头排出口方向，谷物流向谷物出料口。

（四） MTCG 型分级去石机

MTCG 型分级去石机中，物料和石子基于流速及相对密度大小不同进行分离，如图 3-30 所示。

从进料口均匀流入的物料通过分料板分散到整个机器宽度并到达上筛分板。上筛分板的前半部分根据相对密度将物料分层，上层为轻质物料，下层为重质物料。重质物料从上筛分板的后半部分掉到下筛分板上，轻质物料从上筛分板流到轻质物料出口。在下筛分板上重新将物料分层，石子输送到下筛分板的编织筛面上，从出石口流出，物料流向重质物料出口。

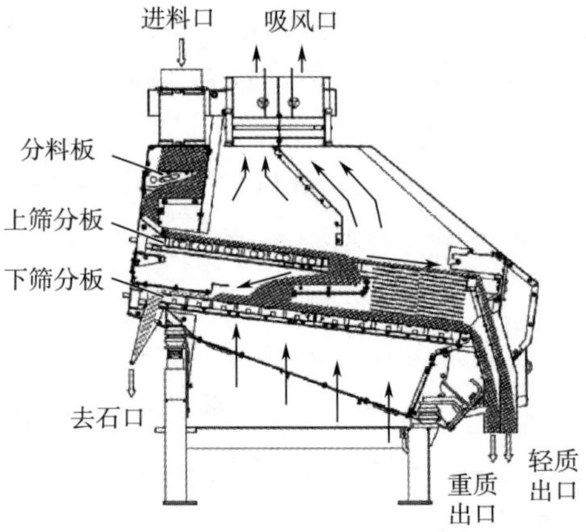

图 3-30　MTCG 型分级去石机工作原理图

三、影响去石工艺效果的因素

去石机工艺效果主要通过去石效率、下脚含粮程度、产量等工艺指标评定。此外，还应考虑动耗、加工成本、单位流量、配套投资和运转性能等。当采用主副流等组合去石工艺而有回流物料时，还需评价净粮提取率等工艺指标。一般要求去石效率≥98%，稻谷含并肩石率≤1 粒/kg，下脚含饱满粮粒≤50 粒/kg。

很多因素影响去石机的工艺效果，且对不同型号去石机的影响程度不尽相同。其中影响比较明显的主要因素，归结为如下几个方面。

（一）原料工艺特性

1. 稻谷水分

稻谷水分含量实质性地影响稻谷摩擦因数的大小，即影响稻谷与筛面以及稻谷之间的运动状态，进而影响自动分级的效果和去石分离的效果。

通常，高水分稻谷摩擦因数增大明显，可能严重地影响其相对运动的轨迹和幅度的大小，以及在气流中的流化状态。这些影响的结果通常不利于自动分级，且使物料在筛面上流速趋缓。为了保持一定的去石效率，需适当调节风量和去石工作面倾斜角度。

2. 并肩石的特性

近年来，一些地方的稻谷中含有一些非正常情况下出现的并肩石类杂质，如片状石块、多棱角的碎石等。这类石子筛不尽，分不清，很难处理。它们很难在去石工作面上行，反而容易被稻谷流层夹带而混入稻谷出口。

3. 稻谷中的含杂种类和程度

稻谷中含杂种类越多、含量越大，越妨碍稻谷混合物的自动分级，且可能造成去石工作面堵塞，致使气流在去石工作面上分布不匀，破坏物料的自动分级，使去石效果下降。因此，去石环节通常设置在清理流程的后路即在清除其他杂质之后。

（二）去石工作面振动参数

1. 振动频率

对于鱼鳞孔板工作面来说，为了有助于石子上滑，对振动频率的要求是，使上层物料对石子的压力近似于零，而又不跳动。

对于钢丝编织筛网工作面，是利用凹凸不平的筛网表面阻止石子发生相对滑动，石子只有通过跳动才可能不断向上运动。实际工作中，为使物料层之间产生相对运动，以促进自动分级，所以编织筛网工作面的振动频率按每运动一个周期跳动一次的临界转速计算。

2. 振幅

振幅的大小是影响物料在工作面上运动速度的主要因素，因此振幅选择合理与否，直接影响设备分选效果的好坏。实际选择时应与设备的振动频率一同考虑，二者是相互关联的。对于以振动电机传动的去石机，振幅与振动频率成反比，即高振动频率取小振幅，低振动频率取大振幅。

（三）去石工作面的特征参数

去石工作面的特征参数主要包括其形状、尺寸、收缩角和倾斜角度。

1. 去石工作面的宽度和长度

（1）筛面宽度　去石工作面的宽度直接影响设备的生产能力，也会影响物料料层厚度以及物料和气流的均匀程度，进而影响去石效果。宽度越大，对匀料和匀风的要求越高。

（2）筛面长度　在其他因素不变的前提下，去石工作面的长度决定着物料在去石工作面上停留的时间和稻谷、石子运动路线的长短。筛面太短，去石效果差，但太长反而使石子难于上行，机体总重增加，效果反而下降。

2. 倾斜角度

工作面倾斜角与物料在工作面上的运动速度以及石子上行的难易度有关。倾斜角太大时，石子向上运动的阻力大，上行困难，石子进入精选区的速度减慢，甚至难以从出石口排出。同时，稻谷在工作面上下滑速度增加，易使石子被稻谷夹带下行而从稻谷出口排出，使去石效率下降。倾斜角过小时，石子向上的阻力虽小，但稻谷在工作面上向下运动的速度减缓，影响设备产量，而且稻谷有可能与工作面接触而随石子一起上行从排石口排出，使石子中含粮增加。

3. 收缩角

收缩角的大小以及收缩的形式主要影响聚石过程所需的时间、聚石效果和去石工作面斜边侧压力。收缩角小，聚石过程长，对石子上行影响小，但部分稻谷也容易进入精选室，尽管强化反向风的作用可以吹回这些稻谷，但容易造成石子上得去出不来，同时去石工作面变长，设备型体变大。若收缩角过大，则聚石时间短，聚石效果差，石子上行阻力加大，去石效率也低。

4. 接料位置

去石机筛面的接料位置不会设在端面上，总是靠近中部，或者靠近稻谷出口端，或者靠近石子出口端，各有利弊。中部进料，稻谷和并肩石都能获得一定分选距离和时间，但难于消除进料冲击的影响；接料位置靠近石子出口端，有利于排石和物料在筛面上的铺开铺满，但要有措施防止出石口带走稻谷；接料位置靠近稻谷出口端，有利于提升生产能力，但需有措施促进物料铺满去石工作面并防止稻谷出口带石。

（四）流量

去石机流量的大小，直接影响设备的生产能力和物料在去石工作面上的料层厚度。流量大，料层厚，则物料分层、分离难，去石效果下降；流量小，料层薄，不仅降低设备生产能力，反而使气流在筛面某些区域，出现“吹穿”流层的现象，影响物料的分层和分离，导致石中含粮，工艺效果下降。

一般用于加工车间清理时，单位流量应控制在60~120kg/(cm·h)，依处理的稻谷种类、含杂状况、工艺特性等而定。用于进粮和筒仓时单位流量可适度放大。

（五）气流状况及其状态参数

穿过去石工作面的平均风速一般为1.2~1.3m/s，使物料在工作面呈“微沸腾”状态（悬浮、半悬浮）。平均风速过小会降低气流对上层物料的作用力，使其接触工作面的机会增加，从而随石子上行；同时，物料下滑速度减慢，物料层增厚，不利于物料的自动分级，使石子不能充分分离出来，且精选区反向气流减小，石中含粮及粮中含石率都会增加。平均风速过大，去石工作面上的料层易被吹穿，气流分布不均，同样也不利于物料的自动分级，同时精选区反向气流速度增大，石子不易排出。

四、去石机的操作与维护

（一）去石机的操作

（1）开机前　开机前应全面检查，一切正常后方可开机。

（2）开车顺序　开车时应先打开风机，待运转正常以后，同时打开去石机的传动电机或振动电机，并开始进料。

（3）进料　进料后首先要调节进料压力门的大小，在保证物料沿筛面宽度均匀下落的同时，并保证进料箱内有一定的存料。流量的波动范围应不超过额定产量的±10%。

（4）运行　保持气流畅通，经常检查谷中含石量和石中含粮量，如发现异常，及时采取措施，同时定期检查轴承。

（5）停车　停车时应先停料，后停风，再关机。停车后，去石筛板上应保留一层物料，以利于下次开车时能立即正常排石。

（二）去石机的常见故障及原因分析

1. 物料跑偏

原因：去石筛板宽度方向上不水平；筛板不平整，有翘曲；沿筛面宽度方向进料不均匀或风量不均匀。

排除方法：调整、维修或更换去石筛板；调整进料机构；调节叶轮、导风板夹角或风门。

2. 谷中含石过多

原因：吸风量过大、流量过大，精选室反向气流速度过大。

排除方法：调节吸风管风门开启程度；调整精选室上部弧形风板；调节精选室下部进风口截面面积；适当降低流量。

3. 石中含粮过多

原因：精选区筛板有堵塞；总风量减少，精选区反吹风气流速度过小，或有漏风；吸风量过小，未形成集石区；去石筛板倾角过小；传动带松弛打滑，电压降过大，风机转速降低；流量过大，料层太厚，风的阻力过大，自动分级不好。

排除方法：清理精选区筛板；调节反吹风风速或反吹风导风板，降低物料流量或调大风量；检查传动带和风机。

4. 筛体有不规则振动、颠簸、扭摆现象

原因：安装基础刚度不够，或地脚螺栓松动；偏心传动部分及摆动机构中连接有松动；滚动轴承、橡胶轴承损坏或其他构件损坏；拆修装配不正确或更换零件精度不够；两偏心连杆运动不同步；两振动电机有差异，偏重块或轴承有松动，支承弹簧损坏。

排除方法：及时检查设备，修复或更换相应部件，排除故障。

第五节　磁选

一、磁选原理

磁选是利用物料磁性的差异将磁性物质分离出去的方法，针对性强、原理简明。

1. 磁选的目的

一是要保证产品、成品质量安全；二是必须保障重要设备的生产安全。磁性杂质不仅来源于原料，还可能在加工过程中混入，包括设备零部件的磨损和氧化；其大如铁钉、螺丝帽，细小呈粉末状。因此在谷物加工各个生产环节中，尤其是高速运转、机械作用力大的设备之前，必须使用磁选设备。另外，在成品、副产品打包或入仓之前，也应使用磁选设备。

2. 磁选的工作原理

利用磁力清除谷物中磁性金属杂质。所谓磁性杂质即其在磁场中具有良好的导磁性的杂质。与磁性杂质相比，谷物的导磁性极差。含有磁性杂质的物料流经有一定磁场强度和磁场梯度的磁场时，磁性杂质被磁化，在磁力的作用下，克服各种阻力，沿磁场梯度方向向异性磁极的磁力构件运动，直到被磁力构件吸住。谷物几乎不受磁场影响，可自由通过，谷物与磁性杂质因此得以分离。

3. 磁选设备的主要工作元件

磁选设备的主要工作元件是磁体，磁体有永久磁体和暂时磁体之分。暂时磁体称为电磁铁，装置结构较复杂，且容易发热，维护不便。因此，粮食加工厂的磁选设备多采用永磁体，以组成开放式磁系，产生磁场。

磁选设备中，真正吸住磁性杂质的工作构件是包容磁体的、导磁性极好的金属构件（磁力构件），其表面平整，表面形状可以是矩形、圆柱体形或圆锥体形等。

4. 磁选分离的条件

磁性金属与谷物物料分离的条件是：磁场作用于磁性金属上的磁力必须大于与其方向相反的各种机械力之和，包括重力、摩擦力、惯性力等。

二、典型磁选设备

磁选设备（又称磁选器）主要有永磁筒、平板式磁选器和永磁滚筒等，也可使用自制的简易永磁箱、吸铁溜管等。

（一）永磁筒

1. 主要结构

永磁筒是一种体积小、无需动力的磁选设备，使用时可直接接在其他工艺设备的物料进口，也可串联在物料溜管之中。SCXH-Q 型筒式-分立式磁棒永磁筒主要由外筒体和磁体装置两部分组成，如图 3-31 所示。

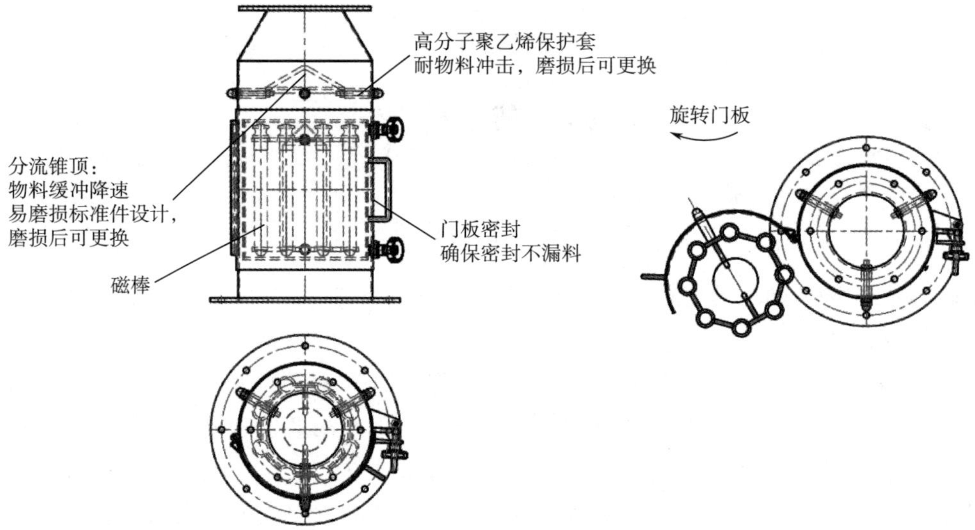

图 3-31　SCXH-Q 型筒式-分立式磁棒永磁筒结构示意图

（1）筒体　筒体由上下两端的法兰盘以螺纹结构直接与管道（溜管）联接，成为溜管的一部分，无需额外的进出料机构。

（2）磁体　即内筒体，采用不锈钢板制成，分为三段。上部一段为圆锥形罩筒，起匀料、布料作用；下部两段为圆柱体，内置数根高磁场强度的磁棒，按磁路排列，构成磁场。整个磁体装置安装在外筒体的转动门上，工作时转动门关闭锁紧，磁体装置（内筒体）位于中央，内外筒体之间即为物料磁选的环形通道；打开转动门就能抽收磁棒，并在工装架上进行清理吸附的磁性杂质，清理工作过程如图 3-32 所示。

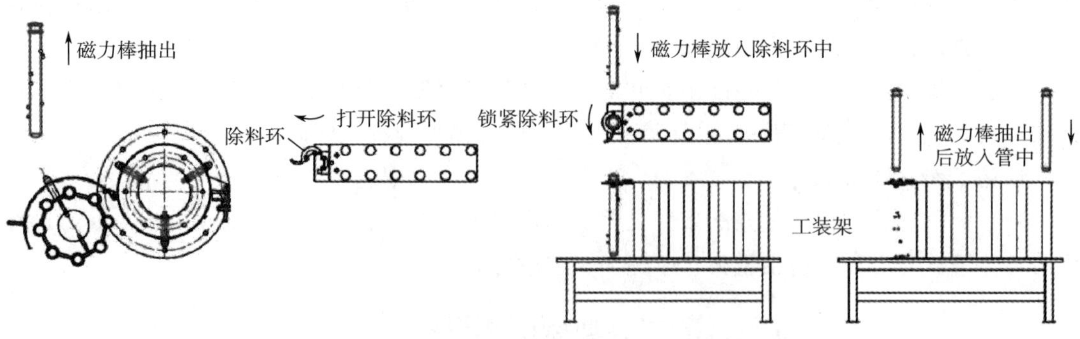

图 3-32　SCXH-Q 型筒式-分立式磁棒永磁筒清理示意图

该磁选设备应用于颗粒状物料和原料清理时，可选用接触表面经过耐磨处理的永磁筒。

2. 工作过程

物料进入永磁筒，经过圆锥形罩筒匀料导流后，在内外筒体之间的环状通道中呈帘状下落。通道即磁场，因此磁性杂质被迅速磁化，且磁极与磁体磁极相异，根据磁极异性相吸原理，磁性杂质被吸附到内筒体表面，随后被定期清除。稻谷在通道中不受磁场影响，自由通过，如同流经普通管道或溜管。

永磁筒适合处理各种稻谷及其加工的中间产品、在制品和成品。其中产量除了与规格相关外，还与物料的散落性、流动特性和体积质量等密切相关。采用磁棒式的永磁筒磁感强度可达 1. 2T；磁性强，除杂效果好，但不是自动清理，一般用于杂质较少的产量较大工艺位置。

（二）平板式磁选器

平板式磁选器一般安装在需保护的设备之上，经济适用，比较适合于中小型稻谷加工工厂选用。

1. 主要结构

平板式磁选器的主要结构包括进料机构、磁体装置和矩形组合壳体等，如图 3-33 所示。

（1）外壳体　为全钢板结构，外形如同一段倾斜的矩形溜管，上部开有检视门。

（2）进料装置　采用重砣式压力门，用来稳定物料流量，使流经磁场的料层厚度均匀稳定。

（3）磁体装置　主要由磁钢（多块小块磁钢排列而成）、不锈钢面板和安装架组成。安装后，与外壳体底板平整对接，如同一块倾斜淌板，物料在其上通过，并得到磁选。安装架下部设置横向卡槽，架在壳体内壁伸出的定位小轴上；上部为一横轴，作装拆把手用，打开检视门，可方便地装拆磁体装置。

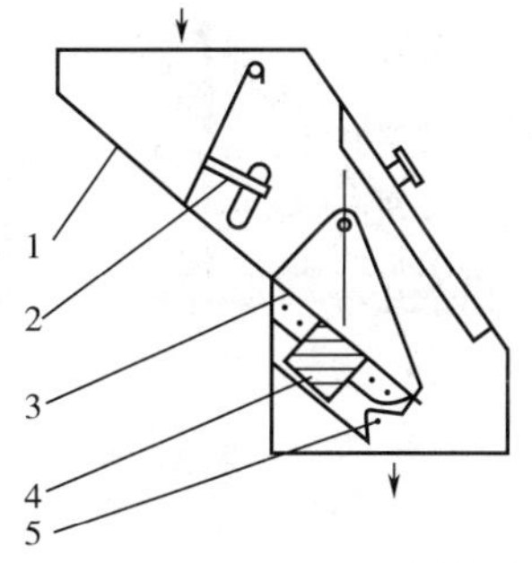

1—壳体；2—压力门；3—磁体面板；4—磁钢；5—定位轴。

图 3-33　TCXP 型平板式磁选器结构

2. 工作过程

工作时，物料由进料装置均匀地流过磁钢淌板时，混在其中的磁选杂质被吸附于磁钢表面，而稻谷等非磁性物料穿过磁场流出机外，达到清理的目的。

平板式磁选器较易做耐磨处理，适宜处理稻谷，磁性杂质去除率一般≥98%。

3. 气动半驼峰磁选器

气动半驼峰磁选器是平板磁选器的衍生产品，结构与平板磁选器相似，主要由流量调节杆、压料板、振动器、磁板、接杂盒等部分组成，如图 3-34 所示。刻度尺指示流量调节杆位置，用于调节进机物料流量；压料板可调节料层厚度并均匀布料；磁板下方设有振动器，确保物料均匀流过磁板；设备外壳的两个侧面和底面有耐磨板，磨损后可更换。其工作过程与平板磁选器相同。

设备清理采用气缸执行，其工作过程如图 3-35 所示。气缸外前后各安装一个位置传感器，可感应气缸伸缩位置，以远程控制完成清理工作。

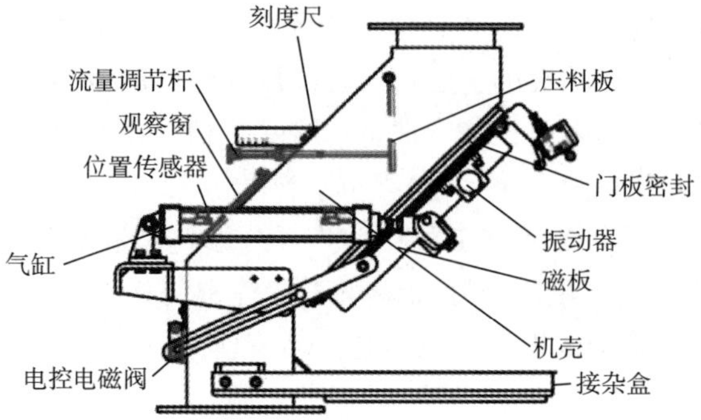

图 3-34　SCXT 型气动半驼峰磁选器结构示意图

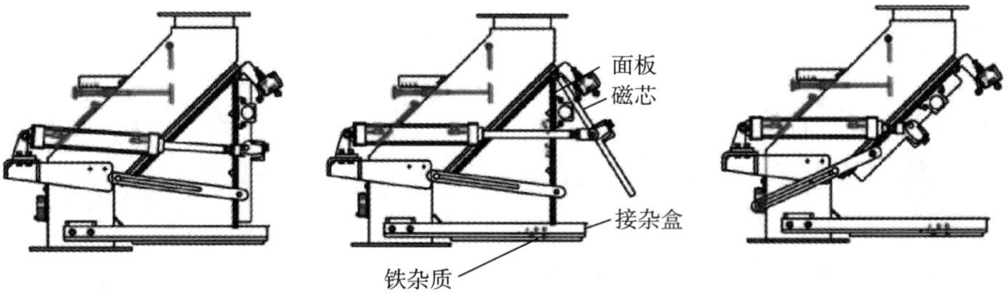

图 3-35　SCXT 型气动半驼峰磁选器清理示意图

（三）永磁滚筒

永磁滚筒是一种具有自排杂能力、除杂效果好的磁选设备。有自带动力和无动力两种类型。

1. 主要结构

TXCY 型永磁滚筒为动力永磁筒，主要结构由进料机构、旋转滚筒、磁芯、传动机构及机壳等部分组成，如图 3-36 所示。

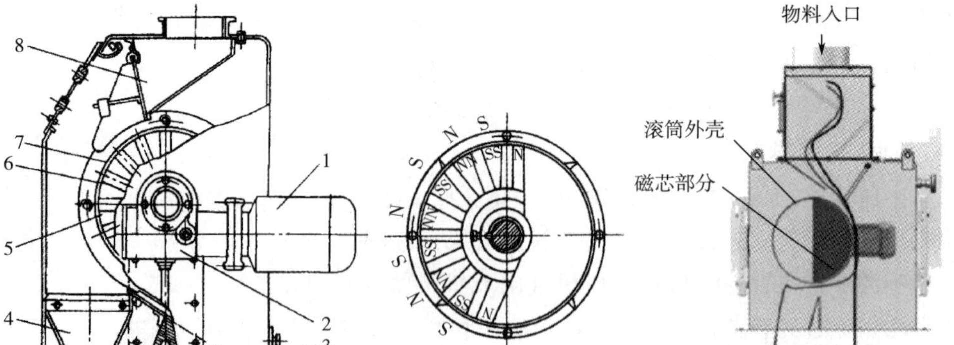

1—电机；2—减速器；3—磁性杂质出口；4—稻谷出口；5—隔板；6—磁钢；7—滚筒；8—进料斗。

图 3-36　TXCY 型永磁滚筒结构示意图

（1）进料机构 为重砣式压力门机构，物料在料门上适当堆积，展开成薄层，流入转动的滚筒表面。

（2）磁芯 由永久磁块和铁隔板按一定顺序排列成 170°的扇形磁体，安装于固定轴上，铁隔板起集中磁通作用，将永磁块分为八组排列，形成多极开放磁路。磁体静止不动，外围装有旋转滚筒。磁体的圆弧表面与旋转滚筒内表面的间隙小于 2mm，以减少气隙磁阻。

（3）旋转滚筒 由非磁性有色金属（青铜、黄铜或不锈钢等）制成，且不被磁体磁化。旋转滚筒的表面涂有无毒耐磨材料（聚氨酯等），以减轻滚筒磨损和延长使用寿命。滚筒通过减速机构由电机带动旋转。

2. 工作过程

物料由进料斗均匀地进入机内，随着滚筒一起运动至出口流出机外。磁性杂质被吸附于滚筒表面随滚筒一起旋转，当滚筒转过磁场时，磁性杂质失去磁力的吸引，自动落入收集盒，从而与稻谷分离。

无动力类型的永磁滚筒，旋转滚筒表面设置有拨料叶片，在物料下落时的冲力作用下自动滚筒慢速转动，实现自动排杂。实际中无动力的可靠性较差，很少使用。

永磁滚筒的有效磁场强度一般在 0. 35~0. 5T。由于其自动清理功能，适合于磁选杂质含量较高的物料的清理。

（四）其他磁选器或磁选装置

1. 溜管磁选装置

溜管磁选是采用溜管的三通装置，装入磁体来进行去除杂质的方式。该方式不占用空间，可作为管道的一部分使用，适合低产量部位使用。如图 3-37 所示。

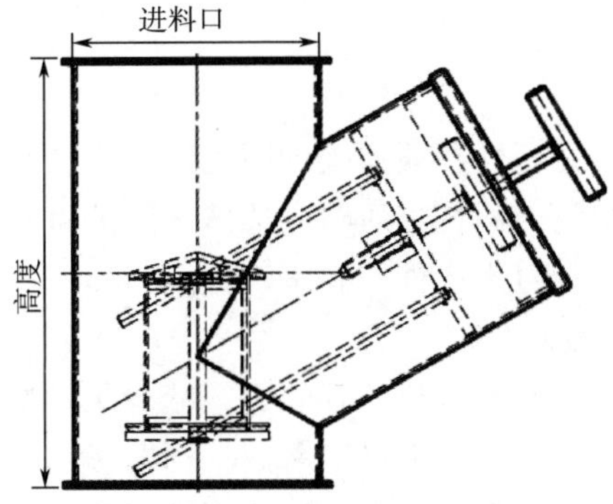

图 3-37 溜管磁选结构示意图

2. 抽屉式磁选器

抽屉式磁选器由永磁磁力架和外侧不锈钢箱体组成，可直接安装于物料经过的管道、溜槽上。永磁磁力架采用单层或多层交叉排布的超强稀土永磁磁棒，可有效去除自由下落的物料中混有的细小杂铁污染物，提高产品纯度，确保产品质量安全。

SCXF-ZQ 型方箱系列气动箱式磁选器是抽屉式磁选器的衍生产品，主要由防护罩、箱体、磁棒、带磁石气缸、双位单（双）电控电磁阀、滑轨、出杂口组成，如图 3-38 所示。箱式磁选器的易清洁型强磁带壳格栅可提供卓越的清理铁杂质的能力，甚至可以在大多数苛刻环境中去除微米级的铁磁性杂质。气动型方箱磁选由强磁磁力棒组成，实现了全自动地清洁铁杂质的目的。在手动型基础上增加气动设计，直接通过手动换向阀或电磁换向阀进行清理操作，更便捷省力。

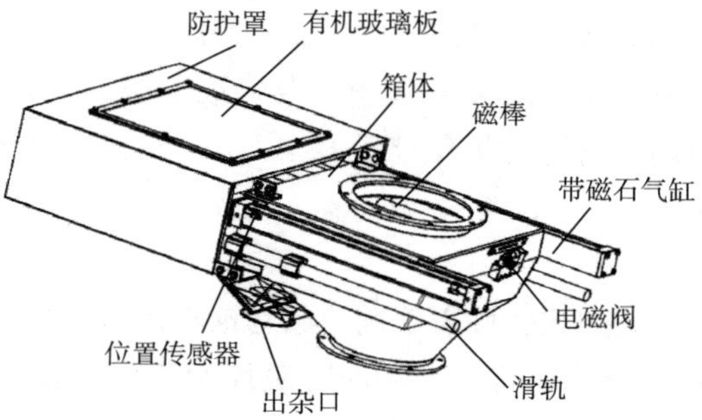

图 3-38　SCXF-ZQ 型方箱系列气动箱式磁选器结构示意图

抽屉式磁选器磁场强度高，但是磁棒之间间距小，会受到物料的冲击，不适用于处理稻谷，适用于处理糙米和白米。

三、影响磁选工艺效果的因素

1. 磁场强度

磁场强度是影响磁选装置磁选效果的重要因素之一。磁场强度越大，对磁性物质的吸引力也就越大。在相同的磁性物质下，磁场强度越大，分离效果越好。但是，过大过强的磁场对磁性物质也会有副作用，导致磁性物质的磁化不稳定，分离效果反而会下降。稻谷加工常用磁选器的磁场强度为 0.35~1.2T。

2. 物料流量

在物料流量较大的情况下，磁性物质所受的磁力比较小，它没有足够的时间被彻底磁选出来。在物料流量较小的情况下，磁性物质与磁选体之间的接触时间过长，也会大幅减缓分离速度。因此，物料流量需要经过生产性实验来确定。

3. 磁选器的设计与调整

优良的磁选装置结构可以提高磁选机的吞吐量，减少维护成本，提高磁选效率。调整磁选装置的磁场强度、磁选体间隔、物料流量等参数，都会影响磁选装置的分离效果。在实际应用中要合理地设计和调整磁选装置的参数，以达到理想的分离效果。

总之，磁选装置磁选效果受多方面因素影响，包括磁性物质的性质、磁场强度、物料流量以及磁选器的设计和调整。在实际应用中，需要根据具体情况进行实验和调整，以达到理想的磁选效果。

第六节　下脚整理

在稻谷清理过程中，被分离出去的杂质称为下脚。这些下脚经分类收集整理并合理利用，有利于提高原粮的利用率，从而提高工厂的经济效益，对节约资源、废物利用意义重大。

一、下脚的组成及下脚整理的目的

1. 下脚的组成

下脚的主要成分为杂质，也含有少量的稻谷、糙米及其他还有利用价值的粮谷类杂质，具体如下：

（1）谷外糙米　谷外糙米指混在稻谷中的糙米粒。稻谷在脱粒、干燥、转运等过程中，由于机械外力作用，容易脱去外壳，形成糙米，混杂在正常稻谷中，成为谷外糙米。国家规定稻谷中谷外糙米含量超过2%不得作为政策性粮食收购。近年来，随着机械化水平的提高，原粮中谷外糙米含量普遍超标。谷外糙米的性状与并肩石较为接近，在去石工艺中容易随着并肩石从石子出口流出，混入去石机的下脚料，称为糙石混合物。

（2）糙碎　糙碎是指不足正常整粒平均长度四分之三的糙米。原料中的糙碎经筛理后，成为筛下物，与泥沙石块等无机杂质混合，此时杂质中糙碎的含量较高。

（3）粮谷类杂质　包括瘪谷、虫害损伤粒、不完善粒、未成熟粒等，这类物料具有一定的食用及经济价值，但相对密度较轻，在风选清理过程中，易混入轻杂中。

（4）稻壳、秸秆等有机杂质。

（5）灰尘、石块、碎屑、玻璃、磁性杂质等无机杂质。

2. 下脚整理的目的

（1）回收所分离出去的杂质中的粮食　从下脚中提取的完整稻谷和糙米，可分别送回生产车间；对粮谷类杂质等，因是还有营养价值的有机杂质，可用来作饲料。

（2）将各类杂质分类收集整理并合理利用　去石机选出的并肩石、各类筛选设备选出的无机杂质、磁选设备选出的铁杂、风选设备选出的细小灰尘和轻杂等，这类杂质为工业垃圾，需分类妥善处理。

二、下脚整理的方法

一般可采用由小型筛选、去石、风选设备组成的流程来处理下脚。

1. 下脚提粮

下脚提粮的主要对象为初清筛提出的大杂与去石机下脚。由于初清筛处理流量较大且不稳定，选出的大杂中常含有粮粒，采用筛选的方法可将其提出。去石机下脚中所含稻粒和谷外糙米一般较饱满，可将其集中起来使用较小型的去石机进行多次分选以提出其中粮粒。

2. 无机杂质的处理

无机杂质中粮粒提取后，灰尘、泥块、石块等作为工业垃圾处理，玻璃、金属等单独处理。

3. 有机杂质的处理

有机杂质中，有一定食用价值的瘪谷、不完善粒、异种粮粒等，经适当的处理可作为饲料原料，没有食用价值的稻壳、秸秆等杂质，可收集后作为燃料或肥料使用。由于杂质中含尘较多，因此在处理过程中应注意密闭及通风除尘问题。

复习思考题

1. 稻谷中杂质的种类及其危害。
2. 稻谷清理中，风选设备主要有哪两类？简述其异同点。
3. 稻谷清理中，筛选应满足哪些基本条件？
4. 圆筒初清筛的主要作用是什么？如出现大杂清理不净，应如何解决？
5. 振动清理筛用于清理何种杂质？简述振动清理筛的工作原理。
6. 稻谷筛理设备主要有哪些？其用途和工作原理有何区别？
7. 简述在稻谷清理中，比重分选的原理及其工作过程。
8. 影响吸式比重去石机的去石效果的主要因素有哪些？
9. 去石机出现下脚含粮超标的“跑粮”现象，需要从哪些方面进行排查？
10. 在稻谷清理工序中，哪些位置需要设置磁选设备？为什么？
11. 原粮水分过高对稻谷清理各工序有哪些影响？应采取哪些措施？

CHAPTER 4

第四章 砻谷及糙米精选

重点与难点

①砻下物、净谷、回砻谷、谷糙混合物、净糙的工艺特性；②胶辊砻谷机的主要工作构件、工作参数和工作原理；③稻谷的起轧条件和脱壳过程；④胶辊砻谷机工艺效果的评定以及影响因素；⑤重力谷糙分离机的主要结构和基本工作原理；⑥谷糙分离设备工艺效果的评定以及影响因素；⑦糙米精选的目的和常用设备；⑧糙米调质的目的、方法和原理。

课程思政点

《天工开物》中记载："凡稻去壳用砻"。在现代碾米工厂中，脱除稻谷颖壳的工作称为砻谷，又称脱壳。砻谷是根据稻谷籽粒结构的特点，对其施加一定的机械力破坏稻壳的结合，而使稻壳脱离糙米的过程。脱去稻谷颖壳的设备称为砻谷机。由于砻谷机本身机械性能及稻谷籽粒结构的限制，稻谷经砻谷机一次脱壳不能全部成为糙米，而是成为糙米、稻谷、稻壳的混合物，这些物料统称为砻下物。砻下物中还常含有糙碎、青白片等物料。

砻下物经谷壳分离、谷糙分离和糙米精选等工序处理，得到相对纯净的糙米、未脱壳的稻谷和稻壳，分别送到相应的工序进行下一步加工。糙米送入碾米工序进行碾白。未脱壳的稻谷称为回砻谷，需返回到砻谷机再次脱壳。稻壳、未熟粒、糙碎等则作为副产品收集并加以利用。

砻谷是稻谷加工过程中一个极为重要的环节，其工艺效果的好坏，不仅影响后续工序的工艺效果，而且还影响成品大米质量、出率、产量和成本。因此，稻谷砻谷时，在确保一定脱壳率的前提下，应尽量保持糙米籽粒的完整，减少籽粒损伤，以提高大米出率和谷糙分离的工艺效果。

第一节 砻谷

一、砻谷的方法与原理

（一）稻谷的工艺特性

充分了解稻谷的工艺特性，有助于提高砻谷机的脱壳率，减少脱壳时的糙碎和糙米表面的损伤，降低胶耗。稻谷的工艺特性主要有以下四点：①粳稻的稻壳比籼稻的稻壳薄而松；②稻壳的内颖和外颖呈钩合状包裹在糙米的四周；③稻壳与糙米间没有结合力；④稻谷两顶端、稻壳与糙米间存在空隙。

（二）砻谷方法与原理

根据稻谷脱壳时的受力状况和脱壳方式，稻谷脱壳方法通常可分为挤压搓撕脱壳、端压搓撕脱壳和撞击脱壳三种，如图 4-1 所示。

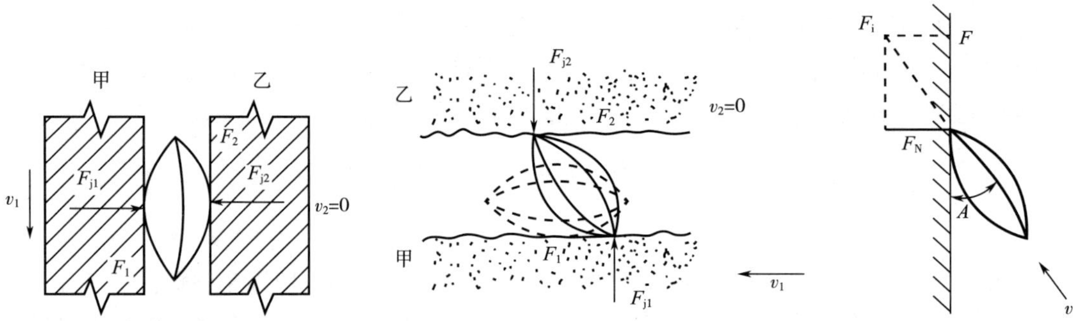

（1）挤压搓撕脱壳　　（2）端压搓撕脱壳　　（3）撞击脱壳

图 4-1　稻谷脱壳方法脱壳示意图

注：F_{j1}、F_{j2}—甲、乙对物料的挤压力；F_1、F_2—甲、乙对物料的摩擦力；v_1、v_2—甲、乙的运动速度；v—物料运动速度；A—入射角；F_i—撞击力；F_N、F—F_i 在水平和垂直方向的分力。

1. 挤压搓撕脱壳

挤压搓撕脱壳是指稻谷两侧受两个具有不同运动速度的工作面的挤压、搓撕作用而脱去颖壳的方法。

如图4-1（1）所示，谷粒两侧分别与甲乙两物体紧密接触，并受到两物体的挤压力 F_{j1}、F_{j2}。假设甲物体以一定速度向下运动，乙物体静止不动，甲物体则对谷粒产生一向下的摩擦力 F_1，使谷粒向下运动，而乙物体对谷粒产生一向上的摩擦力 F_2，阻碍谷粒随甲物体一起向下运动。这样，在谷粒两侧就产生了一对方向相反的摩擦力。在挤压力和摩擦力的作用下，谷壳产生拉伸、剪切、扭转等变形，这些变形统称为搓撕效应。当搓撕效应大于谷壳的结合强度时，谷壳就被撕裂而脱离糙米，从而达到脱壳的目的。

2. 端压搓撕脱壳

端压搓撕脱壳是指谷粒两顶端受两个不等速运动工作面的挤压、搓撕作用而脱去颖壳的方法。如图 4-1（2）所示，谷粒横卧在甲、乙两物体之间，且只有一个侧面与其中一个物体（甲物体）接触。假设甲物体做高速运动，而乙物体静止，此时谷粒受到两个力的作用，一个是甲物体对谷粒产生的摩擦力，另一个是谷粒保持原状态的惯性力，并形成一对力偶，从而使谷粒斜立。当斜立后的谷粒顶端与乙物体接触时，谷粒的两端部同时受到甲、乙两物体对其施加的压力，同时产生一对方向相反的摩擦力。在压力和摩擦力的共同作用下，稻壳被脱去。

3. 撞击脱壳

撞击脱壳是指高速运动的谷粒与固定工作面撞击而脱壳的方法。如图 4-1（3）所示，谷粒借助于机械作用力加速以一定的入射角冲向静止的粗糙面，在撞击的一瞬间，谷粒的一端受到较大的撞击力和摩擦力的作用，当这一作用力超过稻谷颖壳的结合强度时，颖壳就破坏而脱去。

（三）砻谷机的分类及其主要工作构件

1. 挤压搓撕脱壳设备

挤压搓撕脱壳典型设备是对辊式砻谷机。对辊式砻谷机的主要工作构件是一对富有弹性的辊筒，两辊筒做相向不等速旋转运动，给谷粒施加挤压力和摩擦力，使稻壳破裂并与糙米分离，如图 4-2（1）所示。

2. 端压搓撕脱壳设备

典型的端压搓撕脱壳设备是砂盘砻谷机，主要工作构件是两个金刚砂浇铸的砂盘，上砂盘固定，下砂盘转动，谷粒在两砂盘间受到挤压、剪切、搓撕、撞击和摩擦等作用而脱壳。如图 4-2（2）所示。

3. 撞击脱壳设备

典型的撞击脱壳设备是离心式砻谷机，主要工作构件是一个金属甩盘和固定在它周围的冲击圈，谷粒由甩盘加速并被抛射到冲击圈上，借撞击作用脱壳。如图 4-2（3）所示。冲击圈有金刚砂质和胶质两种，金刚砂质冲击圈使用寿命长，但对糙米损失大；胶质冲击圈对糙米损失小，但易磨损，使用寿命短。

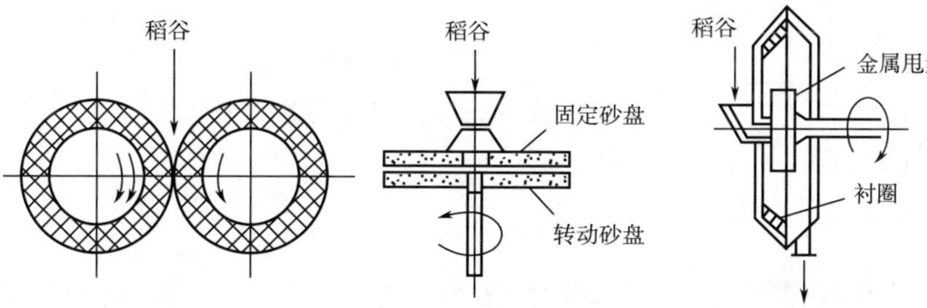

（1）弹性辊筒　（2）金刚砂砂盘　（3）金属甩盘和冲击圈

图 4-2　砻谷机主要工作构件

二、胶辊砻谷机的工作原理

胶辊砻谷机是对辊式砻谷机，具有产量高、脱壳率高、糙碎率低等优点，是目前砻谷工艺的主要设备。

（一）工作原理

胶辊砻谷机的主要工作构件是一对富有弹性的橡胶辊筒，两辊筒做相向不等速旋转运动，通过快辊与慢辊相向运动，利用两辊线速差，使得谷粒受到一对反向摩擦力，协同挤压力形成搓撕效应而脱去其稻壳。因此，相向旋转、线速差和辊间压力称为胶辊砻谷机脱壳三要素。

1. 稻谷的起轧条件

（1）起轧角和终轧角　谷粒与胶辊砻谷机两辊筒表面接触并开始受到挤压时，与胶辊的接触点 A_1、A_2 为起轧点，胶辊圆心与起轧点的连线 O_1A_1、O_2A_2 与 O_1O_2 构成的夹角 α_q、α'_q 为起轧角。谷粒经脱壳后脱离两辊筒时，与胶辊的接触点 B_1、B_2 为终轧点，胶辊圆心与终轧点的连线 O_1B_1、O_2B_2 与 O_1O_2 构成的夹角 α_z 、α'_z 为终轧角。如图 4-3 所示。

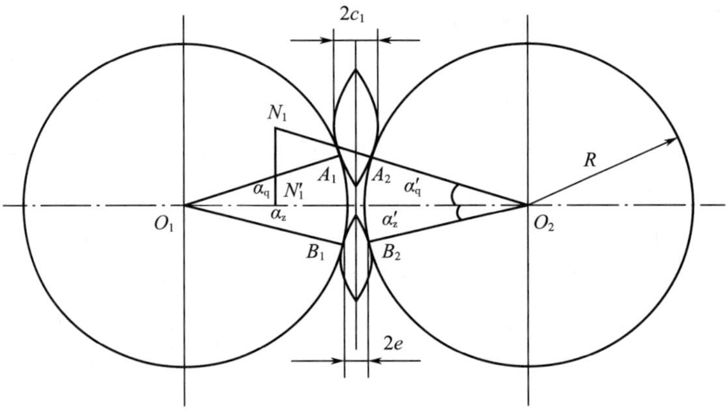

图 4-3　起轧角与终轧角图

假设谷粒由近似于半径为 r_1 的两弧包围而成，并设 $2a_1$ 为谷粒长度，$2c_1$ 为谷粒厚度，如图 4-4 所示，则：

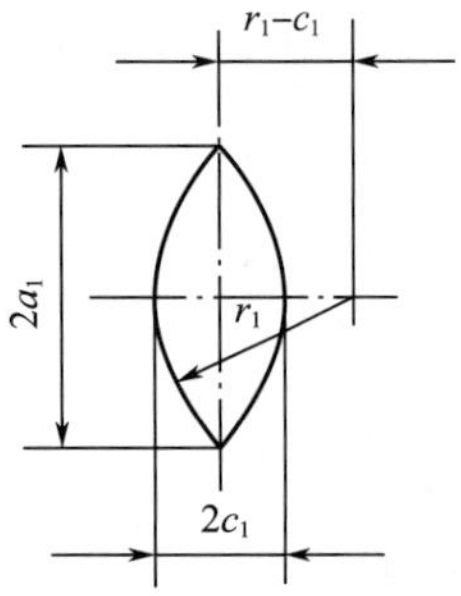

图 4-4　谷粒圆弧半径

$$r_1^2 = a_1^2 + (r_1 - c_1)^2$$

$$r_1 = \frac{a_1^2 + c_1^2}{2c_1} \tag{4-1}$$

同理，设 $2a_2$、$2c_2$ 和 r_2 分别为糙米的长度、厚度及其圆弧半径，则：

$$r_2 = \frac{a_2^2 + c_2^2}{2c_2} \tag{4-2}$$

设起轧时为稻谷，终轧时为糙米。令 $2e$ 为两辊的轧距（两辊中心连线上辊筒间的最小距离）；R 为胶辊半径，N_1 为谷粒圆弧中心，由 N_1 向 O_1O_2 做垂线得到 $N_1N'_1$，则：

$$O_2N_1 = R + r_1$$

$$O_2N'_1 = R + r_1 - (c_1 - e)$$

$$\cos\alpha_q = \frac{O_2N'_1}{O_2N_1} = \frac{R + r_1 - (c_1 - e)}{R + r_1}$$

所以
$$\alpha_q = \arccos\left(1 - \frac{c_1 - e}{R + r_1}\right) \tag{4-3}$$

同理可求出终轧角 α_z：

$$\alpha_z = \arccos\left(1 - \frac{c_2 - e}{R + r_2}\right) \tag{4-4}$$

（2）稻谷起轧条件　当谷粒由喂料装置进入两辊筒间工作区时，谷粒受到自身重力 G，胶辊对谷粒的正压力 P_1 和 P_2，以及胶辊对稻谷的摩擦力 F_1 和 F_2 的作用，如图 4-5 所示。

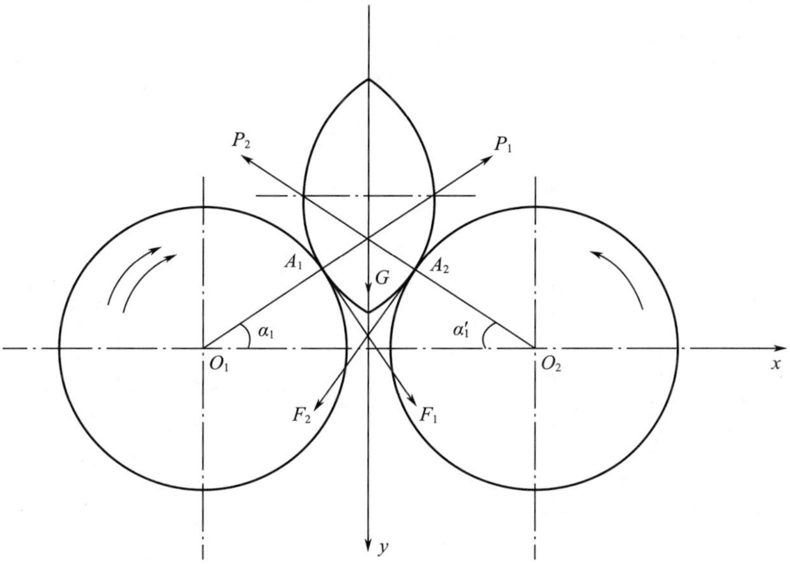

图 4-5　稻谷进入工作区时受力分析图

为了便于分析，设两辊直径相等，即 $R_1 = R_2$。谷粒的长轴垂直于两辊中心连线 O_1O_2，重心在 O_1、O_2 的垂直平分线上。由于两辊处于对称状态，所以 $\alpha_1 = \alpha_1' = \alpha_q$：

$$P_1 = P_2 = P \qquad F_1 = F_2 = Pf$$

其中，f——摩擦因数，$f = \tan\varphi$，φ 为稻谷与辊筒之间的摩擦角。

如果要使稻谷能被夹入工作区，就应满足下式条件：

$$P_1\sin\alpha_1 + P_2\sin\alpha_1' - F_1\cos\alpha_1 - F_2\cos\alpha_1' - G \leqslant 0$$

$$2P\sin\alpha_q - 2Pf\cos\alpha_q - G \leqslant 0$$

因谷粒自身重力 G 很小，可忽略不计，故可得式（4-5）：

$$\tan\alpha_q \leqslant \tan\varphi$$

$$\alpha_q \leqslant \varphi \tag{4-5}$$

因此，稻谷的起轧条件：①起轧角不得超过稻谷与胶辊的摩擦角，才能使稻谷进入胶辊且不被胶辊抛出；②稻谷入辊的方向必须对准两辊轧距中点并位于两辊中心连接的垂直线上，稻谷才能迅速被轧住。

2. 稻谷脱壳过程分析

如上所述，若两胶辊的圆周速度（线速度）相等（$V_1 = V_2$），则 $P_1 = P_2$，$F_1 = F_2$。现将 P_1、F_1 组成的合力 R_1 和 P_2、F_2 组成的合力 R_2 分别沿 x 和 y 轴方向分解，则可得到两组分力：

R_{1x}、R_{1y} 和 R_{2x}、R_{2y}，如图 4-6（1）所示。其中 R_{1y} 和 R_{2y} 的大小相等、方向相同，这只能使谷粒跟着辊筒运动，而无助于脱壳；R_{1x} 和 R_{2x} 大小相等、方向相反，并作用于同一直线上，可使谷粒受到挤压而被破坏，但不能使稻谷脱开。因此，当两胶辊圆周速度相等时，谷粒无法脱壳。

当胶辊的圆周速度不等（$V_1>V_2$），则胶辊对谷粒的作用力 R_1 和 R_2 也不相同，如图 4-6（2）所示。因为胶辊的轧距要小于谷粒的厚度，谷粒在胶辊的工作区内不可能沿 x 轴方向产生位移，说明 x 轴方向的分力 R_{1x} 和 R_{2x} 大小相等，方向相反，且作用在同一直线上，是一种挤压力。y 轴方向的分力 R_{1y} 和 R_{2y} 是一组大小不等、方向相反且不作用在同一直线上的变力，是一对使稻谷产生搓撕脱壳的作用力。

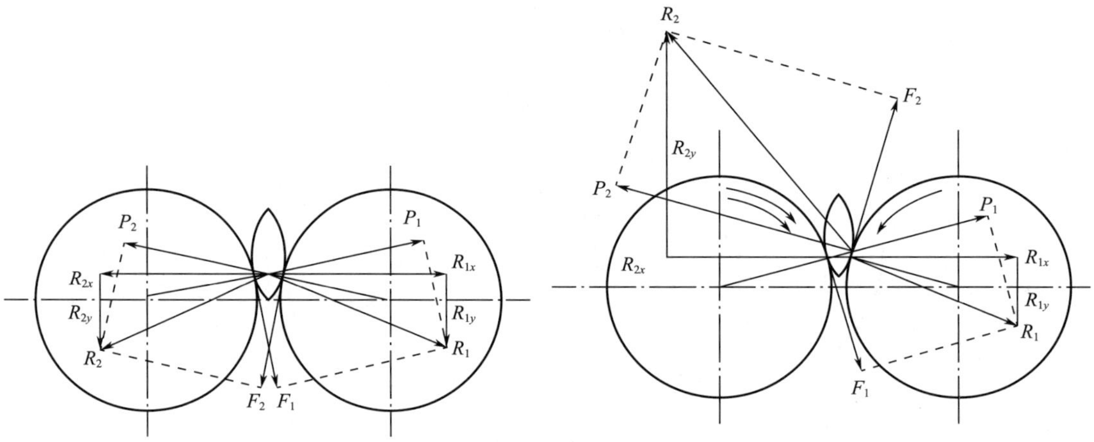

（1）$V_1=V_2$　　（2）$V_1>V_2$

图 4-6　辊筒间谷粒受力分析

当谷粒通过工作区的上段，即 $\alpha_1>\alpha_i>0$ 时：

$$R_{1y}=R_1\tan(\varphi-\alpha_i)\ ,\ R_{2y}=R_2\tan(\varphi+\alpha_i)$$

此时

$$R_{1y}<R_{2y}$$

当谷粒在轧点，即 $\alpha_i=0$ 时：

$$R_{1y}=R_{1x}\tan\varphi\ ,\ R_{2y}=R_{2x}\tan\varphi$$

此时

$$R_{1y}=R_{2y}$$

当谷粒通过工作区下段，即 $0<\alpha_i<\alpha_2$ 时：

$$R_{1y}=R_{1x}\tan(\varphi+\alpha_i)\ ,\ R_{2y}=R_{2x}\tan(\varphi-\alpha_i)$$

此时

$$R_{1y}>R_{2y}$$

假设谷粒呈单层无重叠进入辊间，则在起轧一瞬间，由于谷粒处于加速阶段，谷粒速度小于两辊线速度，快、慢辊与谷粒都有相对滑动，如图 4-7（1）所示。

当谷粒被轧住后，由于快慢辊的两个摩擦力一个向下，一个向上，将对谷粒产生一旋转力矩。若稻谷横进，则可能转动；若稻谷直进，则偏转一定角度。谷粒越细长，偏转角度也越小。

一旦稻谷被夹入辊间后，在快慢辊的摩擦力作用下，稻谷速度很快加速至 $V_2\cos\alpha$ 而小于

$V_1\cos\alpha$，如图 4-7（2）所示。因为 $V_1\cos\alpha > V_2\cos\alpha$，此时快辊对谷粒的摩擦力使谷粒继续加速，而慢辊对谷粒的摩擦显然阻止其按 $V_1\cos\alpha$ 加速。又因为 $R_{1y} < R_{2y}$，在一般情况下，动摩擦角小于静摩擦角，动摩擦因数小于静摩擦因数。所以，在一定的辊压下，谷粒相对快辊滑动时的动摩擦力小于谷粒相对慢辊滑动要克服的静摩擦力。因此谷粒在脱壳前被慢辊托起，并随慢辊一起运动，而相对快辊滑动。

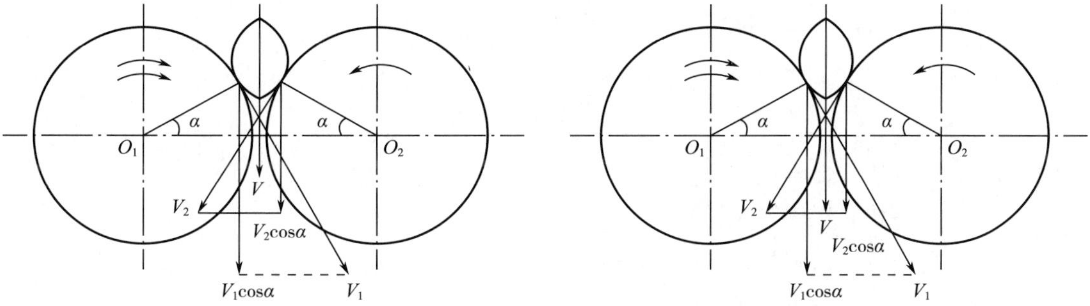

（1）$V<V_2\cos\alpha<V_1\cos\alpha$　　（2）$V=V_2\cos\alpha<V_1\cos\alpha$

图 4-7　谷粒入轧前后的速度分析

随着谷粒的继续前进，轧距越来越小，胶辊对谷粒的挤压和摩擦力不断增加。当稻壳薄弱部分的结合力小于挤压搓撕力时，稻壳将被压裂和撕破，接触快辊一边的稻壳首先开始脱壳，如图 4-8（1）所示。

当谷粒通过轧距中心点（两辊中心连线）时，由于 $R_{1y} = R_{2y}$，谷粒的速度介于快慢辊的线速度之间，谷粒对快慢辊都要发生相对滑动，使谷粒两侧的稻壳同时撕裂，并与两辊一起前进，达到脱壳的最大效能，如图 4-8（2）所示。

当谷粒通过工作区的下段时，$R_{1y} > R_{2y}$，使糙米加速，并很快与快辊（$V_1\cos\alpha$）接近。因此，糙米相对快辊静止而与慢辊相对滑动，使接触胶辊一侧的稻壳离开糙米，完成整个脱壳过程，如图 4-8（3）所示。

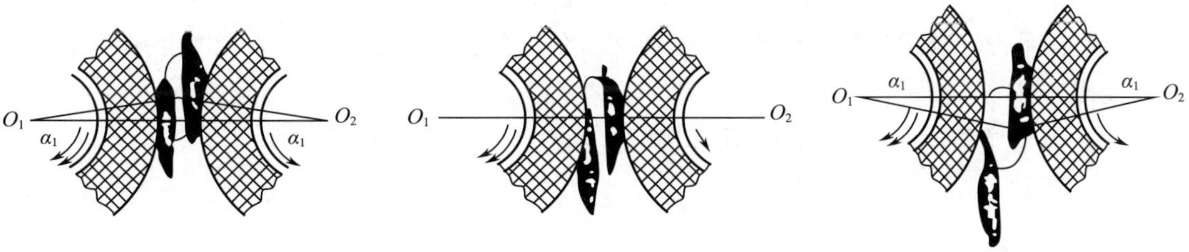

（1）$\alpha_1>0$　　（2）$\alpha_1=0$　　（3）$\alpha_1<0$

图 4-8　脱壳过程示意图

（二）工作参数

1. 辊间压力

为满足稻谷脱壳的需要，辊筒必须对稻谷施加一定的挤压力，稻谷在两辊间所受的挤压力称为辊间压力。由于辊筒表面是弹性体，当辊筒向稻谷施加压力时，稻谷对辊筒的反作用力将使辊筒变形，辊筒变形的深度称为压陷深度。辊间压力和压陷深度之间保持着一定的关系。

辊间压力是稻谷脱壳的必要条件之一。辊间压力的大小直接影响胶辊砻谷机的脱壳率、糙碎率、产量和胶耗。辊间压力一般为 40~60N/cm^2。

2. 线速度、线速差、线速和、线速比和速差率

（1）线速度　线速度是指胶辊的圆周速度，可用式（4-6）、式（4-7）计算：

$$v_1 = \frac{\pi n_1 D_1}{60} = \omega_1 R_1 \tag{4-6}$$

$$v_2 = \frac{\pi n_2 D_2}{60} = \omega_2 R_2 \tag{4-7}$$

式中　v_1、v_2——快、慢辊线速度，m/s；

n_1、n_2——快、慢辊转速，r/min；

R_1、R_2——快、慢辊半径，m；

D_1、D_2——快、慢辊直径，m。

（2）线速差　线速差是指快、慢辊的线速度之差，用 v_c 表示：

$$v_c = v_1 - v_2 \tag{4-8}$$

线速差是稻谷脱壳的必要条件之一，只有当胶辊的线速度不同时，才会出现一对方向相反的摩擦力，并由此产生搓撕作用。

（3）线速和　线速和是指快辊和慢辊线速度之和，用 v_h 表示，即：

$$v_h = v_1 + v_2 \tag{4-9}$$

由于在上段工作区稻谷相对慢辊静止，慢辊线速度的改变不仅与砻谷机产量有关，而且与工艺及经济指标有关。在一定的生产条件下，为了保持良好的工艺及经济指标，应有合理的慢辊线速度并保持稳定。由于快辊线速度、慢辊线速度、线速差、线速和这四个因素中，确定任何两个因素，其余两个也就确定。所以线速差和慢辊线速度一旦确定，相应的快辊线速度、线速和也就确定，习惯上应用线速差以及与之对应的线速和这两个参数。

（4）线速比　线速比是指快辊与慢辊的线速度之比。

$$v_1 : v_2 = \frac{n_1 D_1}{n_2 D_2} \tag{4-10}$$

线速比是设计胶辊砻谷机传动机构必不可少的参数，根据快、慢辊直径的变化情况计算出线速比，以此来确定快、慢辊的转速。

（5）速差率　线速差与慢辊线速之比的百分率。令 K 为速率差，则：

$$K(\%) = \frac{v_1 - v_2}{v_2} \times 100 \tag{4-11}$$

速差率与线速比是互相联系的，两个参数从不同角度反映了胶辊砻谷机的传动设计要求。

3. 胶辊工作区长度

胶辊对谷粒从起轧点到终轧点的距离，称作胶辊工作区长度，如图 4-9 所示。该长度 S 由上轧区长度 S_1 和下轧区长度 S_2 组成。

$$S = S_1 + S_2 = R(\sin\alpha_q + \sin\alpha_z) \tag{4-12}$$

式中　α_q——起轧角，(°)；

α_z ——终轧角，(°)；

R ——胶辊半径，mm。

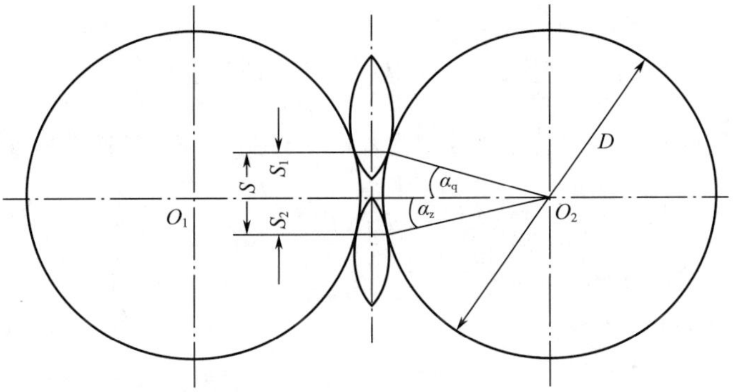

图 4-9 工作区长度

上式表明，胶辊直径越大，工作区长度越大，稻谷经受胶辊脱壳作用的距离也越长。

4. 谷粒受轧时间

谷粒受轧时间是指谷粒通过工作区的时间。为了便于分析，假设在上轧区谷粒相对慢辊静止，在下轧区相对快辊静止。并设 t_1 为上轧区受轧时间，t_2 为下轧区受轧时间，则 t_1 和 t_2 可以近似看作：

$$t_1 = \frac{\theta_1}{\omega_2} = \frac{2\pi\alpha_q}{360\omega_2},\ t_2 = \frac{\theta_2}{\omega_1} = \frac{2\pi\alpha_z}{360\omega_1}$$

谷粒受轧时间为：

$$t = t_1 + t_2 = \frac{\pi}{180}\left(\frac{\alpha_q}{\omega_2} + \frac{\alpha_z}{\omega_1}\right) \tag{4-13}$$

式中 θ_1——起轧角弧度数，(°)；

θ_2——终轧角弧度数，(°)；

ω_1——快辊角速度，rad/s；

ω_2——慢辊角速度，rad/s。

显然，在 α_q、α_z 不变的情况下，受轧时间越短，在同一时间内通过的稻谷就多。在相同流量下，可使辊间稻谷数量减少，有利于提高脱壳率，提高产量。从式（4-13）中可以看出，缩短受轧时间的关键在于提高 ω_1 和 ω_2，即提高快慢辊转速。

5. 搓撕长度

搓撕长度是指在稻谷通过胶辊工作区的时间内，快辊超前慢辊的弧长，用 L_c 表示。

假使稻谷在上段工作区相对慢辊静止，相对快辊滑移，则稻谷通过上段工作区的时间内，快辊超前于慢辊的弧长 L_1 为：

$$L_1 = (\omega_1 - \omega_2)t_1R$$

$$t_1 = \frac{\pi}{180} \times \frac{\alpha_1}{\omega_2}$$

所以

$$L_1 = \frac{\pi R}{180} \times \frac{(\omega_1 - \omega_2)}{\omega_2}\alpha_1 = \frac{\pi R}{180} \times \frac{(v_1 - v_2)}{v_2}\alpha_1$$

同理，如果在下段工作区谷粒相对快辊静止，相对慢辊滑动，则稻谷通过下段工作区的时间内，慢辊滞后于快辊的弧长 L_2 为：

$$L_2 = \frac{\pi R}{180} \times \frac{(v_1 - v_2)}{v_1}\alpha_2$$

又
$$L_c = L_1 + L_2$$

所以
$$L_c = \frac{\pi R}{180} \times \frac{(v_1 - v_2)}{v_2}\alpha_1 + \frac{\pi R}{180} \times \frac{(v_1 - v_2)}{v_1}\alpha_2$$

若将起轧角和终轧角近似地看作相等，代入式（4-3），则搓撕长度的计算如式（4-14）：

$$L_c = \frac{\pi R}{180} \times \arccos\left(1 - \frac{c_1 - e}{R + r_1}\right) \times \left(\frac{v_1 - v_2}{v_2} + \frac{v_1 - v_2}{v_1}\right) \tag{4-14}$$

式中 R——辊筒半径，mm；

e——轧距，mm；

c_1——谷粒厚度，mm；

r_1——谷粒圆弧半径，mm。

其他符号含义同前。

式（4-14）表明，搓撕长度不仅与辊筒直径、轧距、稻谷粒度有关，而且也与快、慢辊线速有关。搓撕长度决定了稻谷两侧颖壳相对位移值的大小。搓撕长度一般取稻谷平均长度的 3/5~4/5。

由于胶辊砻谷机两胶辊线速度不同，稻谷在被轧入后先相对慢辊静止，而快辊相对稻谷向下滑移，这对脱壳是必要的。没有相对滑移，胶辊就不能产生搓撕力来破坏和撕剥稻壳。除了必要的挤压外，还必须有一定的相对位移，相对位移过大，虽然提高脱壳率，但不仅增加胶耗，而且增加出碎率和使糙米表面拉毛“染黑”。相对位移值的大小，应按不同原料试验确定。

三、胶辊砻谷机主要结构及典型设备

（一）主要结构

1. 进料机构

进料机构一般由进料口、料位器、振动喂料器和长淌板等部件组成，如图 4-10 所示。净谷从进料口进入，料位器对稻谷进行感应使闸门打开，进入喂料装置。常见的喂料装置由振动喂料器、进料挡板和长淌板等部件组成。振动喂料器普遍采用直槽式电磁振动喂料器，其结构如图 4-11 所示，主要由喂料槽、激振器、主振弹簧、底座和隔振弹簧组成。振动喂料器主要起匀料的作用，通过振动喂料器的往复运动，使料流均匀地流入长淌板。长淌板主要起整流、加速、导向等作用，倾角较大（64°~67°），而且可调，以便将谷粒准确喂入两胶辊间的工作区，长淌板宽度一般比胶辊长 2mm，以防止胶辊产生飞边。在长淌板下方设有跟踪装置，保证长淌板位置始终对准两辊筒间工作区。

喂料槽以高频率低振幅的形式振动，有利于物料的输送，一方面可保证物料连续不断地以稳定的流量进入两胶辊的起轧区，使物料均匀分布在胶辊的整个长度上，提高砻谷效率；另一方面，高频率形式的振动，可使得料层以一定的厚度、姿态，紧密而均匀地进行喂料，减少胶辊因相互直接接触而产生的胶耗，从而提高胶辊的使用寿命。

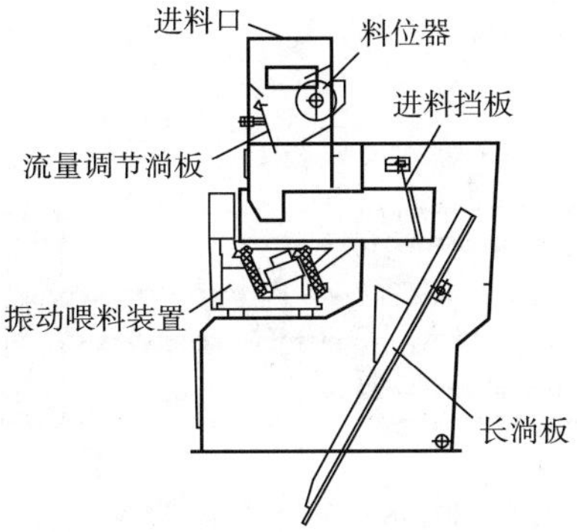

图 4-10　振动喂料器与淌板结合喂料装置

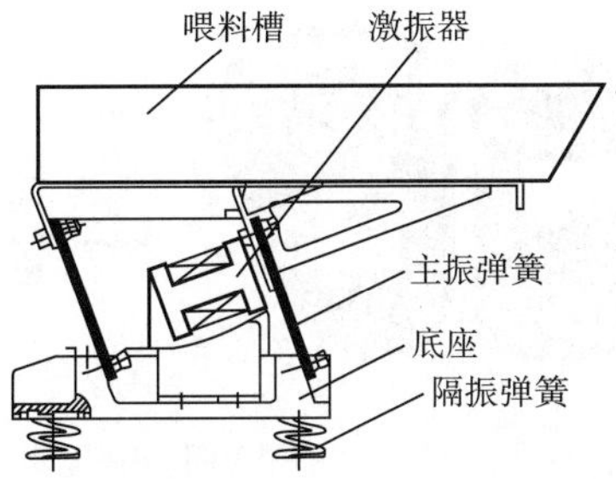

图 4-11　直槽式电磁振动喂料器结构示意图

喂料装置工作状况的好坏将直接影响砻谷机的工艺效果，喂料装置应满足如下要求：①谷粒进入轧区时的速度要快，以减小谷粒与胶辊之间的速度差，缩短谷粒的加速时间，这样可以减少动力消耗、降低胶耗、提高进机流量；②谷粒的料层厚度以单层谷粒的厚度为佳，没有谷粒重叠，有利于提高脱壳率，减少糙碎和胶耗；③谷粒做纵向（稻谷的长度方向）流动并在横向紧密排列进入轧区，有利于提高砻谷机的脱壳率和产量；④谷粒对准两辊筒间工作区进入，使谷粒一进入工作区就受到快、慢辊的搓撕作用。

2. 胶辊

（1）胶辊的材质　胶辊是在铸铁或铸铝辊筒上覆盖一层弹性材料而制成的。常用的弹性材料有丁苯胶、丁腈胶、聚氨酯等。丁苯胶辊（SBR）价格低、碎米较少，但耐磨性较差。聚氨酯胶辊（PU）耐磨，但价格高、碎米多、不耐高温，多用于短粒稻。丁腈胶辊（NBR）耐磨、耐高温、质量稳定、寿命长、碎米少、噪声小，但是价格高。近年来，市场上出现高耐磨橡胶胶辊（EPDM）和强效高耐磨橡胶胶辊（$QFPMF^{+}$），耐磨性更好、更耐高温、质量更稳定、寿命更长、碎米更少、噪声小，缺点是价格高。选择胶辊材料时应综合考虑工艺效果和胶耗性价比。实验表明，扯断强度高、扯断伸长率低的材质较耐磨，使用寿命长，但砻下物中糙碎含量高。

（2）胶辊的硬度　胶辊硬度有 87°、90°和 95°（邵尔硬度①）等，硬度高则脱壳率高，但米粒的破碎断裂率也高。细长粒型的籼稻应选择较低硬度的胶辊，短圆粒型的粳稻不易断裂，可选硬度较高的胶辊。由于橡胶硬度随温度变化，一般使用温度每上升 10℃ 硬度下降 2°，所以夏天可用较高硬度的胶辊。对于含水分较高的新粮稻谷，要采用硬度较低的胶辊才能达到相应的脱壳率。

（3）胶辊的规格尺寸　常见胶辊长度有 10in（254mm）、12in（305mm）、14in（356mm）和 20in（508mm）等不同规格。胶辊直径一般均为 255mm。

（4）胶辊结构和装配方式　目前生产的胶辊，按铁芯形式分为套筒式和辐板式两种结构。套筒式胶辊与轴的装配方式如图 4-12 所示，用紧定套、锥形圈、锁紧螺母和锥形压盖将辊筒固定在传动轴上。更换胶辊时，只需将锁紧螺母松出，取出锥形圈，便可拆下辊筒。

① 邵尔硬度：又称邵氏硬度，表示金属、塑料、橡胶材料硬度等级的一种方法。——编者注

此装配方式既可减轻胶辊组件的质量，又便于制造和拆卸。一般用于辊长 14in 及以上的胶辊砻谷机。

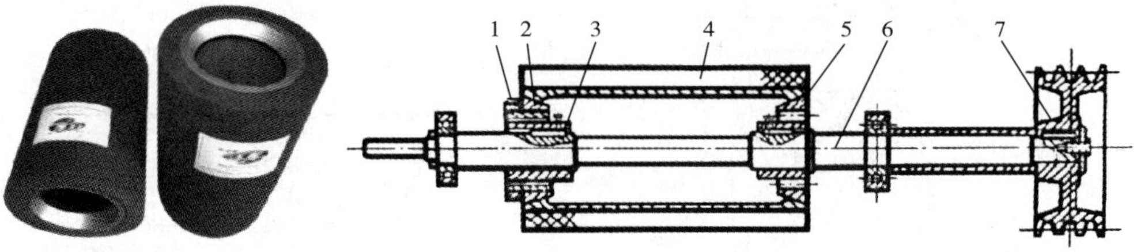

1—锁紧螺母；2—锥形圈；3—紧定套；4—辊筒；5—锥形压盖；6—传动轴；7—传动带轮。

图 4-12　套筒式胶辊及其装配图

辐板式胶辊与轴的装配一般为悬臂结构，如图 4-13 所示。该装配方式借助螺栓将辊筒与固定盘连接，固定盘通过键和紧定螺钉固定在轴上。这种装配方式装卸方便，质量轻，装拆时，只需松、紧固定盘上的螺栓即可。另外，辊筒两端面不封闭，有利于辊筒散热，但在制造上要求悬臂轴具有足够的刚度，否则，胶辊会产生大小头。悬臂式结构一般用于辊长较短的胶辊砻谷机。

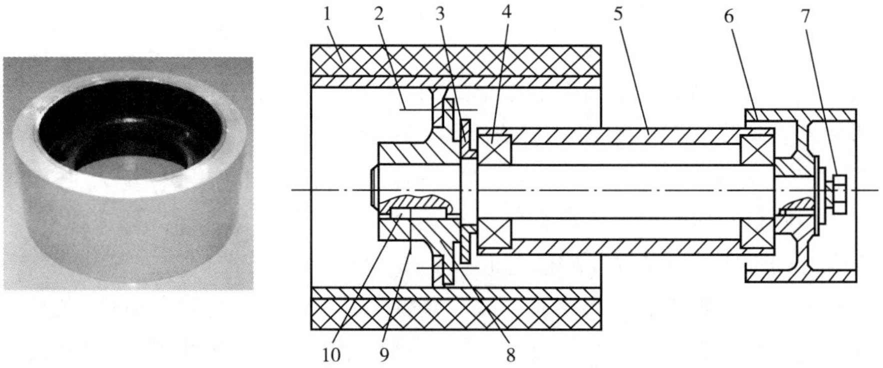

1—辊筒；2—螺栓；3—挡板；4—轴承；5—轴承座；6—皮带轮；7—螺栓；8—固定盘；9—紧定螺钉；10—键。

图 4-13　辐板式胶辊及其装配图

（5）辊筒的安装和排列形式　胶辊砻谷机的两只胶辊，一只安装在固定于机架的轴承上，称为固定辊；另一只安装在能相对于机架运动的轴承上，称为移动辊。辊筒有倾斜排列和水平排列两种方式。不同排列方式对砻谷机的工艺效果有影响。倾斜排列，两辊中心连线与水平的夹角一般小于 20°。与水平排列相比，倾斜排列时稻谷容易进入辊间工作区，具有较高的脱壳率和产量，较低的胶耗，工艺效果较好。这主要是由于其喂料方式的差异，倾斜排列的辊筒与淌板倾斜喂料方式相适应，这种喂料方式具有物料扩散小、进入轧区的速度高等特点，工艺效果较好。

（6）快慢辊互换　胶辊组在对物料进行挤压搓撕完成脱壳过程中，会有不同程度磨损，导致胶辊直径变小。其中，快辊磨损较快，慢辊磨损较慢。当快辊直径变小后，如果两个胶辊的角速度不变，就会导致快、慢辊的线速差减少，造成脱壳率降低。为了保证线速差恒定，在一定时间间隔后，需将快辊、慢辊进行互换。目前可采用两种方式：①人工把磨损后直径较小的快辊和直径较大的慢辊全部拆下来，互换位置；②通过传动的更换或两个独立电机的变频，改变两辊的转速来实现快慢辊的对换。

3. 辊压调节及自动松紧辊机构

辊压调节及自动松紧辊机构的作用就是使两辊筒对稻谷施加一定的压力，以满足脱壳的需要，并使两辊筒在进料时自动合拢，及时对稻谷进行脱壳；断料时两辊筒自动分开，以防止辊筒相互摩擦造成不必要的损失和瞬时高温。

辊间压力的大小与轧距有密切的关系，在其他条件相同的情况下，轧距越小，辊间压力就越大。当辊筒直径由于磨耗而变小时，轧距变大，辊间压力则变小，为了保持一定的脱壳率，就必须减小轧距来提高辊间压力。

辊间压力的调节机构主要为气压式调节机构。实际使用中，通常以气缸气压值或电流值实现辊间压力的可视化。图 4-14 为 MLGQ36B/51B 型气压砻谷机气动控制机构的原理图。进料时，料位器输出信号，通过继电器和电磁阀打开气路开关，进料气缸运动，使活动料斗开启下料门供料，同时松紧辊气缸运动，驱动移动辊靠向固定辊，两辊筒合拢。断料时，料位器输出信息电流，控制电磁阀复位，进料气缸关闭进料闸门，松紧辊气缸复位，使移动辊离开固定辊，退回原位，两辊筒分开。

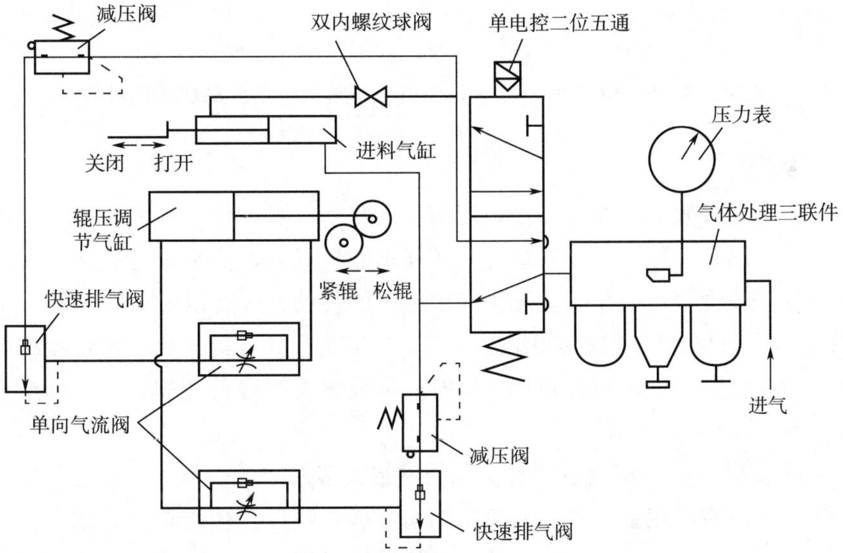

图 4-14　MLGQ36B/51B 型气压砻谷机气动控制机构原理图

图 4-15 所示为 HU10MPb（1）-C 型气压砻谷机气动控制机构。

工作时，进料斗若无料，料位器启动，输出信息电流，继电器工作，启动电磁阀，压缩空气经气管分别进入料门气缸和胶辊气缸，进料闸门关闭，两胶辊分开。进料斗来料时，料位器停转，输出信息电流，启动时间继电器，经过预置的时间间隔（0~60s）后，启动电磁阀，压缩空气经另一组气管分别进入料门气缸和胶辊气缸，进料闸门打开，两胶辊合拢。闸门打开到两辊合拢的时间由空气调节器调节，其功能是使两辊在稻谷入轧 2~3s 后平稳合拢，防止开机时可能产生的冲击。脱壳率的高低，用脱壳空气调节阀调节。

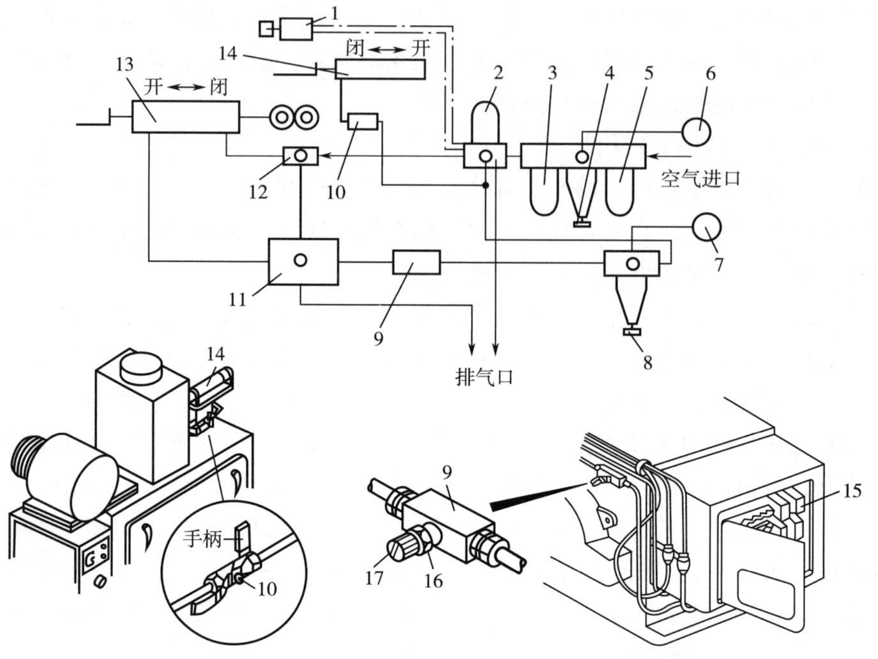

1—料位器；2—电磁阀；3—油水分离器；4—进口空气调节阀；5—空气过滤器；6、7—压力表；8—脱壳空气调节阀；9—空气调节器；10—球阀；11—气路控制阀；12—气路阀；13—胶辊气缸；14—料门气缸；15—时间继电器；16—锁紧螺母；17—调节螺母。

图 4-15 HU10MPb（1）-C 型气压砻谷机气动控制机构原理图

4. 传动装置

胶辊砻谷机传动装置的功能是：使两辊筒相向转动，提供合理的线速差、线速和。在设计传动装置时，除满足一般的传动要求外，还要求能根据生产需要进行变速，及传动系统对活动辊引起的辊压改变尽可能小。实际生产中常用的传动方式有以下三种。

（1）双皮带传动与齿轮变速箱相结合方式　传动为齿轮变速箱和三角带相结合的多级变速传动机构，以保证快、慢辊定速转动，同时还可根据需要进行变速，以得到合理的线速差和搓撕长度。

（2）单皮带传动方式　辊筒悬臂式支承的胶辊大多采用这一形式。常使用平皮带和六角带两种传动带。平皮带采用强力带，六角带剖面形状是两根三角带背对背结合在一起，可以双向弯曲两面传动，传动能力强。采用单皮带传动的对辊式砻谷机，当辊筒磨耗至慢辊厚度为快辊厚度的一半时，需停机对调两辊位置以调整辊筒的线速与线速差。

（3）双电机双变频传动方式　采用两台电机分别带动一组胶辊，利用变频器实现无级调速，多采用同步齿形带或多契带传动，传动效率高。其中，同步齿形带同步性更好，多契带噪声较低。通过激光测距传感器发射到测距检测板对胶辊厚度磨损进行在线检测，得到的数据再通过导线传输到可编程控制器，由可编程控制器通过程序计算出胶辊瞬时直径并不断改变两个变频器输出频，自动修正计算两个电机各自转速并传给各自胶辊，实现线速和与线速差恒定。

5. 谷壳分离装置

稻谷经胶辊砻谷机脱壳后，砻下物是糙米、稻壳和稻谷的混合物。因为稻壳在悬浮速度方面与稻谷和糙米有较大的差异，所以，可以采用风选方法除去混合物中的稻壳，分离出的谷糙混合物进入下道谷糙分离工序。谷壳分离装置有两种结构形式：一种是直接设置在胶辊砻谷机的底座内、与砻谷机组成一体；另一种是独立结构，与砻谷机组合使用。谷壳分离装置分为吸式稻壳分离器和循环式稻壳分离器两大类。详见本章第二节。

6. 自动控制系统

砻谷机的自动控制系统是围绕其工艺过程所设计的机械或机电系统，可以使砻谷机各组件协调工作，达到脱壳的目的。

该系统由继电器、接触器、变送器及变频器组成。电机与三相电源直接相连，系统通电后电机开始运行。喂料器的振动线圈由变频器驱动，通过改变变频器的输出频率可以改变振动线圈的振动频率，从而改变喂料器单位时间内的喂料量。料斗内物料状态通过料位器检测。料门的开启和胶辊的开合通过电磁阀控制气路实现。

工作原理：系统通电后，空压机、电机启动，气缸使两胶辊保持分离状态。电机通过变速箱带动两胶辊达到额定转速。当料位器检测到物料后，时间继电器开始计时，计时结束后，启动喂料器，同时通过电磁阀控制气缸打开料门、合辊。移动辊被气缸压向固定辊，节流阀逐渐向气缸施压使胶辊慢慢移动，以防止两辊相互硬碰。节流阀调节目的：当进料插板开启之前以及稻谷抵到胶辊之前双辊不接触，避免两胶辊相互磨损；当进料插板关闭后，最后的料流通过双辊时，双辊能准确地松开。

（二）典型胶辊砻谷机

按辊间压力调节机构的不同，胶辊砻谷机有压砣式（MLGT）、液压式（MLGY）和气压式（MLGQ），前两种已经逐渐被淘汰，目前主流砻谷设备主要为气压紧辊砻谷机。按胶辊长度尺寸不同，胶辊砻谷机主要有 25（10in）、30（12in）、36（14in）和 51（20in）几种规格。

1. MLGQ 智能气动砻谷机

MLGQ25D 型和 MLGQ36D/51D 型智能气动砻谷机的结构主要由进料机构、辊筒、传动机构、气压松紧辊机构、谷壳分离装置等部分组成，如图 4-16 和图 4-17 所示。

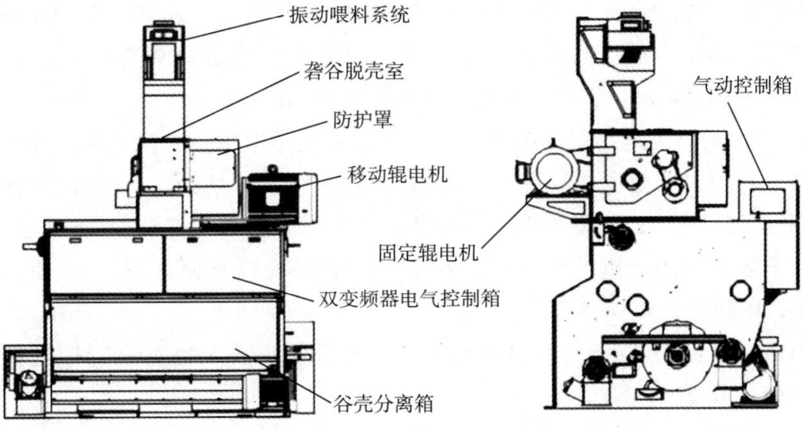

图 4-16　MLGQ25D 型气压紧辊砻谷机

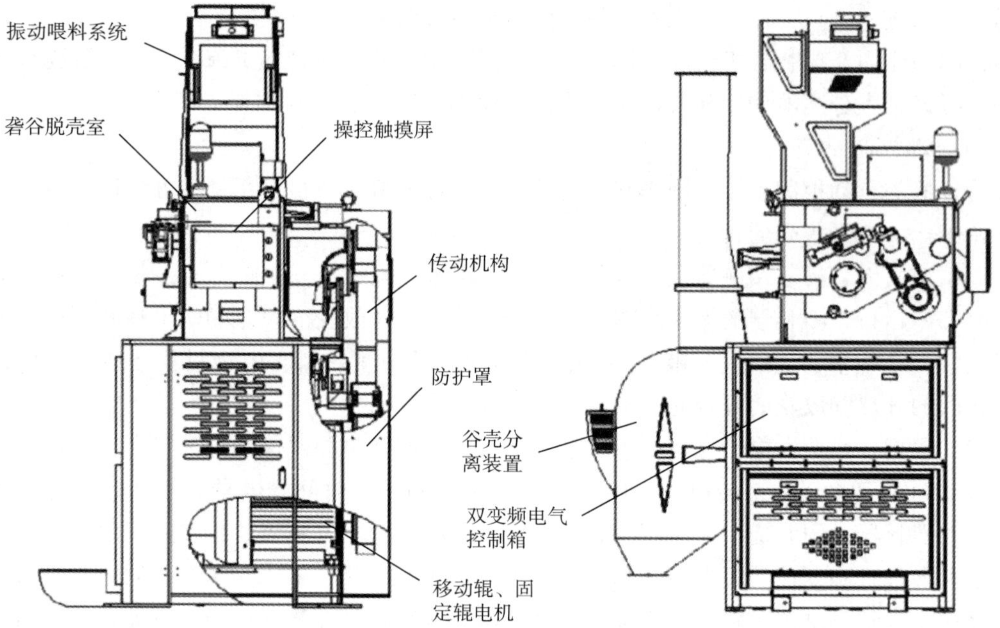

图 4-17 MLGQ36D/51D 型气压紧辊砻谷机

（1）进料机构 进料机构由进料斗、进料气缸、流量控制机构、振动喂料器、长淌板等组成。采用传感器自动控制喂料，振动喂料器强制进料，流量连续平稳且可实现数字化调节。采用加长型长淌板和进料导向装置，可随辊筒的磨耗自行调整位置，从而使谷流始终对准辊筒工作区。

（2）胶辊 采用双支点支承，整机运行平稳、运动刚性好，效率高，胶辊磨损均匀。红外测温实时检测胶辊温升状态，保持在设定的温度下运行，避免胶辊过热非正常磨损。胶辊基本数据（直径、温度、气压、线速差、线速和等）可视化。

（3）传动机构和自动换辊 采用双电机双变频技术实现砻谷机快慢速度随意交换及变换线速度，使两胶辊在不断磨耗过程中始终保持恒定的线速差与线速和，实现不同的品种以最优化的线速加工。25D 型采用同步齿形带传动，产量大，传动效率高；36D、36D×2、51D、51D ×2 型采用多楔带传动，传动效率高，噪声低至<82dB。

（4）辊间压力调节 采用气动调节机构，气动系统由电磁阀、减压阀、单向节流阀、气缸等组成，并受料位器及电气系统控制，可自动均衡调节辊间压力，自动控制分辊或紧辊。

（5）谷壳分离装置 25D 型可以使用循环风式稻壳分离器，如图 4-16 所示。36D 和 51D 型产量较大，只能用外置风机的吸式稻壳分离器，如图 4-17 所示。

2. MLGQ25C 型全自动砻谷机

MLGQ25C 型全自动砻谷机主要由进料装置、辊筒、传动装置、电器控制箱及稻壳分离装置等部分组成，如图 4-18 所示。

进料机构由进料斗、料位器、振动喂料器、进料闸门、长淌板等组成。净谷从进料口进入，料位器对稻谷进行感应使闸门打开，振动喂料器开始往复运动，使料流均匀地流入淌板；两台电机带动胶辊转动，同时下箱电机带动绞龙和风机转动。节流阀逐渐向气缸施压使

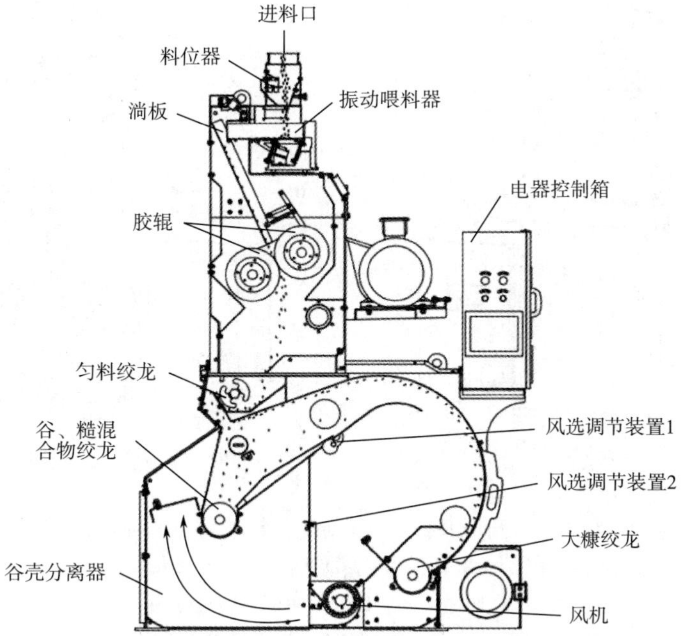

图 4-18　MLGQ25C 型气压紧辊砻谷机结构示意图

胶辊慢慢移动，移动辊被气缸压向固定辊，料流经过淌板进一步整流，进入转速不同的两胶辊之间进行脱壳。根据脱壳率，调节辊间压力，在保证脱壳率的情况下，尽量降低辊间压力。脱壳后的谷、糙、壳混合物经缓冲板落入匀料绞龙，经匀料绞龙进一步匀料，流入大糠分离风选器，循环风使谷糙与稻壳分离。

加工过程通过触摸屏操作控制，人机界面对话，智能操作。通过调节振动喂料器振动频率或振幅，实现产量调节。取消齿轮箱，上置式双电机经过两个变频器驱动，实现一对胶辊相向不等速转动，有料胶辊自动合拢，无料自动脱开，快、慢辊自动互换；胶辊使用时间分为早、中、后期三个阶段，不同阶段固定辊和移动辊的转动频率根据使用情况自动更换。

稻壳分离装置采用循环风稻壳分离器（详见本章第二节）。

3. DRHE 型气压紧辊砻谷机

DRHE 型气压紧辊砻谷机主要由进料装置、辊筒、传动机构、气动松紧辊机构等部分组成，如图 4-19 所示。

料位器监控进料斗内物料情况，当物料充足时释放信号启动机器。稻谷从进料口通过缓冲装置进入振动喂料器，通过调整振动喂料器频率可精确控制喂料量，物料在长淌板的引导下，以恰当的速度流入胶辊脱壳工作区。自动跟踪式长淌板被紧靠在可移动橡胶辊轴承套上的拉簧和杠杆强制牵引，稻谷不受胶辊直径或胶辊磨损的影响，始终进入两个胶辊之间的脱壳间隙中。吸风系统围绕胶辊给胶辊降温和对脱壳区吸尘。

一根胶辊与壳体固定连接，另一根胶辊则位于可移动的振动装置中。通过固定在壳体和振动装置上的压缩空气气缸使胶辊分离与合拢，适当地调整辊间压力可以适应不同类型的稻谷脱壳。驱动电机利用皮带驱动橡胶辊的皮带轮，皮带通过弹簧夹紧式导向辊运转，以补偿胶辊的磨损且保持皮带拉紧力恒定不变。DRHE 型砻谷机一般直接安装在稻壳分离机 DRSD

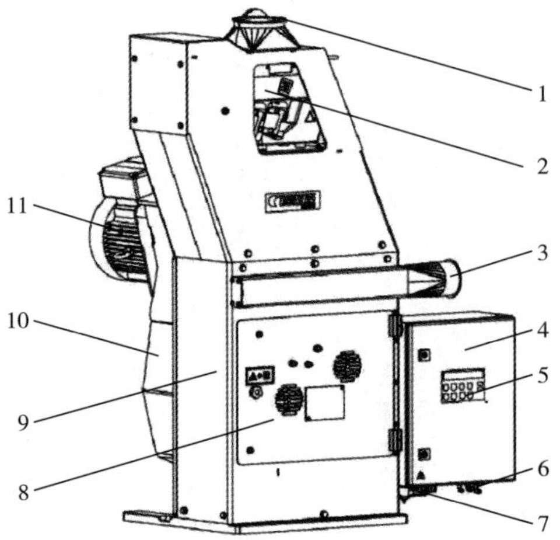

前部斜视图

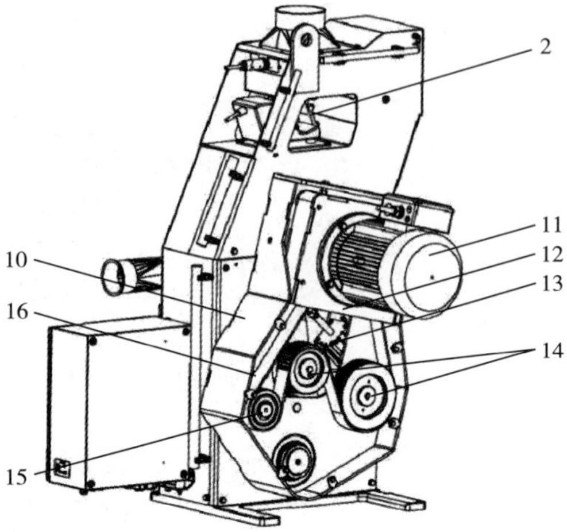

驱动侧，无皮带防护板

1—进料口；2—供料；3—吸风口；4—控制柜；5—控制系统；6—压缩空气接口；
7—电气连接；8—门；9—壳体；10—振动装置；11—电动机；12—电动机托板；
13—压缩空气气缸；14—皮带轮；15—导向辊；16—皮带。

图 4-19　DRHE 型气压紧辊砻谷机

上配套使用。

部分砻谷机的主要技术参数见表 4-1。

表 4-1　砻谷机主要技术参数

型号	胶辊规格（直径×长度）/mm	产量/（t/h）		电机/kW	风量/（m^3/h）	外形尺寸（长×宽×高）/mm
		中长粒稻	短粒稻			
MLGQ ·25C×2	255×356	7~8	8~10	2×7.5	5000~6000	2580×1350×2410
MLGQ ·25D	255×254	3~5	5~6	2×15	1000~1500	2050×1560×2850
MLGQ ·36D	225×356	5~7	6~9	2×22	4000~4500	1660×1470×2510
MLGQ·51D	255×508	7~9	8~11	2×30	5500~6000	1690×1650×2595
MLGQ·51D×2	255×508	14~16	16~20	4×30	7500~8000	2520×1800×2520
DRHE	254×254	3~7	3~7	7.5	450	1786×2206×2774

四、砻谷工艺效果的评定

砻谷是稻谷加工过程中一个极为重要的环节，其工艺效果的好坏，不仅影响后续工序的工艺效果，而且影响成品大米的质量、产量和成本。砻谷机的工艺效果主要从以下几个方面评定。

（一）脱壳率

脱壳率是指稻谷经砻谷机一次脱壳后，已脱壳稻谷占入砻稻谷的质量百分比，按式（4-15）

计算：

$$\eta_t(\%) = \frac{Q_c}{Q_c + Q_g k} \times 100 \tag{4-15}$$

式中 η_t ——脱壳率,%；

Q_c ——糙米质量，kg；

Q_g ——未脱壳稻谷质量，kg；

k ——出糙率,%。

实际工作中，通常在砻谷机谷糙混合物出口取样，以其中糙米质量占样品总质量的百分比作为脱壳率。脱壳率应根据稻谷品种和品质灵活掌握，在正常水分情况下，粳稻脱壳率为90%~95%，籼稻为80%~90%，有些特殊品种脱壳率仅为70%~80%。

（二）脱壳率波动度

脱壳率波动度是反映砻谷机脱壳率稳定性的重要指标，其测定方法如下：当砻谷机工作正常后，每小时取样1次，连续取样6次，分别测定出脱壳率，然后计算出平均脱壳率，最后按式（4-16）计算脱壳率波动度。

$$\eta_{tB}(\%) = \frac{\eta_{tmax} - \eta_{tmin}}{\eta_{tP}} \times 100 \tag{4-16}$$

式中 η_{tB} ——脱壳率波动度,%；

η_{tmax} ——最大脱壳率,%；

η_{tmin} ——最小脱壳率,%；

η_{tP} ——平均脱壳率,%。

（三）糙碎率

糙碎率是指砻下谷糙混合物中糙碎占已脱壳粮粒（整糙米和碎糙米）的质量百分比，按式（4-17）计算：

$$\delta_s(\%) = \frac{Q_s}{Q_c} \times 100 \tag{4-17}$$

式中 δ_s ——糙碎率,%；

Q_s ——糙碎质量，kg；

Q_c ——已脱壳粮粒质量，kg。

（四）胶耗

胶耗是指每加工100kg稻谷所消耗的橡胶质量，以g橡胶/100kg稻谷表示。可按式（4-18）计算：

$$J_h = \frac{(m_1 - m_2) \times 100}{m_G} \tag{4-18}$$

式中 J_h ——胶耗，g橡胶/100kg稻谷；

m_1 ——开车前胶辊质量，g；

m_2 ——停车后胶辊质量，g；

m_G ——实际加工的稻谷质量，kg。

实际生产中，多以一对胶辊加工的稻谷吨数来表示胶耗。

（五）电耗

电耗是指砻谷机生产1t糙米所耗用的电量，按式（4-19）计算：

$$E_q = \frac{W}{Q_w} \tag{4-19}$$

式中 E_q——电耗，kW·h/t；

W——总耗电量，kW·h；

Q_w——加工所得到的糙米质量，t。

（六）产量

产量是指砻谷机单位时间内加工成糙米的稻谷质量，按式（4-20）计算：

$$Q = q_m \eta_t (1 - \omega_{c1}) \tag{4-20}$$

式中 Q——产量，kg/h；

q_m——砻谷机进机流量，kg/h；

η_t——脱壳率，%；

ω_{c1}——进机物料中糙米含量百分比，%。

五、影响砻谷工艺效果的因素

（一）稻谷的工艺品质

1. 品种

粳稻短而圆，壳薄且结构强度大，砻谷时脱壳率高，糙碎率低，胶耗低。籼稻细而长，壳厚且结构强度低，砻谷时脱壳率低，糙碎率高，胶耗较高。对于品种混杂严重、粒度均匀度差的稻谷，不仅砻谷工艺效果差，而且谷糙分离困难。

2. 水分

水分的高低主要影响糙米的结构强度、稻壳结合的紧密程度和表面粗糙度。稻谷水分含量过高，易造成糙米内部结构松散且强度下降，同时稻壳结合紧密且表面粗糙度增加，因此砻谷时糙碎增加、脱壳率下降、胶耗上升，工艺效果差。稻谷水分过低，糙米的脆性增加，砻谷时糙碎上升，工艺效果下降。

3. 含杂量

过高的含杂量易造成砻谷机的进料机构发生堵塞现象，影响正常的工作，同时胶辊表面刮痕严重，胶耗上升。

4. 谷外糙米

在砻谷过程中，谷外糙米表面容易损伤“拉毛”，使糙米表面变得粗糙，对物料的自动分级不利，影响后续谷糙分离的工艺效果。同时，谷外糙米比正常稻粒更容易破碎，使得碎米率偏高，出米率降低。

（二）技术参数的配备

1. 辊间压力

辊间压力是稻谷脱壳的必要条件之一，与搓撕作用的强弱成正比关系。辊间压力直接影响胶辊砻谷机的脱壳率、碎米率、产量、动耗和胶耗等。在其他条件不变的情况下，适当提高辊间压力，搓撕作用增强，脱壳率提高，脱壳效率提高。但是，辊间压力过大，会使爆腰率、糙碎率增加，且动耗、胶耗也会随之增加，糙米表面易拉毛受损或染黑；辊间压力过小则不能满足脱壳需要，稻谷无法正常脱壳。在生产操作中，辊间压力应根据稻谷的强度、脱壳的难易程度合理选择。辊间压力一般为40~60N/cm^2，易脱壳的稻谷取小值，难脱壳的稻谷取大值。谷粒强度较高时，可以适当增加辊间压力，以提高脱壳率及产量。

2. 线速

辊筒的线速度与砻谷机的产量有密切的关系。在其他条件不变的情况下，辊筒线速度越高，单位时间内可以通过的谷粒数量越多。在喂料速度较高的情况下，提高线速度可以提高辊筒间物料的流量，为提高设备产量提供了条件。

在一定流量下，线速度主要影响两辊间物料的数量、物料在两辊间的停留时间、砻谷机的振动及噪声和胶耗。适当提高线速度，可降低两辊间物料的数量，增加物料接触胶辊，有助于提高脱壳率。线速过高，不仅使物料在两辊间停留的时间短，脱壳率降低，而且辊筒温升增加，橡胶硬度降低，胶耗增加，并易染黑糙米表面，且对谷粒的压力降低，同时设备振动加剧，既影响砻谷机的工作稳定性，又会使糙碎增加和辊筒磨损不均匀。线速过低，一定流量下两辊间物料增加，接触胶辊的机会降低且物料排列杂乱，脱壳率下降，糙碎率上升，动耗、胶耗增加。

一般而言，我国使用的胶辊砻谷机，快辊线速为 14.5～17.0m/s，慢辊线速为 12.5～14.0m/s。

3. 线速差

线速差也是稻谷脱壳的必要条件之一，直接影响胶辊砻谷机脱壳率的高低。在辊间压力一定的条件下，线速差大，谷粒受搓撕机会多，因而有较高的脱壳率。但线速差过高，会增加不必要的胶耗，且易造成糙米表面拉毛、染黑，糙碎增加；线速差过低，不能满足脱壳要求。线速差一般取 2.6～3.6m/s，以 3.0m/s 左右为最好。

（三）进机物料流量

在其他条件一定下，流量影响砻谷机的脱壳率、产量和胶耗。流量低时，脱壳率较高，但产量低，胶耗高。适当加大进机物料流量，有利于提高设备的产量，降低胶耗；但流量过高，会造成两辊间稻谷的数量增加且排列无序，既增加糙碎和胶耗，又使脱壳率降低。

（四）胶辊工作状态

胶辊砻谷机正常工作时，胶辊的温度通常为 50～70℃，生产中应避免产生温度过高的现象，以防橡胶在较高温度下变软而影响脱壳和增加胶耗。因此在夏季应加强砻谷工作室的吸风和散热，降低胶辊的温度。

胶辊在安装时要求两辊中心线平行、两辊端面对齐，否则易产生大小头和飞边现象，造成胶辊利用率下降，胶耗增加，同时脱壳率和产量也降低。

六、砻谷机的操作与维护

（一）砻谷机的操作

1. 开机前的准备工作

检查各部件装置是否正常，各零件有无松动现象，皮带松紧度是否合适，松开胶辊，将轧距调至 1～2mm，检查是否有异物。为了避免使用中设备产生剧烈震动和胶辊起槽、失圆，要求对胶辊进行静平衡调整。传动轴的中心线必须水平，两胶辊轴线必须平行，胶辊与轴的装配应保持良好的同心度。保持两辊端面平齐，调节淌板斜度，使长淌板垂直胶辊轴线，谷粒能够准确导入轧距中间，以防止谷粒在辊面上飞溅。测定快慢辊直径，为保持一定的速差值，快辊比慢辊直径可稍大一些，但一般不宜超过 4mm。

2. 开机后的注意事项

先空车运转，要求运转平稳正常，无异常震动和噪声，皮带不打滑、不跑偏，无碰撞现象。空车运转正常后，开启进料闸门并视产量、脱壳率、动力负荷等指标适当调节。经常检查物料流是否薄厚均匀，长淌板是否对中，流量大小是否一致。负载后，观察电器控制机构工作是否正常，检查砻下物的脱壳率、糙碎率及谷糙混合物含壳率等指标是否符合要求。突然断料或停机时，应关闭进料闸门并将积存在辊面上的稻谷全部清除。

3. 维护管理

机器的各零部件应定期进行检查和调整，及时更换磨损件。定期在各活动部位添加润滑油。定期检查压缩空气控制装置，保持电磁阀、气缸的平滑功能。

（二）砻谷机常见故障及原因分析

1. 脱壳率低

①稻谷水分太高，检查原粮品质，可考虑采取干燥措施。

②胶辊间压力不够，应适当增加辊间压力。

③胶辊磨损严重，致使线速和线速差降低，需及时更换胶辊。

④胶辊磨损不均匀，出现起槽、大小头等现象，可能是胶辊安装不当，需及时检查调整。

⑤喂料量过大或喂料不均匀，需检查振动喂料器是否工作正常。

⑥传动皮带打滑，引起线速差降低，应及时检查传动机构。

2. 砻下物含碎和爆腰增多

①辊间压力太大，应适当降低辊间压力。

②线速差过大，脱壳率过高，需适当减小线速差，降低脱壳率。

③回砻谷含糙米过多，需检查并调整谷糙分离设备，降低回砻谷含糙量。

④胶辊表面硬度过高，可考虑更换硬度适当的胶辊。

⑤原粮水分过高或过低。

3. 稻壳含粮粒过多

①稻壳分离部分气流速度过快或吸风量过大，需适当降低吸风量。

②进入稻壳分离部分的物料不能均匀地分布在分离机的宽度方向上，应检查稻壳分离部分的进料机构是否正常工作。

③物料淌板网孔有堵塞，气流速度不均匀，需及时清理淌板。

4. 谷糙混合物含壳

①稻壳分离部分气流速度过低或吸风量过小，需适当增大吸风量。

②进入稻壳分离部分的物料不能均匀地分布在分离机的宽度方向上，应检查稻壳分离部分的进料机构。

③物料流量过大，应适当降低进机流量。

④物料淌板网孔有堵塞，气流速度不均匀，需及时清理淌板。

5. 胶辊表面起边、起槽、失圆或产生大小头

①长淌板安装不对中或胶辊端面未对齐（起边），应及时检查并调整。

②喂料不均匀或流量过大（起槽），需检查振动喂料器是否正常工作，并控制进机流量。

③两胶辊轴线不平行（大小头），需检查并调整胶辊。

④原粮含硬性杂质过多或水分过高（起槽），检查原粮水分和杂质含量，确保进机原粮

品质。

⑤线速过低或线速差过大（起槽），应根据原粮品质适当调整线速差。

第二节 稻壳分离与收集

一、稻壳分离

（一）稻壳分离的目的、要求和方法

1. 稻壳分离的目的

稻壳分离的目的是从砻下物中分离出稻壳，以免影响后道工序的工艺效果。

稻壳体积大、密度小、摩擦因数大、流动性差，如不及时将其从砻下物中分离出来，将会影响后续工序的工艺效果。如谷糙分离工序，若谷糙混合物中混有大量的稻壳，则流动性变差，自动分级效果降低，谷糙分离难度增加。而回砻谷中若混有大量稻壳，将会使砻谷机产量下降，动耗、胶耗增加。

2. 稻壳分离的工艺要求

稻壳分离的工艺要求：谷糙混合物中含稻壳量≤0.8%；稻壳中含饱满粮粒≤30 粒/100kg。

3. 稻壳分离的方法

稻壳的体积质量小（100~120kg/m^3），悬浮速度小（2.0~3.5m/s）。稻壳与稻谷和糙米在悬浮速度方面存在着较大的差异，因此，多采用风选的方法将稻壳从砻下物分离出来。此外，稻壳和稻谷、糙米在体积质量、密度、摩擦因数等方面也有较大的差异，可以利用这些差异，首先使砻下物产生良好的自动分级，使稻壳浮于料层的上部，这样更有利于气流将稻壳带出，提高稻壳分离效果。

（二）典型稻壳分离设备

依照供风方式不同，常用的稻壳分离设备分为吸式稻壳分离器和循环式稻壳分离器两种。吸式稻壳分离器外配气源，循环式稻壳分离器自带风机。其中，胶辊尺寸在 12in 以上的胶辊砻谷机产量较大，大多配备吸式稻壳分离器。胶辊尺寸 12in 以下的胶辊砻谷机产量较小，可以使用循环式稻壳分离器。

1. FL-14 型稻壳分离器

FL-14 型稻壳分离器是国内常用且分离效果较好的一种吸式稻壳分离器，我国自行设计制造的砻谷机的稻壳分离装置基本上都是参考其结构及有关技术参数设计的。

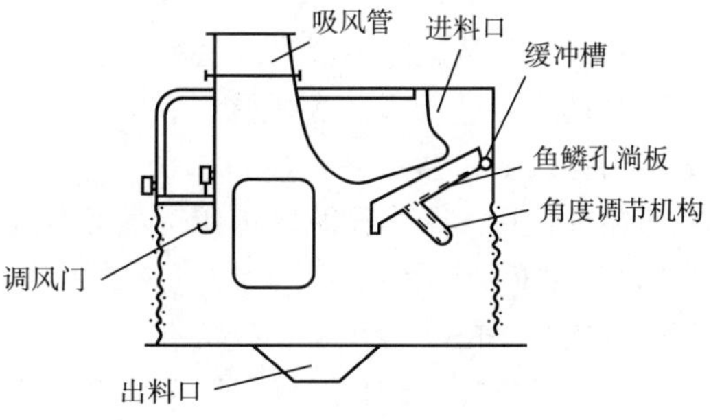

图 4-20 吸式稻壳分离器

FL-14 型稻壳分离器主要由进料口、可调节淌板、调风门和吸风管等部分组成，如图 4-20 所示。砻下物由进料口通过缓冲槽落到淌板上，进行自动

分级。淌板为鱼鳞孔板，且可以根据生产需要改变其倾斜角度。由于淌板表面粗糙，又有气流自下而上穿过物料，所以物料能形成良好的自动分级，使稻壳浮于上层，为稻壳分离创造有利条件。当物料进入稻壳分离区时，由于吸风口为喇叭形，具有较适宜的分离长度和风速，因此具有良好的稻壳分离效果。此外，该设备采用了双面进风，部分气流从料层下穿过物料分离稻壳，另一部分气流由后面进入，继续对稻壳继续分离，并阻止已分离出的稻壳重新落入谷糙混合物中。吸式稻壳分离器的主要技术参数见表 4-2。

表 4-2　　吸式稻壳分离器的主要技术参数

淌板尺寸（宽×长）/mm	产量（稻谷）/（t/h）	淌板倾角/（°）	风速/（m/s）	吸口尺寸（长×宽）/mm
370×245	3.3~3.75	30~45	4.5	420×246

2. HA10P（3）－C 型循环式稻壳分离机

HA10P（3）－C 型循环式稻壳分离机集谷糙与瘪谷、未熟粒的分离以及稻壳的分离于一体，内部气流循环使用，结构紧凑，动耗低，分离效果较好。主要由喂料机构、风选室、未熟粒分离机构、稻壳分离机构和风机等部分组成，如图 4-21 所示。

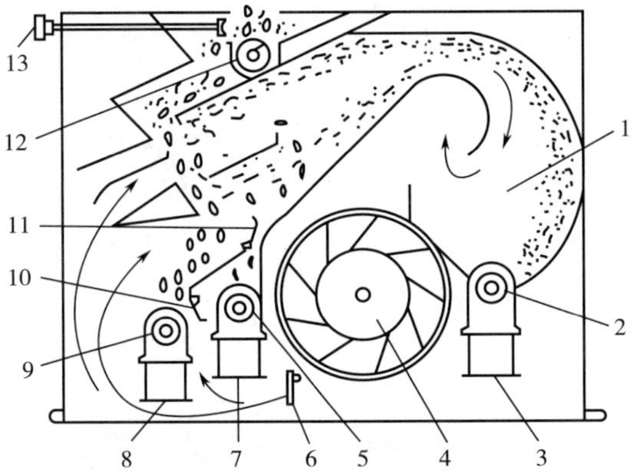

1—稻壳分离室；2—稻壳螺旋输送器；3—稻壳出口；4—风机；5—未熟粒螺旋输送器；6、10、11—调节阀；7—未熟粒出口；8—谷糙混合物出口；9—谷糙混合物螺旋输送器；12—进料螺旋输送器；13—拉杆。

图 4-21　HA10P（3）-C 型稻壳分离机

砻下物经喂料装置由淌板喂入上风选室，进行第一次风选，并分离出大部分的稻壳，然后进入下风选室，进行第二次风选，在分离出剩余少量稻壳的同时进行谷糙与未熟粒的分离，分别由螺旋输送器从各自出口排出。经过稻壳分离后的气流由风机吹回到上、下风选室，进行循环使用。未熟粒的质量和流量可由调节阀 11 和调节阀 6 共同控制。

3. DRSD 型稻壳分离机

稻壳分离机 DRSD 专用于稻壳从砻下物中的分离，与砻谷机配套使用。DRSD 型由机架、风机、入口分配螺旋、卸料螺旋、调节门和三角带组成。如图 4-22 所示。根据悬浮速度的不同，利用风机产生的循环气流将从砻谷机分离出来的砻下物分成谷糙混合物和稻壳两部分。稻壳被反向板导入稻壳卸料螺旋输送器，从稻壳出口泄出；糙米则通过糙米卸料螺旋器输送至糙米出口排出。稻壳分离机体积紧凑，配备封闭回路气流，使物料在分离区铺开，确保物料均匀分布。

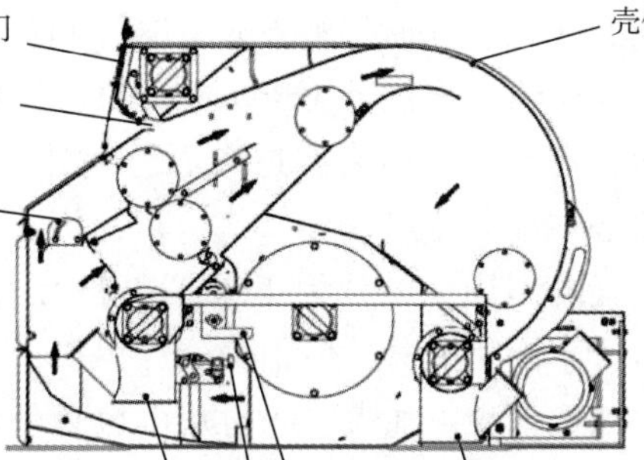

图 4-22 稻壳分离机 DRSD 结构示意图

部分循环式稻壳分离机的主要技术参数见表 4-3。

表 4-3 循环式稻壳分离机的主要技术参数

型号	产量（稻谷）/（t/h）	风机轴转速/（r/min）	功率/kW	外形尺寸（长×宽×高）/mm
HA10P（3）-C	短粒稻 4~5 长粒稻 3~4	1350	3.7	1763×1483×1250
DRSD	3~6	1430	4.0	2278×1841×1236

二、稻壳收集

采用吸式分离器分离稻壳时，稻壳的收集方法主要有重力沉降和离心沉降两种；采用循环气流分离器分离稻壳时，采用机械输送的方式将分离出的稻壳送往稻壳仓。稻壳收集，不但要求把所有稻壳收集起来，还要按照空气达标的要求排放，以减少大气污染。

1. 重力沉降

重力沉降是指稻壳在随着气流进入沉降室后突然减速，依靠自身的重力而沉降的方法。在稻壳收集中，沉降室通常建成方仓结构，俗称大糠房，如图 4-23 所示。

带有稻壳的气流进入大糠房后，由于体积突然扩大，风速降低，稻壳及大颗粒灰尘在自身重力的作用下逐步降落，气流则由大糠房上部的气窗或屋顶排风管排出。

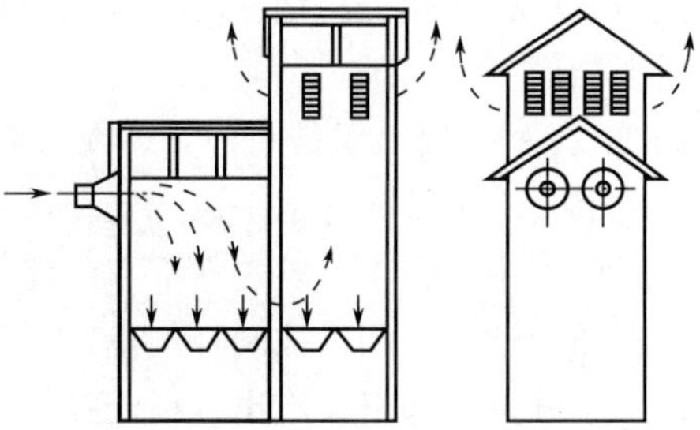

图 4-23 大糠房

注：图中箭头表示气流走向。

此种收集方法能耗低，但占地面积大，降尘效果较差，易造成糠尘外扬。因此，在对排放空气含尘浓度要求较高的地区不适合采用此种方法。

2. 离心沉降

离心沉降是使带稻壳的气流直接进入离心分离器（刹克龙）内，利用离心力和重力的综合作用使稻壳分离。离心分离器对于粒径大于 10μm 的物料颗粒有较高的分离效率。为了延长离心分离器的使用寿命，常常用玻璃来制造离心分离器。该方法具有结构简单、价格低、维修方便、收集的稻壳便于整理等特点。

离心沉降根据安放位置的不同，可分为压入式和吸入式两种，如图 4-24 所示。压入式离心分离器的下部出料口可不设闭风器，但稻壳流经风机，易磨损风机叶片，缩短风机使用寿命，且易造成风机振动加剧，噪声加大，同时灰尘容易外溢。吸入式离心分离器下部出料口必须设置闭风器，风机使用寿命长，灰尘不易外溢。无论是吸入式还是压入式，都需要采取措施进一步净化空气，使排放空气的含尘浓度达到规定的排放标准。

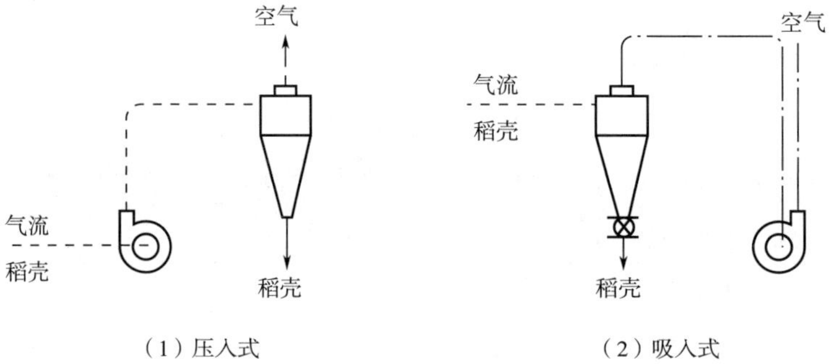

图 4-24　稻壳离心沉降流程图

三、稻壳提粮

实际生产过程中，砻下物含有瘪谷、未成熟粒、糙碎以及少量经砻谷后颖壳被剥落但尚未脱离的谷粒，它们的悬浮速度和稻壳相差较小，在采用吸式稻壳分离器风选的情况下往往会随稻壳一同吸走。这些随稻壳被吸走的瘪谷、未成熟粒、糙碎、颖壳以及未脱离的谷粒具有很高的饲料价值，提取后可直接作为饲料，或者粉碎后与米粞、米糠混合，加工成优质的生物蛋白饲料，从而提高稻谷的综合利用率和加工产值。提取粮粒后的稻壳也更容易保存和方便后续利用。

DKTL 型稻壳提粮器是一种安装在谷壳吸风输送管道上的谷壳整理设备，主要由 3 部分组成：上部是一个卧式的水平风选器，设置了三级串联的风选室，风选室内设有固定挡板和可调节风门；中部在 3 个风选室下方各配置一个垂直负压风选室，并开有补气口，补气口大小可通过插板调节，用以控制补气量；下部是重力卸料装置，当提出的粮粒积累到一定的量后，即可压开重力卸料器流出。稻壳提粮器的安装形式如图 4-25 所示。

稻壳提粮器结构简单，价格低廉，该设备串联在稻壳吸运风网中，无需动力，但设备阻力大，需要补风，增加了风网的能耗。

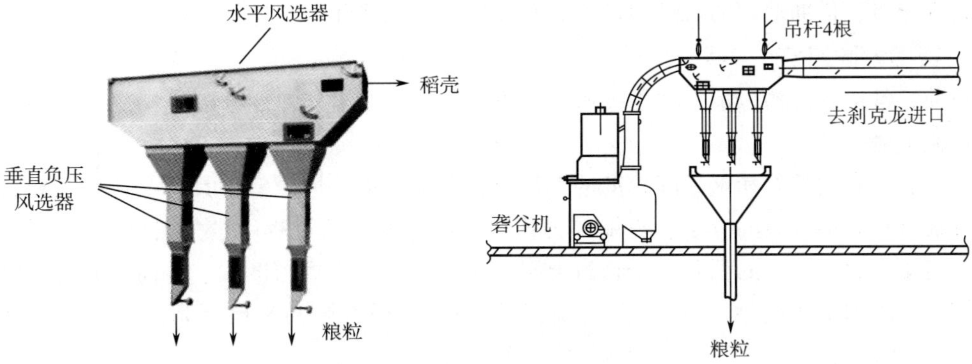

图 4-25　稻壳提粮器及其安装形式

第三节　谷糙分离

一、谷糙分离的方法与原理

经砻谷机脱壳、谷壳分离后的物料，是稻谷与糙米的混合物，根据碾米工艺的要求，必须对谷糙混合物进行分离，分出纯净的糙米送入碾米机，未脱壳的稻谷则返回砻谷机继续脱壳。

谷糙分离是稻谷加工工艺中一个非常重要的环节，也是实际生产过程中出现问题较多的部位。谷糙分离效果好坏，不仅直接影响后续工序的工艺效果，而且与成品米质量、出米率、产量和成本等都有密切的关系，必须采用谷糙分离设备把稻谷和糙米分离，并尽可能做到“断糙回砻，断谷上机”，以便更好地发挥后续工序的工艺效果。

（一）谷糙混合物的工艺特性

对于一定品种的稻谷，谷糙混合物的工艺特性：①稻谷的粒度大于糙米；②稻谷的表面粗糙度大于糙米；③稻谷的弹性大于糙米；④糙米的相对密度和体积质量大于稻谷；⑤稻谷的悬浮速度小于糙米。

单粒稻谷的粒度总是大于脱壳后的糙米粒度，但对于谷粒群体而言，已脱壳的糙米与未脱壳后的稻谷在粒度上存在交叉区，单纯利用稻谷和糙米的粒度差别进行谷糙分离很难取得良好的分离效果。

糙米的相对密度和体积质量均大于稻谷，其差异的大小与谷糙混合物的自动分级性能有密切关系，从而影响谷糙分离的效果。稻谷的摩擦因数大于糙米，摩擦因数的差异是进行谷糙分离的辅助因素。

（二）谷糙分离的基本原理

在各类谷糙分离设备上流动的谷糙混合物是由稻谷和糙米组成的颗粒流体。在颗粒流体中，颗粒之间有间距，每个颗粒都在运动，由于稻谷和糙米的粒度、相对密度、体积质量、摩擦因数、悬浮速度等物理性质有较大的差异，在运动过程中稻谷“上浮”，糙米“下沉”，产生自动分级，借助适宜的机械运动形式和装置，将稻谷和糙米进行分离。

（三）谷糙分离方法

目前，常用的谷糙分离方法主要有筛选法、比重分选法和弹性分离法三种。

1. 筛选法

筛选法是利用稻谷和糙米间粒度的差异及其自动分级特性，借助具有合适筛孔和运动形式的筛面进行谷糙分离的方法。谷糙混合物在筛面上运动的过程中产生自动分级，粒度大、相对密度小、表面粗糙的稻谷浮于物料上层，而粒度小、相对密度大、表面较光滑的糙米沉于底层。糙米与筛面接触并穿过筛孔，成为筛下物，稻谷被糙米层所阻隔而无法与筛面接触，不易穿过筛孔，成为筛上物，从而实现谷糙分离。

谷糙分离平转筛属于筛选设备，采用金属编织筛网作为分离工作面，工作面做平面回转运动。谷糙分离平转筛是我国20世纪70年代研制成功的谷糙分离设备，结构紧凑，处理量大，但对稻谷品种混杂、粒度长短不齐、高水分原粮加工时工艺效果差，目前在碾米厂已很少应用。

2. 比重分选法

比重分选法是利用稻谷和糙米相对密度的不同及其自动分级特性，在做往复振动的粗糙工作面板上进行谷糙分离的方法。根据稻谷与糙米在相对密度、表面摩擦因数等物理性质的差异，借助双向倾斜并做往复振动的粗糙工作面的作用，使谷糙混合物产生自动分级，稻谷“上浮”，糙米“下沉”。糙米沉于料层底部，在粗糙工作面的推动作用下向上斜移，从工作面的上出口排出；稻谷浮于料层上部，在自身重力和进料推力的作用下向下方斜移，由下出口排出，从而实现谷糙的分离，如图4-26所示。

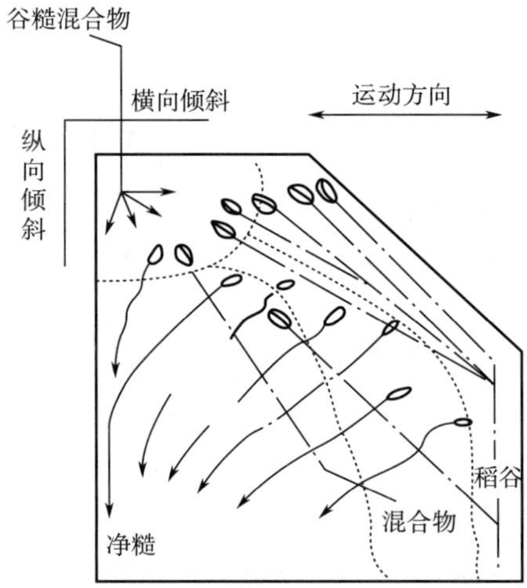

图4-26 谷糙混合物在粗糙工作面上的运动状态

比重分选典型设备是重力谷糙分离机，采用凸台或袋孔式粗糙面板作为分离工作面，工作面双向倾斜，做往复直线运动。该设备将进机物料分为稻谷、谷糙混合物和糙米三类，分别从三个出口流出。重力谷糙分离机对品种混杂、大小粒互混的稻谷适应性强，谷糙分离效果好，广泛应用于碾米厂的谷糙分离。本节将重点介绍重力谷糙分离机。

3. 弹性分离法

弹性分离法是利用稻谷和糙米弹性的差异及其自动分级特性而进行谷糙分离的方法。利用稻谷和糙米的弹性、相对密度、摩擦因数等物理特性的差异，借助于具有适宜反弹面的分离槽进行谷糙分离，如图4-27所示。

谷糙混合物进入分离槽后，在工作面的往复振动作用下，产生自动分级，稻谷浮在上层，糙米沉在下层。由于稻谷的弹性大又是浮在上层，因此与分离槽的侧壁发生连续碰撞，产生较大的撞击力使稻谷向分离室上方移动。糙米弹性较小，且沉在底部，不能与分离槽的

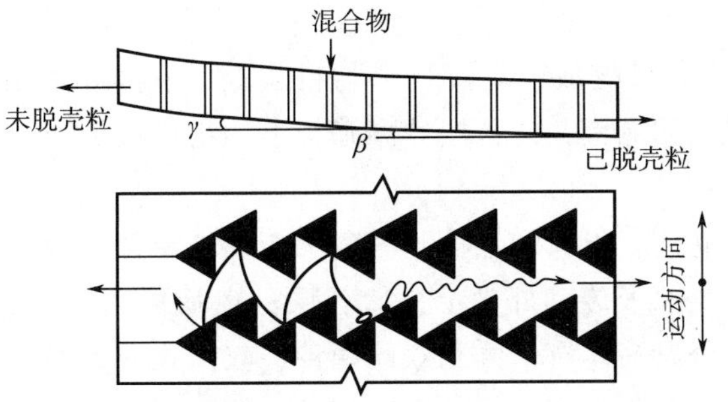

图 4-27　谷糙混合物在弹性工作室的运动状态

注：β—分离槽前段倾角；γ—分离槽后段倾角。

侧壁发生连续碰撞，在自身重力和进料推力的作用下，顺着分离槽向下方滑动，从而实现稻谷、糙米的分离。

撞击谷糙分离机又称巴基机，属于弹性分离设备，工作面是由平底板和侧壁构成的分离槽，底板和侧壁都是用薄钢板制成。工作面做与分离槽长度方向相垂直的水平往复直线运动。巴基机的谷糙分离效果较理想，筛下物只有两种物料——净糙和回砻谷。净糙一般可以达到糙米里“断谷”，而回砻谷含糙率可控制在 10%左右。因其受物料粒度的影响较小，所以对粒度相近的谷糙混合物具有较好的分离效果。但由于原粮、操作等诸多因素，加上该设备体积庞大，处理量小，造价较贵，此设备在我国使用不多。

二、重力谷糙分离机主要结构及典型设备

重力谷糙分离机是比重分选设备，广泛地为稻谷加工厂所使用。重力谷糙分离机的最大特点是对品种混杂严重、粒度均匀性差的稻谷原料的加工有较强的适应性，谷糙分离效率高，操作管理简单等。

（一）主要结构

1. 进料匀料装置

进料装置内设有控料翻板，可控制进入筛体的物料流量，并设有感应器，实现有料自动开机、无料自动停机。

匀料装置内设置有分配器筏板和分隔板，通过调整分配器筏板位置和改变分隔板状态，使谷糙混合物均匀分配，如图 4-28 所示。匀料板匀料后，由弹性刮板将物料厚度进一步刮匀，再送往分料装置。

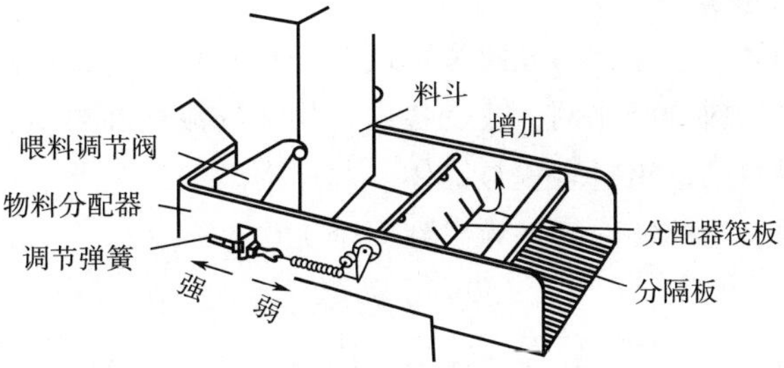

图 4-28　进料匀料装置

2. 分料装置

分料装置由 6~20 个料槽构成，上接进料匀料装置，下接分离箱体中的 6~20 层分离筛板，通过调节分料装置上的隔板，使各层分离筛板上的物料流量均匀。

3. 筛体

分离筛体由墙板、立柱、出口加强框、分离筛板、支承架、撑杆架和盖板等组成，用螺栓逐层叠加成一整体，支承于传动部件上，使各层分离筛板运动一致。筛体具备纵向倾角，确保物料的纵向流动。分离筛体有单体和双体两种，双体式分离箱体按镜像左右排列在设备两边。

4. 分离筛板

分离筛板为凸台或袋孔式粗糙工作面，由薄钢板以专用模具冲压而成，主要目的是增大表面粗糙度，而不妨碍底层相对密度大的物料的上行。因此，袋孔有半圆方形和椭圆形，底部为斜面，如图 4-29 所示，纵向剖视时袋孔呈锯齿状，有利于底层物料上行。凸台常见形状如图 4-30 所示。图中 C 箭头方向为上层物料运动方向。

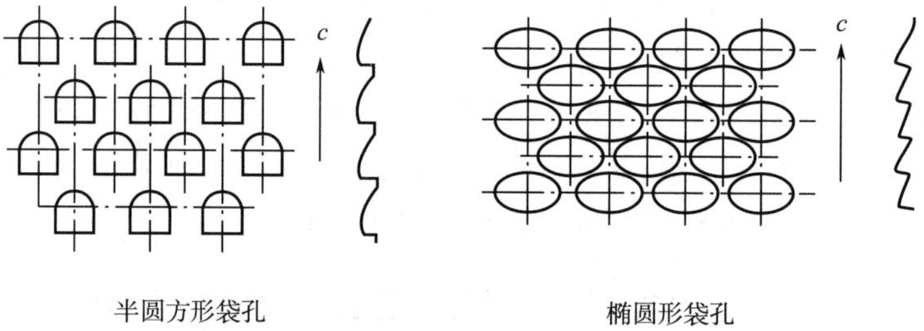

图 4-29 袋孔工作面形状示意图

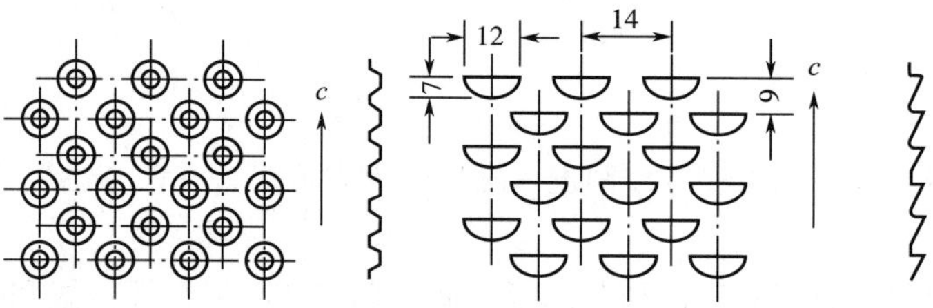

图 4-30 凸台工作面形状示意图

5. 出料装置和集料装置

出料装置连接于筛体出口端，内设两个可调节分料隔板，将筛分后物料分成三段。通过调整隔板间距控制三段物料分配比例，改变各出口物料的流量和质量，从而达到控制净糙和回砻谷的纯度及流量的目的。出料装置与筛体一起运动。

集料装置承接出料装置的物料，并导出到下个工位。

6. 支撑摆动装置

支撑摆动装置负责支撑筛体，确保筛体横向摆动轨迹，配有调整筛体横向倾角机构，主要有刀口结构和轴承结构两种。

（1）刀口结构　刀口结构由支耳、托耳、宽支撑架、摇架等组成。支耳安装在筛体上，托耳安装在摇架上，同时支撑架上下分别对应安装着托耳和支耳；支耳与托耳通过筛体重量嵌合在一起，当筛体横向往返摆动时，上下两处接触点进行小角度的圆周摆动，以确保筛体横向摆动轨迹。如图 4-31 所示。

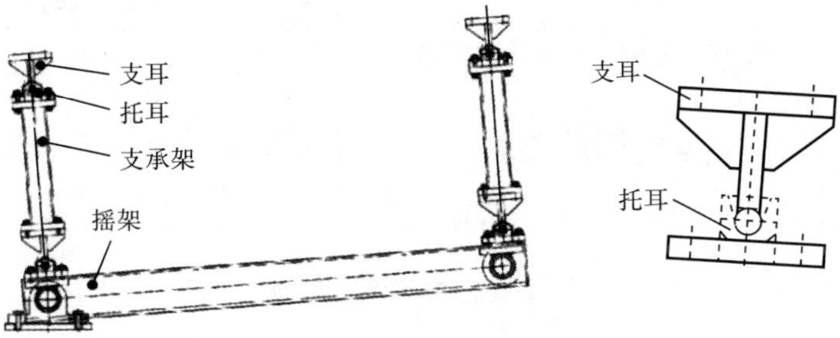

图 4-31　刀口式支撑摆动装置结构示意图

（2）轴承结构　支承轴（方头）可定期转动，避开轴承磨损位置。调节轴座安装在筛体上，连接支承轴，上支承杆同时连接两根支承轴，调节杆固定后，当偏心传动牵引筛体横向往返摆动时，通过上支承杆和连杆部件运动确保筛体横向摆动（图 4-32）。

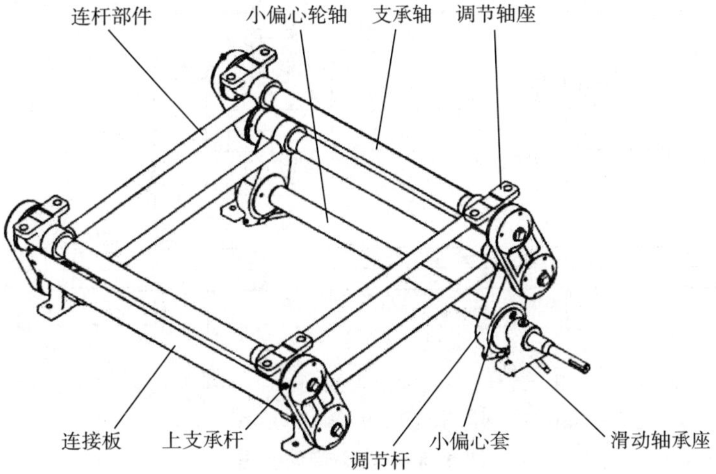

图 4-32　轴承支撑摆动装置结构示意图

7. 支承调节机构

支承调节机构由短固定支承座、支承轴、轴承、支承杆、调节杆、手柄杆、小偏心套、小偏心轮轴、锁紧手柄、滑动轴承座、短连杆、高固定支承座、长连杆等组成。如图 4-33 所示。

支承调节机构上与支承架连接，下与机座连接，构成四边形，左右对称，使分离箱体运动平稳一致，调节其短连杆组及偏心升降机构能灵活调节分离箱体的横向倾角。

8. 偏心传动装置

偏心传动装置由筛架轴座、开合式连杆、轴承、轴承座等组成，如图 4-34 所示。筛架

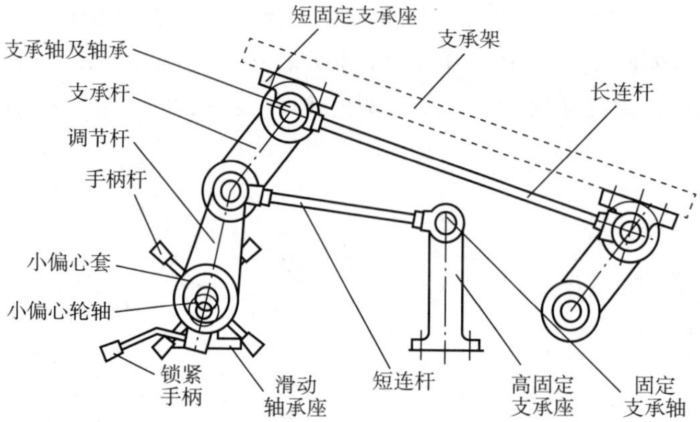

图 4-33　支承调节机构

轴座安装在筛体上，连接支承轴，通过开合连杆连接偏心套，主轴旋转，偏心套产生径向偏移，通过开合连杆牵引筛体摆动。

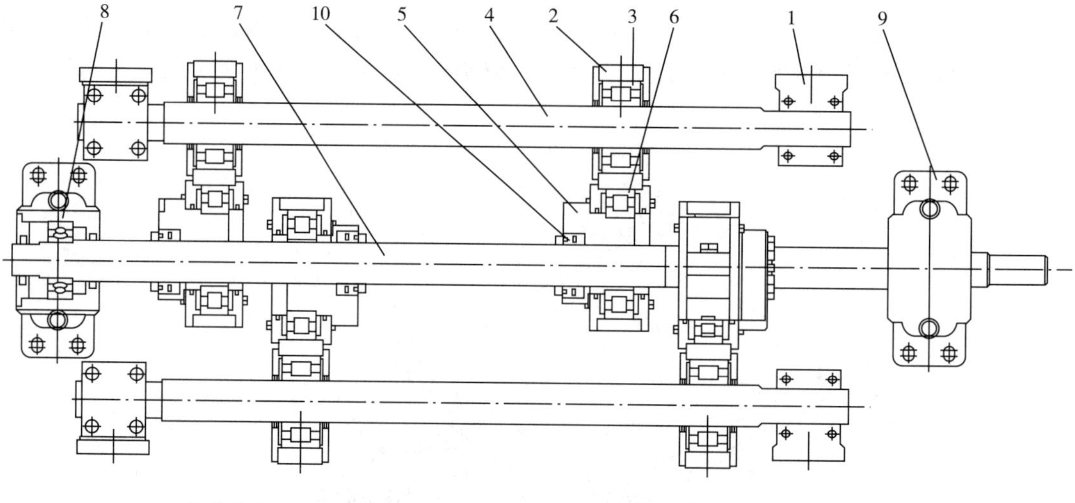

1—筛体支座；2—开合连杆；3—轴承；4—支承轴；5—胀紧式偏心套；6—轴承；7—主轴；8—深沟球轴承；9—轴承座；10—胀紧联结套。

图 4-34　偏心传动装置

9. 机座

机座用来安装和承重电机、支撑摆动机构、偏心传动机构等所有零部件。

10. 电控装置

电控装置设有手动自动转换开关、交流接触器、热继电器、时间继电器、接近开关，实现了使用中的起、停机自动化，同时对电动机进行了保护。

另外，为减轻设备的粉尘外溢，可在进出口处安装防尘管加强吸风。

（二）典型重力谷糙分离机

1. MGCZ100C 型重力机谷糙分离机

MGCZ100C 型重力机谷糙分离机为单筛体设备，主要由存料装置、电控装置、进料匀料装置、分料装置、分离箱体、出料装置、弹簧缓冲装置、支承调节机构、偏心传动机构、机座等部分组成。偏心传动机构由长固定支承座、牵伸轴、电动机、大轴承座、主轴、平衡轮、牵伸杆等组成，小轴承座与支承架连接，大轴承座与机座连接，由电动机带动平衡皮带轮，实现分离箱体横向往复运动，如图 4-35 所示。

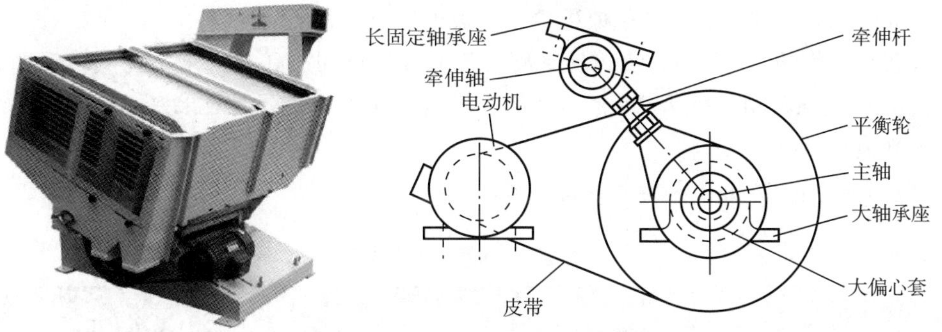

图 4-35　MGCZ100C 型重力机谷糙分离机及其偏心传动机构

分离箱体内装有 10 层（12 层或 16 层）分离筛板，筛板尺寸均为 1200mm×1000mm，且筛层较高，筛面不易堵塞。该设备配备弹簧缓冲装置，对运动的分离箱体起缓冲保护作用，并配备有自动控料装置。

2. MGCZ60B/80B 型重力谷糙分离机

MGCZ60B/80B 型重力谷糙分离机由进料装置、匀料装置、分料装置、筛体、出料装置、集料装置、偏心传动装置、轴承支撑摆动装置、机座、驱动电控装置等部分组成。如图 4-36 所示。

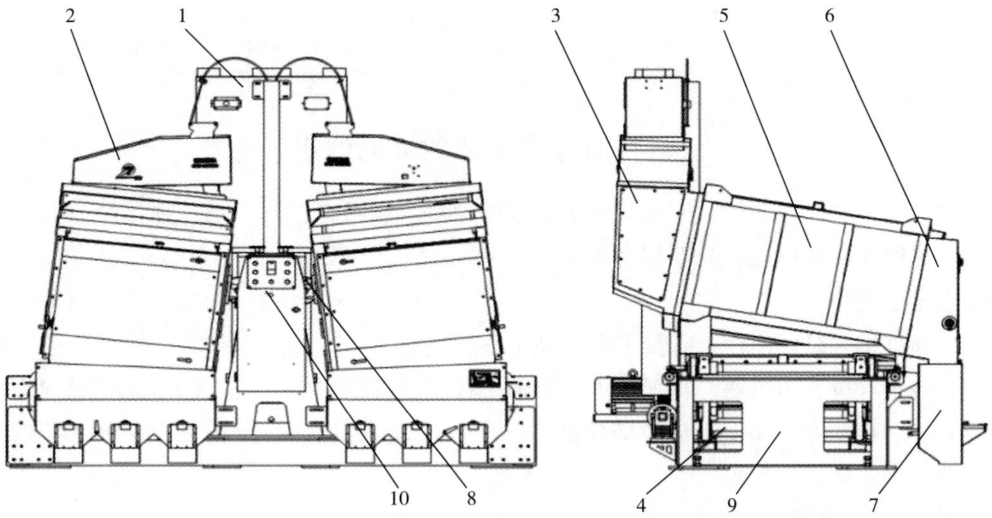

1—进料装置；2—匀料装置；3—分料装置；4—支撑摆动装置；5—筛体；
6—出料装置；7—集料装置；8—偏心传动装置；9—机座；10—电控装置。

图 4-36　MGCZ60B/80B 型双筛体重力谷糙分离机

进料装置将来料分配给两个筛体，设有控料翻板，可控制进入筛体物料的大小。并设有感应器，实现有料自动开机、无料自动停机。

匀料装置设有匀料板、弹簧刮料板。匀料板匀料后，由弹性刮板将物料厚度进一步刮匀，再送往分料装置。分料装置承接匀料装置的物料，其出料端固定在筛体进料端，通过隔板将物料均匀分配到筛体各层筛板，与筛体一起运动。筛板采用 304 不锈钢板，防黏糠性得到改善，同时凸台间隙增加减少积糠积尘。筛板可抽出，方便清理。

该设备将传统的“V”刀口支撑转动副，替换成轴承四边联动支承结构的转动副，支承轴（方头）可定期转动，避开轴承磨损位置，摆动轨迹准确，分离效果好，产量大，维护后摆动轨迹恢复性更好。

部分重力谷糙分离机技术参数见表 4-4。

表 4-4　　重力谷糙分离机技术参数

型号	产量（糙米）/（t/h）	筛板尺寸/mm	转速/（r/min）	功率/kW	吸风量/（m^3/min）	外形尺寸（长×宽×高）/mm
MGCZ100×16C	4.4～5.6	1200×1000	—	1.5	2～2.5	1700×1350×1810
MGCZ40×20×2D	4.5～6	400×1300	300±5	2.2	（2～2.5）×2	2228×1844×2309
MGCZ60×20×2B	6～7.5	600×1600	300±5	4.0	（2～2.5）×2	2630×2158×2434
MGCZ70×25×2	粳糙 15～22 籼糙 11～20	700×1600	300±5	7.5	（2.5～3）×2	2830×2297×2569
MGCZ80B×20×2	粳糙 10～12 籼糙 12～15	800×1400	300±5	2.2	（2～2.5）×2	2800×2150×2400
PS400D（2）	≤7.2	—	295～300	2.2	（2～2.5）×2	1870×2230×2240
DRTA	5～7	393×1300	300	2.2	4×4	1870×2230×2240

三、谷糙分离工艺效果的评定

谷糙分离工艺效果的评定应从其分离出来的净糙米和回砻谷的质量及数量两方面进行评定，只有这样才能保证其客观性和全面性。

（一）糙米纯度

糙米纯度通常是用净糙含谷量表示，糙米含谷量越低，其纯度就越高，反之亦然。因为糙米中含谷量极少，为方便、直观起见，一般不称稻谷的质量，而是以每千克糙米中含稻谷的粒数表示。检测方法如下：从净糙样品中，分取试样约 1kg，拣出稻谷粒，数其粒数，即每千克糙米中含稻谷的粒数。

（二）回砻谷含糙率

回砻谷含糙率是指回砻谷中含糙米质量的百分比，按式（4-21）计算：

$$\delta_s(\%) = \frac{Q_s}{Q} \times 100 \tag{4-21}$$

式中　δ_s——回砻谷含糙率,%;

Q_s——回砻谷试样中糙米的质量，g;

Q——回砻谷试样质量，g。

（三）回流比

回流比是指回流量对净糙产量的质量百分比。其中回流量是指经谷糙分离机分出的还需循环分选的谷糙混合物的流量。回流比按式（4-22）计算：

$$\delta_h(\%) = \frac{Q_h}{Q} \times 100 \tag{4-22}$$

式中　δ_h——回流比,%;

Q_h——回流量，kg/h;

Q——净糙产量，kg/h。

重力谷糙分离机的工艺指标：净糙含谷≤10 粒/kg；回砻谷含糙≤10%；回本机物料与净糙流量之比≤40%。

四、影响谷糙分离工艺效果的因素

（一）谷糙混合物的工艺品质

1. 稻谷的类型、品种和均匀度

（1）稻谷的类型、品种　稻谷的类型、品种不同，其粒度、粒度均匀度和表面性状等不同，因此谷糙分离也有难易之别。一般来说，粳稻谷表面较粗糙，籼稻谷表面较光滑，因此，粳稻谷与粳糙米之间表面摩擦因数差异大于籼稻谷与籼糙米之间表面摩擦因数差异。在自动分级过程中粳稻谷比籼稻谷容易上浮，自动分级效果好，所以籼稻谷的谷糙分离比粳稻谷困难。

（2）稻谷均匀度　稻谷均匀度的好坏，决定了谷糙混合物中稻谷和糙米在粒度方面相互交叉区域的大小。稻谷均匀度好，谷糙的粒度相互交叉区域小，谷糙分离效果好；稻谷粒度不均匀，谷糙的粒度相互交叉区域就大，谷糙分离困难，分离效果差。

所以，不同品种、粒形的稻谷不要混合加工，否则会给谷糙分离带来极大的困难。

2. 水分

谷糙混合物水分含量较高时，物料的流动性较差，影响物料在工作面上的自动分级，料层底部的稻谷不易上浮，不能按应有的轨迹运动，而是混入糙米中，使谷糙分离效果降低。因此，当谷糙混合物的水分含量较高时，应改变分离设备的工作参数，使物料在工作面上的流速增加，促使谷糙混合物进行良好的自动分级，提高分离效率。

3. 谷糙比

谷糙比是指谷糙混合物中稻谷与糙米的数量之比。谷糙比影响物料自动分级后稻谷层距离工作面的远近。混合物中糙米比例大时，稻谷层距工作面远，谷粒不易接触工作面而混入糙米中，谷糙分离效果较好；反之，稻谷层距工作面近，谷粒易接触工作面混入糙米中，影响糙米质量。

谷糙混合物中糙米的比例大小取决于砻谷机的脱壳率。砻谷机脱壳率高，混合物中糙米比例大，但过高的脱壳率会造成糙米表面损伤“拉毛”，使糙米表面变得粗糙，皮层容易脱落并粘连在工作板上，对物料的自动分级不利。回砻谷含糙过多，再次回砻谷机脱壳势必造成糙米表面损伤更加严重，以至于形成“恶性循环”现象。因此，过高的脱壳率反而会使谷糙分离效果变差，砻谷机和重力谷糙分离机应协调操作，确保两方面都达到良好的工艺效果。

4. 含稻壳量

谷糙混合物中稻壳含量较大时，对物料的流动性有很大的影响，不利于自动分级，因而使谷糙分离效率降低，同时会影响成品大米的质量和砻谷机的胶耗。因此，应尽可能地吸净谷糙混合物中的稻壳。

（二）设备的工作参数

重力谷糙分离机的工作参数可分为运动参数（工作面振动频率、振幅）和非运动参数（工作面倾斜角）两大类。

1. 运动参数

（1）振动频率　工作面振动频率是影响物料在工作面上运动速度的主要因素。振动频率高，物料的运动速度快，自动分级作用强，有利于谷糙分离效果的提高，同时设备的处理量也提高。但振动频率过高时，工作面振动剧烈，物料易跳离工作面，从而破坏了物料的自动分级，使分离效率下降，而且影响设备的处理量。

（2）振幅　振幅也是影响物料在工作面上运动速度的主要因素，振幅选择合理与否，直接影响设备分离效果的好坏。实际选择时振幅应与振动频率一同考虑，振幅与振动频率成反比关系。

2. 非运动参数

工作面倾斜角是影响物料在工作面上流动速度以及控制净糙、回砻谷和回流物料的质量和流量的主要因素之一。工作面倾斜角包括纵向倾斜角和横向倾斜角。

（1）纵向倾斜角　纵向倾斜角影响物料在工作面上的流速，倾斜角大，物料的流速快，有利于物料的自动分级，分离效果较好。但纵向倾斜角过大，物料流速过快，反而不利于物料的自动分级，影响分离效果。倾斜角小，物料在工作面上的流速慢，料层厚度增加，同样不利于物料的自动分级而影响分离效果。

（2）横向倾斜角　横向倾斜角影响物料在工作面上上行或下滑的难易，从而影响净糙和回砻谷的提取率和纯度。加大工作面横向倾斜角，物料沿工作面上行难度增加，净糙区料层薄，回砻区料层厚，糙米纯度提高，糙米提取率降低，同时回砻谷量增多，回砻谷含糙率增加。减小工作面的横向倾斜角则相反，糙米提取量增大而纯度降低，回砻谷的纯度提高，回砻谷量减少。

在实际生产应用中，重力谷糙分离机工作面的纵向倾斜角固定（6.5°~10°），横向倾斜角可调（6°~18°）。一般情况下，在保证糙米质量的前提下，尽可能选用较小的横向工作面倾斜角，以提高设备的生产能力，减少回砻谷的含糙量。

（三）设备操作参数

1. 流量

在其他条件一定时，流量主要影响工作面上混合物的料层厚度。流量越大，工作面上料层厚度越厚。一定的料层厚度有利于物料的自动分级，但是料层过厚，位于料层底部的稻谷难以上浮，上层糙米也不易沉于料层底部与工作面接触，影响糙米沿工作面上行的运动轨迹，使分离效果变差；料层太薄，物料难以形成自动分级，同样达不到良好的分离效果。一般来说，进机物料流量宜控制在料层厚度 3~5 粒糙米。

2. 出料口出料挡板的位置

在重力谷糙分离机的出料口设立了两块挡板，一块为糙米挡板，一块为回砻谷挡板，挡板的作用就是改变各出口物料的质量和数量。合适的挡板位置，对确保糙米和回砻谷的质量和数量有利。因此，应根据工作面上物料的分离效果，合适地选择两块挡板的位置。

3. 工作面表面的清洁程度

重力谷糙分离机工作面上有各种形状的凸点（凹点），其作用就是增加工作面的粗糙度以促进物料的自动分级效果和阻挡糙米的下滑。实际生产中由于砻谷机胶辊上橡胶的脱落和其他因素的影响，工作面上往往粘有许多的杂质，如不及时进行清理，则易造成自动分级效果下降和谷糙分离效果降低。因此应经常清理工作面。

综上所述，对于重力谷糙分离机的工艺效果，筛面角度调节、分隔板的调节是主要的调节点。除以上因素外，各层工作面上物料的流量是否一致、工作面的安装等因素也对谷糙分离效果有一定的影响。

五、重力谷糙分离机的操作与维护

（一）重力谷糙分离机的操作

1. 开机准备

开机前，检查各紧固件、传动带、各转动件等是否正常。空车启动电机，确认主轴转动方向正确，检查运转是否平稳。通过角度调节手柄调整工作面倾斜角，并使之锁紧。确定糙米出料口的翻板关闭，使开机时分离不纯的糙米回流。

2. 操作

待空车运转正常后，打开进料阀门，使分离箱正常工作。调整进料流量及物料分配器分料槽宽度，使各工作面的料层均匀；并调整横向倾角，使净糙区料层厚度在 6~8mm（3~5 粒谷粒厚度），调好后锁紧两手柄。观察谷糙分离质量，根据分离情况调整出料装置中净糙及回砻谷分料板的位置。达到最佳后，打开糙米出料口的翻板并固定。机器正常运转后，经常检查净糙、回砻谷质量，监视各层工作面的分离质量是否一致，供料情况是否一致。准备停机时，先关闭进料阀门停止进料，再将糙米出口的阀门关闭，以便使含谷较多的糙米从中间出口排出，然后关闭电机。

（二）常见故障分析及处理方法

1. 工作面上物料分布不均匀

①流量过小，应调节料斗出料口处的流量调节阀，增大进机流量。

②分离工作面倾斜角不合适，可通过倾角交接手柄进行调节。

2. 各层分离工作面物料流量不均

①工作面上粘有细稻糠或灰尘，应及时清理。

②喂料器喂料不均衡，需调整物料分配器分料槽宽度，使各工作面的料层均匀，确保分离效果一致。

③分料器中有灰尘或异物，应及时清除异物。

④分离工作面不平整，需更换工作面。

3. 物料出现波浪式流动

分离工作面上的凹凸面磨损严重，或凹凸高度太小，需更换工作面。

4. 顶层物料跳离工作面

①转速太快，需降低转速。

②机器整体出现震动，检查设备。

5. 设备震动过大或有撞击声

①地脚螺母及紧固件松动。

②两组支承定位不准或轴承损失。

③传动带过紧，轴与主轴中心线不平行。

④进、出料口与料管碰撞。

6. 料层厚度不稳定，分离效果差

①运行中料斗物料不足，需将料仓加满。

②大量糙米表面损伤，可调整隔板至稻谷中没有糙米，并确认砻谷机脱壳率。

③某些物料循环次数太多，需重新设定糙米隔板。

④物料水分过高或水分不均匀，需测定水分并调整工作参数。

⑤砻谷机脱壳率不合适，应调整脱壳率。

第四节　糙米精选与调质

一、糙米精选

（一）糙米精选的目的和方法

经砻谷、谷壳分离和谷糙分离所得到的糙米，不仅含有糙碎、糙粞、不完善粒、未熟粒、未脱壳稻谷等问题粮粒，还可能混有稻壳、石子等未除净杂质。各种问题粮粒进入后续碾米工序，将被逐级碾成碎米或糠粉，不仅会加大碾米机的负荷，增加电耗，也会使碾白室内的糠粉比例上升，增加糠粉附着在米粒表面的机会。另外，也使得粮粒不能物尽其用，造成粮食资源的浪费。因此需要对糙米进行精选，提高糙米的纯度，以保证成品质量和商品价值。

糙米精选的方法主要有筛选法和比重分选法，比重分选法主要去除糙米中的并肩石，筛选法是利用粒度的差异去除未熟粒、糙碎、不完善粒等。

经谷糙分离和糙米精选后，含杂、含谷符合加工要求的糙米称为净糙。净糙含杂指标为：含杂总量≤0.5%；不完善粒≤7.0%，其中霉变粒≤1%；含稻谷≤40 粒/kg。

（二）典型糙米精选设备

用于糙米精选的比重分选设备与清理所用的比重分级机基本相同，只是在参数选择方面有一定的差异。用于糙米精选的筛选设备主要是厚度分级机。

厚度分级机根据所需分级物料厚度尺寸的大小不同进行分级。当物料通过该机的筛筒面时，厚度较短或直径较小的谷物通过筛筒的长条形孔被筛出机体外，简单而又有效地分离出破碎粒和未熟粒，从而达到分级精选的目的。

1. WS600AK-C 型厚度分级机

WS600AK-C 型厚度分级机主要由进料装置、分配器、八角形筛筒、传动装置、机架等部分组成，主要结构如图 4-37 所示。

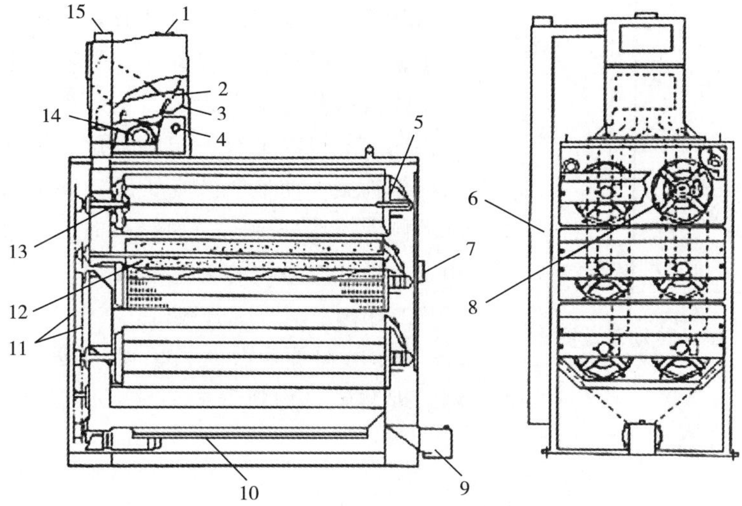

1—物料进口；2—流量控制阀；3—分配器；4—凸轮轴；5—出口边筛筒支架；6—吸风道；7—前门；8—筛筒；9—产品出口；10—未熟粒出口；11—传动链；12—橡胶清理刷；13—进料边筛筒支架；14—电机；15—吸风口。

图 4-37　WS600AK-C 型厚度分级机的结构示意图

进料箱内设置有两个弹簧阀门，一个设置在进料斗下方，一个设置在振动喂料槽出料口端，用以控制和调节进机物料流量。振动喂料槽固定在振动板上，由电机带动凸轮轴转动从而带动喂料槽振动，达到匀料的目的。振动喂料槽的出料口端设有分料箱，将物料均匀地分为 6 等分，分别送往 6 个分选筛筒进行分级。

分选筛筒呈八角形，由一定间距的条形孔的波形钢板折边而成，筛孔宽度 1.00~4.00mm（图 4-38）。筛筒与水平面有一定的夹角，向出口端倾斜，物料在筛筒的旋转作用下不断翻滚，并借助筛筒的旋转形成薄壁料层，使过筛物充分与筛面接触，得到充分筛理。厚度尺寸比筛孔大的、品质好的物料沿筛筒倾斜方向，由筛上物出口排出；不完善粒、糙碎等穿过筛孔，由筛下物出口排出。

图 4-38　WS600AK-C 型厚度分级机的分选筛筒

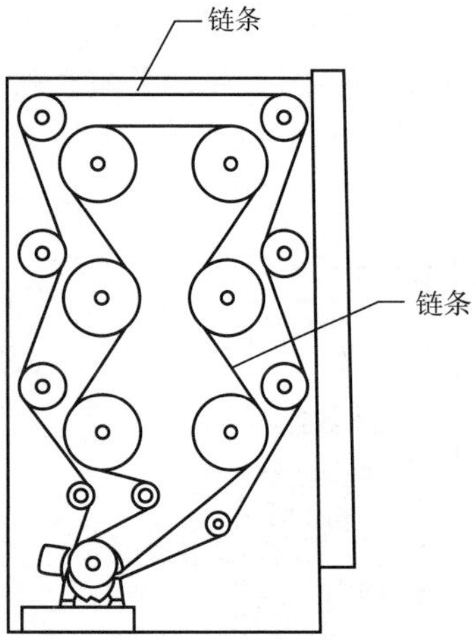

图 4-39 链条传动示意图

为保证筛筒表面筛孔的畅通，每一个筛筒外侧都装有橡胶清理刷，当筛筒旋转时，橡胶清理刷则对筛筒进行清理，将堵在筛孔的物料推回筛筒内，达到清理筛筒的目的。

筛筒传动采用链条传动方式（图 4-39），传动损失小，运行平稳，结构简单，维修方便。

机体由薄壁钢板折边，配以加强角铁和加强衬板焊接而成。机座带有一定的斜度，可通过 4 个连接孔与机体连接，使整个机器从进口到出口方向成一定角度的倾斜，在处理不同的物料时，可采用不同的倾斜角度，以获得最佳的工艺效果。

2. DRGA 型厚度分级机

DRGA 型厚度分级机由两个或多个旋转筛筒、筛网清理装置、物料导向系统、中轴传动和罩壳组成。如图 4-40 所示。

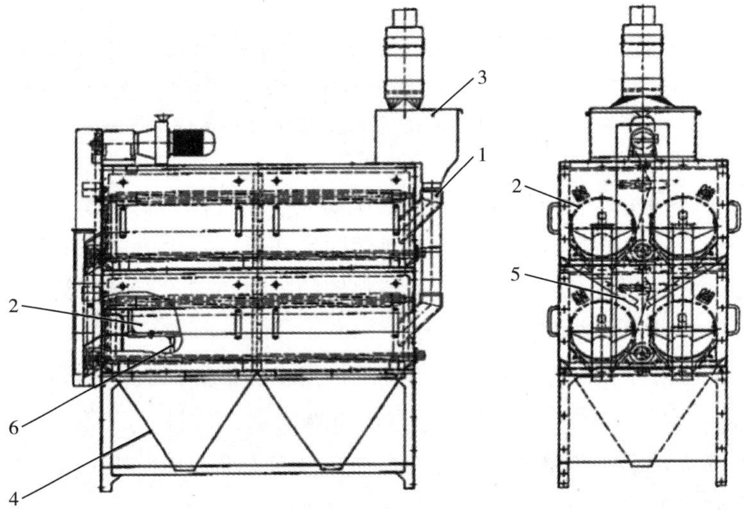

1—进料口；2—筛筒；3—入口分配器；4—小颗粒出料斗；5—卸料盘；6—输送打板。

图 4-40 DRGA 型厚度分级机

待分级的物料以一定速度进入厚度分级机，通过进料口输送到旋转的筛筒内。对于具有多个筛筒同时旋转的设备，通过入口处分配器来保证喂料和分配。物料通过分配器，被分成相应等份后，进入各自独立的筛筒。每个旋转筛筒的物料在筛筒内由进料口向出料口流动的过程中受到筛选，比筛孔尺寸大的、品质好的物料借助于筛筒的倾斜流向出口，破碎粒及未熟粒穿过筛筒，从机体下部小颗粒出料口处排出。

筛筒的外轮廓均被设计成圆形，并按一合适的角度向设备前部倾斜，保证了物料能在筛筒中流动顺畅。整个筛筒由一根钢丝缠绕在圆形骨架上制作而成，具有螺旋线推进作用，如图 4-41 所示。相邻钢丝的间隙（1.00~3.00mm）相当于筛孔宽度，开孔率高，产量高。短粒米加工选用 1.6mm 或 1.65mm 间隙筛筒；长粒米加工一般选用 1.3mm 或 1.4mm 间隙筛筒。每一筛筒都装有尼龙刷辊清理刷，当筛筒旋转时，这些清理刷可以清理筛网，防止网眼堵塞。

图 4-41　DRGA 型厚度分级机筛筒

部分典型厚度分级机的主要技术参数见表 4-5。

表 4-5　厚度分级机主要技术参数

型号	处理量（糙米）/（t/h）	筛筒转速/（r/min）	吸风量/（m^3/min）	动力配备/kW	外形尺寸（长×宽×高）/mm
WS600AK—C	5~6	78	6~8	0.75+0.2	1885×1017×2155.5
MJXH29×6A	5~6	78	6~8	1.5+0.37	1882×1020×2317
MJXH29×8A	6~8	78	6~8	1.5+0.37	1882×1020×2687
HS3G	12~14	78	6~8	2.2	2180×1150×2710
DRGA-3D	7.5~10	22~90	—	1.1	2043×989×3373

（三）厚度分级机的操作、使用和维护

1. 开机准备

开机前，确定各紧固件须固定到位，检查链条张紧情况和分配器传动带的松紧情况；检查各筛筒清理刷是否完好，以及清理刷与筛筒外表面的接触是否良好。在设备的进料口附近留有吸风口，非常小而轻的杂质（如灰尘）通过此吸风口被吸出机外。为避免粉尘外扬，需提供 6~8m^3/min 的吸风量供设备吸尘。

2. 操作

检查电机转速和旋转方向，同时检查设备运转是否有异声和振动。启动吸尘风机，将风量调节到适当的范围内。通过调节张紧螺栓，调整到合适的进料流量后，锁紧螺栓，保证物料顺畅进入机内。根据所加工物料特性，通过变速齿轮电机的手轮调节筛筒的最佳转速。

3. 常见故障及处理方法

（1）筛选效果不好

①筛筒的传动不灵活，应检查链条张紧状况，并对链条加润滑油或筛孔堵塞。

②筛孔堵塞，需及时更换橡胶清理刷。

(2) 糙米中含有未成熟粒

①筛孔变形或筛孔选择不当，需及时更换筛筒。

②筛筒安装不合理，可用手左右转动筛筒，检查筛筒安装是否有异常。

(3) 物料分布不均匀

①筛筒内粉尘堆积太厚，应经常检查每一只筛筒，清除堆积在筛筒上的粉尘。

②流量控制阀的弹簧较松，需通过张紧来调整弹簧力。

③流量不均匀，可调节分配器上压力门的大小，并张紧 V 型带。

二、糙米调质

调质是通过糙米加湿（水或水蒸气），使其皮层软化，皮层与胚乳结合力降低，表面摩擦因数增加，将糙米调整到最佳碾制状态的工艺过程。

糙米着水并通过一定时间的润糙后，水分由糙米表皮向籽粒内渗透，皮层吸水后膨胀软化，与白米籽粒结构间产生相对位移，使皮层与胚乳之间的结合力下降；糙米皮层吸水后，变得湿润而松软，糙米表面的摩擦因数增加，糙米皮层可以在较低的碾白压力下被碾除，减少米粒的破碎。通过调质，入碾糙米有较为适宜的水分，加工性能改善。

糙米调质后的最佳状态是：糙米各籽粒吸水量相等；糙米皮层湿润柔软，水分基本不深入胚乳。糙米调质后碾米有以下特点：①碎米率降低，整米率提高；②脱胚容易，米粒表面光洁度提高；③碾米电耗降低，成本降低。

（一）糙米调质的基本方法与原理

糙米着水一般采用雾化着水，调质用水必须雾化成微小的漂浮雾状水滴，才能使糙米各部分均匀着水，达到最佳调质效果。

1. 气流式喷雾加湿

当压缩空气从喷嘴高速喷出（200~300m/s）时，气流与液流之间存在着相当大的相对速度，由此产生的摩擦使液体被拉成细丝状，这些丝状体粗细不一，在其较细处易被拉断，形成球状小雾滴。气流式雾化喷嘴孔细小，易被杂质堵塞，磨损，而且动力消耗大，并需配备空压机，增加设备投资。

2. 离心雾化加湿

将溶液送到高速旋转的转盘上，由于离心机的作用，液体被拉成薄膜，从转盘边缘甩出，甩出的液体受到周围空气的摩擦、撕裂而成为细小雾滴。

3. 水蒸气雾化加湿

利用各种加热方式产生蒸汽，包括电极式、间接蒸汽式、正温度系数热敏电阻（PTC）加热式、远红外线式、喷雾式（FS）等，通过通风方式对糙米进行加湿。

4. 超声波雾化加湿

采用超声波产生湿气，利用通风装置进行调质，着水量易控制、着水均匀性好、雾滴呈微米级且分散性高，不会造成水分凝聚，且相应增加了物料与水的接触面积，增强传质效果。与其他喷雾方法相比，雾化粒径最细，给水有效利用率最高，加湿效果最优。另外，超声波既无机械传动件，又无复杂的辅助设备，运行费用低，功耗小，但目前市场上缺少适合糙米调质工业化的大型超声波加湿装置和相应的结构设计。

各种糙米加湿调质方式的性能有所不同，见表 4-6。

表 4-6　各种加湿调质方式性能比较

指标	水喷雾加湿法		蒸汽式加湿法						气化法
	超声波	喷射式	电极式	间接式	PTC 式	远红外线式	FS 式	高压式	滴下式
加湿形状	水微粒子（最细）	水微粒子	饱和蒸汽	饱和蒸汽	饱和蒸汽	干燥蒸汽	干燥蒸汽饱和蒸汽	干燥蒸汽饱和蒸汽	高湿度空气
雾粒平均直径/μm	1~5	≤100	≤100	≤100	≤100	≤100	≤100	≤100	≤100
加湿效率/%	80~100	20~50	100	100	100	100	100	100	100
有效利用率/%	80~100	30~50	75~90	75~90	75~80	75~80	蒸汽供给	蒸汽供给	30~70
比例控制	可	可	可	可	可	可	可	可	可
湿汽温度/℃	5~40	≤60	随饱和蒸汽变化	随饱和蒸汽变化	随饱和蒸汽变化	随饱和蒸汽变化	随饱和蒸汽变化	随饱和蒸汽变化	5~40
直接加湿	可	可	不可	不可	不可	不可	不可	不可	可

（二）典型糙米调质设备

1. 气流喷雾式糙米调质器

气流喷雾式糙米调质器由米流控制箱、雾米混合箱和控制箱等部分组成，其结构及管路系统如图 4-42 所示。

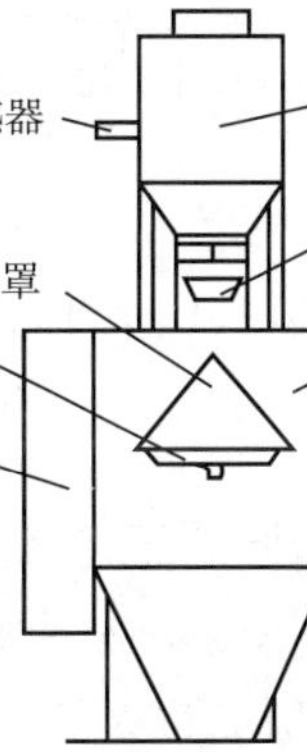

图 4-42　MCT-6 型气流喷雾式糙米调制器结构示意图

米流经由控制箱压力门，在流过漏斗串联式米流聚中导管时被集中在导管的中心，雾米混合箱顶部的伞型散料罩使米流在箱内呈幕帘状均匀散落，从下方水雾发生器产生的散开角大于 60°的水雾中穿过，与水雾充分接触，大米表面形成一层薄而均匀的水膜，加湿的糙米从雾米混合箱的出料口进入润糙仓。

水雾发生器设有水雾粒度、雾量及雾散开角可调机构，以保证产出高质量的水雾。水雾发生器需要的纯净水和压缩空气由控制箱内的水气路系统提供。水气路系统中设有水调压阀过滤器、水电磁阀、放水阀、水流量计和气调压阀。当米流断流时，米流控制箱的压力门关闭，装设在压力门传动机构上的米流传感器将自动关闭控制箱内的水电磁阀，从而停止喷雾。当发生故障或润糙仓内糙米达到报警仓位时，料闸将自动关闭并停止喷雾。

2. 离心式糙米雾化着水机

离心雾化具有操作简单、流量弹性大、不堵塞等优点，但离心雾化需要高速旋转（6000~30000r/min）。FZSW 系列离心式雾化着水机，主要由进料管、调节手柄、均料环、分料盘、控制柜、机壳、玻璃转子流量计、电动雾化器、集料斗、出料口、排水口和机座等部分组成。

工作时，物料从进料管落入均料环，在均料环与分料盘的共同作用下，沿分料盘上表面均匀流向四周，并在分料盘的下方形成环状均匀物料流；水通过玻璃转子流量计，经管道流入电动雾化器内，雾化成10~100μm的细小雾状水滴，散布到机体内对糙米进行均匀雾化着水。着水后的糙米经集料斗由出料口排出机外，多余的水通过空水槽（孔）与物料分离，经排水口排出机外。

FZSW系列着水机对糙米进行雾化着水的着水量为0.2%~0.6%。着水后的糙米在料仓（斗）内存放20~40min。

3. 水汽式糙米调质机

水汽式糙米调质机主要由机架、滚筒、传动装置、导轮、角度调节装置、温湿度调节装置等组成，如图4-43所示。糙米进入滚筒后，在滚筒内随着滚筒的转动不停地翻滚，滚筒内壁装有导流板，导流板将糙米带至一定高度后落下，并均匀分布于滚筒内。滚筒内的空气温度和湿度可通过温湿度检测仪控制，使糙米在翻滚中进行调质，达到所需的加工品质。

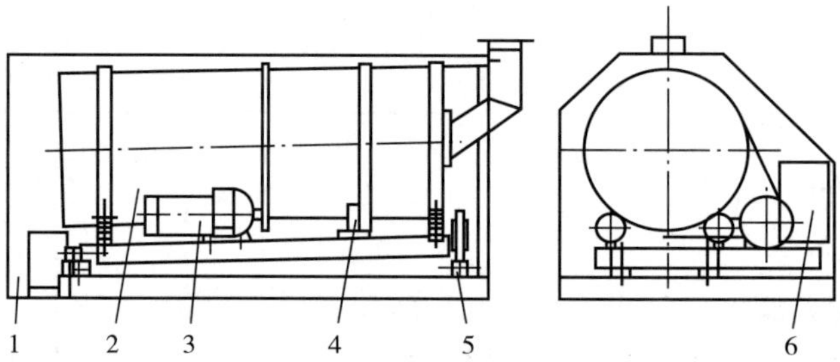

1—机架；2—滚筒；3—传动装置；4—导轮；5—角度调节装置；6—温湿度调节装置。

图4-43 水汽式糙米调质机的结构示意图

（三）影响糙米调质工艺效果的因素

糙米调质的原则是在不改变糙米硬度的前提下，使糙米糠层软化，便于碾除。着水量、润糙时间、调质方式以及糙米的物理特性是影响糙米调质效果的主要因素。

1. 着水量

着水量过低，达不到调质的目的。着水量过高，糙米吸水过多，会使水分进入胚乳内部，糙米强度降低，碾白时易产生较多的碎米，且米糠湿度大，易堵塞米筛筛孔而造成碾米机动耗增加。

着水量的确定必须以糙米的原始水分以及糙米入碾的适宜水分为依据。所谓适宜入碾水分是指在此水分下，糙米碾白时的糙出白最高、碎米率最低、电耗最省、产品质量最好。糙米碾白的适宜水分一般为13.5%~16.5%（湿基）。如果脱壳后糙米的水分已达到糙米碾白的适宜水分，只需加极少量的水（0.05%），目的是使糙米表皮湿润，增加糙米表面的摩擦因数，以便降低碾白压力，减少碎米。

确定着水量时还应考虑糙米的品种类型，在相同的调质条件下，粳糙和籼糙所需的着水量有很大不同。粳糙硬度较高，可以在较高着水量的情况下，取得较好的碾白效果；籼糙硬度较小，所需着水量较少。一般粳糙的着水量在糙米流量的0.5%~1.5%，籼糙的着水量在糙米流量的0.2%~0.5%，能保证较好的碾白效果。

2. 加水均匀性

为保证调质效果，糙米着水后必须使糙米粒之间和糙米表面水分分布均匀。为保证着水的均匀性，需满足以下需求：

（1）着水雾滴适中　雾珠太细小，湿度不够，导致着水时间延长；雾珠太大，着水不均匀，使得受雾多的糙米粒米质疏松，碎米反而增加。

（2）着水雾滴喷洒均匀　如雾滴喷洒不均匀，则喷洒雾滴多的部位水分含量高，易造成此部分糙米吸水过多，硬度下降，碾制时易产生较多的碎米；喷洒雾滴少的部位吸水量不足，达不到理想的调质效果，会造成碾白不均。

糙米着水越均匀，碾白效果越好，因此，调质中应尽量减少各籽粒间的水分差，以达到预期的调质效果。

3. 润糙时间

润糙是使水分从糙米表面均匀地渗入糙米皮层中，糙米着水后润糙时间的长短直接影响水分渗入糙米皮层的程度，也决定了水分梯度的分布。润糙时间的长短还影响糙米的爆腰率，在较短的润糙时间内糙米爆腰率不会发生较大变化，但延长润糙时间，容易造成糙米爆腰率增加。润糙时间与调质条件、糙米粒的吸水速度等有关，并随糙米的特性不同而有差异。

润糙在润糙仓内完成，因此润糙仓容量的大小，决定了润糙时间的长短。润糙仓仓容由糙米的品种质地、所需润糙时间以及加工产量决定。

糙米调质设备和工艺目前还不成熟，在实际生产中应用并不广泛，其工艺效果有待进一步验证和提高。

复习思考题

1. 胶辊砻谷机出现产量下降的主要原因是什么？
2. 稻谷脱壳的必要条件是什么？脱壳率是否越高越好？
3. 砻谷机在工作过程中对喂料机构有何要求，如何实现？
4. 论述重力谷糙分离机的工作过程及其工作原理。
5. 糙米表面损伤对重力谷糙分离机的工艺效果产生什么影响？
6. 调节重力谷糙分离机工作面的横向倾斜角对工艺效果有何影响？
7. 重力谷糙分离机有几个物料出口？出口物料分别流向何处？
8. 调节重力谷糙分离机出料口处的两块挡板有何作用？
9. 论述影响胶辊砻谷机工艺效果的因素。
10. 糙米调质后的最佳状态是什么？
11. 糙米精选主要使用哪些设备？实现什么目的？

第五章

CHAPTER 5

碾米

重点与难点

①糙米的工艺特性和物理特性；②物理碾米法的分类及其碾白原理；③碾米机的主要结构；④碾白室的结构组成；⑤米粒群体在碾白室内的运动状态和受压状态；⑥喷风碾米的类型和作用；⑦碾米机的类型及其特点；⑧碾米工艺效果的评定及其影响因素。

课程思政点

第一节　概述

碾米是应用物理（机械）或化学的方法，将糙米表面的皮层部分或全部剥除的过程。根据糙米籽粒的结构特点，要将背沟处的皮层全部碾除，势必造成淀粉的损失和破碎的增加，使出米率下降。因此，碾米时按国家标准规定的大米等级标准保留适量的皮层，不仅对供给人体所需营养成分有利，而且可以提高出米率。对碾米的基本要求为：在保证成品米符合规定质量标准的前提下，提高出米率和产量，降低成本并保证安全生产。

一、糙米的特性

（一）糙米的工艺特性

碾米是整个稻谷加工工艺中非常重要的一个工序，对成品质量和出米率都有着很大的影响。充分了解糙米的工艺特性，有助于提高碾米的工艺效果。糙米的工艺特性：①糙米的皮层强度小于胚乳的结构强度；②糙米中皮层与胚乳间的结合力小于胚乳的结构强度；③胚与胚乳间的结合力较小，碾米时胚易脱落；④糙米皮层颜色越深，其皮层结构强度越大，与胚乳的结合越紧。

（二）糙米的物理特性

糙米的物理特性主要包括皮层厚度和籽粒强度等。

1. 皮层厚度

糙米皮层厚度与出米率的高低有直接关系，而稻谷类型、品质和成熟度决定了糙米皮层的厚度。在加工同一精度白米时，品种优良、生长良好、充分成熟而饱满的稻谷，其糙米的皮层较薄，糠层所占比例较少，出米率较高；反之，出米率较低。此外，糙米皮层厚，去皮困难，碾米时动耗较大，碎米率增加。

2. 糙米籽粒强度

糙米籽粒强度与稻谷类型、品种、籽粒结构、成熟度、籽粒形状、水分含量及温度等有关。一般来说，蛋白质含量高、透明度高、组织结构紧实的籽粒，其强度较大；粳稻谷比籼稻谷大；晚稻谷比早稻谷大；温度低时强度较大。另外，细长粒和未熟粒在碾米过程中易折断而形成碎米。

二、碾米的方法与原理

碾米的基本方法可分为物理方法和化学方法两种，目前世界各国普遍采用物理方法碾米（又称常规碾米）。

（一）物理碾米法

物理碾米法是运用机械设备产生的机械作用力对糙米进行去皮碾白的方法，所用机械设备称为碾米机。按碾白作用力的特性，碾白方式分为摩擦擦离碾白和碾削碾白两种。

1. 摩擦擦离碾白

摩擦擦离碾白是依靠强烈的摩擦擦离作用进行糙米碾白。糙米在碾米机的碾白室内进行碾白时，由于米粒与碾白室构件之间和米粒与米粒之间具有相对运动，相互间便有摩擦力产生。当这种摩擦力增大并扩展到糙米皮层与胚乳结合处时，便使皮层沿着胚乳表面产生相对滑动并将皮层拉断、擦除，将糙米碾白。

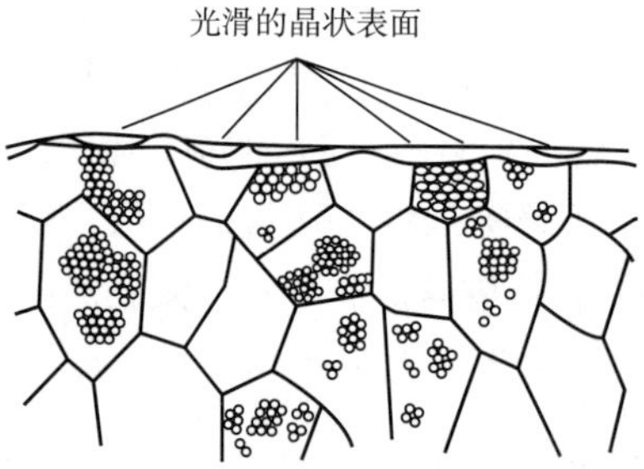

图 5-1　摩擦擦离碾白的米粒表面

摩擦擦离碾白所需的摩擦力应大于糙米皮层自身的结构强度和皮层与胚乳间的结合力，而必须小于胚乳自身的结构强度，这样才能使糙米皮层沿胚乳表面擦离脱落，同时保持米粒的完整。摩擦擦离碾白所得米粒表层形成光滑的晶状表面，具有天然光泽并半透明，如图 5-1 所示。

摩擦擦离碾白具有成品精度均匀、表面细腻光洁、色泽较好、碾下的米糠含淀粉少等特点。但由于米粒在碾白室内所承受的压力较大，局部压力往往超过米粒的强度，故在碾米过程中易产生碎米，碾制强度较低的糙米时更是如此。所以，摩擦擦离碾白适合加工结构强度大、皮层柔软的糙米。

以摩擦擦离作用为主进行碾白的碾米机是铁辊碾米机。此类碾米机的特点是：碾白压力大，机内平均压力为 2N/cm^2 左右；碾辊线速度较低，一般 5.0m/s 左右，离心加速度约为 370m/s^2。因此，摩擦擦离型碾米机又称压力型碾米机。

2. 碾削碾白

碾削碾白是借助高速旋转且表面带有锋利砂刃的金刚砂碾辊，对糙米皮层不断地施加碾削力作用，削去皮层，使糙米得到碾白。

碾削碾米工艺效果主要与金刚砂表面砂粒的粗细、砂刃的坚利程度以及碾辊表面线速有关。碾削碾白所得米粒表面如图5-2所示，其表面粗糙，在凹陷处积聚了无数细微的胚乳淀粉颗粒和糠层的屑末（糠粉）。由于米粒的反光漫散射，大米看起来比较白，却是无光泽的白。因此，碾削碾白碾制出的成品表面光洁度较差，米色暗淡，碾出米糠片较小，米糠中含有较多淀粉。但与摩擦碾白相比，所需的碾白压力较小，故在碾米过程中产生碎米较少，因此碾削碾白适宜于碾制籽粒结构强度小、表面皮层较硬的糙米。

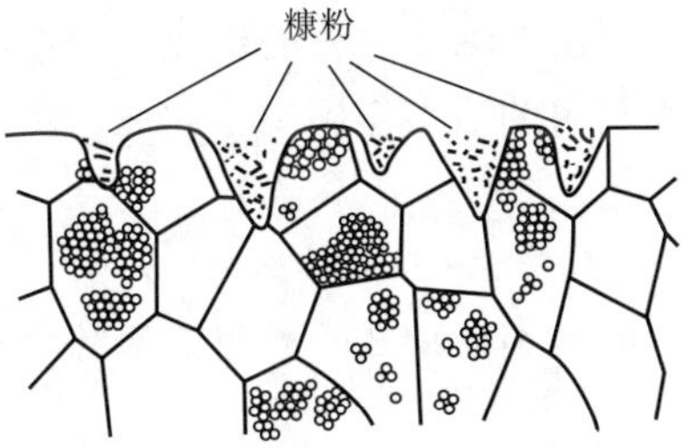

图5-2 碾削碾白的米粒表面

以碾削作用为主进行碾白的碾米机是砂辊碾米机。这种碾米机的特点是：碾白压力小，一般为0.5N/cm^{2}左右，碾辊线速较高，一般在10~15m/s，离心加速度约为1700m/s^2。所以，碾削型碾米机又称为速度型碾米机。

应当指出，以上两种碾白方式仅是根据碾米过程中对去皮起主要作用的因素进行区分的。实际上糙米碾成白米的过程十分复杂，所受的机械物理作用是多种的、互相交叉的。摩擦擦离作用与碾削作用并不单一地存在于碾米机内，任何一种碾米机内这两种作用都存在，差别在于以哪一种作用为主。

目前，我国使用的大部分碾米机基本上都属于混合碾白的类型。这种碾米机的碾辊线速一般为10m/s左右，机内平均压力比碾削型碾米机稍大。由于混合型碾米机科学地将摩擦擦离作用和碾削作用有机地结合起来，充分发挥各种碾白方式的优点，可以减少碎米，提高出米率，改善米色。同时，还有利于提高设备的生产能力，降低电耗，工艺效果较好。

（二）化学碾米法

化学碾米法包括纤维素酶分解皮层法、碱去皮层法、溶剂浸提碾米法等，但真正付诸工业化生产的只有溶剂浸提碾米法，简称SEM法（solvent extractive milling）。

溶剂浸提碾米法：稻谷经清理和砻谷等工序后，先用米糠油将糙米皮层软化，然后在米糠油和（正）己烷混合液中进行湿法机械碾制。去除皮层后的白米还需经脱溶工序，利用过热己烷蒸汽和惰性气体脱去己烷溶剂，然后分级、包装，最终得到成品白米。该方法加工的产品实际上是成品白米、粗糠油和脱脂米糠三种。

溶剂浸提碾米与常规碾米相比较有许多优点，如产生碎米少、米色较白、成品米脂肪含量低、贮藏稳定性较好等，而且直接产出脱脂米糠。但由于溶剂浸提碾米投资费用和生产成本较高、对操作者技术要求较高等原因，一直得不到推广。

第二节 碾米机的工作原理

一、工作原理

（一）碾米四要素

物理碾米具有悠久的历史，但由于碾米过程的机械物理作用比较复杂，至今还未能建立一套完整的碾米理论体系。而在复杂的诸多作用中，碰撞、碾白压力、翻滚和轴向输送是最基本的，因此被称为碾米四要素。

1. 碰撞

碰撞运动是米粒在碾白室内的基本运动之一，包括米粒与碾辊的碰撞、米粒与米粒的碰撞、米粒与米筛的碰撞。

米粒与碾辊碰撞，获得能量，增加运动速度，产生摩擦擦离作用和碾削作用（哪一种作用占主导地位，视碾辊的材质、结构形状而定），使米粒发生形变，米粒皮层被切开、断裂和剥离，同时米温升高。米粒与米粒碰撞，主要产生摩擦擦离作用，使米粒变形，除去已被碾辊剥离松动的皮层，同时动能减少，运动速度减小，运动方向改变。米粒与米筛碰撞，主要是产生摩擦擦离作用，使米粒变形，继续剥除皮层，动能减少，速度减小，方向改变，从米筛弹回。

在以上三类碰撞中，米粒与碾辊的碰撞起决定作用。碰撞过程中，米粒的动能和速度是衰减的，这些衰减的动能和速度不断地从碾辊得到补偿，不断地将米粒碾白，直至达到规定的精度。在整个碾白过程中，每个米粒所受到的碰撞次数和碰撞程度不同，因此各米粒的速度与变形情况不同，致使各米粒最后的精度和破损程度也不同。

2. 碾白压力

碰撞运动在碾白室内建立起的压力，称为碾白压力。碰撞越剧烈，压力越大；反之压力越小。碾白形式不同，碾白压力的形成方式也不尽相同。

（1）摩擦擦离碾白压力　在进行摩擦擦离碾白时，碾白室内的米粒必须受到较大的压力，即碾白室内的米粒密度要大。碾白压力主要由米粒与米粒之间、米粒与碾白室构件之间的相互挤压而形成，并随米粒流体在碾白室内密度大小和挤压松紧程度的不同而变化。摩擦擦离碾白压力的变化，集中反映在米粒密度的变化上。因此，通过调节米粒的密度，可以控制与改变碾白压力的大小。

（2）碾削碾白压力　碾削碾白时，米粒在碾白室内的密度较小，呈松散状态，米粒主要是靠与碾辊的碰撞而吸收能量，并产生切割和碾削皮层的作用。碾白压力主要依靠米粒在碾白室内做高速运动的过程中，米粒与米粒以及米粒与碾白室构件之间的相互碰撞而形成，并随米粒流体在碾白室内密度大小和米粒运动速度的不同而变化，尤以米粒的运动速度影响最为显著。米粒密度虽然也影响碾削碾白压力的大小，但不如对摩擦擦离碾白压力影响显著。碾削碾白压力的大小主要取决于米粒的平均速度。

3. 翻滚

米粒在碾白室内碰撞时，本身有翻转，也有滚动，即为米粒翻滚。除碰撞运动外，还有其他因素和方法可使米粒翻滚。米粒在碾白室内的翻滚运动，是米粒均匀碾白的条件。米粒翻滚不充分时，可能导致米粒局部碾白不充分，产出白米精度不符合规定要求，也可能导致米粒局部碾得过多（称为“过碾”），造成出米率降低。米粒翻滚过分时，米粒两端将被碾去，降低出米率。为控制碾白效果，需对米粒的翻滚程度加以控制。

4. 轴向输送

轴向输送是保证米粒碾白运动连续不断的必要条件。米粒在碾白室内的轴向输送速度总体稳定在某一数值，但在碾白室各个部位，轴向输送速度是不同的，速度快的部位碾白程度小，速度慢的部位碾白程度大。影响轴向输送速度的因素有多种，同样可以加以控制。

在研究设计碾白室时，要对以上四个因素综合考虑，才能得到最佳的碾白效果。

（二）米粒群体在碾白室内的运动状态

1. 米粒流体概念

米粒在碾白室内进行碾米时，具有以下特性：

（1）米粒处于运动状态　米粒不断地从碾白室进口向碾白室出口流动。

（2）流动的米粒填充整个碾白室　米粒流体形状由碾白室的形状而定，其体积与碾白室体积相同。

（3）流动的米粒之间的距离具有可压缩性　增加或减少碾白室压力，米粒和米粒的间距就缩小或增大。

（4）流动的米粒具有黏滞性　在流动的米粒中，刚离开碾辊表面的米粒速度最大，贴近碾白室外壁的米粒速度最小。碾白室径向各层米粒的速度不同，各层米粒间有速差和摩擦力存在。

上述四个特性与物理学中流体的性质基本相同，所以碾白室中正在碾白的、流动的米粒群体，可视为由一种米粒组成的流体，称之为米粒流体。

2. 米粒在碾白室内的运动轨迹

碾白室内的米粒流体，受到螺旋输送器的轴向推进和高速旋转的碾辊的周向带动作用，在碾白室内绕碾辊轴线运动，其运动轨迹近似一条螺旋线，如图 5-3 所示。

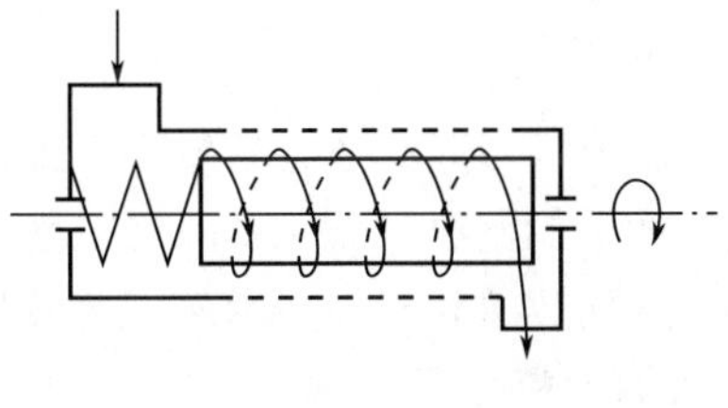

图 5-3　米粒流体在碾白室内的运动轨迹

米粒流体在碾白室内的运动速度主要是从碾辊获得，所以碾辊速度是决定米粒运动速度的重要因素，而碾辊的表面状态则是影响米粒流体运动速度大小和控制米粒流体运动方向的重要条件。

3. 米粒在碾白室内的受压状态

米粒在碾白室内的受压状态，即碾白压力的分布状态，分为内压力和外压力，是影响碾米工艺效果的主要因素。

（1）内压力　碾白室的内压力有轴向压力、周向压力和径向压力之分。内压力的大小及其分布状况恰当与否，决定了碾米机的基本性能。

①轴向压力：轴向压力是指米粒在碾白室内受到的轴向作用力。当螺旋输送器推进米粒时，轴向压力逐渐增加；米粒脱离螺旋输送器进入碾辊区时，米粒的密度和阻力均增加，轴向压力随之骤增，形成高压区；米粒在前进过程中，因受到轴向阻力的作用，轴向压力逐渐减弱。为保持一定的轴向压力，除设计好螺旋输送器外，还要使碾辊的直径与长度有一定的

比例，使螺旋输送器产生的轴向压力能克服碾辊长度方向所产生的轴向阻力。碾辊较长时，可在碾辊表面增开螺旋槽或斜槽（筋），以补偿轴向压力的损失，从而保持米粒以较稳定的轨迹前进，达到良好的碾白效果。

②周向压力：米粒在碾白室内的运动过程中，受碾辊旋转时的圆周力作用而产生周向压力。周向压力的大小随米粒在碾白室内周向密度的不同而变化。碾辊与碾白室外壁之间的间隙变化、碾白室设置的阻力板等，都对周向压力的改变起一定的作用。

③径向压力：米粒在碾白室内受到的径向作用力称为径向压力，径向压力的大小取决于轴向压力和周向压力。径向压力的变化规律与轴向压力和周向压力的变化规律基本一致，在整个碾白室内，凡是轴向压力和周向压力比较大的区段，径向压力也比较大。

（2）外压力　碾白室的外压力主要来自出料装置，通过调节出料口的压力，可以对碾白室内压力起调节与补偿作用。

（三）喷风碾米

碾米过程中不断地向碾白室内喷入气流，让气流参与碾白即喷风碾米。喷风碾米可降低米温、提高大米的外观色泽和光洁度，有助于改善碾白作用、提高出米率等。喷风碾米的作用主要是降温除湿、增加米粒翻滚和促进排糠。

1. 降温降湿

糙米碾白时，由于米粒受到强烈的摩擦擦离或碰撞碾削作用，使米粒皮层切割分裂并逐渐剥离。而用于切割、分裂、剥离的能量有相当一部分转化为热量，这些热量一部分通过碾白室构件散发到空气中，另一部分热量则传给了米粒，使米粒温度升高和水分蒸发。米温适当升高不仅对去皮有利，而且可以改善米色。但米温过高，会造成米粒强度下降，从而产生较多碎米。

米温高低与成品米精度、操作方法以及碾白路线长短有着密切关系。当碾白路线较短而加工较高精度的大米时，去皮作用强烈，必然会产生大量的热量，这些热量如得不到及时散发，就会使米温急剧上升。碾制大米精度越高，米温上升越多。随着米温急剧升高，米粒水分大量蒸发，不仅影响出米率，还影响碾米机的排糠性能，使碾米机负荷加重，碾白不匀。当加工高水分糙米时，还容易发生米糠糊筛、碾白室堵塞等事故。为此，在碾米过程中向碾白室喷入适量的室温空气，及时将产生的热量和水汽带出碾白室，可减缓米温上升、防止水汽集结，从而改善和提高碾米的工艺效果。

2. 增加米粒翻滚

气流以较高的速度从碾辊的喷风孔或喷风槽喷出，由于气流的参与，碾白室内的米粒翻滚作用加强，每颗米粒都有更多的机会受到砂辊、米筛，以及其他米粒的碰撞、碾削、擦离作用，为均匀碾白和改善碾米效果提供条件。

3. 促进排糠

喷向碾白室的气流具有一定的动能，当气流沿径向穿过米粒流层时，一部分动能供给米粒，辅助米粒碾白，另一部分动能将米糠带走，穿过米筛排出碾白室。所以喷风可使米糠加速排出机外。

适宜的喷风风量应当是能使气流有足够的能量吹动米粒，并使其流态化，同时带走米糠。喷风槽出口处的风速应高于米粒的悬浮速度，以确保良好的喷风效果。

二、主要工作参数

碾米机的工作参数主要有碾白压力、碾辊转速、向心加速度、单位产量碾白运动面积等，是影响和控制碾米工艺效果的重要因素。

（一）碾白压力

碾白压力的大小决定了摩擦擦离作用的强弱和碾削作用的深浅。因此，碾白室内必须具有一定的碾白压力，才能达到米粒碾白的目的。而当碾白压力超过了米粒的抗压及抗剪、抗折强度时，米粒就会破碎，产生较多的碎米，反而使碾米工艺效果下降。无论碾白压力的形成方式如何，通常的碾白压力是指碾白室内的平均压力，而实际上米粒在碾白室内各部位的受压大小是不均匀的。

一般情况下，凡是碾辊表面筋或者槽中断、螺旋槽螺距加大、碾白室截面积缩小等，均会导致米流密度增大，从而使局部碾白压力上升，米粒往往在这些部位破碎。在碾米过程中，随着米粒皮层的逐步剥落和米温的升高，米粒的结构强度也随之下降，所以，在碾白室的中、后段，即使碾白压力不上升，仍有碎米产生。

（二）碾辊转速

碾辊转速的快慢，不仅决定米粒流体在碾白室内的运动速度，而且影响米粒在碾白室内受到的碾白压力。对于摩擦擦离型碾米机而言，由于米粒运动速度增加，碾白室内的米粒流体密度减小，使碾白压力下降，摩擦擦离作用减弱。对于碾削型碾米机，适当加快碾辊转速，可以充分发挥碾辊的碾削作用，并能增强米粒的翻滚和推进，提高碾米机的产量，碾白效果比较好。

（三）向心加速度

长期的理论研究和生产实践证明，碾米机碾辊具有一定的向心加速度，它是米粒均匀碾白的重要条件。同类型碾米机碾制同品种、同精度大米，在辊径不同、线速相差较大时，只有当其向心加速度相接近，才能达到相同的碾白效果。有研究表明，一定类型的碾米机碾制一定品种和精度的大米时，碾辊的向心加速度应是一个常量。

即
$$C = \frac{3600D}{8\pi^2 n^2} \tag{5-1}$$

则
$$n = \frac{C}{\sqrt{D}} \tag{5-2}$$

式中 C——加速度系数；

n——碾辊转速，r/min；

D——碾辊直径，m。

我国各类碾米机的加速度系数见表 5-1。

表 5-1 不同碾米机的加速度系数 C 经验数值及其向心加速度

项目	碾削型米机	铁筋锥形砂辊	混合型碾米机螺旋砂辊或槽较浅砂辊	斜筋砂辊
加速度系数 C	560±5	470~510	550~580	300~500
向心加速度/(m/s^2)	1720	1210~1430	1660~1850	495~1110

（四）单位产量碾白运动面积

单位产量碾白运动面积是指碾制单位产量白米所用的碾白运动面积（碾辊每秒钟对米粒

产生碾白作用的面积)，可用式（5-3）表示：

$$A = \frac{F}{Q} = \frac{vL}{Q} \tag{5-3}$$

式中 A ——单位产量碾白运动面积，$m^2 \cdot h/(s \cdot t)$；

F ——碾白运动面积，m^2/s；

Q ——规定精度的白米产量，t/h；

v ——碾辊线速，m/s；

L ——碾辊长度，m。

单位产量碾白运动面积把碾米机的产量同碾白运动面积联系起来，综合体现了碾辊的直径、长度和转速对碾米机效果的影响。

第三节 碾米机主要结构及典型设备

碾米机的种类多种多样，如果按碾白作用方式，可分为擦离型碾米机、碾削型碾米机和混合型碾米机三类；按碾辊的材质不同，又可分为铁辊碾米机和砂辊碾米机两种；而按碾辊主轴的安装形式，还可分为立式碾米机和卧式碾米机；各种碾米机又有喷风和不喷风之分。无论是哪一种碾米机，主要都由进料装置、碾白室、出料装置、传动装置、喷风系统以及机架等部分组成。

一、碾米机的主要结构

（一）进料装置

进料装置由料斗、流量调节机构和轴向推进机构三部分组成。

1. 料斗

料斗的主要作用是稳定进机物料流量、保持连续正常的生产，同时具有缓冲作用。目前有正方形和圆柱形两种，一般存料量为 30～40kg。实际生产中，米机上方一般设置缓冲仓，此时可不配置料斗。

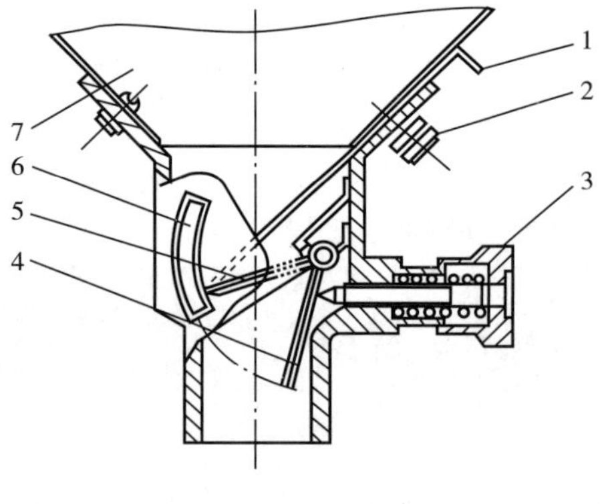

1—全启闭插板；2—定位螺钉螺母；3—调节手轮；4—微调活门；5—指针；6—标尺；7—料斗。

图 5-4 流量调节机构结构示意图

2. 流量调节机构

流量调节机构由全启闭闸板和微量调节两部分组成，如图 5-4 所示。

（1）全启闭闸板 供碾米机开机供料和停机断料使用，要求能速开速关。

（2）微量调节活门 主要用于调节进入碾米机的物料流量，以控制碾白室内米粒密度、调节碾白压力，要求灵活准确、操作方便。微调活门的外部装有指针和标尺，用以显示流量的大小。调节时，旋进调节螺钉，将微调活门推进，使流量减小；旋出调节螺钉，则在扭簧的作用下，微调活门紧贴调节螺钉一并退出，从而使流量增大。正常工作时，由丝杆自锁压簧顶紧旋转手轮，使流量保持稳定。

3. 轴向推进机构

进料装置中，轴向推进机构的主要作用是将物料从进料口推入碾白室内。除了部分上进料的立式碾米机采用重力推进方式外，其余各种碾米机（卧式、下进料的立式和部分上进料的立式碾米机）都采用螺旋输送器推进方式。

螺旋输送器的结构如图 5-5 所示，表面突起部分称为螺齿。螺旋输送器根据螺齿的条数不同，可分为单头、双头、三头、四头螺旋等，在实际生产中采用双头和三头居多。

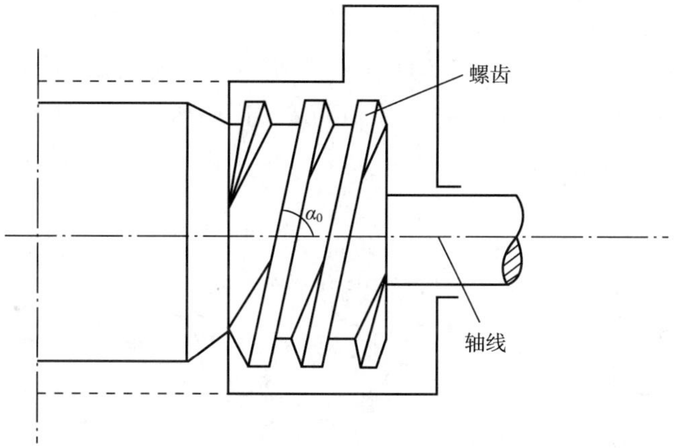

图 5-5 螺旋输送器结构图

注：α_0—螺旋输送器的导角。

螺旋输送器螺齿与轴线的夹角称为螺旋输送器的导角，一般用 α_0 表示，其值对米粒的轴向压力有一定的影响。尺寸和形状不同的螺旋输送器，如果 α_0 值和螺旋输送器的线速、材料、螺面光滑程度以及所加工的物料等情况相同，物料所受到的轴向压力也基本相同。

为保证螺旋输送器正常的输送量和轴向压力，要求被输送物料在其中只能前进不能后退。为此，螺旋输送器与外壳的间隙必须小于米粒的厚度（米粒三维尺寸中最小值），一般要小于 2.5mm，螺旋输送器被外壳整圆覆盖的长度必须保证在一个螺距以上。在此长度上螺齿与螺齿之间轴向投影方向没有直通空隙，使物料没有轴向后退通道，只能被轴向推至碾辊进行碾米。

对多头螺旋来说，螺旋输送器端面与外壳端面之间应留有一定的间隙，以提高其装满系数。但间隙不能过大，防止加工高水分或高精度大米时发生结糠现象。

螺旋输送器大都采用整体铸造，为提高耐磨性能，常需经过表面热处理或采用冷硬铸铁。加工时应注意提高螺旋面的光洁度，以减小物料与螺旋面的摩擦因数，保证输送速度和输送量。

因此，螺旋输送器的功能可以归纳为输送物料、产生轴向压力。

（二）碾白室

碾白室是碾米机的关键工作构件，主要由碾辊、米筛、米刀（或压筛条）三部分组成。米筛装在碾辊外围，与碾辊间的空隙即为碾白间隙。碾辊转动时，糙米在碾白室内受机械力作用而得到碾白，碾下的米糠通过米筛筛孔排出碾白室。

1. 碾辊

碾辊是碾米机的主要工作部件，碾辊的类型和安装形式不同，碾白作用的性质也就不同。目前国内外使用较多、效果较好的碾辊有铁辊、圆柱形砂辊和砂臼等。

（1）铁辊　铁辊用冷模浇制，表面要求光滑圆整，不得有砂眼，表面硬度为 45～50HRC。铁辊用于摩擦擦离碾白，碾白压力大，降低压力后可用于擦米和抛光。

铁辊表面分布有凸筋，凸筋分为直筋和斜筋两种，如图 5-6（1）所示。卧式碾米机中，筋和筒体是一起铸成的，直筋主要起碾白和搅动米粒翻滚的作用，斜筋还有推进米粒的作用。立式碾米机中一般用直筋，也称作阻力板，用螺钉紧固在筒体表面的槽内，一般为直筋，磨损后可以更换，如图 5-6（2）所示。

筋的高度一般都小于 10mm，有的筋前后高度不等，前向面高 6mm，后向面高 8.5～9.0mm。铁辊喷风时，喷风口（孔或槽）紧靠筋的后向面根部，如图 5-6（3）所示。

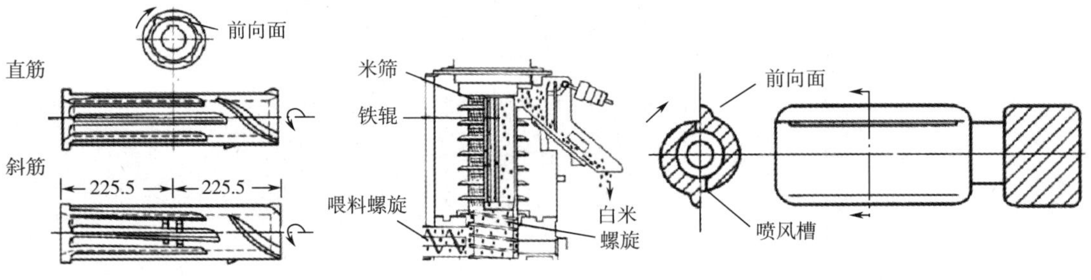

（1）卧式米机铁辊　（2）立式米机铁辊　（3）铁辊喷风槽

图 5-6　铁辊类型

（2）砂辊　砂辊主要用于碾削碾白，或是以碾削碾白为主、摩擦擦离碾白为辅的混合碾白。砂辊表面有光滑的，有开槽的，还有由几个砂环串联组成的，如图 5-7 所示。

图 5-7　砂辊类型

砂辊表面的槽有直槽、斜槽和螺旋槽三种。直槽主要起碾白和搅动米粒翻滚的作用，斜槽和螺旋槽除了起碾白和搅动米粒翻滚的作用外，还有轴向推进米粒的作用，以连续螺旋槽的碾白效果为最好。

砂辊表面开有通风孔，有利于气流的喷出。砂环串联的砂辊，在相邻砂环间有间隙，相当于喷风槽，使气流能自碾辊芯内喷入碾白室进行喷风碾米。

制作砂辊的金刚砂一般采用黑色碳化硅，砂粒呈多角形，不能使用片状砂粒。砂辊的制作方法有浇结、烘结、烧结三种，以烧结的砂辊强度最大，最耐磨，自锐性能好。

无论是铁辊，还是砂辊，都是中空的，由紧固装置固定在传动轴上，随传动轴一起旋转，对米粒进行碾白。

（3）砂臼 砂臼基本上都是竖放的中空圆锥体，上大下小，如图 5-8 所示。砂臼用于碾削碾白，但是立式砂臼米机构件较复杂，制造和维修较麻烦，目前国内已很少使用，东南亚地区仍有使用。

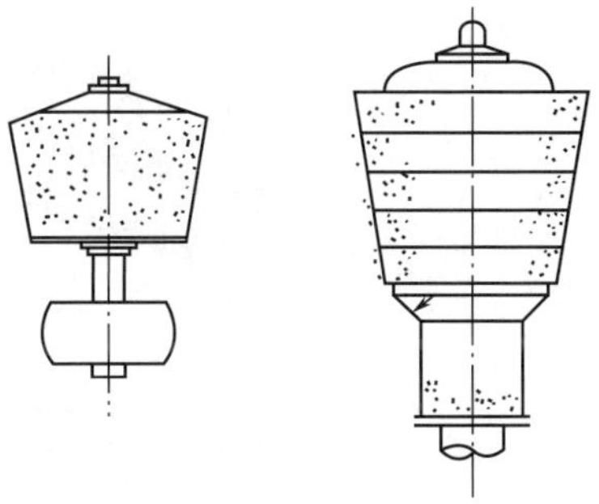

图 5-8 砂臼类型

2. 米筛

米筛的作用主要有两个：①与碾辊一起构成碾白间隙；②将碾白过程中碾下的米糠及时排出碾白室。当米筛内表面冲有半圆凸点时，还有增强碾白压力的作用。

米筛是用薄钢板冲制而成，可根据具体需求制作成半圆弧形、半六角形、平板形等不同形状，如图 5-9 所示。米筛筛孔尺寸有 12mm×0.85mm、12mm×0.95mm、12mm×1.10mm 几种规格，一般加工籼稻时用小筛孔，加工粳稻时用大筛孔。米筛筛孔的排列有直排和斜排两种方式，斜排又分为顺向和逆向，其中顺向斜排更有利于排糠。

图 5-9 不同形状的米筛

平板式米筛依靠压筛条先固定在六角形筛框架上后，再套在碾辊外围。半圆弧形米筛、半六角形米筛和扇状弧形米筛依靠米刀或压筛条、碾白室横梁、筛框架等构件，呈筒状固定在碾辊周围，如图 5-10 所示。

图 5-10 米筛框架

3. 米刀或压筛条

米刀用铁或橡胶制成，一般固定在碾白室上下横梁或筛框架上，如图 5-11 所示。米刀的作用除了用来固定米筛外，还起收缩碾白室周向截面积的作用，以增加局部碾白压力，促进米粒碾白，是碾白室内的一种局部增压装置。米刀与碾辊之间的距离，可以通过米刀调节机构或是改变米刀厚度进行调节，一般 6~10mm。米刀的数量反映碾辊旋转一周时的增压次数。

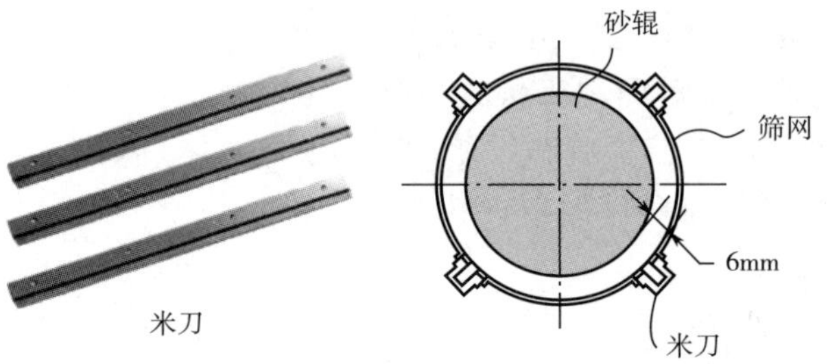

图 5-11　米刀

压筛条一般用扁钢制成，多用于卧式碾米机，作用与米刀类似，但是无法调节厚度，只能通过更换不同厚度的压筛条来调节局部碾白压力。

（三）排料装置

排料装置位于碾白室末端，一般由出料口和出口压力调节机构组成。卧式碾米机的出料方式有径向出料和轴向出料两种。轴向出料时，碾辊出料端必须有一段带斜筋的拨料辊，一般为铁辊，筋的斜度为 5°~10°，筋数为 4~8 根。如图 5-12 所示。

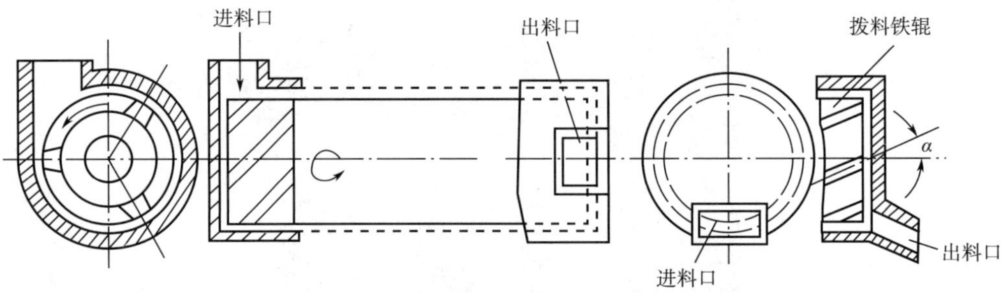

图 5-12　碾白室进出口示意图

注：α—拨料铁辊与碾辊轴线的夹角。

出口压力调节机构也称压力门，其主要作用是控制和调节出料口的压力，以控制碾白压力的大小。因此，要求出口压力调节机构必须反应灵敏、调节灵活，并能自动启闭，以便在一定的碾白压力范围内起到机内外压力自动平衡的作用。如图 5-13 所示。

压砣压力门如图 5-13（1）所示，能随出口物料流量加大或减小，自动开大或关小，调节灵活方便，结构简单。但是，当原粮品种和加工精度变化较大时，压力门所需改变的压力也较大，因此在压力门上需加一串压砣。而加压砣的多少以及压砣的位置只能根据经验掌握，不能用数字显示，对碾白压力自动化控制不利。

弹簧压力门如图 5-13（2）所示，出米口与主轴同心，呈圆形，故压力门为圆形板并紧贴出米口，由弹簧加压。通过压簧螺母调节弹簧的压力，以控制出料口的压力大小。此种压力门压力的大小也不能用数字显示。

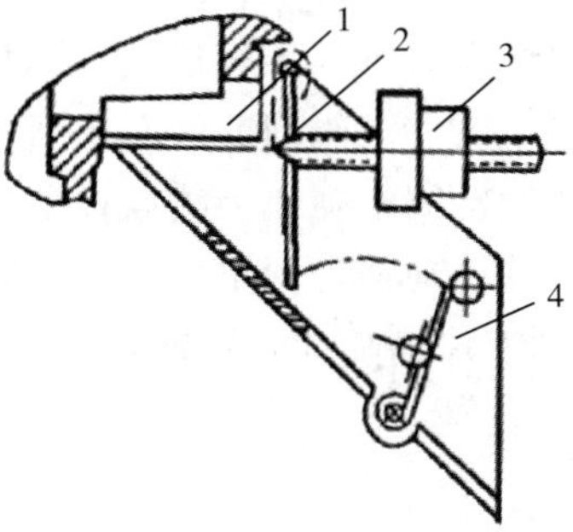

（1）压砣压力门

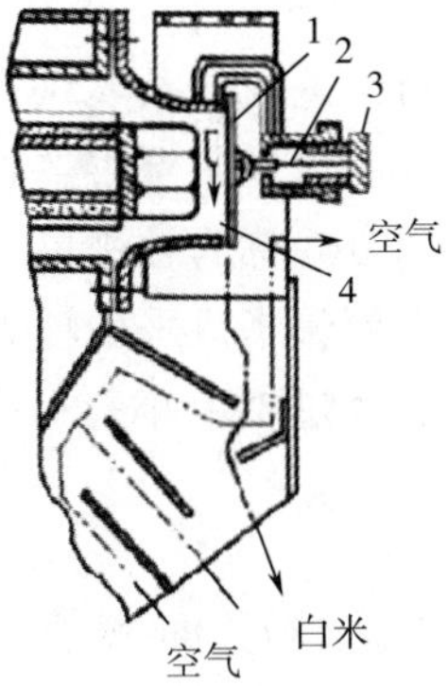

（2）弹簧压力门

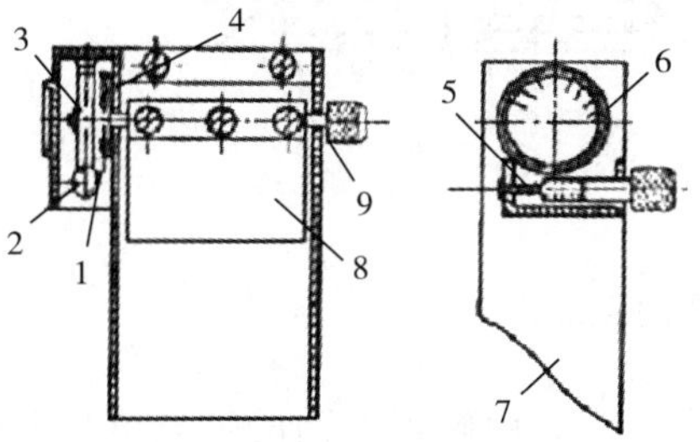

（3）拉簧压力门

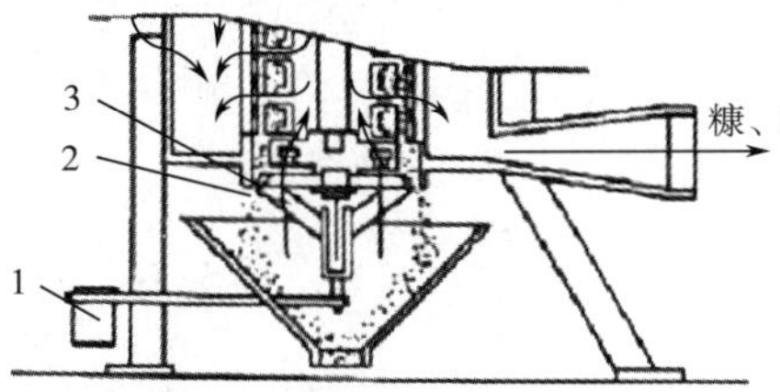

（4）锥盘压力门

（1）1—出料口；2—压力门；3—压砣；4—取样门。
（2）1—压力门；2—压簧；3—压簧螺母；4—出料口。
（3）1—弹簧盘；2—蜗杆；3—蜗轮；4—拉簧；5—自锁压簧；6—指示盘；7—出料口；8—压力门；9—手轮。
（4）1—压砣；2—圆锥托盘；3—碾白室出口。

图 5-13　出口压力调节机构

拉簧压力门如图 5-13（3）所示，用弹簧拉力调节出料口的压力大小。根据原粮品种及成品精度，通过蜗轮蜗杆机构调节拉簧的拉力大小，从而使出料口的压力控制在适宜数值，压力大小可以在指示盘上显示。

锥盘压力门如图 5-13（4）所示，主要用于立式碾米机，是由压砣通过杠杆机构调节圆锥托盘与碾白室出口间隙大小，达到控制碾白压力的目的。

以上几种压力门的压力大小虽然不能数字显示，但是随着压力的变化，电机的负载会随之改变，从而引起电流的变化，因此可以通过电流表数值间接显示。此外，还有自动化程度较高的气动压力门，可通过气压或电流调节出口压力。

（四）传动装置

碾米机的传动装置基本上都是由窄 V 型带、带轮及电机等部分组成。电机功率由窄 V 型带通过带轮传递给碾辊传动轴，从而带动碾辊转动。由于碾米机类型不同，碾辊传动轴有横放和竖放，因此带轮有在传动轴一侧的，也有在传动轴上方或下方的。V 型带的规格、型号和根数应根据碾米机的功率大小来选择。

（五）喷风装置

喷风装置主要由风机、进风套及喷风管道组成。风机多为中高压风机，进风套是连接风机和喷风管道的构件，喷风管道由碾辊空心传动轴或碾辊与传动轴间的间隙担当。以空心传动轴作为喷风管道的进风方式称为轴进风，以碾辊与传动轴间空隙作为喷风管道的进风方式称为辊进风。目前，大多数碾米机采用轴头进风方式，其传动轴是中空的，且轴上钻孔。气流从空心轴的一头进入，经过轴上小孔后由碾辊表面的喷风槽喷向碾白室，如图 5-14（1）所示。

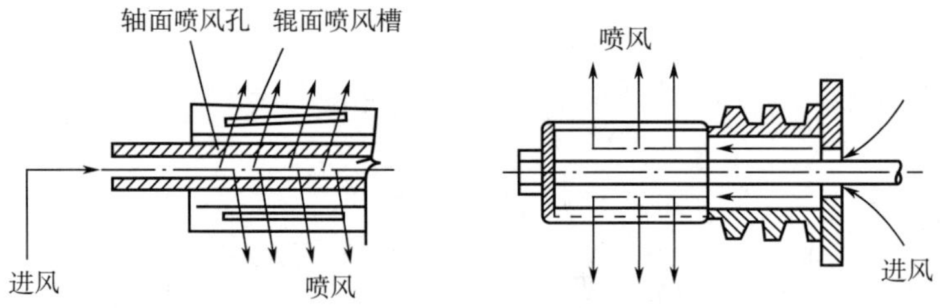

（1）轴进风　　（2）辊进风

图 5-14　喷风装置进风形式

辊端进风方式，气流从辊端与传动轴的空隙中进入，由碾辊表面的喷风槽喷向碾白室，进风面积较大，阻力损失较小，传动轴本身的强度易保证，对碾米机的总体布置也比较容易处理，如图 5-14（2）所示。立式砂辊碾米机多采用辊端进风，风从砂辊之间的间隙喷向碾白室。

无论是轴进风还是辊进风都可分为顺向进风（气流运动方向与米粒流动方向相向）和逆向进风（气流运动方向与米粒流动方向相反）。顺向进风与逆向进风对碾米工艺效果没有明显的影响，主要是根据碾米机的总体结构确定是顺向进风还是逆向进风。

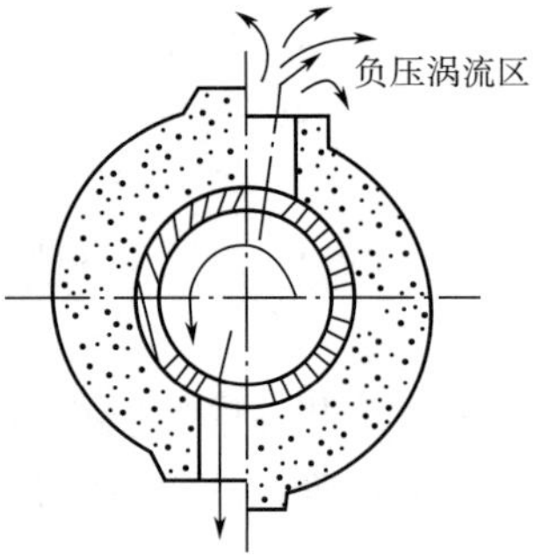

图 5-15　碾辊喷风槽截面

碾辊表面的喷风槽一般位于碾辊表面筋或槽的后向面一侧，如图 5-15 所示。这种结构形式可在喷风槽处形成负压区。空气从这一区域喷出时的压力差较大，形成气流涡流的区域广且剧烈，加剧了米粒的翻滚运动，有利于提高碾米的工艺效果。

（六）自动控制装置

1. 进料、出料压力控制装置

碾米机运行时，碾米室内部压力随流量、原料水分等因素的影响而变化，并非恒定不变。采用自动控制方式，系统时刻按照加工精度要求对出料口闸门压力进行自动调整：内部压力大时，闸门压力相应减小；内部压力小时，闸门压力增大，解决传统压砣方式易受流量、原料水分等因素影响的问题。具体功能如下：

（1）流量精准控制

①通过减速电机和变频器对喂料回转阀进行控制，可精准控制流量；使用传感器作为料位开关，根据有无原料进行自动运行与停止。

②采用气动总控制与电动微调相结合的进料方式，配置自动出料压力门，自动调节出料压力大小，操作简便。

（2）进、出料口防粘糠　生产过程中，不可避免会出现糠粉，糠粉长时间堆积，有可能形成糠块黏着在进出料口，影响原料流动，进而影响碾白效果。自动控制系统分别在进料口和出料口安装了智能加热防粘装置，随系统的运行与否进行工作，达到目标温度后恒温工作，确保不粘糠效果最佳。

（3）操作简单易懂　选择品种后，只需点击“启动”按钮，系统即可开始运行；生产过程中，可根据实际情况对目标精度和流量进行细微调整；全程无须像手动压砣时对砝码质量和位置进行确认调整，现场人员生产经验丰富与否，都可进行生产操作，简单便捷。

（4）品种一键登入　需要切换品种时，只需点击相应品种名，该品种下的配方参数（如目标电流值、流量等）即可登入监视界面进行正常生产，操作简单便捷；如需下次开机时继续使用此品种，可点击“设定保存”按钮，下次开机时将继续使用最后一次保存时选择的品种文件。

2. 碾米机运行状态可视化与互联化

（1）控制箱单独放置，其中一组设备装配触摸屏，其余机器装配指示灯电箱，所有参数调整操作在触摸屏上完成。采用触摸屏实现人机对话界面，一键控制碾米机全自动运行，实时监控主机电流、进料量、出口压力等。

（2）通过“在线白度检测仪”，可实现根据白度在加工中实时自动调整加工精度。

（3）实时生成碾米作业参数和使用记录，内置故障分析与查询系统。

（4）云平台监控与维护，手机 App 软件远程监控，电脑端运行参数维护。

二、典型碾米机

碾米工业中使用的碾米机有卧式碾米机和立式碾米机两大类。卧式碾米机的碾辊主轴为水平设计，碾白室在空间呈水平位置。立式碾米机的碾辊主轴为垂直设计，碾白室在空间呈垂直位置。这两类碾米机的碾白原理相同，但由于碾白室的设计形式不同，使得两类碾米机的总体结构不同，碾米机的进出料方式不同，碾米工艺特点不同，特别是碾米机工艺效果评定的两个关键指标碾白增碎率和碾白均匀度也不同。

卧式碾米机内，米粒流体流动方向与重力垂直，受重力影响，米粒流体在碾白室内周向密度分布不均匀，米粒在运动过程中处于无序状态，在碾辊和糠筛形成的狭小空间内，米粒受两侧刚性折弯与剪切的概率增大，产生碎米的概率增大。

立式碾米机内，米粒流体流动方向与重力方向平行，其在碾白室内周向密度分布均匀，运动过程中改善了受力状况，米粒受两侧折弯与剪切的概率较低，因而降低了碎米率。立式碾米机又可分为顺向立式和逆向立式。

顺向立式碾米机是指米粒流在碾白室内自上往下沿重力方向流动，米粒受力小，电机动力消耗少，且受重力影响碾白室下区米粒密度会比上区大，导致碾白均匀性差，碾白能力较弱。逆向立式碾米机是指米粒流在碾白室内由下往上逆重力方向流动。米粒需克服重力，逆重力方向流动，米粒轴向压力大，电机动力消耗大，但符合开糙段压力大、随后压力逐渐减少的规律，因此碾白能力强。

综上所述，各种碾米机均有优势和缺陷。一般而言，卧式碾米机碾白效果较均匀。立式碾米机中，顺向立式碾米机内米粒所受压力最小，能耗低；逆向立式碾米机碾白室内单位压力大，耗能大，碾白效果较好，但对米粒的抗压力要求高，不适合加工长粒米。

（一）卧式碾米机

1. MNMS 系列卧式砂辊碾米机

MNMS 双风道砂辊碾米机主要由进料装置、碾白室、出料装置、传动装置、吸风排糠系统和机座等组成。如图 5-16 所示。

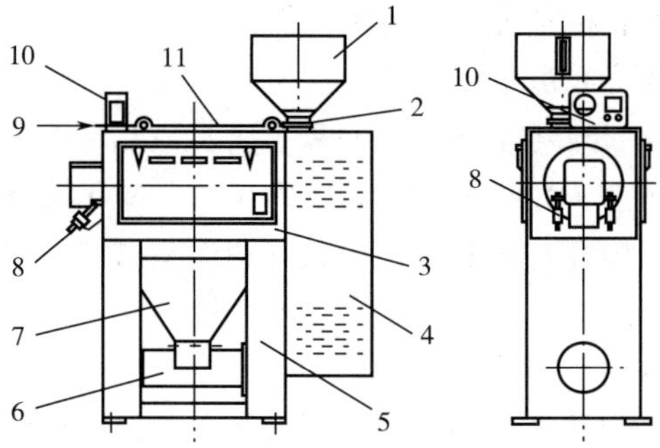

1—进料斗；2—流量调节闸门；3—机身；4—传动防护罩；5—机架；6—吸风排糠管；7—集糠斗；8—出料装置；9—调节手轮；10—电控装置；11—拉杆。

图 5-16 MNMS30A 型砂辊碾米机结构示意图

（1）进料装置 由进料斗和流量控制机构组成。流量控制采用插板式流量控制机构，通过转动手轮推拉拉杆使进料闸板开启、闭合，对进机物料流量进行控制。

（2）碾白室 碾白室由螺旋推进器、砂辊、拨料辊、米筛、米刀、压力门等部分组成。螺旋推进器采用三头螺旋。砂辊与螺旋推进器相连接，以便物料顺利进入碾白室进行碾白。砂辊表面开有螺旋槽，因而使米粒在碾白室内所受的轴向推进力以及碾白压力保持均衡，有利于米粒均匀碾白和减少碎米产生。米筛由六片半圆形米筛组成，由筛托架固定在上、下横梁上，与砂辊形成碾白室。上、下横梁上分别装有六把米刀，起增加周向碾白压力的作用。碾白室结构如图 5-17 所示。

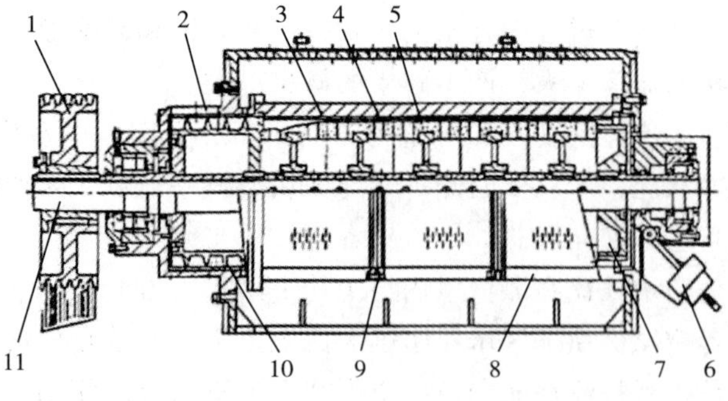

1—主轴带轮；2—进料口；3—米筛、米刀；4—上横梁；5—砂辊；6—压力装置；7—拨米辊；8—下横梁；9—筛托架；10—螺旋推进器；11—主轴。

图 5-17 MNMS30A 型砂辊碾米机碾白室结构示意图

（3）出料装置 出料装置采用压砣式压力门出料机构，通过调节压砣位置，改变出料口开启大小，达到控制碾白室内碾白压力大小的目的。

工作时，糙米进入料斗，经调控门的调节后进入碾白室。在螺旋推进器的作用下，糙米沿轴向不断向前推进，来自压力门的阻力使整个碾白室充满了米粒，通过碾辊的旋转运动，使米粒与米粒、米粒与构件之间产生了相对的摩擦、碾削、翻滚，将糙米表面皮层剥离后从出料口排出。碾下的米糠随着气流通过米筛，排出碾白室，经吸风排糠系统排出机外。采用强负压碾米，碾白室多点可调进风，糠粉少，米温低，增碎少。

MNMS 系列碾米机，分为单辊米机（MNMS18 型）和双辊米机，其中双辊米机有上下布置和水平布置两种形式。MNMS18×2B 型碾米机双辊为上下布置，使用了中间送米绞笼，使两个出米口都集中在没有传动带的一端，相当于两台米机串联使用。MNMS18×2C 型碾米机双辊为水平布置，相当于二台单辊米机水平组合，具有产量大、精度高、米温低、碎米少、进料方式灵活等特点。

部分卧式砂辊碾米机主要技术参数见表 5-2。

表 5-2 卧式砂辊碾米机主要技术参数

型号	处理量/（t/h）	主机动力/kW	主轴转速/（r/min）	负压/mmH_2O	风量/（m^3/min）
MNMS18	2~2.5	18.5~22	955~1380	150~200	40~45
MNMS18×2B	4~5	37~45	955~1550	150~200	40~45
MNMS25×2A	6~8	55~75	680~1100	250~350	50~60
MNMS30A	4~5	37~45	630~930	150~200	35~40

2. MNMP 型卧式铁辊米机

卧式铁辊米机主要由进料机构、碾白室、出料装置、喷风机构、传动机构等组成，如图 5-18 所示。

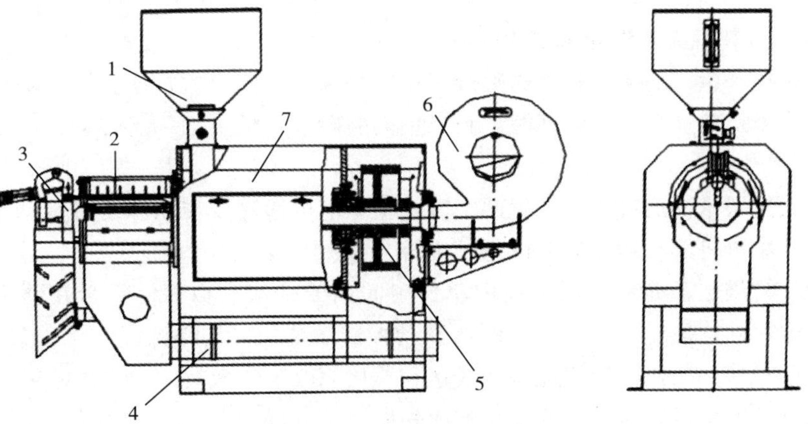

1—进料装置；2—碾白室；3—出料装置；4—吸糠风管；5—主轴传动；6—喷风风机；7—机身。

图 5-18 MNMP17 型铁辊喷风米机结构示意图

（1）进料装置　由进料斗、流量调节机构和螺旋输送器等部分组成。进料流量调节机构由全启闭闸板和微量调节机构组成。全开启闸板供碾米机开机供料和停机断料使用，微量调节活门主要用于调节进入碾米机的物料流量，以控制碾白室内米粒密度，调节碾白压力。螺旋输送器为双头螺旋，有较强的轴向输送能力。

（2）碾白室　悬于机架外，由主轴、铁辊、六角形米筛、碾白室罩等部件组成。主轴为空心轴，轴的中心是喷风风道。

（3）出料装置　采用压簧式压力门，由出料口、压力门、调节支座、杆座、调节连杆、弹簧、调节螺母小转轴等零件组成。通过调节螺母改变弹簧压力大小，从而调节碾白室内碾白压力。

（4）喷风装置　由喷风风机、进风套和空心轴组成。风机固定在机架上，由进风套直接将风机出口连接在空心轴头，缩短了喷风管道的长度，进风形式为轴头进风。从风机吹出的气流通过进风套由轴头进入空心轴内，再从位于铁辊处的轴面小孔喷出，经喷风槽喷入碾白室。喷风风机单独由一台电机传动，保证风压、风量的稳定。

工作时，糙米自进料斗经流量调节机构调节后由螺旋输送器送入碾白室，在碾白室内，由于受碾辊和气流的共同作用，米粒呈流体状态边推进边碾白，直至出米口排出碾白室。喷风铁辊上的凸筋和喷风槽喷出的气流加剧了米粒的翻滚运动，米粒受碾机会多，碾白均匀，出机白米光洁细腻。

部分卧式铁辊碾米机的主要技术参数见表 5-3。

表 5-3　　卧式铁辊碾米机主要技术参数

型号	产量/(t/h)	电机/kW	主轴转速/(r/min)	碾辊规格(直径×长度)/mm	螺旋输送器(直径×长度)/mm	外形尺寸/mm
WFN・18	2~2.5	18.5~22	1296	180×610	195×158	1321×540×1968
WFN・30	4.2~5	30~45	900~920	300×610	316×208	1632×620×2215
MNMP・17	3.5~5	30~45	650~900	170×320	170×150	2435×630×1630

3. 筛托架旋转智能砂辊碾米机

目前，国内外生产的碾米机绝大部分采用的是筛托架固定式技术，即将筛托架固定在机架内部，当碾米机对糙米进行碾削时，碾米室内的砂辊会随主轴一起转动，而筛托架在此过程中固定不动。

筛托架旋转碾米机的特点是配置两个电机，主电机通过皮带轮和皮带带动主轴，驱动砂辊高速旋转；小电机驱动筛托架部件进行旋转，如图 5-19 所示。

筛托架旋转增加了糙米在碾米室内单位时间内的翻滚次数，使糙米在碾米室无碾削盲区，提高了碾白的均匀度。通过双变频器联动控制系统，可调控筛托架的旋转方向和转速，改变砂辊与筛架部件工作面的线速差及线速和，从而改善碾米效果和排糠效果。

筛架的旋转方向可以与砂辊的旋转方向相同，也可以相反。筛架的旋转方向和砂辊的旋转方向相同时，米流在内、中、外层的线速和增加，平均线速度增加，翻滚强度增加，碾白均匀度提高，输送产能增加，碾削效率提高。米流在内、中、外层的线速差减小，相互摩擦

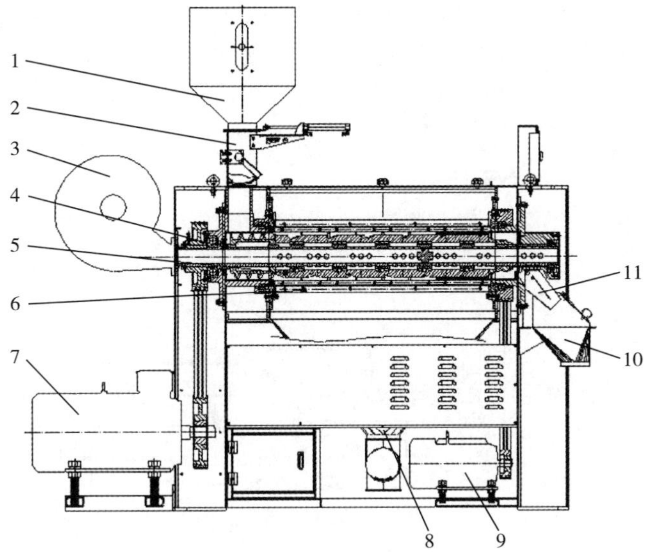

1—进料斗；2—进料装置；3—喷风装置；4—主轴；5—砂辊；6—旋转筛托架；
7—主电机；8—集糠室；9—筛托架旋转小电机；10—出料口；11—出料压力门。

图 5-19 旋转筛托架碾米机结构示意图

强度下降，擦削强度下降，摩擦发热量减小，米流温升减小，碎米率降低。筛架的旋转方向和砂辊的旋转方向相反时，米流内、中、外层的线速差加大，翻滚强度增加、相互摩擦强度增加，擦削强度增加，脱糠效率增加，碾白均匀度提高。

（二）立式碾米机

1. MNSL 系列立式砂辊碾米机

MNSL 系列立式砂辊碾米机采用下进料上出料的逆向碾白方式，能适合粳稻、普通籼稻及优质籼稻、蒸谷米等的开糙和碾白，碾白均匀度较高。既可一机加工普通米，也可两机或多机串联出白加工精米，数台串联加工时节省提升机。

MNSL 系列立式砂辊碾米机由碾白室、进料装置、吸糠系统、机架及传动机构等部分组成。如图 5-20 所示。

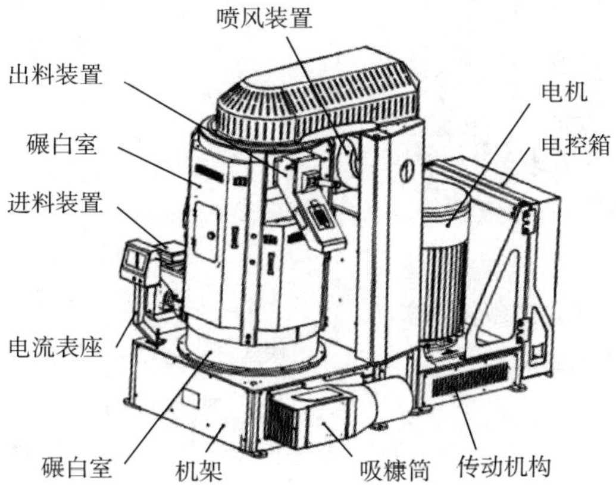

图 5-20 MNSL10000 型立式砂辊碾米机结构示意图

（1）进料装置　进料装置由进料斗及绞龙部件组成，结构如图 5-21 所示。采用气动开关门和电动微调门调控流量，绞龙输送进料，可实现进料均匀、稳定，保证足够大的推进力，且不受风量波动影响。

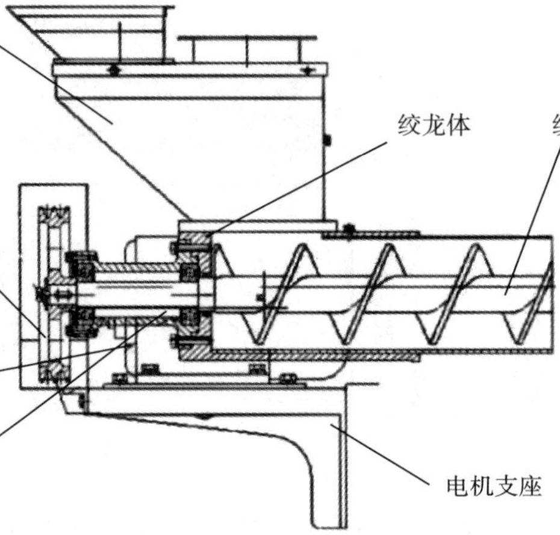

图 5-21　MNSL 系列立式砂辊碾米机的进料装置

（2）碾白室　碾白室由推进器、砂辊、筛托架、拨料辊、压力门等组成，如图 5-22 所示。

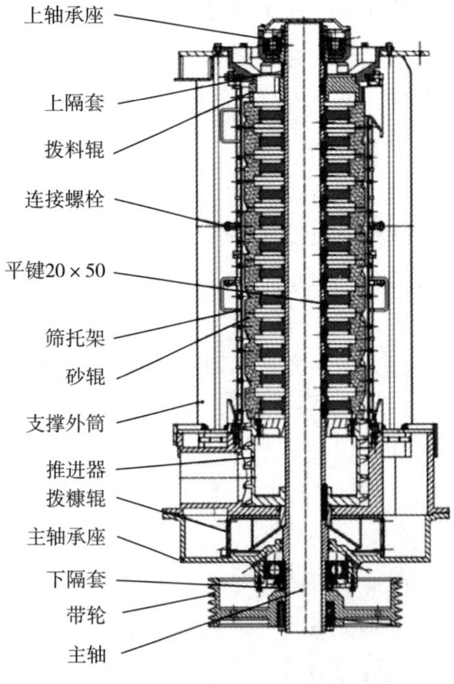

图 5-22　MNSL10000 型立式砂辊碾米机碾白室结构示意图

采用长砂辊碾削，运动碾白面积大，大米碾削更充分、更均匀。筛托架采用剖分式结构，方便清理、拆卸、更换。调整压力门压砣，可调节机内压力。

（3）吸糠系统　吸糠系统由吸糠筒、拨糠辊、吸糠器、喷风风机、风管、外接吸糠风机及外接沙克组成。喷风、吸风相结合，物料翻滚更均匀，有利于碾削排糠防堵，降低米温，吸糠筒内不易积糠。

（4）机架及传动机构　机架与电机架自成一体，提升整机运动刚性，碾米稳定。传动机构由电机轮、主轴皮带轮及主轴承座等组成。

（5）智能控制　采用触控屏，实时监控主机电流、进料量、出口压力等。采用电子尺检测电动微调门的开口大小，调控进料大小。确定产量后，设定主电机电流目标值，综合智能控制出料门气压，稳定产量、基本稳定电流。设备配置机旁开关、电流表和负压表显示，也可根据客户需要，更换进出料方向。

工作过程：米流从进料斗进入，经绞龙将米粒推送至推进器，再由推进器将米粒推向碾白室，在推力、风力、砂辊、筛板、筛板阻力条及一定转速相互作用下，米粒受到高效均匀的碾削作用，从而达到良好的开糙碾白效果。

2. BSPB 超白Ⅱ型砂辊碾米机

超白Ⅱ型砂辊碾米机采用上进料下出料结构，主要由进料机构、碾白室、出料机构、吸风系统和传动机构等部分组成，如图 5-23 所示。圆柱形砂辊高 615mm，直径 340mm，由 6 个砂环组成，每个砂环高 100mm，相邻砂环之间的间距为 3mm，相当于喷风槽。

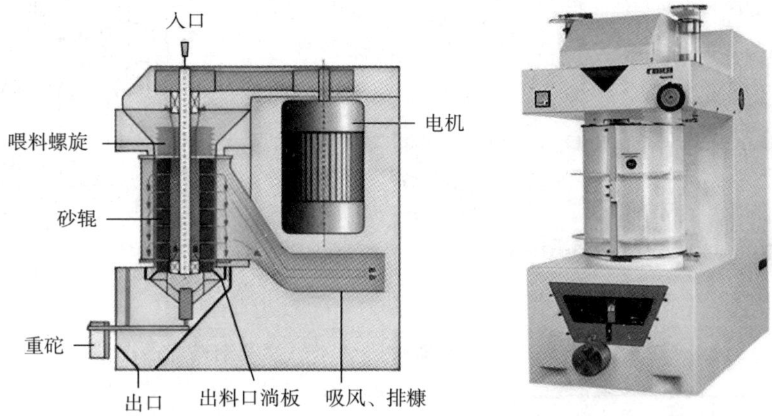

图 5-23　BSPB 超白Ⅱ型碾米机示意图

糙米通过两个入口进入碾米机，由一个喂料螺旋输送到碾白室。碾白室砂辊与米筛之间的间隙为 12mm，三把不锈钢米刀沿着米筛圆周均匀分设，固定在筛框上。米刀一般凸出米筛 1.5~3.0mm，当砂辊磨损时可凸出 3~6mm。碾米机的碾白压力主要由压砣通过杠杆把圆锥托盘托起，改变碾白室出口大小，从而进行调节。室温空气从主轴上端和下端进风口同时进入砂环中心，再从喷风槽向四周喷出，通过碾白室和米筛，带着米糠进入风管。传动装置设在碾米机的顶部，底部为白米的排料斗。

超白Ⅱ型碾米机通过两个易调装置粗调和微调来控制碾白精度，即砂辊和米刀的间隙以及出口重砣压力门。粗调是通过与筛网相连的立式米刀调节机构，通过旋转手轮调整筛框位置，使米刀远离或靠近砂辊，从而调整碾白室内的局部碾米压力。微调是通过改变压力门上重砣的位置来控制整个碾白室的碾米压力。遇到紧急情况停机，允许带料重新开机。

合理的吸风系统能高效地完成两个任务：①降低米温从而减少增碎、爆腰；②将米糠从碾白室吸入排糠系统。因此吸风穿过物料到达米筛周围，通过吸风槽将米糠吸走，吸风罩很容易打开和拆卸，打开机器大开门后整个碾白室即可看到，便于维修和换筛。米糠清理系统无须拆装任何部件，达到最好的卫生条件。

该设备具有碾白效果好、碎米少、米温低、操作维护方便、设备的卫生条件好、清理方便等特点。

3. VTA 系列立式砂辊碾米机

VTA 系列立式砂辊碾米机采用上进料下出料结构，如图 5-24 所示。该机结构紧凑、操作简便，且占地小、产量高。该机采用特殊设计的碾白室，几乎是传统设备碾白室面积的两倍，加工产量高、破碎低，水分损失小，通过调整卸料门压力即可容易地获得所需的碾白精度。

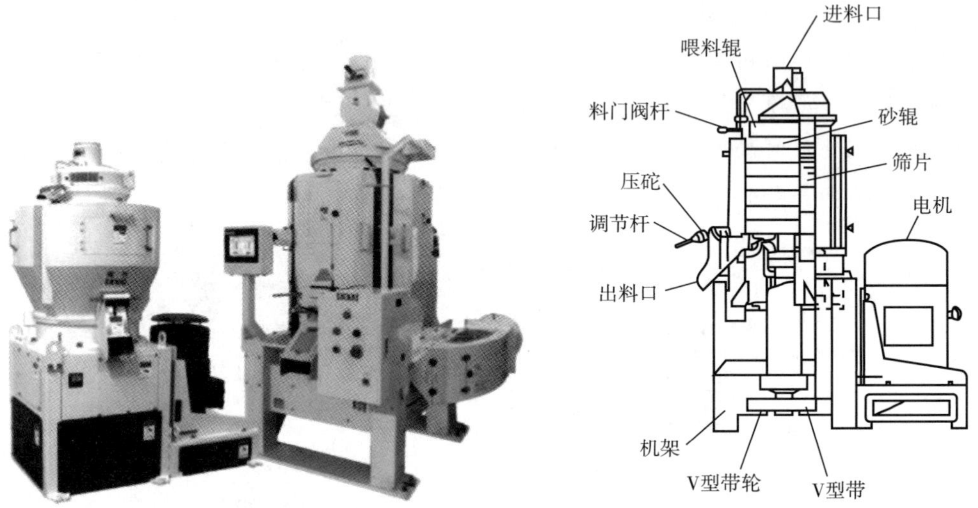

图 5-24　VTA 系列立式砂辊碾米机及其结构示意图

采用旋转阀变频喂料控制装置，可以保证物料均匀地进入碾白室，而且可以变频调节来控制喂料流量。碾白室的部件进行了特殊的热处理，受到均匀的较小压力，从而延长该磨损部件的使用寿命，碾白室的下部有回转式排出器，有助于米糠顺利排出机外，机器内部的米糠残留量少。砂辊能很容易从机器顶部抽出。在不拆除机器框架情况下，筛片从机器旁边取出，更换迅速、容易。可通过触摸屏设置碾白精度，自动控制执行机构来调节碾米机内部的压力，对于成品的质量能达到量化的标准。

部分立式砂辊碾米机的主要技术参数见表 5-4。

表 5-4　　　　立式砂辊碾米机主要技术参数

型号	糙米处理量/（t/h）	动力/kW	风量/（m^3/min）	负压/mmH_2O	外形尺寸（长×宽×高）/mm
BSPB	3.5～8	37～55	35	150～200	1575×800×1700
VTA7C-C	4～6	37	40	100～150	1447×850×1989
VTA20SRW-C	12～18	90	130	200～250	2301×1588×2575
MNSL3000	2～3.5	22～37	40	150～200	1430×1390×1920
MNSL10000	9～15	75～90	60	100～200	2800×1830×2340

4. MNTL 系列立式铁辊碾米机

MNTL 系列立式铁辊碾米机采用下进料上出料结构，如果需要组成多机串联碾白工艺，排出的物料可依靠自重流入另一台立式铁辊碾米机中，数台串联加工时节省提升机。立式铁辊碾米机由碾白室、进料装置、吸糠系统、机架及传动机构等部分组成。主要结构如图 5-25 所示。

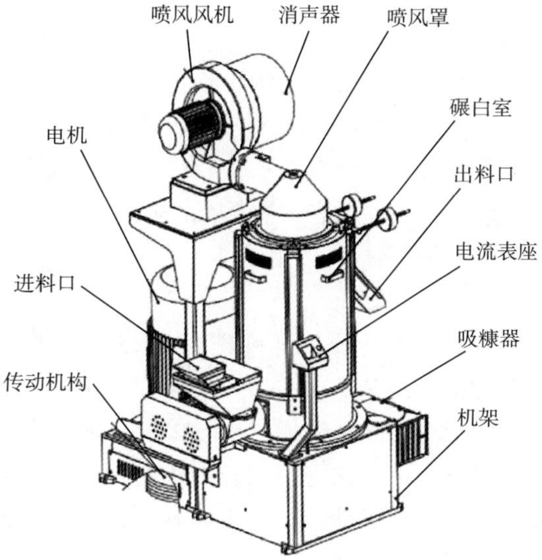

图 5-25 MNTL 系列立式铁辊碾米机结构示意图

（1）碾白室 碾白室由推进器、连接套、铁辊、筛托架、拨料辊、压力门等组成。筛托架采用剖分式结构，方便清理、拆卸、更换。调整压力门压砣，可调节机内压力。其结构如图 5-26 所示。

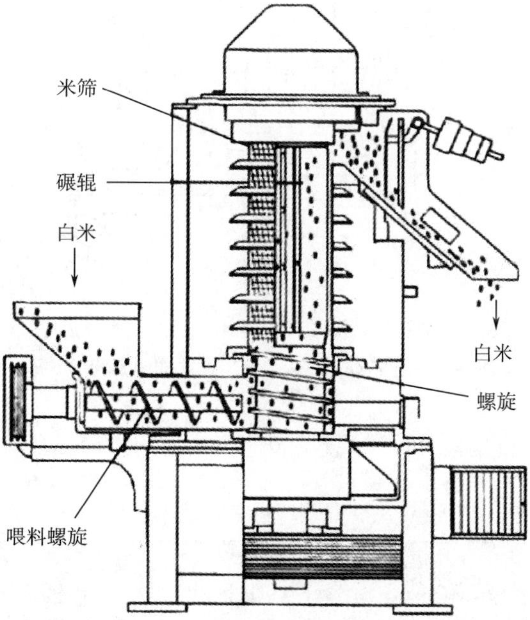

图 5-26 立式铁辊碾米机原理示意图

（2）进料装置 进料装置由进料斗及绞龙部件组成，如图 5-26 所示。

（3）吸糠系统　吸糠系统由吸糠筒、拨糠辊、吸糠器、喷风风机、风管、外接吸糠风机及外接沙克组成。

（4）机架及传动机构　机架与电机架自成一体，坚固、稳定。传动机构由电机轮、主轴皮带轮及主轴承座等组成。

糙米从进料斗进入绞龙输料段，通过绞龙辅助推进，再由推进器推向碾白室，在碾白室里，在推力、风力、碾辊、筛板、筛板阻力条及一定转速相互作用下，米粒受到高效的擦离摩擦作用，充分有效地去除大米皮层及胚芽，从而获得光滑晶亮的米粒外观。这种碾白室结构即使在最低压力下也能生产出高质量的白米，达到高产、低增碎的效果，同时可以有效地去除米粒表面的刮痕，使大米表面清洁、光滑。

5. VBF7B/C/MC 型立式铁辊碾米机

VBF7B/C/MC 型立式铁辊碾米机主要由进料装置、碾白室、出料装置、喷风装置、米糠吸风装置、传动装置及机架等部分组成，如图 5-27 所示。进料装置设在碾白室底部，由进料斗、流量控制插板、喂料螺旋输送器等组成。出料口设在碾白室的顶部，装有压砣压力门装置，以调节碾白室内的碾白压力。碾白室由螺旋输送器、铁辊、主轴及米筛等组成。主轴直立采用悬臂支承，碾辊位于上方，传动带轮位于下方，通过 V 型带与电动机相连。铁辊为剖分式结构，由支撑环和固定螺母固定在主轴上，只要将固定螺母向上旋出，即可将剖分式铁辊取出，更换铁辊十分方便。

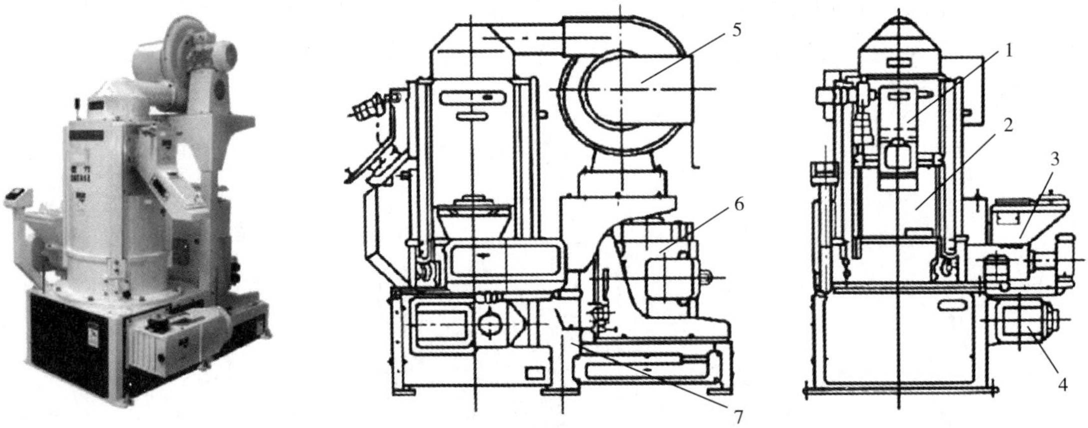

1—出料装置；2—碾白室；3—进料装置；4—吸糠风管；5—喷风风机；6—电机；7—机架。

图 5-27　VBF7B/C/MC 型立式铁辊碾米机

部分立式铁辊碾米机的主要技术参数见表 5-5。

表 5-5　立式铁辊碾米机主要技术参数

型号	产量/（t/h）	动力/kW	主轴转速/（r/min）	吸风量/（m^3/min）	负压/mmH_2O	外形尺寸（长×宽×高）/mm
MNTL21	4~6	37~45	546	40	100~200	1430×1390×1920
MNTL26B	7~10	45~55	476	50	100~200	1560×1470×2150

续表

型号	产量/(t/h)	动力/kW	主轴转速/(r/min)	吸风量/(m^3/min)	负压/mmH_2O	外形尺寸(长×宽×高)/mm
MMNTL30	10~15	75~90	412	65~70	100~200	1880×1590×2330
VBF7B	4.5	37~45	562	40	100~150	1640×1123×2010

6. MNML 系列立式双辊碾米机

MNML 系列立式双辊碾米机的机架采用钢板焊接而成，机架上安装两套碾米装置，由一台电机通过强力窄 V 型带驱动。如图 5-28 所示。

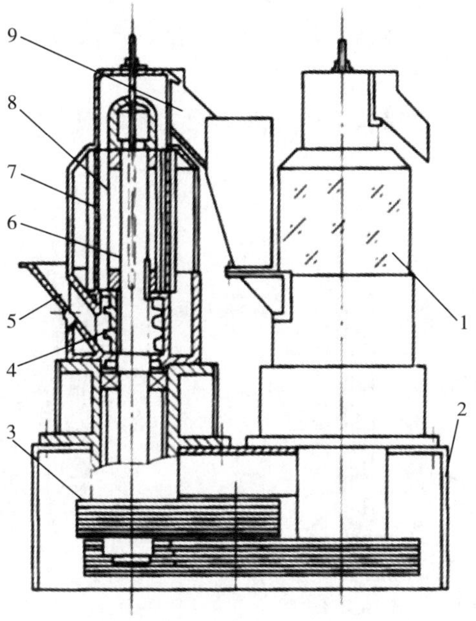

1—机壳；2—机架；3—皮带轮；4—螺旋输送器；5—进料口；6—主轴；7—米筛；8—碾白室；9—出料口。

图 5-28 MNML 系列立式双辊碾米机

每套碾米装置包括进料机构、碾白室、机壳及出料机构等。进料口位于碾白室的底部，装有流量控制插板。出料口设在碾白室的顶部，装有压力门装置，以调节碾白室内的碾白压力。采用这种低位进料、高位出料的方式，非常便于精米加工多机组合碾白时米流的输送，既可省去中间输送设备（物料可由一套碾米装置上端排出后直接流入另一套碾米装置的下端进料口中），又可避免中间输送设备对米粒的损伤。

碾白室由螺旋输送器、碾辊、主轴及六角形米筛等组成。主轴直立采用悬臂支承，碾辊位于上方，传动带轮位于下方。碾辊除配置砂辊外，还可根据工艺需要配置铁辊和抛光辊，当配置抛光辊时，则为 MPGL 型立式双辊抛光机。碾白室外围是钢板和有机玻璃板组成的机壳。从安置于机架内的一台风机引出两根吸风管，分别与两套碾米装置的机壳相连组成吸风系统，强烈的吸风起吸糠和降低米温的作用。

工作时，物料依靠自重由进料口流入机器内，在螺旋输送器连续向上推力的作用下，被送入碾白室，受碾白作用而脱去糠层，米糠穿过米筛由高压风机吸出机外。米粒则通过上端出料压力门排出，然后进入第二套碾米装置中完成上述工作过程。如果需要组成多机串联碾白工艺，排出的物料仍可依靠自重流入另一台立式双辊碾米机中。该立式双辊碾米机具有碾白均匀、米温低、碎米少、出米率高等特点。

三、特殊碾米机

近些年，随着技术的发展，出现了一批碾白原理或碾白过程与传统米机有所不同的新式特殊碾米机，下面介绍几种特殊碾米机。

（一）砂带碾米机

砂带碾米机，用砂带磨米工艺替代传统碾米工艺。在砂带滚筒外围设置多个相互独立且成整体的碾白室。糙米在碾白过程中，米流被均匀、独立地导入各个碾白室。在碾白室中，米粒依靠自重下落并与砂带发生碰撞，米粒与旋转砂带之间形成高速线速差，经旋转砂带均匀磨削加工而产出白米。

砂带碾米机由进料装置、砂带式滚筒、多个独立碾白室、出米管、糠粞输出口、传动装置等构成，见图 5-29。

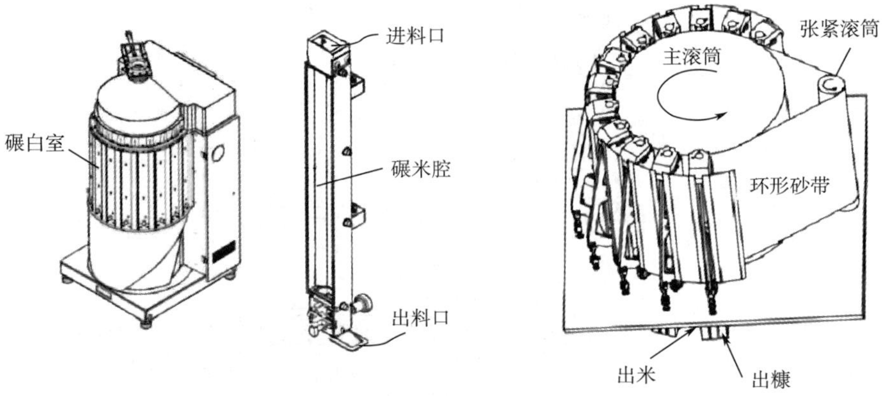

图 5-29　砂带碾米机结构示意图

（1）进料装置　由进料管、分料筒和分料支管构成，每根分料支管对应于一个碾白室，分料支管的出口与碾白室入口密封对接。进料装置位于滚筒的上方，糙米通过分料筒进入碾白室。

（2）砂带式滚筒　由主滚筒、张紧滚筒、砂带组成。主滚筒和张紧滚筒筒体部分均为竖立设置的圆柱体，张紧滚筒筒体的直径小于主滚筒，砂带套设在滚筒外侧，见图 5-29。主滚筒由电机驱动，带动砂带、张紧滚筒运动，主滚筒、张紧滚筒、砂带形成一个完整的砂辊结构。砂带外表面为粗糙表面，用于与糙米接触进行碾磨。

（3）碾白室　在滚筒砂带的外围，环绕砂带设置有多个相互独立且成整体单元的碾白室，每个碾白室的高度一致，且与主滚筒的高度匹配。碾白室主要由碾米腔、进料口以及出料口组成。碾白室由三块平板依次连接形成横截面呈梯形的结构，梯形的底部为开口且朝向砂带。糙米经进料通道从进料口进入碾米腔并在碾米腔内被碾磨。在碾米腔内，糙米不仅自上而下自由落体运动，而且还被砂带带动自转，糙米与旋转砂带之间形成高速线速差，进而被砂带磨削成白米，并掉落至出料口传送到出米通道中。

（4）出料装置 位于滚筒的下方，为双层圆筒形，在出料室的层间腔室的顶壁上开有数量与碾白室个数相同的接纳孔，每一个接纳孔与一个碾白室出口密封对接，出料室的内层腔壁与碾白室下部具有通道。内层腔室为负压腔室，层间腔室和内层腔室分别设有输出口。出料口底部设置有排糠机构，用来分离从碾白室流出的白米与米糠混合物。

（5）排糠机构 包括分离器、出糠管以及负压生产器。其中，分离器内壁两侧沿长度方向依次交错设置多个导流板，分离器侧面设置与之相连的出糠管，用于收集米糠。出糠管中设置负压生成器，用于生成负压，对分离器中的米糠产生吸力，使米糠进入出糠管。碾磨后的白米与米糠混合物，白米经分离器的导流板导流后，从分离器底部流出并被收集，而米糠由于相对于白米较轻，在分离器中受负压的影响，被吸入出糠管排出，从而整个排糠系统实现白米与米糠的分离功能。

工作过程：电机带动传动轴旋转，通过传动轮、张紧轮、传动带带动滚筒旋转，滚筒带动砂带对糙米进行磨削加工。糙米通过分料筒进入碾白室，糙米不但自上而下运动，而且被砂带带动自转，糙米表面皮层逐渐被砂带磨削，成为白米。米糠被砂带带出碾白室，进入挡板围成的内腔中，内层腔室的负压使米糠经米糠输出口被管道吸出。白米受到碾米腔的外壁阻挡，依靠自重下降到出米管，经其出口由提升机输出。

这种碾米机不仅省略了砂辊（或铁辊）、螺旋推进器、米筛、米刀和压力门等构件，而且由于在加工过程中糙米始终处于低压强状态，米粒不易破碎且摩擦产生的热量较低，大米的温升和能耗得到有效的降低。与传统碾米机相比，砂带碾米机增碎低、碾米温升低，在进料装置、碾白室和排料装置等结构上的差别见表 5-6。砂带碾米机的最大问题是砂带易磨损，产量小，对操作要求高。

表 5-6 砂带碾米机与传统碾米机的结构和对比

碾米机类型	结构		
	进料装置	碾白室	排料装置
传统碾米机	螺旋推进器	米筛、碾辊、压筛条（米刀）	压力出料门
砂带碾米机	自由落体	环形砂带、窄缝	无压出料门

（二）平板砂带碾米机

平板砂带碾米机，其碾米室的碾米通道为直行通道、不拐弯。碾米通道一侧为米刀，另一侧为砂带。平板砂带碾米机有卧式、垂直式和斜坡式三种形式，如图 5-30 所示，主要包括料斗、砂带、砂带传动机构、米刀、碾米通道、出料筒等部件。

两条平行水平布置的直条形机架，两机架内形成平直的碾米通道。在碾米通道的长度方向设置有砂带传动机构，该机构包括主动轮、被动轮和砂带，砂带内侧设有用于托举砂带的基板。碾米通道上设置有米刀，米刀的刀刃端与砂带相对，之间留有间隙。米刀包括多个沿碾米通道长度方向平行排列的刀片组，刀片组包括刀架和多个不同高度的刀片，刀片由低到高，沿碾米通道长度方向排列。刀片露出刀架的一端呈锯齿形，藏于刀架一端与刀架之间设有弹性软物，在刀片与刀片之间也设有弹性软物。米刀两侧分别通过螺栓定位连接在机架

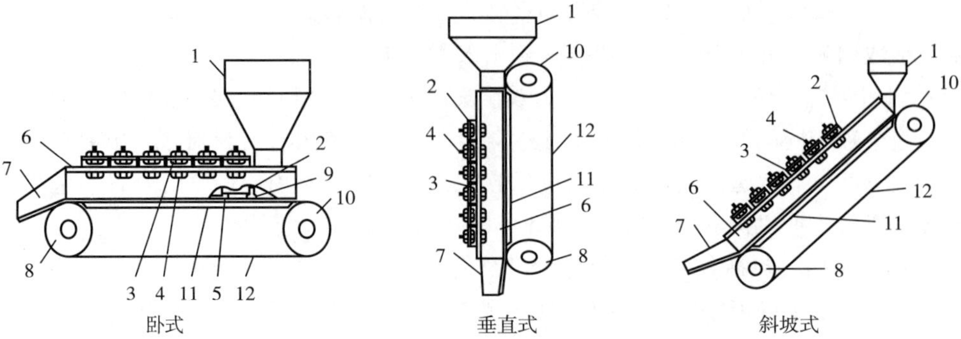

1—料斗；2—米刀；3—调节螺母；4—螺栓；5—碾米通道；6—机架；
7—出料筒；8—被动轮；9—进料口；10—主动轮；11—基板；12—砂带。

图 5-30 平板砂带碾米机正面结构示意图

上，米刀与机架之间设置有与螺栓螺纹配合的调节螺母。料斗通过其下端的进料口与碾米通道一端连通，出料筒与碾米通道的另一端连通。

稻谷或糙米进入碾米通道内被搓行，在砂带的带动下滚动前进，锋利而柔软的米刀对其进行柔性切削，砂带碾削也为柔性碾削，米粒未受到过重的撞击。快速的搓碾使米粒在碾米室通道中脱壳、去皮、碾白，使其很快脱壳碾白，该过程极短，碾米效率为传统碾米的几倍。加工出来的米有以下特点：①大米温度低，不需要喷风降温；②留胚芽率高；③碎米率低；④大米加工精度不足，目前只用于生产少量胚芽米。

（三） DRWA 型立式砂辊米机

DRWA 型砂辊米机是上进料下出料的立式碾米机，糙米通过两个入口进入碾米机内，并由进料螺杆导入至碾米仓，如图 5-31 所示。在碾米仓内，糙米以螺旋形路径向下移动，并通过锥形挡料板和出料斗排出机器。垂直米刀可增加大米在碾米仓内的阻力，从而延长碾米时间，提高碾米效率。可通过移动挡料板上的配重来调节碾米强度，也可以利用手轮更改米刀定位来进行调节。

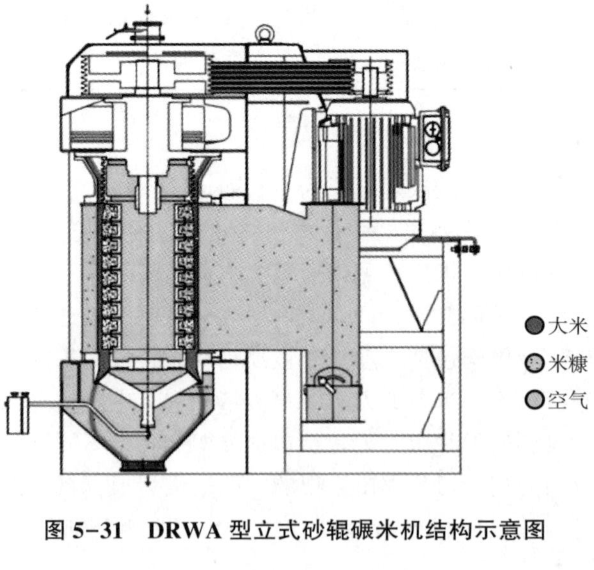

图 5-31 DRWA 型立式砂辊碾米机结构示意图

无轴碾米和多点排风是该米机的特点。无轴碾米的砂辊组件由 8 个砂辊组装而成，其中顶部砂辊 1 个，外表面有锥角；6 个中部砂辊和 1 个底部砂辊结构相同，外表面均无锥角，只是法兰底部的孔有所不同，分别为圆柱孔和圆锥孔。如图 5-32 所示。

无轴设计使砂辊拆卸更方便。在碾米过程中，空气从顶部和底部被吸入砂辊的间隙，通过砂辊之间的环状间隙进入物料之中，碾米仓的中空部位可以让空气在米粒周围自由流通，从而降低物料的温度，使稻米变得更加洁净，散热效果更好。此外，它还有助于提高成品大米的光洁度。米糠经由筛片通过吸气口被吸出机器外。如果转子吸入的空气量不足以带走米糠，可打开吸风罩上的空气槽吸入更多的空气。

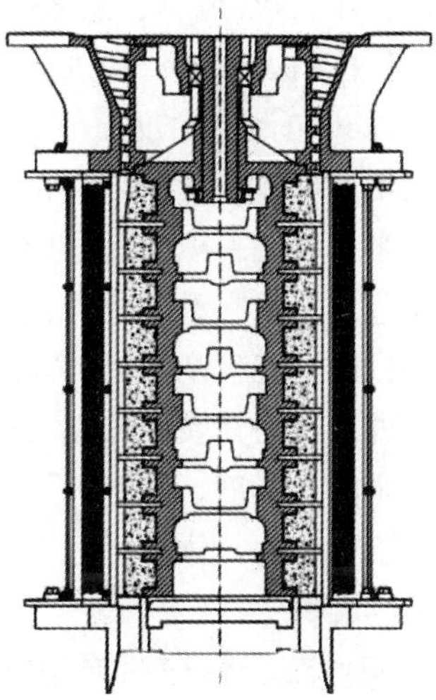

图 5-32　无轴碾米仓

DRWA 型立式砂辊米机的主要技术参数见表 5-7。

表 5-7　DRWA 型立式砂辊碾米机的主要技术参数

型号	产量/（t/h）	电机/kW	吸风/（m^3/min）	负压/mmH_2O
DRWA	9~12	55~75（标配 55kW）	90~110	170

第四节　碾米工艺效果的评定及影响因素

一、碾米工艺效果的评定

碾米工艺效果主要从以下几个方面评定。

（一）加工精度

大米加工精度是指加工后米胚残留以及米粒表面和背沟残留皮层的程度，是评定碾米工艺效果最基本的指标。如果加工精度达不到规定标准，那么碾米的质量就不符合要求。评定加工精度应以统一规定的精度标准或标准米样为准，用感观鉴定法观察碾米机碾出的米粒与标准米样在色泽、留皮、留胚等方面是否相符，或用仪器检测法检测大米样品的留皮度。

1. 留皮度

大米加工精度包括精碾和适碾。精碾是指大米背沟基本无皮或有皮不成线，米胚和粒面皮层去净的占 80%~90%；适碾是指大米背沟有皮，粒面皮层残留不超过 1/5 的占 75%~85%，其中粳米、优质粳米中有胚的米粒在 20%以下。

留皮度是指将试样平放，残留皮层、米胚投影面积之和占试样投影面积的百分率。为了较准确地评定大米的精度，利用米粒皮层、胚与胚乳对伊红 Y-亚甲基蓝染色基团分子的亲和力不同，米粒皮层、胚与胚乳分别呈现蓝绿色和紫红色的原理进行留皮度检验。其中精碾的留皮度在2.0%以下，适碾的留皮度为2.0%~7.0%。

具体检测方法见《粮油检验　大米加工精度检验》（GB/T 5502—2018）。

2. 大米色泽和白度

大米的色泽包含颜色和光泽，其量化指标是大米白度值，用白度仪来测定。大米白度是评定大米精度的一项参考指标，同一品种大米，白度和碾白精度成正比。

从包含关系来看，色泽、颜色包含白度。光泽是指物体表面的光亮情况，大米的颜色基本上是白的；但程度不同，有的带灰，有的带黄，即白度不同。大米的光泽除与所留皮层多少有关外，还与其表面的光洁程度有关。为了管控大米的品质质量，可以使用光泽度仪准确测量大米的光泽度。

加工精度的具体指标标准，根据市场需求，生产加工企业会进行灵活调整和细化，不限于以上标准。

（二）碾减率、含糠粉率和糙出白率

1. 碾减率

糙米在碾白过程中，因皮层及胚的碾除，其体积、质量均有所减少，减少的百分率便称之为碾减率。一般碾减率为5%~12%，其中包括一定的水分损耗。米粒的精度越高，碾减率越大。

2. 糠粉率

糠粉率是指在白米或成品米试样中，糠粉占试样的质量百分比，按式（5-4）计算：

$$\delta(\%) = \frac{Q_K}{Q} \times 100 \quad (5-4)$$

式中　δ——糠粉率，%；

Q_K——糠粉质量，g；

Q——试样质量，g。

3. 糙出白率

糙出白率是指出机白米占进机（头道）糙米的质量百分比，按式（5-5）计算：

$$\delta_b(\%) = \frac{Q_m \times (1 - \delta)}{Q_c} \times 100 \quad (5-5)$$

式中　δ_b——糙出白率，%；

Q_m——白米质量，g；

Q_c——糙米质量，g。

4. 碾白不均率

出机白米试样中，比标准米样精度上下差一级的米粒占试样米粒的质量百分比。

（三）含碎率、增碎率与完整率

1. 含碎率

含碎率是指出机白米中碎米占试样的质量百分比，按式（5-6）计算：

$$S(\%) = \frac{Q_S}{Q_B} \times 100 \quad (5-6)$$

式中　S——含碎率，%；

Q_S——出机白米试样中碎米的质量，g；

Q_B——出机白米试样的质量，g。

2. 增碎率

增碎率是指与进机物料的碎米率相比，出机白米中碎米率的增加量，按式（5-7）计算：

$$S_Z = S_2 - S_1 \tag{5-7}$$

式中 S_Z——增碎率，%；

S_2——进机糙米的碎米率，%；

S_1——出机白米的碎米率，%。

3. 完整率

完整率是指出机白米中完整无损的米粒占试样的质量百分比，按式（5-8）计算：

$$W(\%) = \frac{Q_W}{Q_B} \times 100 \tag{5-8}$$

式中 W——完整率，%；

Q_W——出机白米试样中完整米粒的质量，g。

二、影响碾米工艺效果的主要因素

影响碾米工艺效果的因素很多，如糙米的工艺品质，碾米机碾白室的结构、机械性能和工作参数以及操作管理等。这些因素有动态的、有静态的，它们互相联系、相互制约。只有根据糙米的工艺品质，合理选择碾米机类型、结构和参数，按照成品的精度要求合理确定碾米机的技术参数，并进行合理有效地操作管理，才能取得良好的工艺效果。

（一）糙米的工艺品质

1. 品种

粳糙米籽粒结实，粒形椭圆，抗压强度和抗剪、抗折强度较大，在碾米过程中能承受较大的碾白压力。因此，碾米时产生的碎米少，出米率较高。籼糙米籽粒较疏松，粒形细长，抗压强度和抗剪、抗折强度较差，只能承受较小的碾白压力，在碾米过程中易产生碎米。

粳糙米皮层较柔软，采用摩擦擦离型碾米机碾白时，得到的成品米色泽较好，碎米率也不高；而籼糙米皮层较干硬，不适宜采用摩擦擦离型碾米机。

同一品种类型的稻谷，早稻糙米的腹白大于晚稻，结构一般比较疏松，碾米时产生的碎米比晚稻糙米多。

2. 水分

水分高的糙米皮层比较松软，皮层与胚乳的结合强度较小，去皮较容易。但米粒结构也较疏松，碾白时容易产生碎米且碾下的米糠容易和米粒粘在一起结成糠块，从而增加碾米机的负荷和动力消耗。

水分低的糙米结构强度较大，碾米时产生的碎米较少。但糙米皮层与胚乳的结合强度也较大，碾米时需要较大的碾白作用力和较长的碾白时间。水分过低的糙米（13%以下），其皮层过于干硬，去皮困难，碾米时需较大的碾白压力，且糙米籽粒结构变脆，因此碾米时也容易产生较多的碎米。糙米的适宜入机水分含量一般为14.5%左右（籼糙）和15.5%左右（粳糙）。

贮藏时间较长的陈稻糙米，水分较低，其皮层厚而硬，碾白比较困难，动力消耗较大，容易产生碎米。

3. 爆腰率与皮层厚度

糙米爆腰率的高低，直接影响碾米过程中产生碎米的多少。一般来说，裂纹多而深、爆腰程度比较严重的糙米，碾米时容易破碎，不宜碾制高精度的大米。

糙米的皮层厚度也与碾米工艺效果有直接关系。糙米皮层厚，去皮困难，碾米时需较高的碾白压力，碾米机耗用功率大，碎米率也较高。

4. 糙米纯度

糙米纯度主要是指糙米中不完善粒、稻壳和稻谷的含量。不完善粒在碾米时易被碾成碎粒和粉状物料，影响碾米效果。稻壳和稻谷主要影响碾米时碾米压力的控制。稻壳和稻谷含量过高，碾米时必须增加碾米压力以去除稻壳，易造成碎米增加，出米率降低。

（二）碾白室的结构

1. 碾辊的直径和长度

碾辊的直径和长度直接关系到米粒在碾白室内受碾次数及碾白作用面积的多少。为保证碾米机的工艺性能，碾辊的长度与直径应成一定的比例。理论上来说，砂辊的辊径越大，长径比越大，但实际上并非如此，目前使用效果较佳的砂辊直径和长径比见表 5-8。

表 5-8　砂辊直径和长度常用规格

碾辊规格	卧式碾米机						立式碾米机	
							上进料	下进料
碾辊直径/mm	140	150	180	215	250	300	—	—
长径比	2.3	2.6	3.4	2.9	2.4	2.6	0.9~1.3	1.5~2.6

2. 碾辊的表面形状

碾辊表面凸筋和凹槽的几何形状及尺寸大小，对米粒在碾白室内的运动速度和碾白压力有较大的影响。碾辊表面的筋或槽在碾米过程中对米粒具有碾白和翻滚的作用，斜筋、斜槽和螺旋槽对米粒还具有轴向输送的作用。一般情况下，高筋或深槽的辊形，米粒的翻滚性能好，碾白作用强。但筋过高或槽过深都会使碾白作用过分强烈而损伤米粒，影响碾米效果，所以，一般筋高控制在 4~8mm，槽深控制在 8~12mm。

筋、槽的斜度 α 角（筋、槽轴线与碾辊轴线的夹角，图 5-33）主要影响米粒的轴向运动速度及碾白室内米粒流体的密度。α 角变小，导程变大，轴向推进力减小，翻滚增强，利于精度提高，但产量会有所减小。极限 α 角为零，就是直槽。α 角一般在 60°~70°，较小的 α 角，有利于米粒的充分碾白。碾辊表面螺旋槽的前向面（顺着碾辊旋转方向的一面）与碾辊半径之间的夹角 β（图 5-33），对米粒的碾白、翻滚和轴向输送也都有一定的影响。随着 β 角的增大，碾白和翻滚作用加强，但轴向推进速度减小，利于加工精度提高。根据不同辊形，β 角一般在 0°~70°。

3. 碾白室间隙

碾白室间隙指碾辊表面与碾白室米筛之间的距离。碾白室间隙大小要适宜，不宜过大或过小。过大，会使米粒在碾白室内停滞不前、产量下降、电耗增加；过小，易使米粒折断，产生碎米。碾白室间隙应大于一粒米的长度。

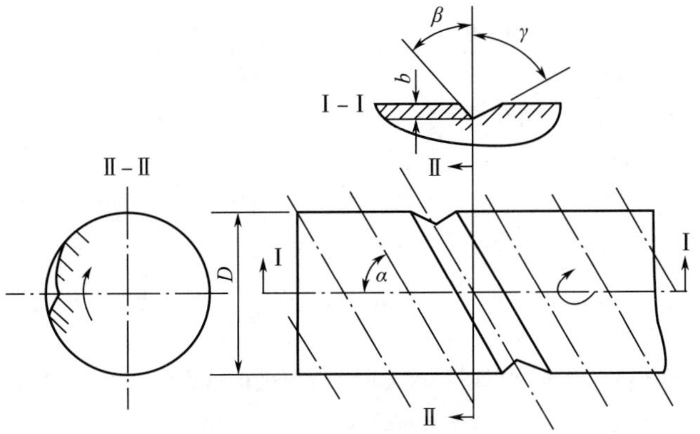

图 5-33　碾辊表面螺旋槽形

注：α—螺旋槽斜度；D—碾辊直径；β—螺旋槽前向面与碾辊半径之间的夹角；γ—螺旋槽后向面与碾辊半径之间的夹角；b—螺旋槽深度。

4. 碾白室截面

碾白室截面积的大小直接影响米粒流体密度的大小，与碾白效果密切相关。在物料流量一定的情况下，截面积大，米流密度小，碾白作用力弱；截面积小，米流密度大，碾白作用力强。但是，截面积过大，会使米粒受到的碾白作用力过小，达不到预期的碾白效果，同时米粒在碾白室内前进速度缓慢，产量下降，电耗增加；截面积过小，碾白作用力过强，米粒易受损，产生较多的碎米，同样使碾白效果下降。因此，碾白室截面积大小要适宜。碾白室截面包括轴向截面和周向截面。

（1）轴向截面积　米粒在碾制过程中，随着皮层不断地被碾落并从米筛筛孔排出，米粒的体积也在不断减小。所以，从碾白室进口到出口的每一个截面上，米粒流体的流量是逐渐降低的。如果碾白室截面积保持不变，则米粒流体密度逐渐减小，从而使碾白压力也随着逐渐降低。但碾白需要一定的碾白压力，而且在不同阶段需用不同的碾白压力。因此，碾白室的轴向截面积应是逐渐收缩的，以使碾白室内的米粒流体密度基本不变，保持碾白压力的均衡稳定。

碾白室轴向截面积的收缩形式有阶段式和渐变式两种。铁辊碾米机的碾白室轴向截面积收缩形式为阶段式，利用米机盖内壁半径的收缩，改变碾白室的轴向截面积。横式螺旋槽砂辊型碾米机的碾白室轴向截面积收缩形式属渐变式，如图 5-34 所示，它利用碾辊表面的三头等距螺旋槽，槽形尺寸从碾白室进口端至出口端逐渐由深变浅、由宽变窄，达到碾白室轴向截面积逐渐收缩的目的。碾白室截面积收缩平缓时，碾白压力变化小，产生的碎米也就少。如果碾白室截面积急剧收缩，则易产生较多的碎米而影响碾白效果。

（2）周向截面积　米粒自碾白压力小的截面进入碾白压力大的截面时，密度增大，去皮效果增强；米粒自碾白压力大的截面进入碾白压力小的截面时，密度减小，米粒的翻滚运动增强，碾下的皮层易于脱离米粒。因此，碾白室圆周方向的截面积也应有一定的变化，以使米粒在碾白室内充分翻滚，增强碾白作用。

碾白室圆周向截面积的变化形式也有局部变化和整体变化两种。局部变化大都是通过在

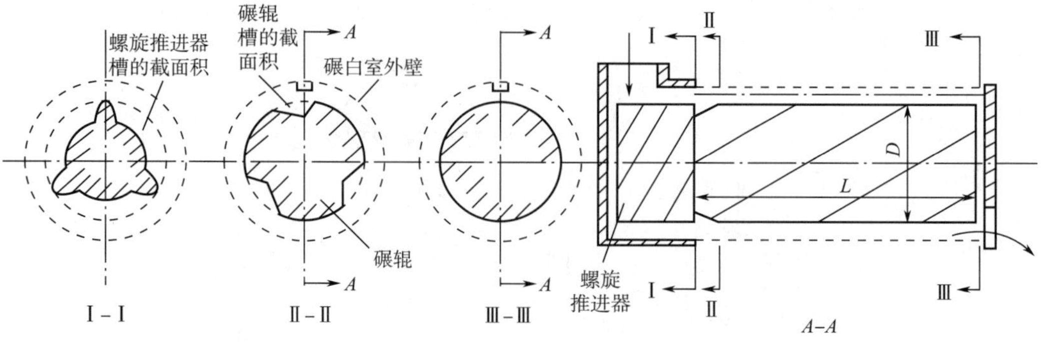

图 5-34　螺旋槽砂辊碾米机碾白室轴向截面积收缩示意图

注：*D*—碾辊直径；*L*—碾辊长度。

碾白室内沿轴向方向设置米刀或压筛条，实现改变碾白室圆周向截面积的，如图 5-35（1）、图 5-35（2）所示。整体变化则是通过将碾辊中心偏过碾白室外壁中心一定的距离，使碾白室圆周方向具有不同的间隙来实现的，如图 5-35（3）所示。

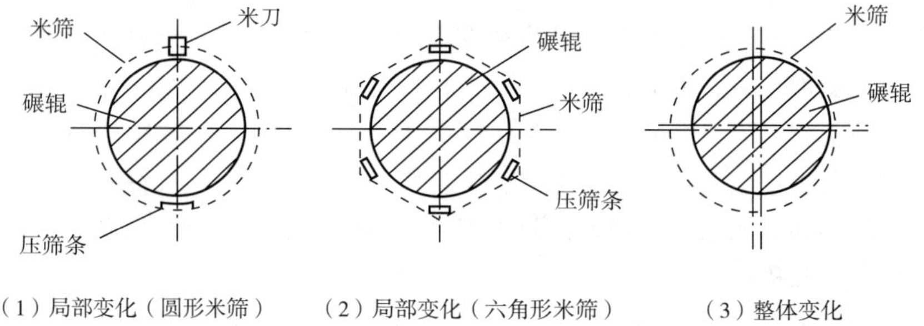

图 5-35　碾白室圆周向截面积的变化

圆周向截面积局部变化的碾白压力变化剧烈，如果米刀结构设计不当，容易产生较多的碎米。圆周向截面积整体变化的碾白压力增加速度缓和，产生的碎米较少。有的米筛内表面冲有半圆形凸点，使圆周向截面也发生变化，每个凸点与碾辊之间都成为增压区，从而提高碾白效果。

5. 米筛筛孔配置

合适的米筛孔大小既有助于米糠的排出，又可防止跑粮现象的发生。米筛筛孔过大，有利于米糠的排出，增加出机米外观色泽，但易发生跑米现象；筛孔过小，米糠排出不畅，出机白米含糠严重，色泽差。米筛筛孔的排列方式有直排和斜排两种，斜排筛孔更有利于排糠。

（三）碾米机的工作参数

碾米机的主要工作参数有碾白压力、碾辊转速、单位产量碾白运动面积等，它们是影响和控制碾米工艺效果的重要参数。

1. 碾白压力

碾米工艺效果与米粒在碾白室内的受压大小密切相关。碾白室内必须具有一定的碾白压力，才能达到米粒碾白的目的，但当碾白压力超过米粒的强度时，米粒会破碎，产生碎米。

因此，应合理地配置碾白室构件，选择适当的工作参数，尽量保持碾白压力均匀变化，并在操作中防止碾白压力突然变化，同时注意适当减轻碾白室后段以及出口处的碾白压力，以减少碾米过程中碎米的产生。

摩擦擦离型碾米机的碾白压力一般在 $2N/cm^2$，碾削型碾米机一般为 $0.5N/cm^2$ 左右，混合型碾米机的碾白压力略高于碾削型碾米机。

2. 碾辊转速

碾辊转速与米粒在碾白室内的运动速度和受压情况密切相关。在其他条件不变的情况下，转速加快，米粒运动速度增加，通过碾白室的时间缩短，碾米机流量提高。

对于摩擦擦离型碾米机，米粒运动速度增加会使碾白室内的米粒流体密度减小，碾白压力下降，导致摩擦擦离作用减弱，碾白效果变差。特别在加工高水分糙米时会导致大米精度不稳定，米色发花。

对于碾削型碾米机，适当加快碾辊转速，可以充分发挥碾辊的碾削作用，并能增强米粒的翻滚和推进，提高碾米机的产量，碾白效果比较好。但如果碾辊转速过快，会使米粒的冲击力加剧，造成碎米增加，碾米效果反而下降。若转速过低，米粒在碾白室内受到的轴向推进作用减弱，米粒运动速度减小，使碾米机产量下降，电耗增加。同时，米粒还会因翻滚性能不好而造成碾白不匀，精度下降。

碾米机类型不同，碾辊的转速控制范围也不同。摩擦擦离型碾米机的转速一般在1000r/min以下，碾削型碾米机的转速一般控制在1300～1500r/min。

3. 单位产量碾白运动面积

当米粒以一定的流量通过碾白室时，碾米机单位产量碾白运动面积大，则米粒受到的碾白作用次数就多，米粒容易碾白，需用的碾白压力可小些，从而可以减少碎米的产生，米温较低，出米率较高。但单位产量碾白运动面积过大时，碾白室的体积也过分增大，不仅经济性差，而且还会产生过碾现象，反而使出米率下降。如果单位产量碾白运动面积过小，则碾米时碎米较多，米温高，排糠不畅，动力消耗增加。

（四）碾米机的操作

1. 流量

在碾白室间隙和碾辊转速不变的条件下，适当加大物料流量，可增加碾白室内的米粒流体密度，从而提高碾白效果。但流量过大，不仅碎米增加，而且导致碾白不均，甚至造成碾米机堵塞；相反，如果流量过小，则米粒流体密度减小，碾白压力随之减小，不仅降低碾白效果，而且米粒在碾白室内的冲击作用加剧，导致碎米增加。适宜的流量应根据碾白室间隙、糙米工艺性质、碾辊转速和动力配备大小等因素决定。

2. 米刀厚度

米刀的厚度主要影响碾白室内局部的碾白压力。适当地增加米刀厚度，有助于提高碾白效果、促进米粒翻滚，增加出机米的精度和碾白均匀性；过厚的米刀，局部碾米压力过大，则碎米多；米刀过薄，局部碾米压力过小，碎米少，但出机米精度低。米刀厚度的调节是控制出机米精度的最佳方式。

3. 出料机构的控制

出料机构的控制是指出料口压力的控制，其作用是改变整个碾白室的碾米压力。出料口压力过大，整个碾白室的碾米压力上升，米流密度增大，米粒翻滚性能下降。所以，碾米时碎米多，均匀性差；出料口压力过小，则碾米压力降低，出机米精度难以保证。

4. 喷风风量

喷风量过大，有利于米糠的排出，出机白米含糠少，米温低，但米粒翻滚剧烈，碎米多和爆腰严重；喷风量过小，则喷风碾米的优点不能体现。

三、碾米机的操作与维护

（一）开机准备

（1）根据加工原粮的工艺性质、水分、品种、成品米的精度等具体情况，调好米机的碾白室间隙，配备合适筛孔的米筛。

（2）检查米机各部分是否正常，各紧固件是否紧固，各调节机构是否灵活可靠，设备内有无影响开机的物料或影响设备安全的异物，如有则进行排除。

（3）检查皮带轮的紧固螺栓，并使皮带轮处在正确位置上。检查皮带的张紧度，用手盘动 V 型带轮，不应有阻卡现象。

（4）以空载方式检查电机转动方向，并仔细检查各处轴承是否过热、机器是否有异常震动或噪声、电机负荷电流是否有异常增加。

（二）操作和使用

（1）开机时应先关好进料闸门，打开出料闸门，然后开启动力。空载运转正常后打开进料闸门，开机后最先流出的一部分精度不符合要求的白米应回机重碾。

（2）通过流量微调装置和压力门进行流量和精度的调节。调节流量时必须注意观察电流表指针，根据电流表指针的额定数值，将碾米机流量调节到额定数值，并观察出机米粒是否达到精度要求，当精度偏低时，可加大出料压力门压力，使精度达到要求。注意动力负荷不可超载。

（3）运转中，料斗应保持有一定数量的物料，不允许“断料”“吊料”和走空，其流量波动不应超过 10%。如发现进料不畅、排料不稳（压力门一开一闭）、电流不随进料闸门开大而上升，则应检查吸风网路是否堵塞。喷风碾米机还应关闭喷风风机调风门，开大进料闸门，待原料充满碾白室，出料压力门工作正常后，再开启调风门，重新调整产量、精度。

（4）随时观察电流表，及时观察电机负荷情况和碾白室内压力与精度变化情况，检查白米精度是否均匀、碎米是否增加、米糠出口是否含有整米、产量是否稳定，定期检查皮带松紧情况及排糠情况，注意查看各部件温升是否正常，压力门是否灵活旋转。保持碾米机正常稳定运行，及时发现和排除故障。

（5）如发现米机堵车，应马上停机，打开排料口，拉动皮带使米粒从碾白室排出。

（6）如发现米机产生剧烈震动，应停机检查，发现问题及时找出原因并解决。

（7）停机前应先关闭进料闸门，停止进料，将压力门轻轻抬起，让最后不符合精度要求的一部分米粒流出机外或回到料斗。

（8）停机后，清除碾米机内外的积糠和出米口的积糠，检查各机件的完好程度，如有损坏应及时检修更换。

（三）维护和检查

（1）定期检查紧固件和电器触头，确保牢固可靠和接触良好。

（2）螺旋输送器、碾辊、进出料口衬套应经常检查，如磨损严重应及时换新，以免影响白米质量和产量。如有裂缝不得使用。碾辊换新时应进行静平衡校正。

（3）定期检查米筛、米刀（压筛条）磨损情况，发现米筛破损或变形、米刀（压筛条）磨损严重，则需更换。

（4）定期清扫出料口、米筛外、集糠斗等容易积存米糠的部位。

（5）定期更换相应的润滑油和机油，各运转部位应经常保持润滑良好。

（6）夏季应注意车间和碾米机的散热，保持电机的温升正常。

（四）常见故障及原因分析

1. 产量下降

①螺旋推进器或进料衬套或碾辊严重磨损，应及时更换磨损部。

②进出口大量积糠，需及时清理。

③传动带过松、打滑、转速降低，应检查传动装置，确保碾辊转速正常。

2. 增碎过多

①米筛间连接不平或螺旋推进器与碾辊连接不平，需检查碾白室各部件的连接处并及时处理。

②米刀过厚，可通过米刀调节机构减小米刀厚度。

③入机糙米含碎高，爆腰多，可检查原粮品质，适当降低砻谷机辊间压力。

④碾米机转速过高，可适当降低碾辊转速。

⑤出料口压力过大，通过出口压力调节机构适当减小出料口压力。

3. 成品米碾白不匀

①碾辊、米刀（压筛条）、拨料辊凸筋严重磨损，需及时更换磨损部件。

②米糠黏附于筛板并堵塞筛孔，应清理筛板，确保米筛筛孔畅通。

③进机物料流量不稳定，应检查流量调节机构是否工作正常。

④出料口压力小或压力门不灵活，需检查出口压力调节机构。

4. 糠中含米

①米筛筛板破损，及时检查并更换米筛。

②筛板与筛架两端贴合不平，可拆下筛板重新安装。

5. 米中含糠增加

①吸风系统有堵塞现象，及时检查并清理吸风系统。

②喷风风量过小，需适当增加喷风风量。

③米筛筛孔堵塞、糊筛，需及时清理米筛，确保米筛筛孔畅通。

④产量过大，可适当降低产量。

6. 电流过大或猛增

①进料流量猛增，需检查流量调节机构工作是否正常。

②出料口堵塞，需及时清理出料口。

③米筛筛孔堵塞，需及时清理米筛。

④压力门压力过大或卡死，检查压力门是否工作正常。

⑤碾米室内有异物，需停机检查。

⑥电流表互感器故障（比例不对），应及时检修。

7. 轴承座温升过高

①轴承损坏，需及时更换轴承。

②传动带安装过紧，可适当放松传动带。

③轴承润滑油过多或过少，应检查润滑油质量和添加量。

8. 机身振动大

①碾辊不平衡，需重新安装碾辊。

②地脚螺栓有松动或轴承座的固定螺栓松动，应检查并拧紧螺栓。

③轴承损坏，及时更换。

第五节　碾米副产品整理

碾米工段的主要副产品是糠粞混合物。糠粞混合物中含有米糠和米粞（粒度小于小碎米的胚乳碎粒），而且由于米筛筛孔破裂或因操作不当等原因，往往也含有一些碎米及完整米粒。米糠具有较高的经济价值，不仅可用其制取米糠油，而且还可从中提取谷维素、植酸钙等产品，也可用来制作饲料。米粞的化学成分与整米基本相同，因此可作为制糖、制酒的原料。碎米可用于生产高蛋白米粉，制备饮料和酒，制作方便粥等。整米需返回前路碾米机碾制，以保证较高的出米率。为此，需将米糠、米粞、碎米和整米逐一分出，做到物尽其用，即为副产品整理，工艺上称作糠粞分离。

糠粞混合物中的米糠、米粞、碎米及整米在粒度方面和悬浮速度方面都存在一定的差异，且在悬浮速度方面的差异大于粒度差异。因此，采用风选或风筛结合的方法，对分离更为有利。风选的典型设备是糠粞分离器，筛选的典型设备是糠粞分离小方筛。

糠粞分离的要求：①米糠中不得含有完整米粒和相似整米长度 1/3 以上的米粒，米粞含量不超过 0.5%；②米粞内不得含有完整米粒和相似整米长度 1/3 以上的米粒。

一、糠粞分离器

（一） SCC 型糠粞分离器

SCC 型糠粞分离器的结构如图 5-36 所示，主要由涡流筒、中间筒、料斗部、下料斗、回转阀、风门调节板、出料口等部分组成。

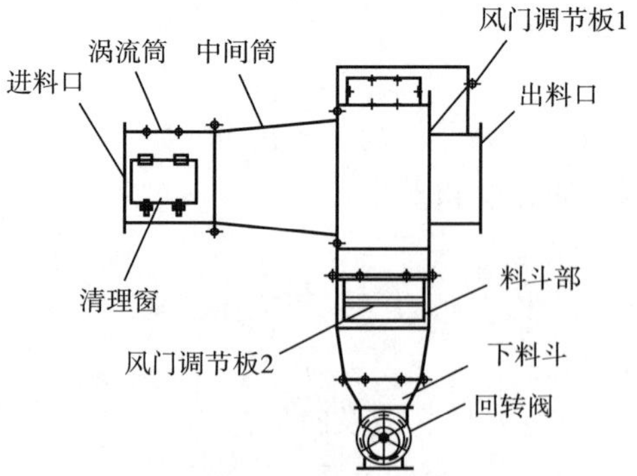

图 5-36　SCC 型糠粞分离器结构示意图

糠粞混合物随气流由进料口进入涡流筒，较轻的米糠在螺旋风的作用下，从出料口排出；较重的米粞掉入料斗部，由回转阀将其排出。主要规格和技术参数见表 5-9。

表 5-9　　SCC 型糠粞分离器的主要规格和技术参数

型号	产量/(t/h)	进料口直径/mm	出料口直径/mm	分离效率/%	糠中含粞/%	风量/(m^3/min)	压力损失/mmH_2O
SCC350	0.9	Φ350	Φ350	≥99%	<0.5%	100	100
SCC450	1.3	Φ450	Φ450	≥99%	<0.5%	170	110
SCC550	2	Φ550	Φ550	≥99%	<0.5%	250	120

（二） KXFD 型糠粞分离器

KXFD 型糠粞分离器主要由分离室和出料装置两大部分组成，结构如图 5-37 所示。分离室内设有调风门、挡板、清理装置等。物料在分离室内在自身重力、惯性冲力等作用下进行分选，轻的米糠随气流由上部米糠出口排出设备；较重的米粞、碎米等物料落至下部连接的三个出料装置进行再次分选。推拉杆连接分离室内清理装置，推拉推拉杆，可清除掉分离室内挡板表面附着的糠粉。出料装置由粗选室、精选室、料封管和出料压力门等部分组成。精选室下部设有进风风门，气流自下而上地经过精选室和粗选室对物料进行再次分选，将其中的米糠带回到分离箱由出糠口排出，碎米、米粞等大颗粒物料则由出料压力门排出机外，达到提纯米粞、碎米的目的。

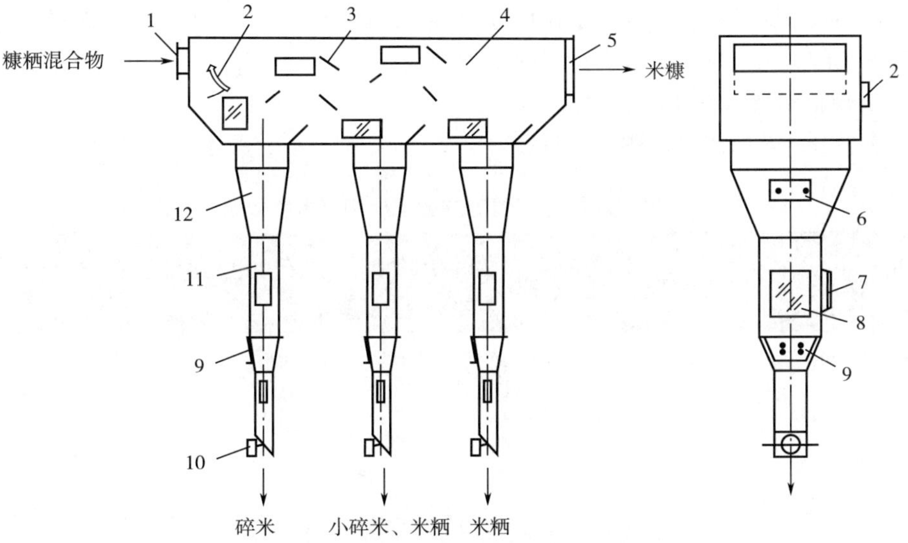

1—混合物进口；2—进口调风门；3—推拉杆；4—分离室；5—米糠出口；6—清理门；7—检修门；8—观察窗；9—精选室调风门；10—出料压力门；11—精选室；12—粗选室。

图 5-37　KXFD 型糠粞分离器结构示意图

（三）卧式吸风分离器

1. 主体结构与工作过程

卧式吸风分离器主要由外锥筒、内锥体、沉降筒、出风口、出料口等结构部分组成，结构紧凑，简单明了，如图 5-38 所示。

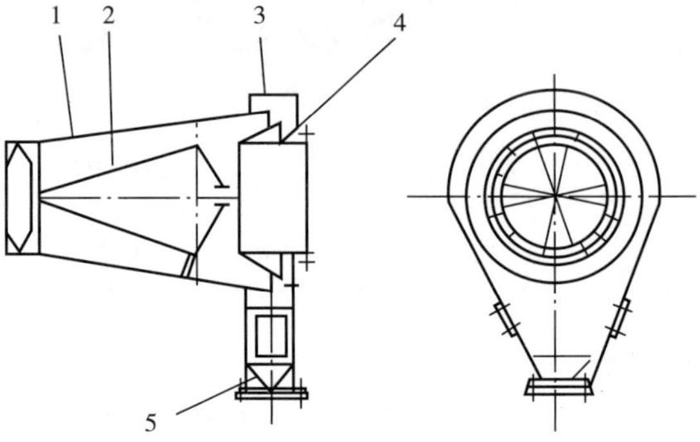

1—外锥筒；2—内锥体；3—沉降筒；4—出风口；5—出料口。

图 5-38　卧式吸风分离器结构示意图

卧式吸风分离器是典型的水平风选设备，多用于二次吸风分离、副产品整理和含细小颗料物料的气流分离等场合。常与垂直吸风风选设备配套使用，而用在空气净化处理之前，可以减轻后续设备的处理负担。

工作过程：含轻杂或细小颗粒物料的气流，由进风口进入外锥筒与内锥体之间的倒锥形空间时，由于叶片的作用，它们与轴线成一定的角度运动，由于离心力与颗粒质量成正比，则重颗粒物料被甩到外锥体内壁，依靠惯性而落入沉降筒，下落至出料口，而轻质颗粒、灰尘等随气流运动到出风口，进入后续风网处理。

2. 主要规格和技术参数

卧式吸风分离器的规格以进风口直径（mm）为特征尺寸，技术参数见表 5-10。

表 5-10　　卧式吸风分离器的主要规格和技术参数

相同	型号					
	TYFW25	TYFW30	TYFW35	TYFW40	TYFW45	TYFW50
进口直径/mm	250	300	350	400	450	500
风量/(m^3/min)	26	40	52	80	100	135
杂质分离效率/%	≥75%					
阻力/Pa	≤500					

二、糠粞分离筛

（一）KXS 型糠粞分离小方筛

KXS 型糠粞分离小方筛的结构如图 5-39 所示，主要由筛体、撑杆、传动机构和机架等部分组成。筛体内设3~5层筛格，筛面钉在筛格上，筛面下装有胶带与橡胶构成的清理块，筛体运动时清理块即可清理筛面。各层筛格借拉紧螺杆与筛盖及底盘紧固，并通过4根撑杆支承在机架上。撑杆上座与筛体托架固定，撑杆下座与机架固定，当筛体在偏心回转机构带动下做平面回转运动时，撑杆以下部位围支点绕动。

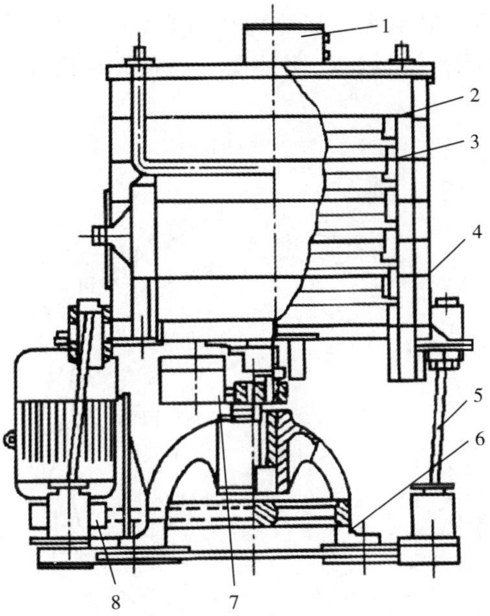

1—进料斗；2—筛格；3—筛面清理装置；4—筛体；5—撑杆；6—传动架；7—偏心回转机构；8—传动机构。

图5-39 KXS型糠粞分离小方筛

如图5-40所示为KXS型糠粞分离小方筛用于糠粞分离时的筛理路线及筛孔配备。图5-40（1）中第一层筛面采用大筛孔，目的在于及时分离出糠粞混合物中的大碎米，以减轻筛面负荷。此外，在碾米机米筛破损、大量米粒进入筛面时，可防止筛子堵塞以保证正常生产。

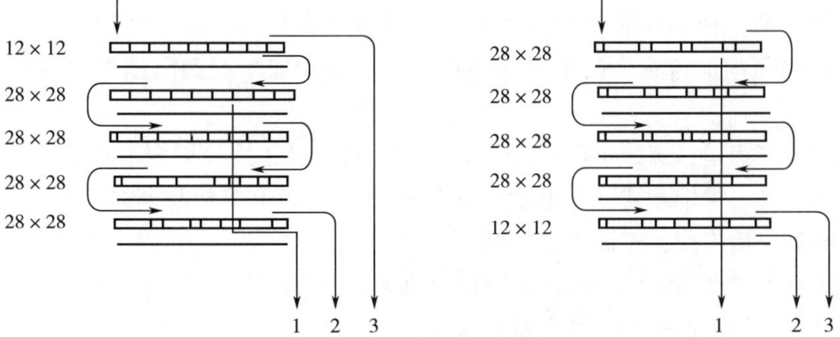

（1）第一层提取大碎米　　（2）最下层提取大碎米

1—米糠；2—米粞；3—碎米及整米。

图5-40 糠粞分离小方筛筛理路线

图 5-40（2）中提取大碎米的筛面放置在最下层，大碎米始终与糠粞一起混合筛理，可起一定的筛面清理作用，对防止筛孔堵塞也有好处，不同的筛理路线各有利弊，使用时根据具体情况合理选择。

（二）大产量防堵糠粞分离筛

传统糠粞筛产量有限，而且易糊筛。目前已有厂家采用糠粞圆筛进行筛理，并配合有效的刷子清理筛孔，结合吸风，达到大产量分离糠粞的目的。大产量防堵糠粞分离筛由机架、进料机构、筛筒、内外清理筛、出料斗、垫高架，以及设在机架上的电机、传动系统和盖板等组成，如图 5-41 所示。

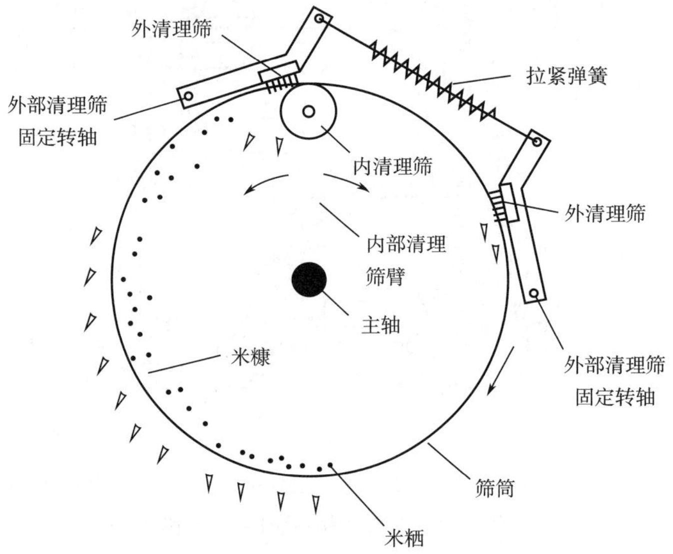

图 5-41　防堵糠粞分离筛原理示意图

含有米粞的米糠由进料口进入两端开口的旋转圆形筛筒内，米糠穿过筛孔筛出，米粞等粒度大的物料存在筛筒内。由于筛筒从进料端到出料端，存在合适的倾角（高油米糠可在旋转的主轴上增加推料螺旋），米粞最终由筛筒内部的出料端流出。为了防止筛孔被堵塞，设备在筛筒内外都设计了清理刷，其中外部清理刷采用一对相向的可转动刷子，用一定拉力的弹簧拉紧，使刷子紧压在筛面上，有效清理筛孔。内部清理刷可以通过外部的手柄调整刷子在筛筒内的位置。内部刷子还对一起转动的糠粞起到阻挡作用，防止物料在筛孔上结拱。

筛筒采用螺旋钢丝，螺旋钢丝内是由适当间距的连接条连接固定而组成的筛网。筛筒通过进料端筛筒端盖与主轴相连，并随之一起转动。设备的上盖板与两则门板上开有补风口，出糠口与吸风系统相连接，有助于糠的筛理。

该设备既可为单个筛筒的结构，也可以根据来料量的不同，设计多个筛筒并联使用，通过分料机构进行分料，以达到更高产量的目的。

复习思考题

1. 碾米四要素对碾白的影响有哪些?

2. 碾白方式有哪两种? 二者有何区别?

3. 在碾白加工过程中，粳糙和籼糙的工艺品质有哪些不同点?

4. 碾白压力分为几种类型? 是如何形成的?

5. 卧式碾米机中，砂辊表面螺旋槽的作用是什么?

6. 碾白室由哪些构件组成? 各有哪些功能?

7. 砂辊碾米机和铁辊碾米机的区别是什么? 在碾米工艺中如何应用?

8. 请结合卧式砂辊碾米机的结构和工作原理，分析出机物料米色不均（加工精度不均匀）的可能原因，如何应对?

9. 请结合立式砂辊碾米机的结构和工作原理，分析出机物料碎米率过高的可能原因，如何应对?

10. 碾米工序的副产品由哪些成分组成? 应如何处理?

CHAPTER 6

第六章

成品整理与计量包装

重点与难点

①成品整理的目的；②凉米的要求和方法；③白米分级的目的、要求和主要设备；④抛光机的主要结构和工作原理；⑤色选机的主要结构和工作原理；⑥配米的目的和方法；⑦配米秤及其工作过程；⑧斗式流量秤的主要结构和工作原理；⑨一次包装的计量工艺及设备；⑩全自动包装线的组成及控制。

课程思政点

经碾米机碾制后得到的白米，表面附着有米糠，光洁度较差，其中还混有米糠、米粞和碎米等，而且温度较高，这些都会影响成品的质量，同时也不利于大米的贮藏。另外，大米中所含异色米粒、垩白粒等，会影响成品大米的食用品质和商品价值。因此，大米在包装入库之前必须进行成品整理，确保成品大米的纯度和外观，以获得良好的经济效益和社会效益。

成品整理主要包括凉米、白米分级、抛光、色选等工段。成品整理的要求如下：①根据成品米质量要求，含糠、含碎、含杂等指标符合大米质量标准指标；②经凉米工序后，米温降低，接近室温，不增加爆腰率和碎米率；③米粒晶莹光泽，不附着糠粉；④成品中无异色颗粒和外来夹杂物。

另外，在成品大米发放之前，还需根据产品或用户要求进行适当的配米和计量、包装等工序。

第一节　凉米

经碾米机碾制后的大米温度较高，尤其是在加工高精度大米时，米温一般要比室温高出15~20℃，有时甚至高于20℃，如不经冷却直接送入抛光机进行抛光加工，会造成大米的外观亮度不持久，当室温较低时，还会由于温差造成设备内部、大米包装内部结露，进而黏附米糠，形成糠块和变质米块。凉米的目的是为了降低米温，以利于抛光，保证食品安全和贮藏安全。常见凉米设备的工作原理多是利用室温或制冷的空气、水作为介质，通过热交换，带走碾米过程中由机械能转换的热能，使米温降低。

降低米温的方法很多，如采用成品输送过程的自然冷却或通风冷却、凉米仓、专用凉米设备等。传统专用凉米设备有之字凉米器、凉米箱、流化床等。以往专用设备多是流化床，它不但可以降低米温，而且还兼有去湿、吸除糠粉等作用。但流化床凉米器冷却速度快，大米爆腰多，碎米多，现已很少使用。此外还有逆流式凉米器等值得研究的凉米设备。

目前降低米温多采用凉米仓。凉米仓利用自然散热、强制通风等方式，在较大米仓内对米进行冷却降温。除凉米功能外，凉米仓下设置配米秤，进行流量控制还可兼具配米仓的作用。凉米仓凉米的优点是米温下降较缓慢，产生的爆腰粒少、碎米少，动力消耗较低等；缺点是冷却时间长、占地面积较大、制作材料耗用较多、食品安全需要管控。

凉米仓包括至少一个仓储单元，仓储单元包括用于固定和支撑凉米仓的支架以及用于储存物料的仓体。仓体采用各种结构，使仓内的米可以与外部空气进行接触，以达到降温的目的。常见的凉米仓分为自然冷却式和强制通风式。强制通风是利用风机将空气强制送入仓内，增加热交换的风量，提高凉米效果，但强制通风可能会带来水分的散失和大米爆腰。

凉米仓的结构形式多种多样，但基本都是在以下几种结构形式基础上进行的演变。

一、自然冷却式凉米仓

1. 编织网仓壁凉米仓

仓壁采用编织网的凉米仓结构，为保证凉米效果，多为独立仓，少数有两联体或四联体的结构。编织网仓壁的单个凉米仓和凉米仓组的结构如图 6-1 和图 6-2 所示。

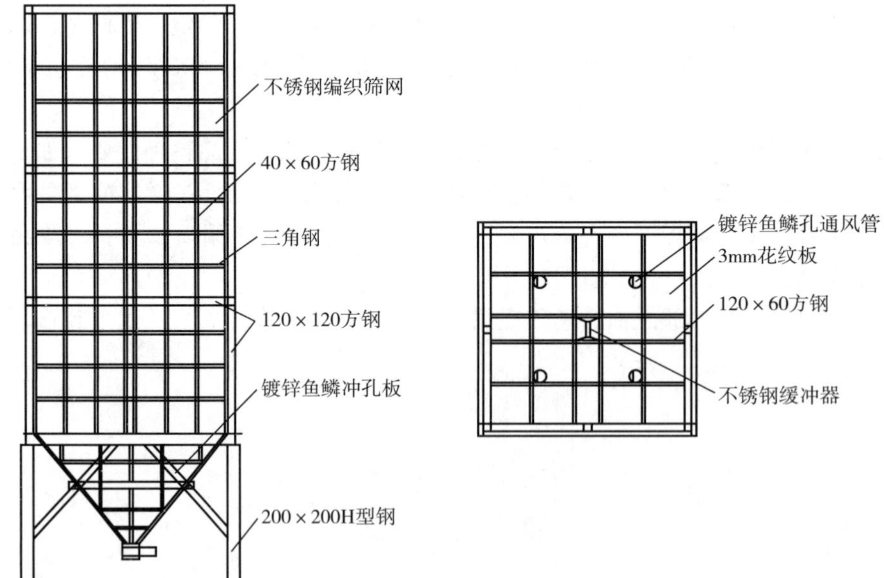

图 6-1　单个编织网仓壁的凉米仓

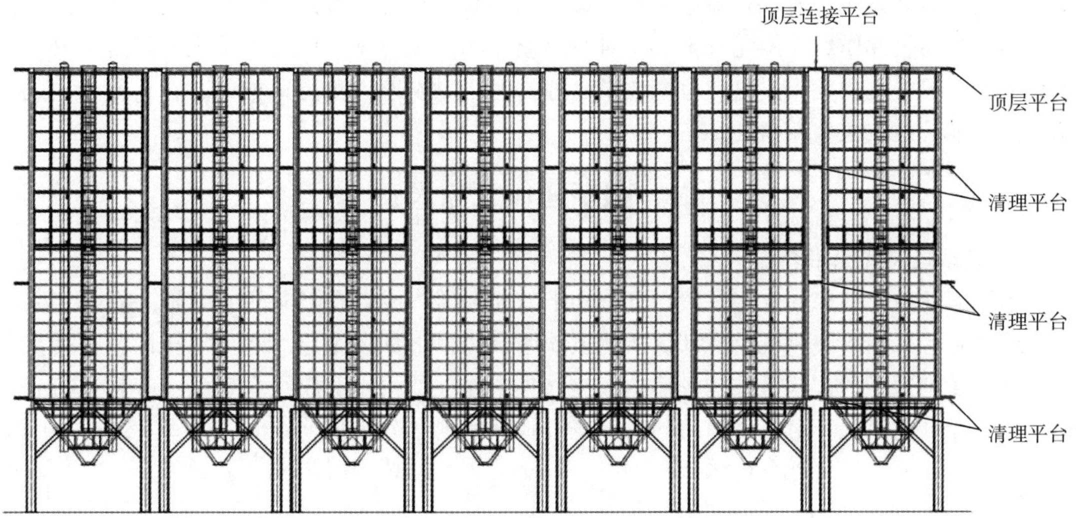

图 6-2 编织网仓壁凉米仓组示意图

2. 角状结构凉米仓

角状结构凉米仓包括仓储单元、通风槽、下料斗等，如图 6-3 所示。

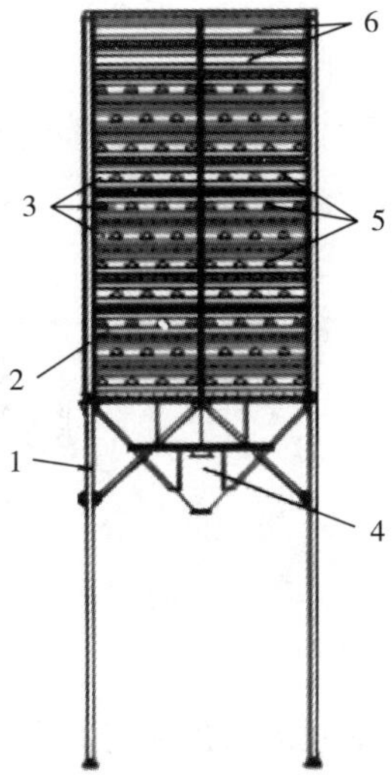

1—支架；2—仓体；3—层状壳体；4—下料斗；5—通风槽；6—盖板。

图 6-3 单个仓储单元示意图

（1）仓储单元 包括用于固定和支撑凉米仓的支架，以及用于储存物料的仓体。仓体上设有多组贯穿仓体的通风槽，用于向仓体内送入仓外空气流并将热量和过量水分从仓体带出。通过在仓体上布设贯穿仓体外壁面的通风槽，形成立体交错的降温网络，使处于内层和外层的米粒同时降温。每一组层状壳体上均设有至少一组通风槽，方便结构制作和批量化生产。通风槽与层状壳体通过螺栓连接，方便搬运和现场拆装。

（2）通风槽 包括用于插入仓体内且两端开口的筒体，以及设于筒体上并用于连接仓体的连接件。为了保证不存留白米，通风槽做成角状，因此该种凉米仓也称角状结构的凉米仓。为方便通风槽的拆装维护，根据仓体内的物料存储量灵活选择通风槽的设置数量。筒体由平板折弯而成，方便结构制作和批量化生产。筒体的外表面和拼合部位上设有用于加强板体强度的加强筋，从而提高筒体的径向的结构强度，防止在物料进入时造成结构损伤。筒体上设有将空气流送入仓体内并将仓体内的粉尘带出的风孔。

仓储单元设有用于释放物料的下料斗，顶部盖有带透气筛孔网的盖板，顶部周围还设有用于人员检修和观测的人行过道。

多组仓储单元紧贴拼合，相邻两组仓储单元之间共用支架。凉米仓采用螺栓连接拼装，安装方便，拆装方便，便于异地重装，具有自然通风、无动力消耗等特点。通风槽布满整个仓体内，起到缓冲作用，避免大米入仓时因落差大而产生碎米，同时由于大米被分散开，大米在下落过程中就散发出热量，凉米效果良好。但同时由于大量通风槽的存在，使仓内的清理十分困难，存在卫生死角。

二、强制通风式凉米仓

1. 下部鼓风式凉米仓

采用下部鼓风的凉米仓，一般在仓锥斗上有通风笼，或者有竖向的通风笼，如图 6-4 所示。通风时，采用离心风机由下部吹入通风笼中，风由下穿过米层，从上部排出，并带走热量。这种强制通风的方式，结构较简单，热气集中在上部，易形成结露现象；并且风机正压通风时，会升高风温，对米降温的同时，也会降低物料水分。

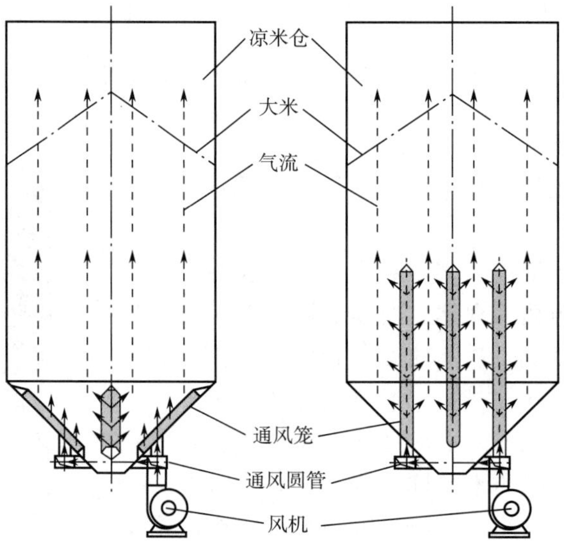

图 6-4　下部鼓风式凉米仓

2. 下部吸风式凉米仓

采用下部吸风的凉米仓，与下部鼓风式的凉米仓结构相似，一般在仓锥斗上有通风笼，或者有竖向的通风笼或者角状盒结构。通风时，采用离心风机由下部吸取通风笼中风，风由上穿过米层，从下部排出，并带走热量。这种强制通风的方式结构较简单，顶层热米与室温风先接触，热交换效率较高，不易产生结露现象，但由于风先过米层再进入风机，会带走糠粉或小米粞，对风机的寿命有影响。该凉米仓的结构如图 6-5 所示。

3. 径向通风式凉米仓

采用径向通风方式的凉米仓，其结构是在仓内做竖向的通风笼，该通风笼一部分与里部的进风管相连并连接到风机，一部分通风笼为出风管接出仓顶，如图 6-6 所示。当风机开启后，风由进风通风管进入仓内，由于进风通风管离出风管的距离小于到米层顶部的距离，阻力较小，所以风会穿过米层进入出风通风管中，并沿出风通风管排出仓，同时带走管道之间的米的热量。也有采用仓壁为编织结构的凉米仓，此时，一部分风直接从仓壁排出。

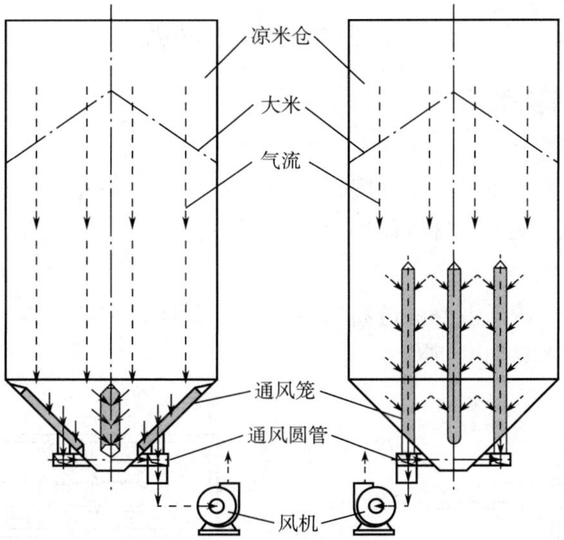

图 6-5　下部吸风式凉米仓

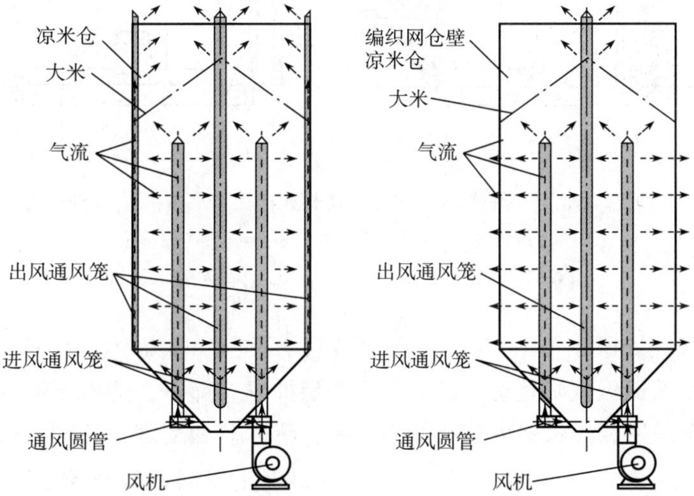

图 6-6　径向通风方式凉米仓

第二节　白米分级

将白米按粒长分成不同含碎等级产品的工序称为白米分级。白米中的含碎量是白米的定等指标之一，不同品种、不同等级的大米，其含碎指标不同。白米分级的目的是根据成品米的质量要求，分离出超标的碎米。白米分级的要求：一是确保成品大米含碎达到质量要求；二是碎米中尽量不含整米。

白米分级设备主要有白米分级平转筛和滚筒精选机等。

一、白米分级平转筛

（一）白米分级平转筛典型设备

1. MMJP 型白米分级平转筛

MMJP 型白米分级平转筛主要是利用碎米和整米粒型的差异，在平面回转的筛面上做重叠回转、摩擦推进运动，通过物料自动分级和不同孔径筛面的连续筛理，分离出整米和碎米，从而达到白米分级的目的。

MMJP 型白米分级平转筛主要由进料匀料装置、筛体、传动机构、出料装置、弹性支撑杆、底座等部分组成，如图 6-7 所示。

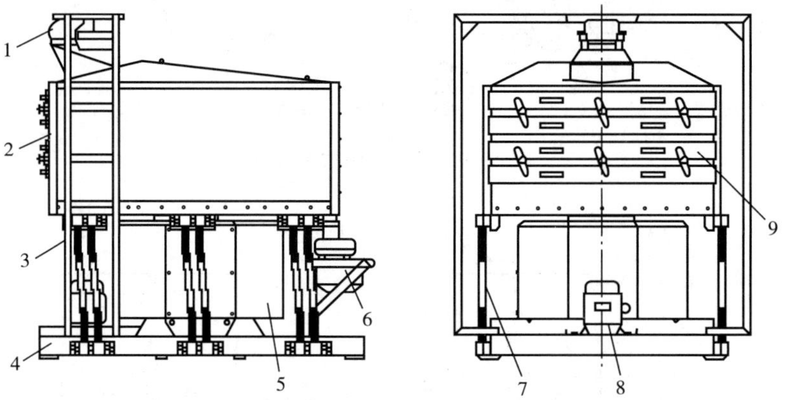

1—进料装置；2—筛体；3—进料装置支撑架；4—底座；5—传动机构；
6—出料装置；7—弹性支撑杆；8—电机；9—筛格。

图 6-7 MMJP 型白米分级平转筛结构示意图

筛体由多根弹性支撑杆支撑，弹性支撑杆支撑分多组，在筛体水平面呈对称分布，主要用以约束筛体在水平面做规则运动。筛体内有四层抽屉式筛格，筛格下设有倾角相反的导流淌板，可以延长筛理路线。筛格内装有筛面、橡胶清理球和清理球托网，橡胶清理球在筛体运动时上下跳动清理筛面，以防止碎米和米糠堵塞筛孔。

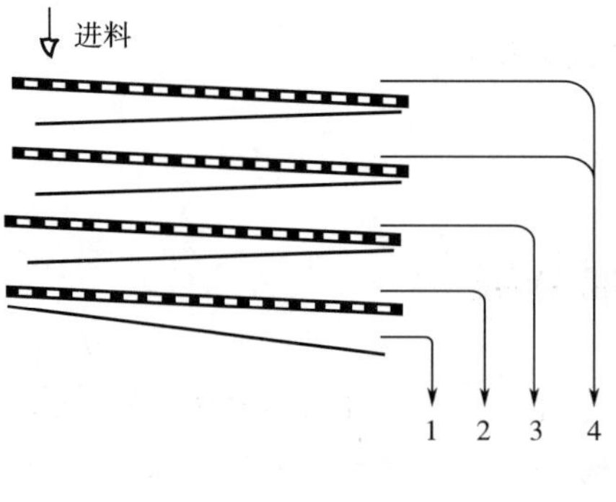

1—小碎米；2—混合米；3—一般整米；4—全整米。

图 6-8 MMJP 型白米分级平转筛筛路示意图

采用偏心回转振动机构，传动机构的下轴承座通过紧固件与底座连接，上轴承座通过紧固件与筛体连接，上下轴承座轴线有一偏心量，运行时带动筛体产生回转运动，筛体运动产生的离心惯性力由平衡块平衡，使整机运行平稳。平衡块可沿主轴径向方向调节，以适应处理量变动之要求。

MMJP 型白米分级平转筛筛路如图 6-8 所示，一般可分离出全整米、一般整米、混合米，小碎米 4 个等级。

物料从第一层筛格进料端进入，第一层筛面的筛下物落入第二层筛面筛理，第一、二层筛面的筛上物为含碎不大于5%的全整米，由出料端排出筛体；第二层筛面筛下物进入第三层筛面筛理，其筛上物为含碎不大于15%的一般整米，由出料端排出筛体；第三层筛面的筛下物落入第四层筛面筛理，其筛上物为碎米和整米的混合物，筛下物为含整米不大于0.5%的小碎米。

MMJP型白米分级筛特点如下：①机械性能稳定可靠，工艺性能良好；②筛网不易堵塞，有自动清理筛网的装置；③筛网精度高，使分级效果提高，采用精确尺寸的筛网，使分级后的各品种中的混杂率降低；④白米分级筛中的4层筛子，2次提整米，产量大，整米中碎米含量小，碎米中整米含量比一般的低；⑤进料口增加凉米吸风装置，起到降温、降湿、去除糠粉的作用，提高产品质量。

2. MMJM型白米分级平转筛

MMJM型白米分级平转筛由进料机构、吸糠装置、筛体、传动机构、机架和悬挂装置等组成。机架采用冲压成型的钢板制成；筛体由钢丝绳吊挂在机架上；筛体内装有两层抽屉式筛格，分为前、后两段。前段筛面配备较大筛孔，后段筛面配备较小筛孔，以便将白米分成四种不同的粒度等级。MMJM型白米分级平转筛结构示意图和筛理路线如图6-9和图6-10所示。

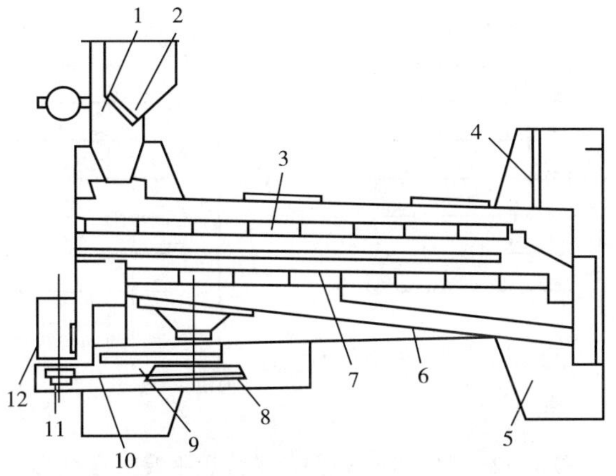

1—吸糠凉米装置；2—进料机构；3—上层筛面；4—钢丝吊挂绳；5—机架；6—筛体；7—下层筛面；8—大塔形带轮；9—偏重块；10—V型带；11—小塔形带轮；12—电机。

图6-9　MMJM型白米分级平转筛结构示意图

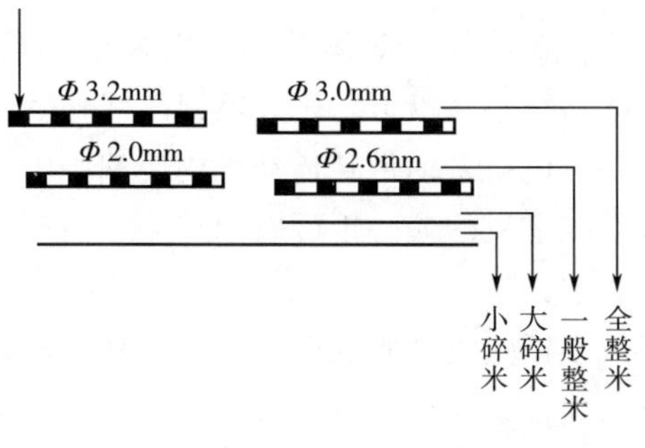

图6-10　MMJM型白米分级平转筛筛理路线

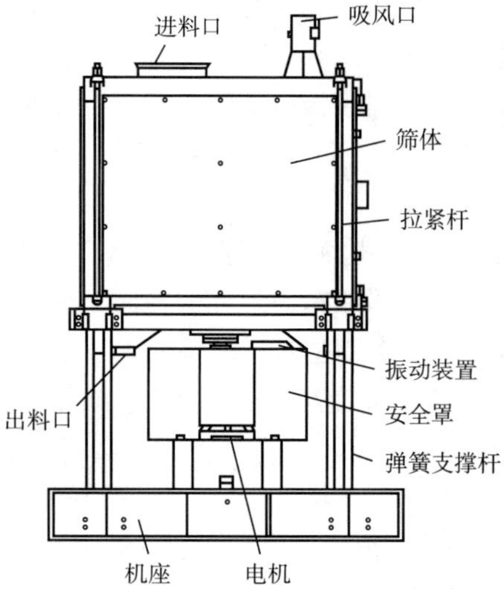

图 6-11 ST527A/ST1037R 型白米分级平转筛结构示意图

3. ST527A/ST1037R 型白米分级平转筛

ST527A/ST1037R 型白米分级平转筛主要由进料机构、筛体、振动机构、传动装置、支撑装置和机座等部分组成，如图 6-11 所示。

进料口处采用软管与溜管连接。筛体内设置有七层筛格，各层筛格内装置有分级筛面、清理球和清理球托网，清理球对筛面进行清理以防止筛面堵塞，筛孔规格可根据筛分物料粒度大小和分级要求进行配置。一般经该筛筛理分级可将物料分为全整米、混合米、碎米和米糠四个等级。筛体上部设有吸风口，下部开有进风口，用以吸除白米中的糠粉，并起到一定的降温作用。整个筛体由四组弹簧支撑杆或尼龙棒支撑，四根拉紧杆夹紧，筛面装拆极为方便。ST527A-C 型筛路如图 6-12 所示。

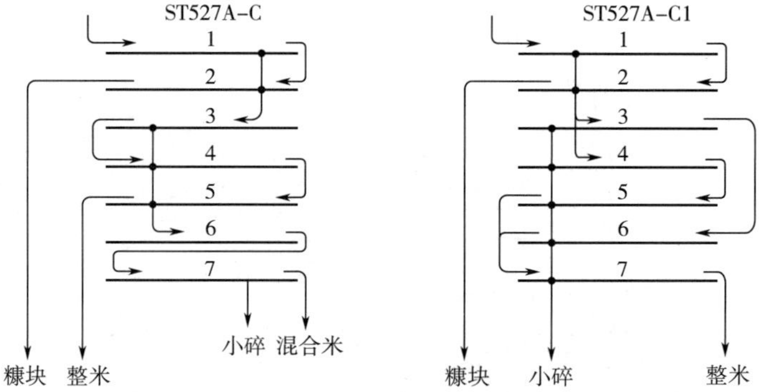

图 6-12 ST527A-C 型白米分级平转筛筛路图

采用偏心回转振动机构，既对筛体起激振作用，又可平衡筛体的运动惯性力。筛体的回转半径可通过改变两偏重块的重叠位置进行调节。传动装置采用 V 型带传动，结构简单，启动与停车方便，运较平稳。

4. DRAA 型白米分级筛

DRAA 型白米分级筛采用金属筛体，双体结构，内置十层重叠筛格，筛格材质为铝合金。拉杆和角钢紧压筛格，筛格至于底盘上，用玻璃钢吊杆悬吊在筛架上。

传动装置置于筛体中下部，电机带动带轮传动机构使偏心配重块旋转，带动筛体进行回转运动，从而产生筛理效果。配重块的偏心距可以调节，从而可以调整白米分级筛的筛分幅度，以达到最佳的筛分效果。

筛网采用不锈钢丝编织或不锈钢板冲制成形，具有多种不同的开孔尺寸。米流通过多个入料口进入筛子内，被筛分为 3 种或 4 种物料。根据不同的大米品种和工艺要求，白米分级筛有不同的配置来满足所需的筛分效果，常规应用：①出 4 种物料：大杂（糠块）、整米、混合物和碎米；②出 4 种物料：整米、混合物、大碎米和小碎米；③出 3 种物料：大杂（糠块）、整米和碎米。

筛分后的物料通过筛体底部的出料口排出。出料口附近可以取样，来查看筛分效果。白米分级筛配有多个吸风口，可以连接除尘风网系统，用以除尘、除湿、凉米，降低出机大米的湿度和温度，有利于下一步的加工或贮藏。

5. MMJX 系列复式回转白米筛

MMJX 系列复式回转白米筛用四根吊杆与机架连结在一起，采用无偏心的惯性传动机构。根据不同的大米品种和工艺要求，可配置不同筛面层数、筛孔尺寸和筛理路线，主要由进料匀料装置、机架、筛船部件、传动装置、吊杆部件等组成，如图 6-13 所示。

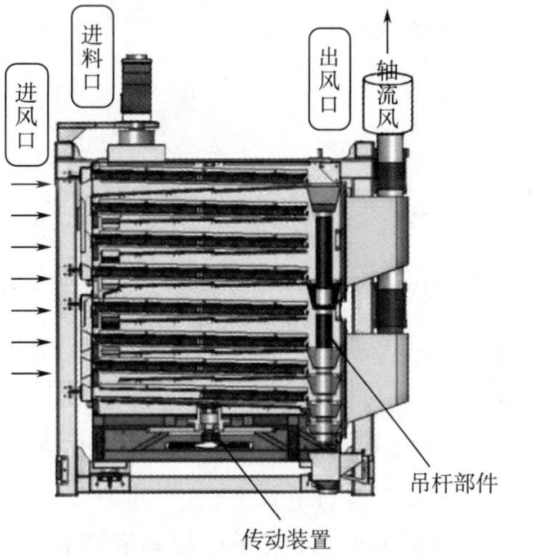

图 6-13　MMJX 系列复式回转白米筛结构示意图

MMJX 系列复式回转白米筛采用绕筛体中心回转的运动方式，筛体的回转速度和回转幅度采用变频器无级调节，筛体四角采用万向节柔性吊挂，运转平稳。进料部件、筛体部件、筛板等大米接触的零件全部采用不锈钢材料，筛框采用铝合金材质。进料装置增加分料板，内部分料采用前门隔板分料，物料分布更均匀。处于顶层的副筛配置钢丝网，用于去除成品米中的大杂，如回机米包装线、抛光糠团、提升机糠团等杂质。通过合理的筛面配置与合适的转速，分选出四种等级的大米：特米、一般米、混合米、小碎米，如图 6-14 所示。

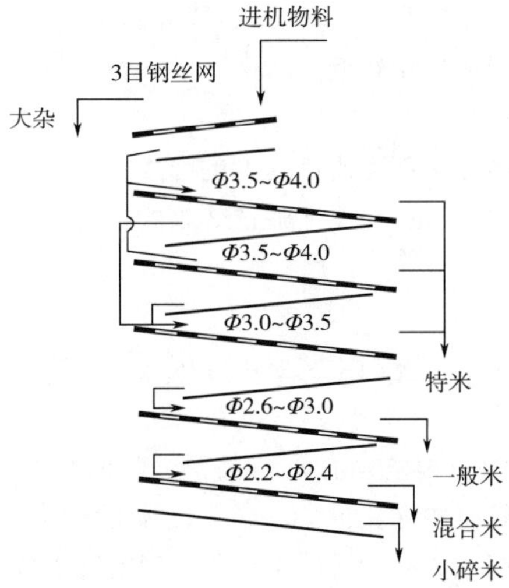

图 6-14　MMJX160×（5+1）型复式回转白米筛工艺流程图

白米筛筛体自带通风功能：筛体操作侧配置多层进风口，出料侧配置双轴流风机稳定抽风，也可外接风网，将大米进入白米筛挥发出来的水蒸气及时排走，避免遇冷凝结成水珠。

部分典型白米分级筛的型号和主要技术参数见表6-1。

表6-1 白米分级筛主要技术参数

型号	处理量/（t/h）	主轴转速/（r/min）	吸风量/（m^3/h）	筛面倾斜角/（°）	配备动力/kW
MMJP100×4A	4.0~5.0	160±10	1000	1.2	0.75
MMJP150×4	5.5~7.0	160±10	1000	1.2	2.2
MMJM·100	4.2	310	600	3	0.75
ST527A	3.5~4.5	200	—	—	0.75
MMJX160×4	5~6.5	160~200	800	1.2	1.5
MMJX200×（7+1）	15~20	变频器无级调速	1500~2000	1.2	3

（二）影响白米分级筛工艺效果的因素

1. 转速和回转半径

筛体的转速和回转半径是影响物料在筛面上相对运动速度和运动轨迹的两个主要因素。转速快，物料在筛面上的相对运动速度快，自动分级作用强，但物料穿孔比较困难，转速过快，还会影响筛下物的量；转速慢，物料在筛面上的相对运动速度慢，自动分级作用差，但物料穿过筛孔容易，易使不该过筛的物料穿过筛孔，影响筛下物纯度。

回转半径的大小主要影响物料在筛面上运动轨迹的大小。在转速一定的情况下，回转半径大，物料相对筛面的运动轨迹大，筛理路线较长，有利于物料的自动分级和提高分离效率。但回转半径过大，会使物料穿孔困难，反而使分离效率下降。回转半径小，则会得到相反的效果。筛体的转速和回转半径是两个相互联系的因素。为了保证物料在筛面上有适宜的相对运动速度，大的回转半径应选用较低的转速。

2. 筛面倾斜角

筛面倾斜角也是影响物料在筛面上流动速度的因素之一。增大筛面倾斜角，物料的流动速度加快，容易出现筛分不清现象，在保证筛选效果的前提下，可适当提高倾斜角，这样可提高产量。

3. 筛孔的形状、大小和排列

应根据筛理物的粒度大小、流量和工艺要求等因素综合决定。

4. 筛面的长度和宽度

筛面长度和宽度与设备的筛理效率有密切关系。筛面长度决定了物料有足够的筛理路程，并使小于筛孔的物料有较多的穿孔机会。当单位筛宽流量一定时，筛面越宽，生产量越大；但筛面过宽，将造成沿筛宽方向的流层不均匀，影响筛理效率。

5. 流量

流量过大或过小，均会影响筛体的正常运动状态，造成回转半径失实，使物料难以在筛面上充分形成自动分级，从而降低除杂效率。因此，在生产中应保持稳定而又适当的流量。

6. 筛面清理

为了保证筛选的有效作用，各层筛面特别是下层筛面必须经常注意清理装置的实际效果。一般应保持80%以上的筛孔畅通。

在生产过程中，调换筛格必须在停机时进行，筛孔规格的选择，应根据不同的成品要求和粒度进行选配。

二、滚筒精选机

滚筒精选机又称长度分级机、长度机，是一种利用长度差异将整米与碎米分离的精选设备，一般与白米分级筛组合使用，工艺组合灵活。滚筒可串联或并联，可实现碎米中不含整米的分级要求。

（一）滚筒精选机的主要结构与工作原理

1. 主要结构

滚筒精选机主要由滚筒、收集槽、螺旋输送器、调节装置和传动机构等组成，其一般结构如图6-15所示。

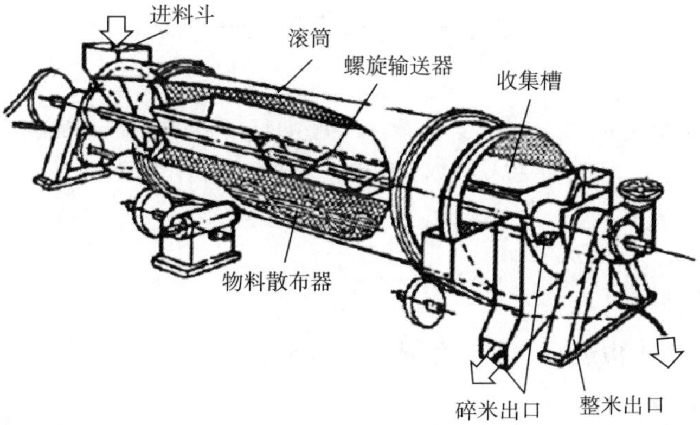

图6-15　滚筒精选机结构示意图

滚筒由冲压成半圆形袋孔或马蹄形袋孔的薄钢板（厚2~2.5mm）制成，并经硬化处理。滚筒通过端盖固定在主轴上，因此，滚筒和螺旋输送器一起随主轴旋转。收集槽的一端通过轴承支撑于主轴上，另一端利用轴套与蜗轮蜗杆调节装置相连接。转动蜗杆上的手轮能改变收集槽与滚筒内壁的相对位置，以适应物料性质的变化，保证分级效果，目前也有设备利用伺服电机和角度仪对收集槽角度进行自动调节。小粒收集槽的结构如图6-16所示。

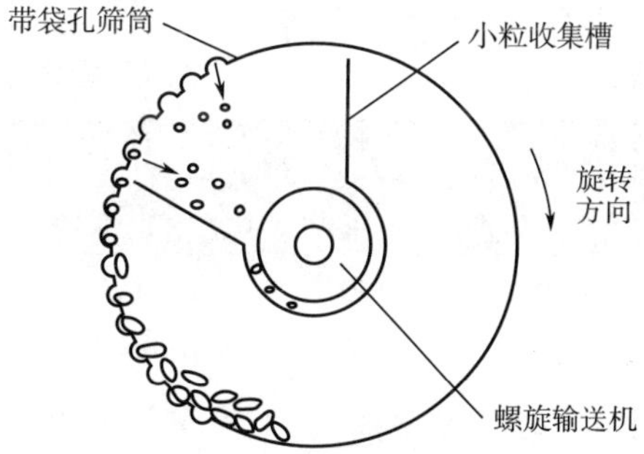

图6-16　小粒收集槽

2. 工作原理

工作时，传动装置带动主轴旋转，主轴带动滚筒和螺旋输送器旋转。滚筒内设有短粒收集槽，分级物料由进料斗进入滚筒后，随着滚筒的旋转，不断与内表面相接触，促使碎米进入袋孔内；当滚筒转到某一角度时，碎米便依靠自身重力脱离袋孔落入收集槽内，收集槽则依靠与滚筒一起绕主轴旋转的螺旋输送器把碎米排出机外；而整米在滚筒内表面摩擦力的带动下，上升到一定高度便下滑，上升位置较低，仅在滚筒底部运动，借滚筒本身的倾斜度流向另一出口排出机外，从而使长短粒得以分离。

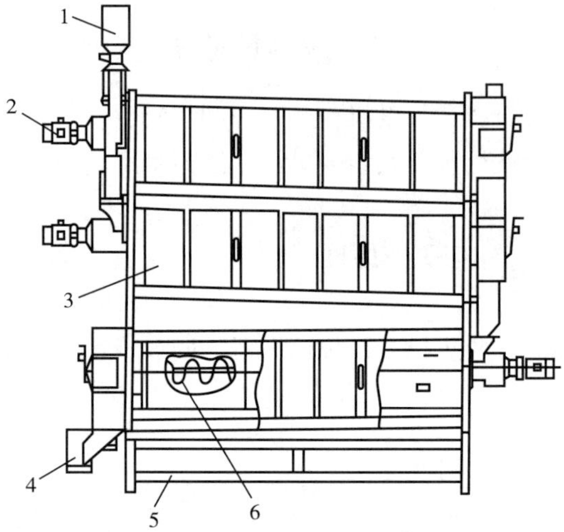

1—进料装置；2—电机；3—滚筒；4—出料口；5—机架；6—螺旋输送器。

图 6-17　MJXT 型滚筒精选机结构示意图

（二）典型设备

1. MJXT 型滚筒精选机

MJXT 型滚筒精选机由进料机构、滚筒、螺旋输送器、收集槽、连接管、电机、出料装置、机架等组成，如图 6-17 所示。

进料机构由进料箱、进料压力门、分料器、溜槽、进料轮框等部分组成。进料压力门用以调节、控制进机物料量，分料器设在压力门下部，将进机物料均匀地分为 2~3 等份，分别送往各滚筒进行精选分级。MJXT 型滚筒精选机的组合形式见表 6-2。

表 6-2　　MJXT 型滚筒精选机的滚筒组合形式

型号	滚筒直径/mm	处理量/（t/h）	转速/（r/min）	动力/kW	滚筒数/个	滚筒轴线倾角/（°）
MJXT45×2	450	0.6~0.7	50	0.55×2	2（串联型）	1
MJXT45×2A	450	1.0~1.2	50	0.55×2	2（并联型）	1
MJXT45×3	450	1.0~1.2	50	0.55×3	3（2 并联+1 串联）	1
MJXT45×3A	450	1.5~1.8	50	0.55×3	3（并联型）	1
MJXT45×4	450	1.5~1.8	50	0.55×4	4（3 并联+1 串联）	1
MJXT45×4A	450	2.0~2.4	50	0.55×4	4（并联型）	1

滚筒由 3 块弧状袋孔板组成，袋孔板内的袋孔形状为圆形袋孔，直径有 Φ2.8mm、

Φ3.2mm、Φ4.0mm、Φ4.5mm、Φ5.0mm、Φ5.5mm 六种规格，分别用于整米和小碎米的精选。滚筒内设有收集槽，收集槽的中心装有螺旋输送器，物料进入滚筒后，粒度小于滚筒袋孔直径的米粒落入袋孔，在袋孔的约束及离心力的作用下被提升到一定高度后，在自身重力的作用下脱离袋孔落入收集槽，并通过螺旋输送器从收集槽出料口排出。粒度大于袋孔直径的米粒在重力、离心力、摩擦力的作用下随滚筒运动，被提升到某位置后从内壁滑落，再提升、再滑落，经过多次提升、滑落，最后到达出料口排出。

2. LRG 型滚筒精选机

LRG 型滚筒精选机由 2~3 个滚筒叠置而成，如图 6-18 所示，每个滚筒由 3 块筛片通过锁紧扣固定而成，便于拆卸、清理和维修。

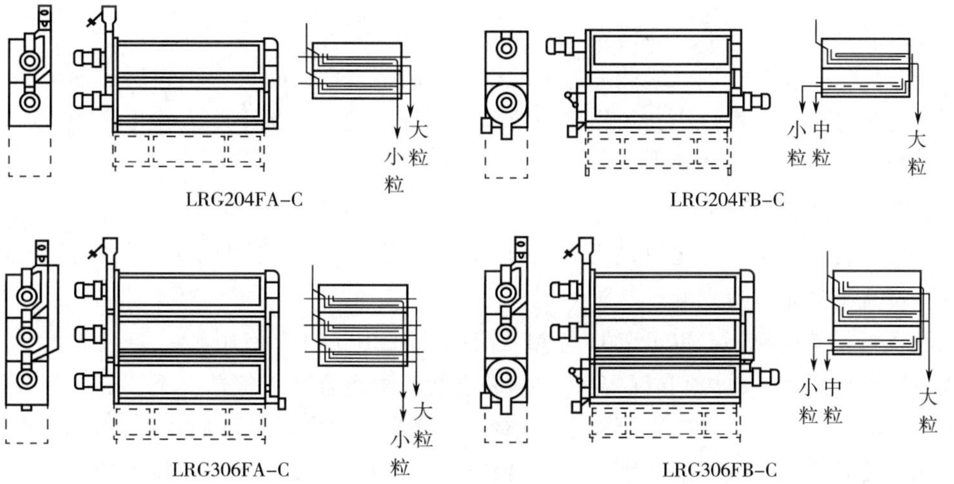

图 6-18 LRG 型滚筒精选机外形及工作路线

此机采用减速电机直接传动滚筒，使滚筒低速旋转，而且配有袋孔直径不一的多种规格滚筒，以适应加工不同类型原料及成品不同含碎标准的要求。此外，此机装有观察窗和取样口，便于检查分级效果。

LRG 型滚筒精选机主要技术参数见表 6-3。

表 6-3 LRG 型滚筒精选机主要技术参数

型号规格	产量/(t/h)	功率/kW	转速/(r/min)	袋孔直径/mm	机重/kg
LRG204FA-C	2000	0.4×2	50	2.8, 3.2, 3.6	380
LRG204FB-C	1000	0.4×2	50	4.0, 4.75, 4.9	380
LRG306FA-C	3000	0.4×3	50	5.2, 5.7, 6.2	560
LRG306FB-C	2000	0.4×3	50	8.2, 9.8	560

注：FA 表示筛筒并联形式，FB 表示筛筒串联形式。

（三）影响滚筒精选机工艺效果的因素

1. 袋孔形状和大小

滚筒精选机的袋孔多呈半球形，也可冲成马蹄形。袋孔的尺寸和形状应根据待分物料的性质和粒度曲线进行选择，如选择不当，对设备产量和分离效果都有影响。进行整米分级时，袋孔尺寸应略大于整粒米长度的2/3。

2. 转速

滚筒转速过高和过低，分离效果都不好。转速过低时，短粒物料的抛出区低，易与长粒物料的滑动区混淆，影响分离效果。转速过高时，由于离心力的作用，长粒物料滑动区加长，易进入短粒接料槽，而且转速过高时，短粒物料进入袋孔的概率减少，同样影响分离效果。

3. 流量

流量过大，不仅短粒进入袋孔的机会减少，分离不干净，而且由于料层表面增高，长粒容易混入短料之中；流量过小，工作表面得不到充分利用，产量下降。在生产中应根据设备的额定流量进行操作。

（四）滚筒精选机的应用

从分离的程度上讲，筛选只是粗放型分选，而滚筒精选机则可以对物料进行精细分选，其分级精度是筛选难以达到的。

精选机可以单筒使用，也可以双筒或三筒串联或并联组合使用，在工艺布置上比较灵活，大米厂可根据加工精度和成品含碎要求来进行流程组合。正常情况下，长度分级机碎米的提取率很高，筒出物中含碎率可以小于1%，但槽出物中含整米可能较多，需进一步精选。长度分级机比较适合在长度上差别较大的白米分级，相对于短粒米，长粒米的整米、大碎米和小碎米之间粒度差异较大，因此长粒米的分级效果较好。

滚筒精选机操作时需注意：①合理调整收集槽与滚筒内壁的相对位置，以适应物料性质的变化，保证分级效果；②定时清理滚筒精选机的工作面，避免物料堵塞袋孔而影响精选效果；③经常检查袋孔的磨损程度。袋孔磨损后，装入的物料容易滑出，影响分选效果。当因袋孔磨损而影响分选效果时，应及时更换；④保持稳定流量，从而保证稳定的分级效果。

第三节　抛光

一、抛光目的与着水方法

（一）抛光目的和原理

抛光的目的是去除表面糠粉，使米粒晶莹光洁、不附着糠粉，改善其储存性能，提高其商品价值。抛光需采用专用设备（抛光机），在抛光过程中加水，在摩擦擦离以及水热的共同作用下使米粒表面淀粉凝胶化，完成对白米的抛光。抛光机的工作原理近似卧式铁辊碾米机，只是作用力较缓和。

（二）着水方法

白米抛光机采用的着水方法多种多样，常用的主要有以下几种。

（1）水泵喷雾　采用电动水泵使水通过喷嘴形成雾状，米粒通过雾化区被着水、湿润，着水在进料箱中进行。着水量通过喷头孔径大小、水压变化及流量计进行控制。

（2）压缩空气喷雾　通过空气压缩机产生的高压（0.2~0.4MPa）气流将水雾化，米粒通过雾化区得以着水、湿润。着水量由流量计控制，既可在进料箱也可在抛光室对米粒进行着水加湿。采用抛光室加湿时，需将水雾化后经喷雾管道、抛光辊空心轴、喷嘴、喷风槽喷入抛光室。

（3）超声波雾化　由超声波雾化器将水雾化，然后送至抛光机的进料斗内对米粒进行着水、湿润。

以上各种着水方法各有利弊。比较而言，超声波雾化水滴比较细（雾滴直径 5μm），表面着水均匀，控制简单，但是雾化水量达不到设备的需求。目前使用较多的着水方法是利用压缩空气将水雾化后，喷入抛光室对米粒进行着水加湿。

二、典型抛光机

（一）CM2500 型、CM3500 型大米抛光机

CM2500 型、CM3500 型大米抛光机结构如图 6-19 所示，主要由进料装置、电控装置、着水系统、抛光室、排糠系统、传动系统、机架等部分组成。

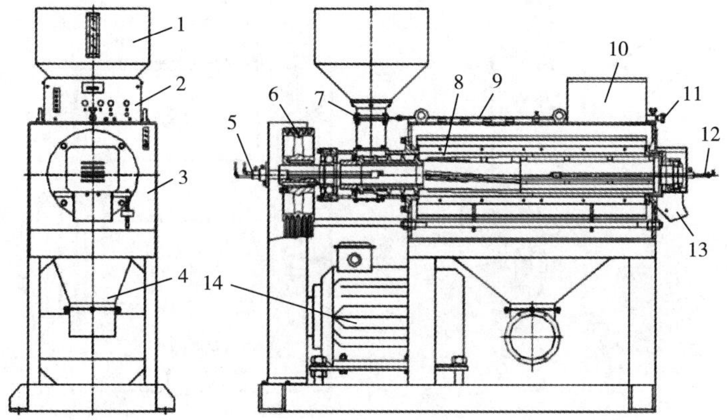

1—进料斗；2、10—电控箱；3—机架；4—排糠系统；5、12—喷嘴；6—主轴带轮；7—进料流量控制闸板；8—抛光室；9—拉杆；11—手轮；13—出料口；14—电机。

图 6-19　CM2500、CM3500 型大米抛光机结构示意图

进料装置由进料斗和流量控制机构组成。流量控制采用插板式流量控制机构，通过转动手轮推拉拉杆使进料闸板开启、闭合，对进机物料流量进行控制。

抛光室由螺旋推进器、抛光辊、空心轴、八角形米筛组件和出料口等组成。抛光辊的外径为 Φ165mm，抛光辊线速度 7~8m/s。抛光辊表面开有 4 条喷风槽，槽的前向面有凸起的筋。抛光辊有斜辊和直辊两种，斜辊的凸筋与喷风槽相对于主轴轴线倾斜一定的角度，在对米粒进行抛光的同时，对米粒还有一定的轴向推进作用，延续螺旋推进器对米粒的轴向推

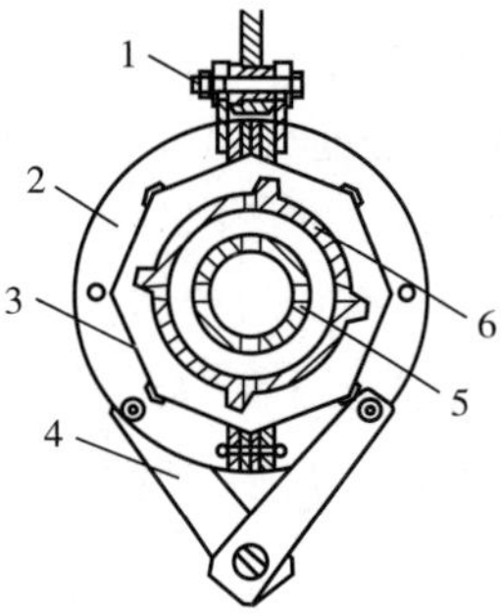

1—筛架连接螺栓；2—筛托架；3—米筛；4—支撑板；5—主轴；6—抛光辊。

图 6-20 抛光室剖视图

力；直辊主要起抛光米粒的作用。CM2500 型的抛光辊由两节辊（一斜辊一直辊）组成，CM3500 型的抛光辊由三节辊（一斜辊两直辊）组成。图 6-20 所示为抛光室的剖视图。

CM2500 型和 CM3500 型均采用压缩空气喷雾着水。喷雾效果可以从水压和气压两个方面进行调整，水压越大、气压越大，水雾化得越好。水压一般控制在 0.1MPa 左右，气压一般控制在 0.2MPa 左右。

工作时，大米由进料装置进入抛光机的抛光室，在抛光室内经雾化着水的物料在抛光辊与米筛的共同作用下被抛光，擦除米粒表面糠粉，使米粒表面产生晶莹、光泽的质地。抛光后的物料从出米口排出，擦除的米糠粉经抛光筛板排出，并由排糠组件吸出机外。调整压砣的位置可以改变出米口的压力，以调整大米的抛光亮度。

（二）MPGW19×2 型双辊抛光机

MPGW19×2 型大米抛光机主要由主机、电控柜、集糠器等组成，如图 6-21 所示。集糠器由高压风机、除尘器和风管等组成。

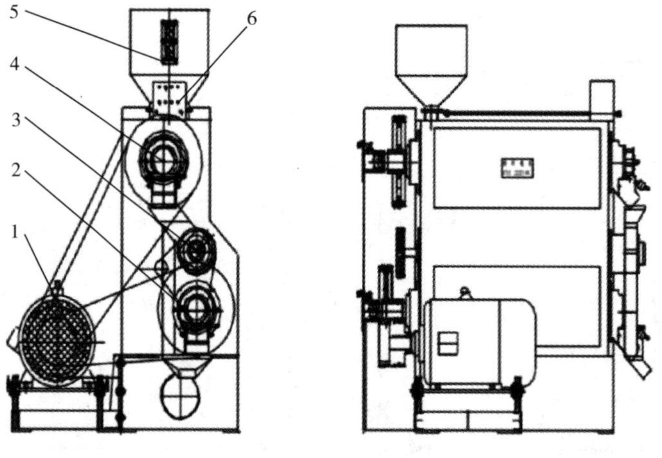

1—电动机；2—下抛光室部分；3—绞龙部分；4—上抛光室部分；5—储料斗；6—流量计控。

图 6-21 MPGW19C×2 型抛光机结构示意图

抛光室由主轴、螺旋推进器、抛光辊、轴承座、绞龙、进料衬套、出料衬套、米筛、筛托架等组成，固定在机体内部，如图 6-22 所示。工作时，经过碾白的成品大米由进料斗进入抛光室，水通过进水管与“气”均匀混成雾状，通过主轴通风槽，靠外置强拉风风机将水雾均匀吸附到白米表面。着水后的白米沿抛光辊表面前行，按一定线速旋转的抛光辊擦离白米表层，并使米与米、米与米筛相互摩擦，使其达到抛光效果。同时通过吸风作用迫使糠粉脱离抛光机，并由高压风机强行拉出，不使大米因抛光后水分增加而难以保存。大米抛光亮度由压力门压力和着水量调节。

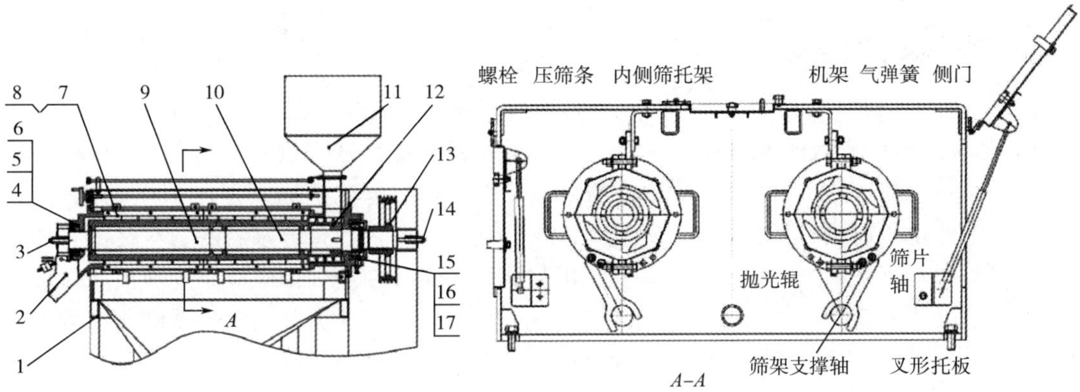

1—机架；2—出料装置；3—着水 1；4—出料轴承座；5—出料衬套；6—轴承；
7—筛托架；8—筛片；9—直筋抛光辊；10—斜筋抛光辊；11—储料斗；12—推进器；
13—主轴皮带轮；14—着水 2；15—进料轴承座；16—进料衬套；17—轴承。

图 6-22　MPGW19C×2 型抛光机抛光室结构图

MPGW19×2 型抛光机采用自动气雾混合喷水装置，能使抛光室均衡着水，并配有进水自动控制装置，断料或进料过多时，水会自动关闭，当物料达到一定量时，水自动打开。配备合理的吸风系统及恒温加热系统，以保证抛光过程中大米的温度与湿度，从而能更有效地保证抛光效果及米粒的完整性。

（三） THPG 系列球磨抛光机

THPG 系列球磨抛光机，改变了以往筋条抛光辊的形式，通过在抛光辊轴上有序点状分布抛光球，利用抛光球的球形工作面对大米进行揉搓摩擦，代替筋条抛光辊剪切摩擦的抛光方式。

THPG 系列球磨抛光机的主体结构与普通抛光机大致相同，主要由进料机构、抛光室、控制箱、出料装置、吸糠装置、传动装置等组成，如图 6-23 所示。

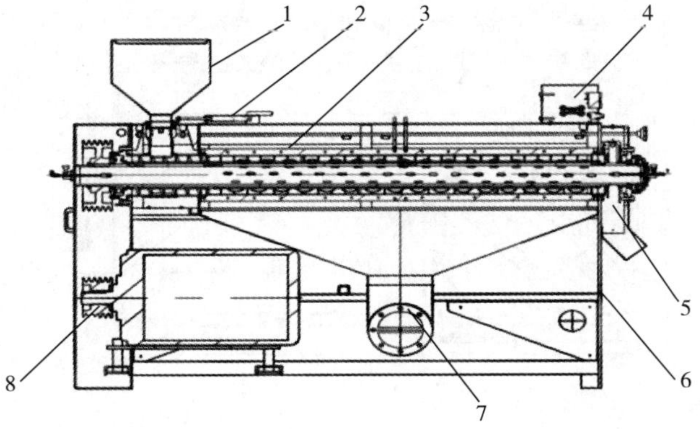

1—进料斗；2—气动插板；3—抛光室；4—控制箱；5—出料装置；6—机架；7—吸糠装置；8—传动装置。

图 6-23　THPG 系列球磨抛光机结构示意图

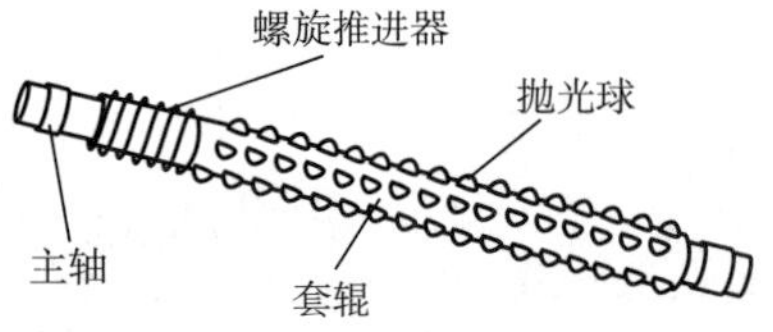

图 6-24 球磨抛光辊结构示意图

其抛光辊由主轴、不锈钢螺旋推进器、不锈钢套辊和抛光球等组成，如图 6-24 所示。螺旋推进器和套辊与主轴采用键连接，磨损后可以更换。抛光球直接用螺栓固定在套辊上，也可以拆卸更换。

工作过程：物料进入进料斗，气动插板打开，物料进入机内，当电流达到设定的下限电流值时，控制空气和水的电磁阀打开，喷嘴开始喷雾着水，在抛光室内雾化着水后的物料在抛光球与筛片的共同作用下被抛光。抛光后的物料从出料装置排出，糠粉则由吸糠装置吸出。通过调节进料流量及出料压力，以及抛光室内的物料充满程度，可以使大米的抛光亮度达到需求的状态。

（四）擦（刷）米机和清抛机

擦米（刷米）机通过柔性刷辊与有效通风相结合的方式，去除附着在米粒表面的浮糠，使米粒保持亚光镜面效果。刷米辊大都使用棕毛、皮革条或橡胶带等柔软材料制成，以减少刷米过程中米粒损伤和碎米。国外还采用氯乙烯树脂刷米辊，借助米粒与刷米辊摩擦时产生的静电进行刷米除糠。擦米（刷米）机无须加水，可以看作干法抛光，一般用于碾米机后，白米分级筛前后，可替代色选机前的第一台抛光机和包装机前的最后一台抛光机。

MPGW-G20 型清抛机采用数字化智能控制，实时显示并监控工作电流、进料情况、着水量等。其主体结构与抛光机相似，但是抛光压力更小，作用更接近于刷米机，用于清理大米表面的糠粉。

MPGW-G20 型清抛机主要结构包括进料装置、推进器、不锈钢抛光辊、米筛、机械式控水装置、气动压力门等部分，如图 6-25 所示。进料装置由气动总料门和电动微调料门组成，可精准调控进机流量。抛光辊和推进器均采用不锈钢材质，可避免普通刷米机毛刷易脱

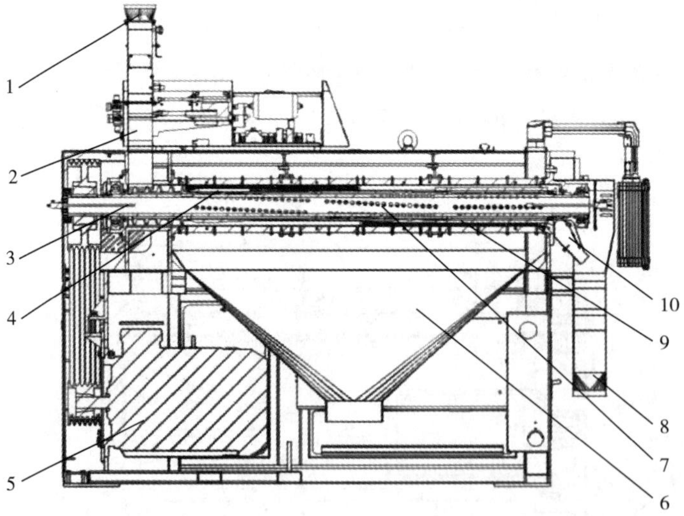

1—进料口；2—进料装置；3—喷嘴；4—抛光辊；5—电机；6—集糠室；
7—主轴；8—出料口；9—米筛；10—出料压力门。

图 6-25 MPGW-G20 型抛光机结构示意图

落、易老化等问题。抛光辊为全螺旋金属辊，四根筋均匀分布，筋后向面开有通风孔，辊筒和筋的表面镜面抛光。米筛采用304不锈钢材质。气动压力门由压力门气动元件、压力门气缸、储气罐、出料口等组成，配备智能恒压压力控制系统，通过压力门气缸调整出料门压力，使之保持在设定压力值内。双辊机型的两抛光室水平并列且相互独立，两集糠室独立分开且可调节各自风量，有利于两辊碾米室内压和风量持久保持动态平衡。

MPGW-G20型清抛机工作时，既可以着水，也可以选择不着水。在不着水清抛工艺中，一般放置于碾米机后、凉米仓前，可部分去除普通白米表面的糠粉、清洁大米。着水清抛工艺中，一般放置于凉米仓后，着水清抛的米粒表面会有一些水，米粒经过水润调质，马上进入抛光工序，可以减轻后续的抛光工序的负担，提高抛光亮度。

部分典型抛光机的型号和主要技术参数见表6-4。

表6-4 部分型号抛光机的主要技术参数

型号	产量/（t/h）	主机功率/kW	风机功率/kW	吸风量/（m^3/h）	机内阻力/mmH_2O	水压/MPa	外形尺寸（长×宽×高）/mm
CM3500	3.5~4	37	—	2100~2400	150~250	0.1	2275×730×1812
MPGW19C×2	串3~4.5 并4~7	55~75	15	4000~5000	200~250	0.25~0.3	2030×1500×2270
MPGW- PS158×2	串3~4 并6~8	75	18.5	4000~5000	200~250	0.25~0.3	3340×950×2575
MPGW188S×2	9~14	2×55~75	22	8500~9000	200~250	0.1~0.3	2830×1660×2360
MPGW-G20	15~18	2×15	11	2000~2500	—	—	2300×1320×2185
THPG-6	5.5~7.5	75	15	5100~6000	—	0.15~0.25	2870×960×2025

三、影响抛光工艺效果的因素

1. 抛光压力

抛光压力是由米粒的速度和碰撞力在抛光室内建立起来的。影响抛光压力的因素有多种，可以通过抛光室出口的压力门来调整和控制。抛光压力大，碰撞运动剧烈，抛光后增碎多；抛光压力小，碰撞运动就缓和，抛光后增碎少。所以，抛光时应使用较小的抛光压力，但抛光压力过小，会影响工艺效果。

2. 线速度

抛光辊线速度是决定米粒的速度和碰撞力的主要因素。线速度低，米粒离开抛光辊的速度就低，碰撞运动就缓和，抛光后增碎少；但线速度太低，米粒翻滚不够时会使米粒局部碾得过多，产生过碾现象，过碾会降低出米率，也会使米粒局部碾得不够，抛光不均匀。线速度高，米粒的速度和碰撞力大，米粒翻滚机会增加，抛光较均匀，但米粒翻滚过分时，会使米粒两端被碾去，碎米增加，同样会降低出米率。

所以，选择合理的转速以获得合适抛光辊线速度，对降低碎米率、提高大米抛光亮度十分重要。一般抛光辊线速度应为6~8m/s。

3. 流量

在抛光过程中，流量要稳定。如果流量过小，会使米粒在抛光室内翻动的机会过多，产生的摩擦力、撞击力过大，从而产生过碾现象。过碾不但会使米粒表面失去光亮，还会严重影响出米率；如果流量过大，米粒在抛光室内就不容易翻滚，使米粒与铁辊、米筛接触的机会过少，加工出来的大米同样达不到抛光的效果。

因此，在抛光过程中，要根据具体的加工原料品种适当控制流量，才能使米粒在抛光室内适当的翻动、撞击、挤压、摩擦，才能保证抛光机加工出来的大米达到米粒完整、表面光亮的工艺效果。

4. 着水量

着水量的大小对抛光机的工艺效果有着很大的影响。着水量过大会引起米粒的运动速度降低，造成抛光机内压力过大，碎米上升，甚至导致“闷车”；过小的着水量，则抛光效果差，米粒表面光洁度低。因此，抛光过程中，为确保良好的抛光效果，应控制合适的抛光着水量。一般着水量为大米流量的0.5%左右为佳。

5. 吸风量

抛光机一般采用轴心喷水、强拉吸风的形式。强拉吸风能使进入空心轴的水在较强的负压作用下迅速雾化，从而提高着水的均匀性。强拉吸风还能增加米粒翻动的机会，提高抛光精度；促进米粒与糠粉之间的分离，有利于排糠；降低抛光后白米的湿度和温度，起到凉米的作用。但吸风量过大，会使出米受阻抛光压力升高，反而增加碎米。所以，要根据具体机型选择合适的吸风量，使设备负压值在2500~3500Pa，才能有效地降低增碎，有利于抛光作用的发挥。

四、抛光机的操作与维护

（一）操作与调节要点

1. 物料流量的调节

空运转正常后，待储料斗中的物料达到时（通过玻璃观察窗观察），先开总进料插板，然后慢慢开启进料闸门，同时观察电流表指示。当物料从两辊出料口出料后，再根据电流表指示情况、设备额定产量、出料精度，确定闸门位置，进行流量调节。

2. 着水量的调节

着水量的大小直接影响大米的抛光效果，着水量过大，电机易过载；着水量过小，则成品米的光洁度差，达不到抛光要求。因此，着水量的多少必须视抛光效果及电机负载而定。正常情况下，总着水量应为入机原粮粮粒的0.5%左右；但是，根据季节不同，稻米品种及水分含量的不同应做适当的调整。

3. 抛光度及增碎率的调整

抛光度与增碎率是受抛光室结构参数、流量、电流值、机外压力、着水量的综合影响，因此操作调整时，必须综合考虑各种影响因素。

（二）常见故障分析

1. 大米表面黏糠，去糠效果差

①风管堵塞，需及时清理风管。

②吸风量不足（静压低），应检查吸风系统静压，若不足则增加。

③着水量太大，应适当减少着水量。

④米流量太大，可适当调节进机米流量。

⑤原料水分过高，不利排糠，可调整米筛，加强排糠效果。

2. 米温太高

①抛光室黏粉，应及时清理抛光室。

②供水停止，需检查水管和水泵使供水正常。

③米糠或碎米堵塞筛面，应及时清理筛面。

④风量不够，可适当增加风量。

3. 喷雾启动按钮按下后不出气或气量小

①空气压力太低，需检查压力表指针是否指在规定压力值，若压力低则调高压力。

②水雾分离器和尘雾分离器充满水，应及时将水排出。

4. 产量降低

①进料口堵塞，应及时清理进料口。

②抛光辊或螺旋推进器磨损，需及时更换。

③进出料衬套位置不当或严重磨损，需调整或更换进出料衬套。

5. 抛光效果差

①抛光辊、米筛等磨损，应及时更换磨损零部件。

②米糠黏附于米筛并堵塞筛孔，应清除米糠，疏通筛孔。

③出料口压力小或压力门不灵活，应根据实际情况调整压力门。

④加水量不合适，需根据工艺效果调节至合适的加水量。

第四节　色选

一、色选目的与原理

色选是利用光电原理，从大量散装产品中将“颜色”不正常的或受病虫害的个体以及夹杂物检出的单元操作，色选所使用的设备即色选机。色选机可以根据物料光学特性的差异，利用光电探测技术将颗粒物料中的异色、异形颗粒自动分拣出来。在不合格产品与合格产品因粒度十分接近而无法使用筛选设备分离，或密度基本相同无法用比重分选设备分离时，色选机却能进行有效的分离，其独特作用十分明显。

色选机在粮食、果蔬、食品加工、矿业、盐业等行业都有应用。在稻谷加工的谷物选别全程中，色选机的应用范围和利用率也越来越高，如：稻谷草籽和深黄米的分离，大米浅黄的识别，整白心白的分离，黄白碎米的分离，玻璃等恶性杂质的选别等。

色选机综合利用了现代光学、电子学、生物学等新技术，经历了由单面色选到双面色选，由互补金属氧化物半导体（CMOS）传感器到电荷耦合器件（CCD）传感器，由模拟到数字的发展历程。色选机的发展经历了第一代光电色选机、第二代CCD色选机，目前正处于第三代智能云质选机阶段。

目前主流的色选设备技术按滑道方式可分为两大类别的分选设备，即通道式分选设备和履带式分选设备。这两类设备结构有区别，但是工作原理是一样，如图 6-26 所示。

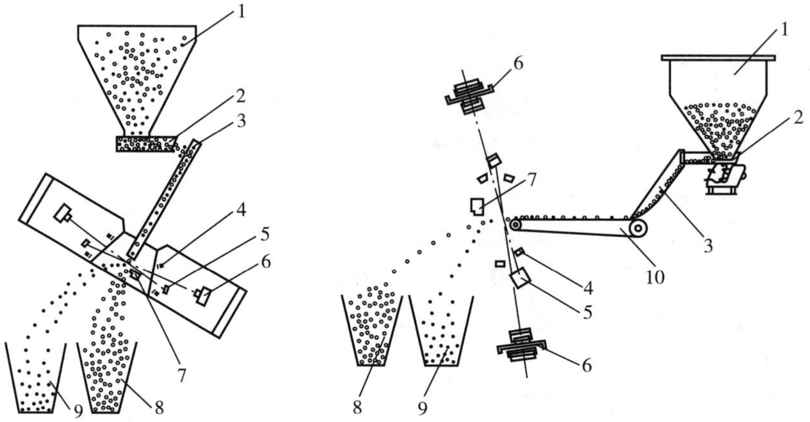

（1）通道式色选机工作原理　　（2）履带式色选机工作原理

1—进料斗；2—振动喂料器；3—滑道；4—光源；5—背景板；
6—视觉识别系统；7—喷阀；8—合格品；9—不合格品；10—输送带。

图 6-26　色选机工作原理示意图

当物料从顶部进料斗进入机器后，通过振动喂料器的振动输送，进入滑道上端，然后物料沿着滑道加速下落进入分选箱的识别区中，并从视觉识别系统和背景板间穿过，在光源的作用下，根据光的强弱及颜色变化，视觉识别系统将相关信息收集后，传送到专业软件系统分析、处理后输出信号，由控制板接收信号，驱动喷阀工作，将其中要剔除的异色颗粒吹至不合格仓，余下合格物料继续下落入合格品仓，达到选别物料的目的。

二、典型大米色选机

（一） XS 型色选机

1. 主要结构

XS 型色选机主要由进料装置、溜槽、出料装置、光电系统、信号处理系统、喷吹系统等部分组成，其结构如图 6-27 所示。

（1）进料装置　由进料斗和振动喂料器组成。进料斗分隔为左右两室，分别接收原料与一次分选后的不合格产品。进料斗内设置有料位传感器，振动喂料器将按照料斗中的料位高低进行工作。振动喂料器由几组相互独立的振动簸斗组成，通过振荡线圈使之振动。调节振动器振动量的大小，可达到对整机产量的控制。振动喂料器的作用是使物料沿整个设备宽度均匀分布，并落入相应的分选溜槽。

（2）溜槽　由 6~12 组平板式溜槽和 3~6 组 V 型溜槽组成，溜槽主要对物料进行加速和排列，使物料以一定的速度均匀一致地进入光电探测器的监测区域内，确保色选效果。

（3）光电室　光电室的作用是采集和识别物料，由光源、背景调节装置、CCD 传感器、

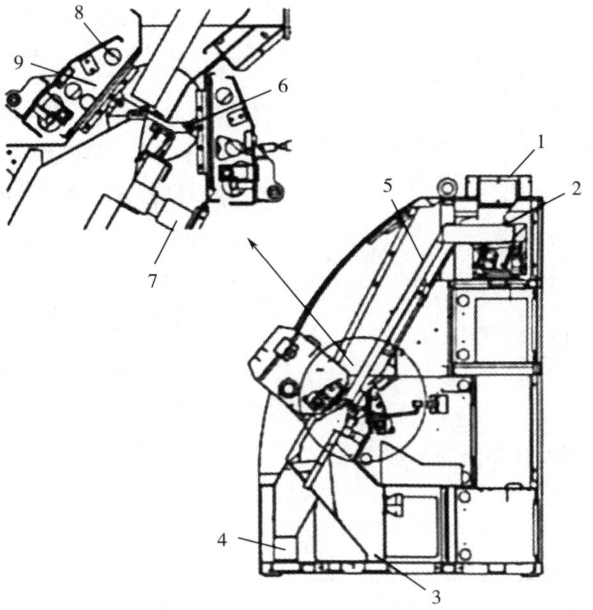

1—进料斗；2—振动喂料器；3—不合格粒出口；4—合格粒出口；
5—溜槽；6—清理刷；7—喷射阀；8—荧光灯；9—光电室。

图 6-27　XS 型色选机结构示意图

信号处理系统以及除尘装置等组成。光电室内设置有 2 组 4 根荧光灯作为分选光源，利用反射光和透视光的原理进行异色粒选别。当被选物料通过溜槽流入检测区域后，光学系统通过多个光学镜头对物料进行观测，将物料不同的反射光与透射光汇集成像于 CCD 传感器上，由 CCD 传感器将其成像后的光信号转换为电信号，再将所得到的物料信号准确地反映给信号处理系统，由信号处理系统分辨出合格品和次品，并将处理后的结果传至动作机构。当系统将某物料识别为次品时，喷射阀开启，喷嘴喷出气体剔除该物料。其中除尘装置自动定时除尘，以便色选时不受粉尘干扰。

（4）电气控制装置　主要包括微机和现场可编程逻辑门阵列（FPGA）组成的控制系统，置于全密封箱体内。控制系统负责光电信号采集、放大、处理，发出驱动喷射阀指令，开启喷嘴，喷出压缩空气，吹出剔除物，完成色选功能，达到对待选物料精选的目的。此系统还负责整机的色选精度调节、产量调节、背景调节、定时清灰等。

（5）出料斗　在前、中、后三个部位分布有四个出口，分别接收色选时的一次选合格粒、一次选不合格粒、二次选合格粒和二次选不合格粒。出料斗两侧附有吸尘口，口径为 Φ100mm，可自行配制吸尘系统。

2. 工作过程

工作时，原料由进料斗，经过振动喂料器分散并送到相对应的溜槽，物料在溜槽内均匀下落，以一定的速度流经光学检测区域，由检测系统对不同颜色和质地的物料进行检测，从而识别物料中的不良品，并通过喷射阀利用压缩空气，把不合格物料从物料流中分离出来。合格物料进入合格物料出口排出，有色粒进入不合格物料出口排出，从而达到分离的效果。

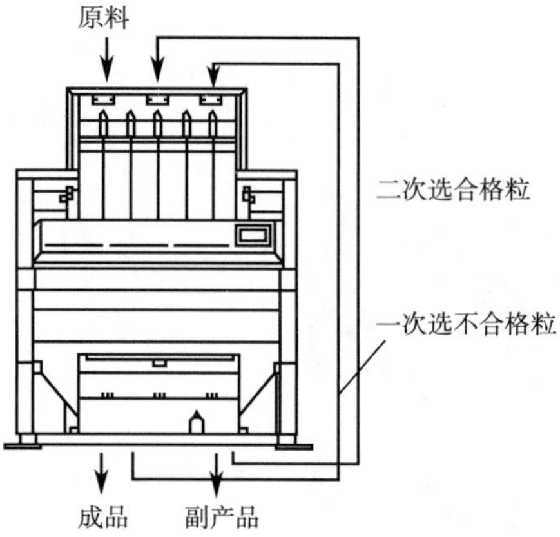

图 6-28　XS 型色选机工作流程示意图

XS 型色选机工作流程示意图如图 6-28 所示。

（二） SCR 系列质选机

SCR 系列质选机是针对精米加工工段设计开发的一款红外光源色选机，该系列质选机采用云平台硬件系统架构，应用大数据、云技术、物联网技术、鹰眼识别技术以及四色识别技术，是第三代智能云大米质选机的代表。

1. 主要结构

SCR 系列质选机主要由进料斗、振动喂料系统、滑道、视觉识别系统、控制系统、分离物料执行系统、气路系统、出料装置等部分组成，如图 6-29 所示。

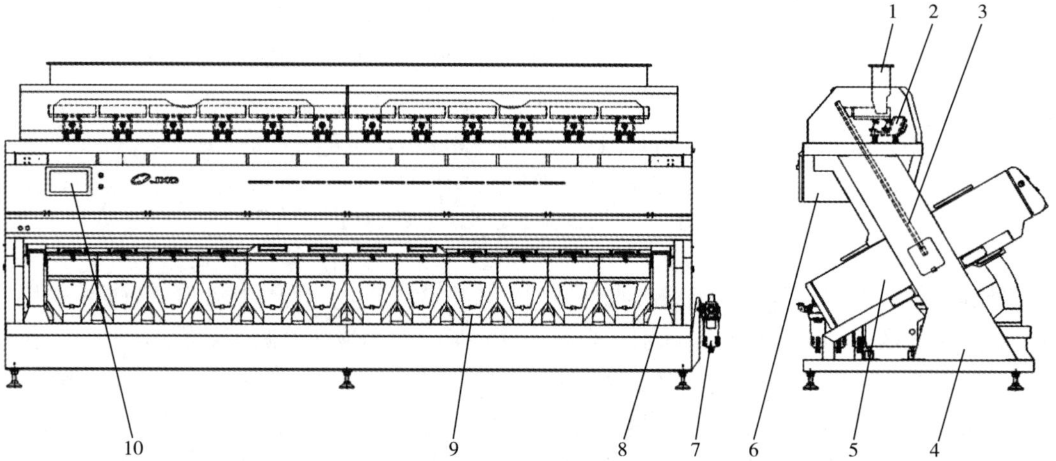

1—进料斗；2—振动喂料系统；3—滑道；4—机架；5—分选箱；
6—电控箱；7—主机过滤器；8—除尘管；9—接料斗；10—操作屏。

图 6-29　SCR 系列质选机结构示意图

（1）进料斗　进料斗是原粮进入质选机的入口，特定的尺寸设计一定程度上缓冲了原粮进入质选机，能有效地控制振动喂料系统的负载，保证其稳定的运行。

（2）振动喂料系统　由多组振动喂料器组合而成，主要作用是控制流量、均匀把物料分配到每个滑道。振动喂料器采用电磁振动给料技术，具有上料效率高、驱动功率小、整列定向性能好、工作简单可靠、不易损伤物料等优点，并且供料速度容易调节。

振动喂料器属于双质体共振型，主要由料斗、支撑弹簧片、基座、电磁激振器等组成，如图 6-30 所示。料斗通过支撑弹簧片连接在基座上，电磁激振器安装在基座腔体内部，电磁激振器由芯棒 1、芯棒 2 和线圈组成，芯棒 1 与料斗连接，芯棒 2 与基座连接。当线圈通电后会产生电磁力驱动料斗移动，断电后磁力消失，前移的料斗在支撑弹簧片的弹力作用下回拉，再次通电，线圈产生电磁力驱动料斗前移，如此循环往复，料斗即产生一个定向的循环振动运动，物料落在料斗上后，会随着料斗一起运动，调整支撑弹簧片的角度，使得物料定向跳动从而获得移动方向。

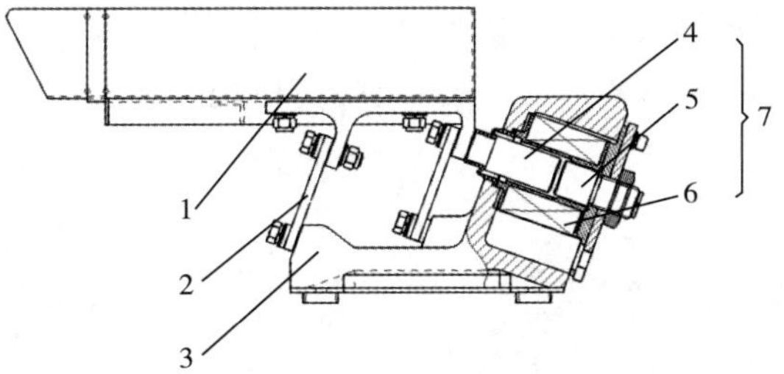

1—料斗；2—支撑弹簧片；3—基座；4—芯棒1；5—芯棒2；6—线圈；7—电磁激振器。

图6-30　振动喂料器结构示意图

（3）滑道　滑道是物料加速装置，与水平面呈60°夹角，其作用是对振动喂料器提供的物料进行加速、整形和导向。原粮经过振动喂料系统输送至滑道并均匀平铺开来，通过滑道加速后均匀输送至信号采集区域。滑道是影响色选效果的一个关键部件，其表面光滑程度会直接影响色选效果，故每块滑道均配备了加热膜，能在较短的时间内把滑道表面加热到一定温度，并且保持该温度，防止米糠的粘连，如图6-31所示。

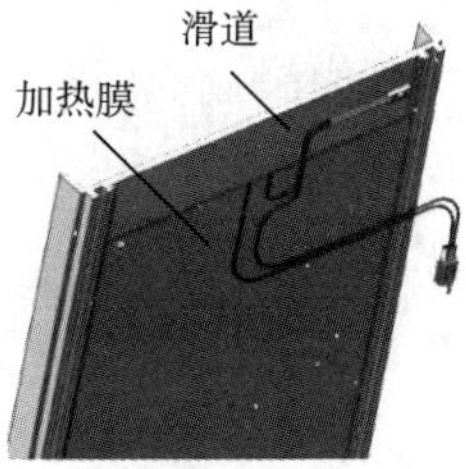

图6-31　滑道结构示意图

用于滑道的加热膜，首先需要软、轻，可以粘贴到滑道上，加热温度一般要求小于75℃。目前，市场上常见加热膜有环氧板加热膜、硅胶加热膜、聚酰亚胺（PI）加热膜、聚对苯二甲酸乙二醇酯（PET）加热膜、铝箔加热膜等，理论上都可以使用到色选机滑道上。其中，环氧板加热膜厚度只有0.16mm，是以环氧树脂为绝缘体，以金属箔/纳米浆料为内导电发热体，经高温热复合而成，具有优异的绝缘强度、优异的耐电压性能、优异的热传导率和优异的电阻稳定性，应用最为广泛。加热膜的温度采用控制器控制，控制器内有中央处理器（CPU），可以精确控制温度；温度传感器采用负温度系数（NTC）热敏电阻制作，此种控制方式的优点是滑道加热、保温的温度点可以任意设定，精度高，可达±1℃。

（4）分选箱　分选箱是质选机的信号采集与识别系统，是质选机重要组成部分，由前分选箱、后分选箱两部分组成，以物料下落轨迹所在平面为基准面对称布置，内部包含有信号采集系统、光源、背景板、光学玻璃等。当物料滑落经过信号采集区域时，采集系统进行信号采集，识别出物料中的合格品与不合格品，并传输至分离物料执行系统。

（5）清灰系统　是辅助分选箱正常工作的装置，能够通过自动调节，清除前、后侧分选箱光学玻璃上的灰尘，保证质选机的正常工作。

（6）质选机控制装置　包含操作屏与电控箱两部分，控制系统连接着质选机的信号采集系统与分离物料执行系统。对采集到的信号进行处理，发出驱动喷阀指令，开启喷阀喷出压缩空气，吹出不合格品，完成色选动作。操作屏提供人机操作界面，可以设置所有的色选参数，如色选感度调节、产量调节、清灰周期以及各种色选模式的切换。目前新推出的质选机还增加了智能故障报警、远程操作、远程诊断、远程报警等功能。

（7）接料斗　是对经过分选的合格品与不合格品进行收集的装置，从前往后依次为不合格品料斗、带出料料斗以及合格品料斗，其中带出料料斗可以解决喷阀打击时的余气带出一部分合格品的问题，很好地解决了色选机带出比偏大的难题。

（8）质选机分离物料执行系统　由高速喷阀、气管、喷嘴板等组成，如图 6-32 所示。

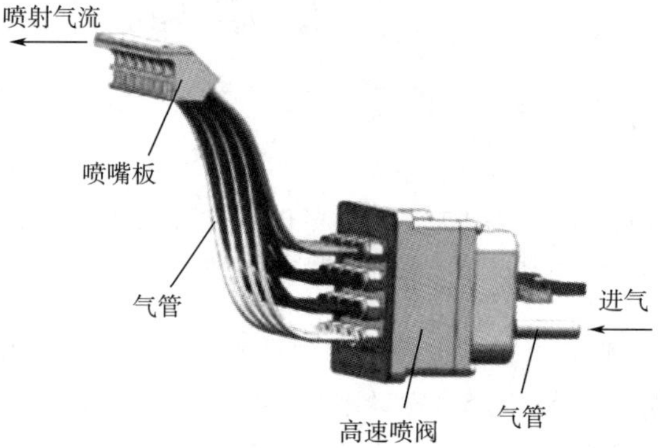

图 6-32　分离物料执行系统结构示意图

喷嘴板由很多个喷嘴、喷嘴流道等组成，高速喷阀由阀腔、阀座、阀片、线圈、接线端子等组成。压缩空气进入高速喷阀，在没有得到开启指令时，线圈处于断电状态，阀片贴合阀座上，此时喷阀是闭气状态，当高速喷阀得到开启指令时，线圈通电，线圈将阀片吸合打开，此时喷阀是喷气状态。高速喷阀喷射出气流通过气管，最终经喷嘴喷射出气流，将靠近喷嘴的不合格品喷击分离。质选机工作需要清洁干净的气源。

SCR 系列质选机需要除尘装置，原粮经过质选机时，会带来大量灰尘，此时除尘管会抽走大部分的灰尘，保证质选机的良好工作环境。

2. 主要特点

SCR 系列质选机是一款多功能新型智能质选机，同时搭载了可见光源识别系统与红外光源识别系统，可同时采集不同波段的光谱信息。可见光部分能根据物料的颜色进行分选，能分选出大米中的异色粒、病斑粒、腹白粒等杂质；红外光部分能根据物料的材质进行识别，可以有效剔除玻璃、干燥剂、并肩石、陶瓷、金属、塑料等异类杂质，杂质选别率可达 99.99%。随着软件技术的突破，同时还具备了识别物料细微形状差异的功能，可轻松识别出大小、长短、粗细、胖瘦等各种形状差异的物料，并进行有效剔除。

3. 工作过程

SCR 系列质选机的工作流程如图 6-33 所示。

目前大米质选机通常具有三次色选功能，溢出物料都是通过溢出口进入原粮提升机，混入进机大米原粮中。大米原粮经过三次色选，可得到精度很高的成品，降低带出比。这种三次色选的通道比例通常是根据原粮含杂量及客户的成品要求精度来选择的，以 SC768R 型为例，一般有 7∶3∶2、8∶3∶1、9∶2∶1 等多种情况。

4. 设备型号和主要技术参数

SCR 系列质选机包括多种型号，每种型号对应不同的产量，并且可以根据用户需求进行多次复选，一台设备能够分选出多种物料，满足精米加工工段的色选需求。SCR 系列质选机

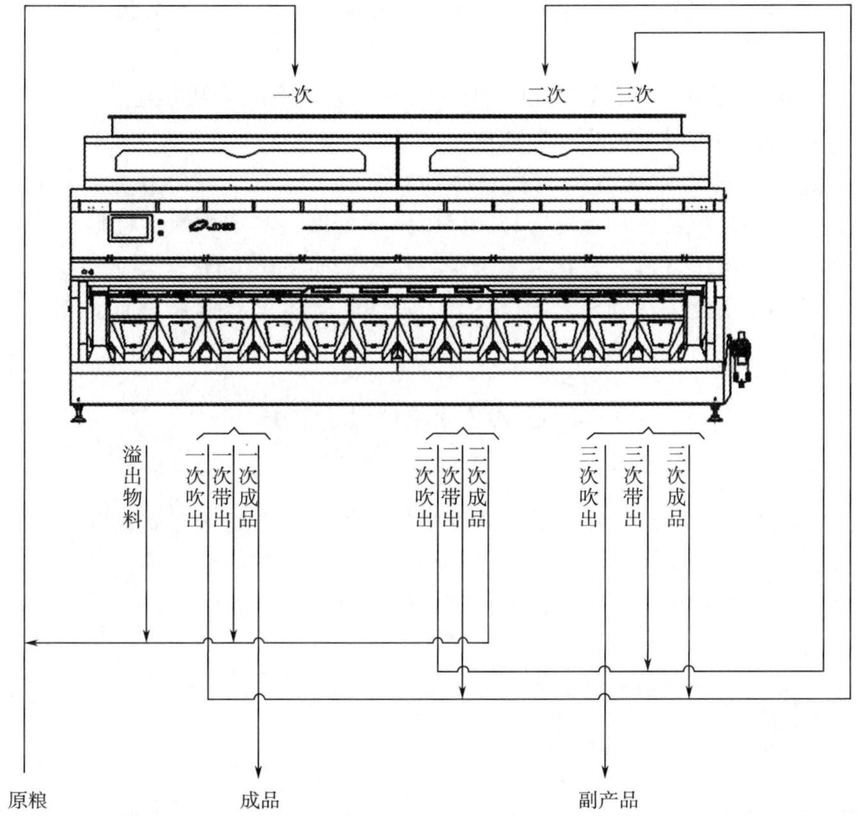

图 6-33 SCR 型色选机工作流程示意图

主要技术参数见表 6-5。

表 6-5 典型 SCR 系列大米质选机的主要技术参数

产品机型	滑道数量	产量/(t/h)	整机功率/kW	气源压力/MPa	气源消耗/(m^3/min)	外形尺寸(长×宽×高)/mm	质量/kg
SC768R	12	依据滑道组合情况而定，每个滑道 2.5~3.5	5.9	0.6~0.8	<4.2	4830×1690×2194	3350
SC640R	10		5.2	0.6~0.8	<3.6	4150×1690×2194	2950
SC512R	8		4.4	0.6~0.8	<3.0	3570×1690×2194	2230
SC320R	5		2.8	0.6~0.8	<2.2	2550×1690×2194	1560
SC192R	3		1.8	0.6~0.8	<1.6	1870×1690×2194	1170

（三）谷糙分离质选机

大米加工的多个工段都可用到质选机，SF 系列质选机是一款多功能新型谷糙分离质选机。该系列质选机提出了一种新的大米加工工艺，将色选机引入砻谷工段，并且有多种应用。首先，可代替传统谷糙分离筛对砻下物进行谷糙分离，可同时精准控制成品糙米的精度及回砻料中的含糙量；其次，可对谷糙分离筛的回砻料进行净化，严格控制回砻料中糙米的含量，避免糙米含量过高导致砻谷工段的糙碎率、爆腰率增加；最后，还能对谷糙分离筛成品进行分选，将其中的糙米、少量稻谷、病斑、再生稻、绿米等进行分级，提升成品糙米的品质。

SF 系列质选机根据砻谷工段的特点，配置强力的除尘系统解决灰尘大、稻壳多等难题，可以做到四次色选，用于糙米精选除杂或选出红米。

SG 系列质选机配备有鹰眼识别与智慧感知技术、三维立体感知技术，可以质选留皮、留线、留胚，保护异色粒及各种不完善粒，保障白米精度，实现少碾、轻碾，适度加工，可同步实时分析碾米效率，打造数智化碾米工段。在大米加工产线碾米工段引入质选机，分选出三道碾米机后加工精度未达到要求的留皮米，返回碾米机重新碾米，加工精度正常的白米进入下道工序。

三、色选工艺效果的评定

1. 感度

色选机的感度也称灵敏度，是指其对于物料有色差的识别度和反应速度。不同的物料对于感度的要求有所不同，可以根据生产需求结合实际物料情况进行调整。对于颜色差异较大的物料，可以适当降低感度；对于颜色差异较小的物料，可以适当增加感度，以便于分选。

2. 产量

产量的大小与色选机的执行单元数、原料纯度、需求色选精度有关。通常色选机的执行单元数越多，产量越大，反之越小。

3. 色选精度

色选精度也称选净率、选净度，是指色选后的合格品中，剔除异色颗粒后的质量占取样总质量的百分数。色选精度主要与产量、原料的纯度有关，供料速度越慢，相邻异色颗粒之间的时间就越长，处理系统就有足够时间将异色颗粒剔除，色选精度提高；原料纯度越高，异色颗粒少，色选精度就越高。

通常色选精度计算公式如式（6-1）：

$$\eta(\%) = \frac{W - W_1}{W} \times 100 \tag{6-1}$$

式中 η——色选精度，%；

W_1——色选样品中异色颗粒质量，g；

W——色选样品质量，g。

4. 带出比

带出比是指色选剔除物中正常米粒质量与异色粒质量的比值。带出比的高低是可以调节的。通常带出比计算公式如式（6-2）：

$$X = W_2 : W_3 \tag{6-2}$$

式中 X——带出比；

W_2——剔除物中正常米粒质量，g；

W_3——剔除物中异色粒质量，g。

实际生产过程中，产量、色选精度和带出比这三个指标是一体的，都是关键工艺效果指标，必须同时考察。

四、色选机的操作与维护

（一）色选机操作与调节

不同型号的色选机在操作使用时各有特点，但它们的工作原理基本相同或类似，所以在此就色选机操作中的共同注意事项加以说明。

1. 开机前准备

将空压机开启，使之达到额定压力 0.6~0.8MPa；观察色选机上的气压表，工作气压为 0.25~0.45MPa。确认主机电源电压在标称范围内的±5%，注意火线、零线、地线需连接正确。

2. 工作参数调整

产量和感度等内部工作参数由专业技术人员完成调整，操作人员平时只需调节色选机的产量和感度的两个工作参数。

3. 定期清理和检查

定期清除进料斗和滑道上的物料，保持清洁；检查分选箱玻璃是否干净，相机镜头是否有灰尘覆盖，使保持清洁；检查气路，并排放过滤器、储气罐、空压机等中的积水。

（二）常见故障分析

1. 振动器不工作

①振动器保险丝断，需及时更换保险丝。

②气压调整不当或气压表坏，需重新调整气压或更换气压表。

2. 喷阀不工作或喷阀漏气

①喷阀板或继电器板上保险丝断，需及时更换保险丝。

②喷阀电源没有接通，尝试重新按一次“喷阀”键。

③阀内有异物或进水，应清理或更换喷阀。

3. 色选效果不好

①灯管老化，检查并更换老化灯管。

②色选方式选择有误，需重新设置色选参数。

③原粮含杂量或产量变大，需根据实际情况调整工作参数。

④玻璃或镜头有灰尘覆盖，应清理灰尘并检查清灰装置。

⑤个别喷阀不工作，应检查并更换新喷阀。

4. 不色选时自动喷气或个别喷阀一直喷气

①参数设置不当，需检查并确认设置参数是否恰当。

②杂质或水进入喷阀，需及时清理喷阀。

③喷阀板损坏，应更换喷阀板。

5. 清灰系统故障

清灰刷运行不到位，可更换刷子或弹簧，或更换气缸。

第五节 配米

配米又称配制米或配方米，主要是指为实现稻米品质的优势互补，按不同需求，将不同品种、不同品质的大米按一定比例进行配比、混匀的工序。我国的配米起步于20世纪90年代后期，主要是将不同品种类型的或不同含碎等级的大米按比例搭配，以改善成品大米的食用品质或满足成品大米的含碎要求。随着我国人民生活水平的不断提高，人们对成品大米的食味、营养品质的要求也在提高。配米作为大米企业增加经济效益的必要工序之一，越来越受重视。

一、配米方法与目的

（一）配米方法

（1）按照大米类型、品种、食用品质配米　如籼米与粳米搭配、一般大米与优质大米搭配，黏弹性好的大米与黏弹性差的大米搭配等，可改善成品大米的食用品质。

（2）按照大米营养品质配米　如普通大米与营养强化大米的搭配，生产营养大米。

（3）按照大米色泽、气味配米　如普通大米与香米、有色米进行搭配，生产色、香味俱佳的成品大米。

（4）按照大米含碎等级配米　根据成品大米含碎的要求，将大碎米、中碎米等按一定比例加入基础大米，生产满足含碎要求的成品大米。

（二）配米工艺及配米系统

1. 品种搭配配米工艺

以稻谷为原料的加工厂，如果只有一条生产线，只能将单一品种稻谷加工成白米后，先暂存在较大的仓内，再更换品种加工，待所需的品种加工完毕后，再对不同品种的米进行搭配；如果有两条或以上的生产线，可以同时加工，边生产边配米。

以白米为原料的加工厂，可以直接对原料先搭配后再进一步加工；也可设计多条生产线，同时加工，边生产边配米，或设置多个配米仓，先生产后配米。

配米需要设置较大的配米仓，特别是随着搭配品种数量的增加和生产线产能的加大，所需的仓容也随之加大，这不仅增加了投入成本，还增加了米的贮藏风险，也不利于生产的连续性。不同品种大米的配米仓可与凉米仓一起考虑，即在凉米仓下配米。

2. 控制碎米工艺

控制碎米工艺，一般在碾米后的成品整理工段。从技术上讲，要想严格控制碎米，应该将配碎米工艺布置在生产的后段，配米后尽可能不要有增碎的工艺设备。一般采用白米分级筛配合长度分级机，在筛除小碎米时，同时提取大碎米。大碎米、整米进入不同的配米仓，通过仓下的配米器（秤）按一定比例进行搭配，在后续工序进行混米。原则上应多设计碎米仓，因为生产高等级米时，可能会提出较多的碎米，可以在加工低等级米时混入。一般工艺流程如图6-34所示。

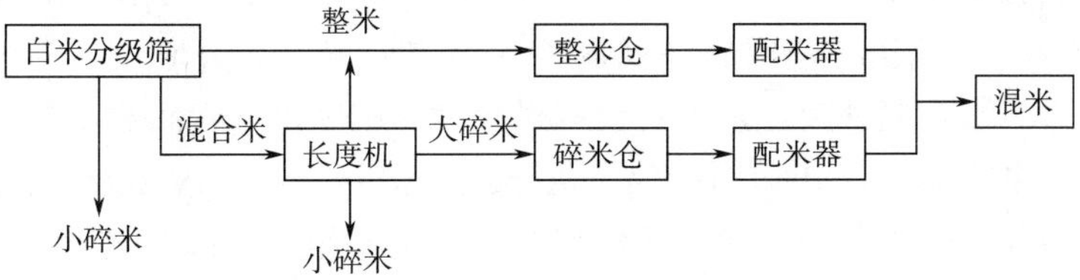

图 6-34　控制碎米工艺流程

3. 配米系统

配米系统包括配米仓、配米器（秤）和混合装置。配米仓有多个，先将预配米分别放入不同的配米仓中待用。通过配米器（秤）按比例对各配米仓出来的米进行称量，然后送入混合装置混匀。配米仓与配米器的数量，应根据生产量及碎米量的实际情况来确定。一般来说，仓越大越多越好，但这样同时也增加了投资成本，设计时应综合考虑。

二、典型配米设备

配米设备主要有配米器（秤）和混米设备。配米器（秤）是可以控制大米的流量，并连续出料的计量设备。混米设备，是指将从配米器出来的米进行均匀混合，以防止物料自动分级的设备，目前专用于配米的混合设备还不多见，主要通过配米器后的加工工序混米。在配米器下面如果有水平输送设备，各个配米器所出物料就会在水平输送设备内，上下叠层，进入后续加工工序时，就会较好地混合。如果配米器下面直接连接管道进入后续提升、加工设备，也会起到混合作用。除非配米工序在加工的最后一道，否则没有必要配备专门的混米设备。

1. 失重式配米秤

失重式配米秤，即间断性给料、连续出料的一种称重设备。DCS-SZ 系列失重配米秤的结构如图 6-35 所示，主要由进料机构、秤体、荷重传感器、控制系统、出料装置和机架等部分组成。称量斗以上部分为“静态秤”，通过静态秤称量，完成给料。通过给料弧形阀门控制散状物料的卸料流量，物料卸下。

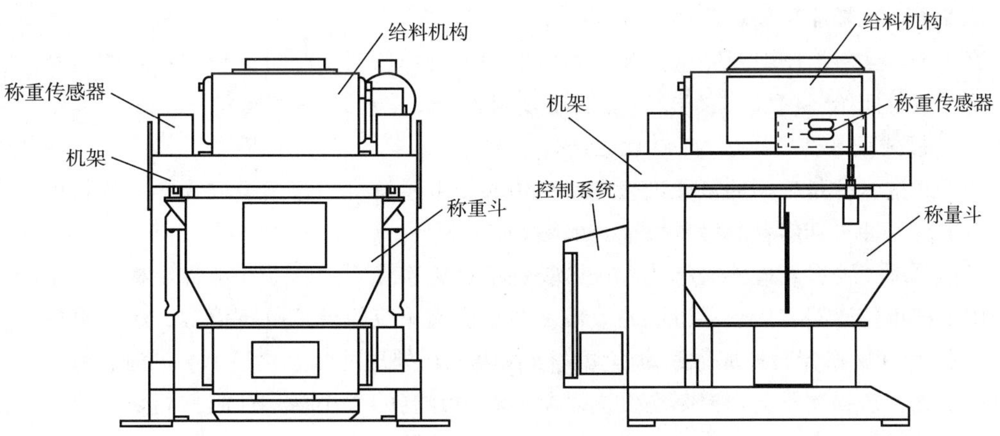

图 6-35　DCS-SZ 系列失重配米秤

工作原理：将按每个单位时间（dv/dt）测量的“失重”与所需给料量（预设值）进行比较，实际（测量）的流量与期望的（预设）流量之间的差异会通过出料控制器发出纠正信号，控制器自动调节出料速度，从而在没有过程滞后的情况下保持精确的出料量。当称量斗内物料减少到“物料截存”下限时，仪表送出加料信号，给料阀门开启，给称量斗加料。当阀门给料至称量斗设置上限时停止，给料完成。设备工作中给料称量时，放料程序不受影响。其中，给料时预置的等差放料量，采用“前馈”模型方程模式。设备传感器采用硬连接加浮动的安装方式，使设备给料冲击时，始终保持料斗的稳定与称量的准确性。DCS-SZ 系列失重配米秤累计精度可以达到±0.5%。

失重式配米秤计量系统的结构及其工作过程示意图如 6-36 所示。

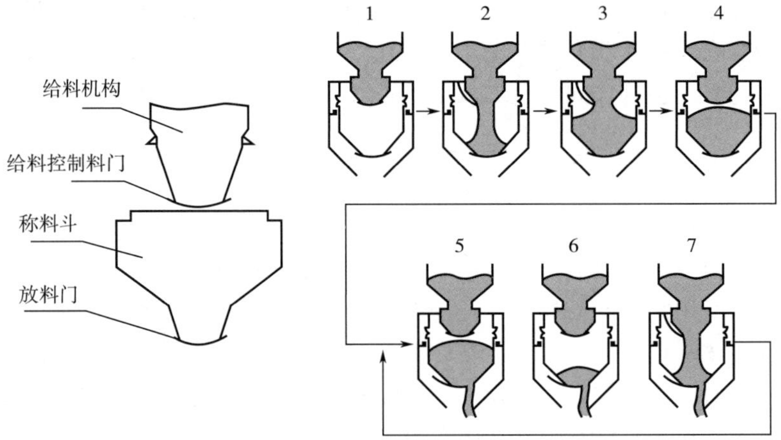

图 6-36　失重式配米秤计量系统及其工作流程示意图

第 1 步：配米秤待机状态。

第 2 步：给料控制料门完全打开，称量斗进行加给料。

第 3 步：配料秤达到设定质量，关闭给料控制料门。

第 4 步：给料控制料门完全关闭，计量实际称斗内的质量。

第 5 步：根据配料比例打开“放料门”放料；放料时，放料门一直处于动态控制状态。

第 6 步：称量斗里物料放料到设定下值。

第 7 步：给料控制料门完全打开，对称量斗进行加给料，此时放料门一直在放料。达到设定质量后关闭给料门（第 4 步），然后重复第 5、6、7 步。

2. 冲板式配米秤

冲板式配米秤是依据冲量原理来进行工作的，由给料机构连续投放物料，物料由一定高度自由下落，冲击到斜置的称重板上，如图 6-37 所示。

工作原理：物料经外接储料斗进入，以稳定料流连续不间断地冲击称重板，产生的冲击力作用于称重传感器，传感器将该冲力检出并转换成相应的模拟电压信号，经测量放大器放大后，由 A/D 转换器转换成数字量，由称重仪表进行处理并数字化显示。同时，将信号传输给电控系统，按程序驱动并控制电机，以调节阀门开度的大小，来控制物料瞬时流量，使之达到仪表设置的目标值。冲板式配米器因为冲板为悬臂式，受环境振动影响较大，精度只能保证±3%，配米器无法精确校准，只能根据物料量不断修正参数来校正。

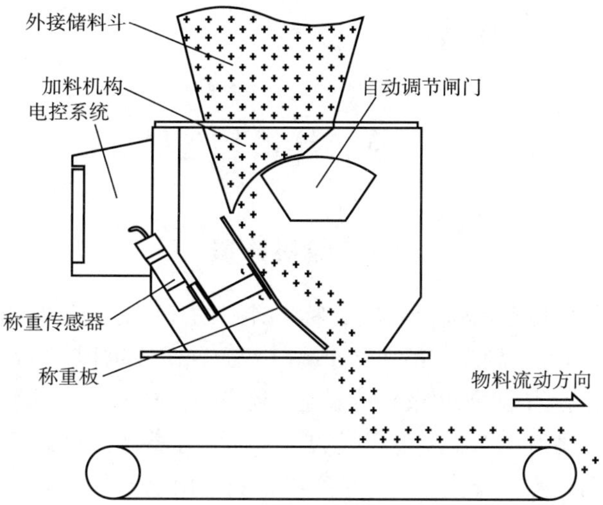

图 6-37　冲板式配米秤工作原理图

3. 皮带机式配米秤

皮带机式配米秤由传送带、电辊筒、质量传感器、料斗等组成，如图 6-38 所示。

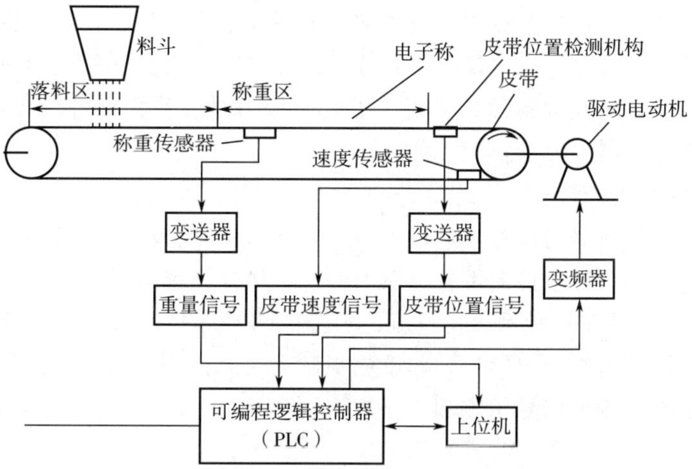

图 6-38　皮带配米秤工作原理图

工作时，质量传感器将落在传送带上的大米的质量信号转换为电信号，传送给流量控制器。流量控制器定时采集质量数据，并根据设定的物料流量计算出皮带必须达到的瞬时传送速度，向变频调速器发出控制信号，并通过其调整皮带秤的传送速度，从而达到定量给料的目的。皮带秤受大米表面的光滑度影响较大，精度偏差因物料不同而不同。

工作过程：给料机将经过皮带上的物料，通过称重秤架下的称重传感器检测质量，装在尾部滚筒或旋转设备上的数字式测速传感器，连续测量给料速度，该速度传感器的脉冲输出正比于皮带速度。速度信号与质量信号一起送入皮带给料机控制器，产生并显示累计量/瞬时流量。给料控制器将该流量与设定流量进行比较，由控制器输出信号控制变频器调速，实现定量给料的要求。

第六节 计量与包装

一、散料计量

本节介绍的“计量”特指“称重计量”，称重计量的任务是测量物体的质量。稻谷加工过程中，原粮、在制品、成品、副产品都需要计量。加强碾米厂的计量工作，对降低原材料消耗、降低产品成本、提高企业管理水平以及经济效益、促进企业技术进步等都起着一定作用。

在日常生活和工业生产中，把测量质量的仪表称为称重计量仪器或衡器，按结构原理可分为机械秤和电子秤两大类，现代化工业生产中普遍采用电子秤。电子秤采用称重传感器为称重元件，将被称物料质量按一定比例关系转化为电信号，并经处理后转化为可显示的数字信号。在碾米厂中，电子秤主要用于原粮的接收、发放，中间生产工艺控制，配料及成品包装等环节。用于原粮接收的主要有电子轨道衡、电子汽车衡、电子料斗秤等；用于生产工艺控制的设备有电子自动秤、中间计量秤等；而用于成品包装的有电子定量秤、电子定量包装秤。

本节重点介绍斗式流量秤，斗式流量秤又称中间计量秤，是一种把一批散料分成质量不等的若干份，按预定的程序依次称量每份后分别累计，以求得到该批物料总量的自动秤。广泛应用于散状物料储运过程中的计量或生产工艺流程中对散状物料进行接收、发放的计量，以及流速控制、批量配料等。

（一）斗式流量秤的工作过程

斗式流量秤通过给料器对称量斗进行投料并达到目标量，称量斗放料到下一工序，以称重控制显示仪表为核心的称重控制设备，采用静态称量，连续给料方式。

具体工作过程如图 6-39 所示。物料流经上部的缓冲斗，经过喂料门落入秤体中，在秤体中堆积，使传感器受力并输出信号到称重控制显示仪表，当物料累积到设定值时，称重控制显示仪表记录数据，输出信号给喂料电磁阀及排料电磁阀，使喂料门关闭而排料门打开，

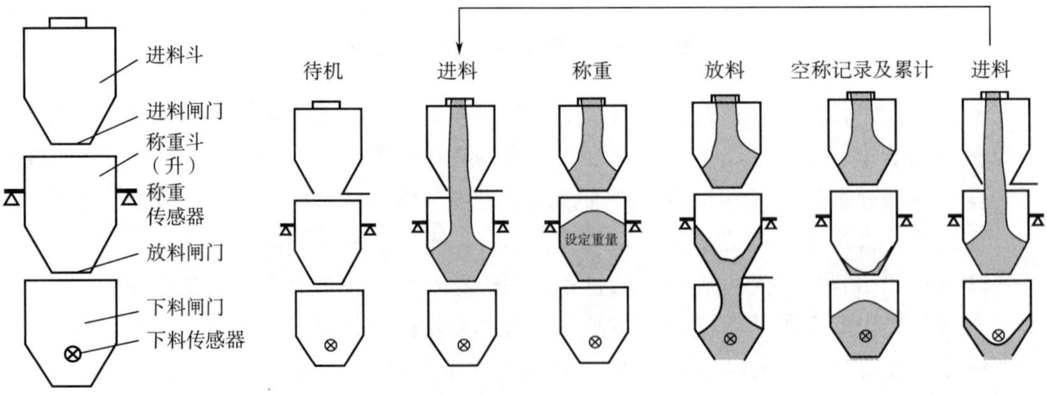

图 6-39 斗式流量秤工作原理图

排出物料。当物料排空时，称重控制显示仪表再次记录数据，输出信号给喂料电磁阀及排料电磁阀，使喂料门打开而排料门关闭，进行下一秤的称重。当下料传感器有料指示时，放料闸门不会打开，防止出现计量错误。

应用时通过测算生产效率配置不同流量的流量秤，每投放一次计量单位累计一次，用于计量班产量。例如，采用在稻谷线中有稻谷流量秤和白米流量秤，即可以精确测量出加工的稻谷量，加工出大米的加工量，进而计算白米得率。

（二）典型斗式流量秤

1. DCS-LD 系列斗式流量秤

采用整体封闭式结构，由给料装置、秤体、排料仓、称重控制箱等组成，如图 6-40 所示。

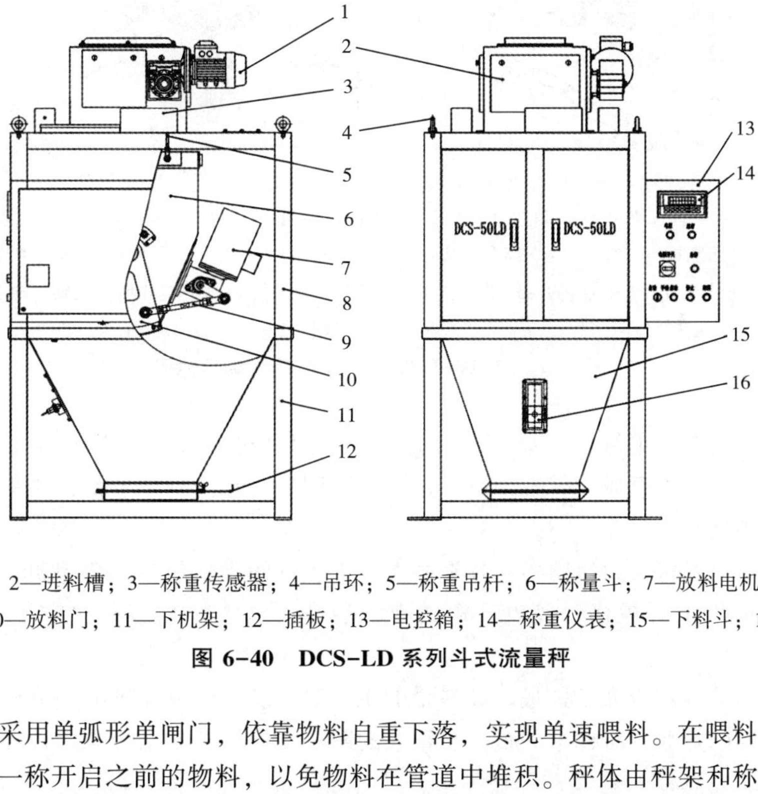

1—进料电机；2—进料槽；3—称重传感器；4—吊环；5—称重吊杆；6—称量斗；7—放料电机；8—上机架；9—传动轴；10—放料门；11—下机架；12—插板；13—电控箱；14—称重仪表；15—下料斗；16—余料检测。

图 6-40 DCS-LD 系列斗式流量秤

给料装置采用单弧形单闸门，依靠物料自重下落，实现单速喂料。在喂料门上方有缓冲斗，可暂存下一称开启之前的物料，以免物料在管道中堆积。秤体由秤架和称量器组成，秤架用于将给料装置、称量器、排料仓连成一体，称量器由秤斗（含排料门）及称重传感器组成。排料仓起到暂存物料、平衡料位（通过接近开关来实现）的作用，以确保下级设备物料的连续流动。称重控制箱主要由称重控制仪表、智能继电器等组成。DCS-LD 系列斗式流量秤的计量能力可达 100t/h（以稻谷计），分度值 10~50g。

2. MWBL 型自动计量秤

MWBL 型自动计量秤用来称量散状物料，主要由上缓冲料斗、喂料器、称量筒、下缓冲料斗、电子控制系统和压力平衡系统等部分组成，结构如图 6-41 所示。上缓冲料斗物料必须总是垂直进入上部缓冲料斗，带有竖直物料进料口的上部缓冲料斗架在支撑管上，用于保证一定数量的物料，缓解喂料时料流的冲击压力，提高设备称重的稳定性和准确性，并且使设备减少磨损。

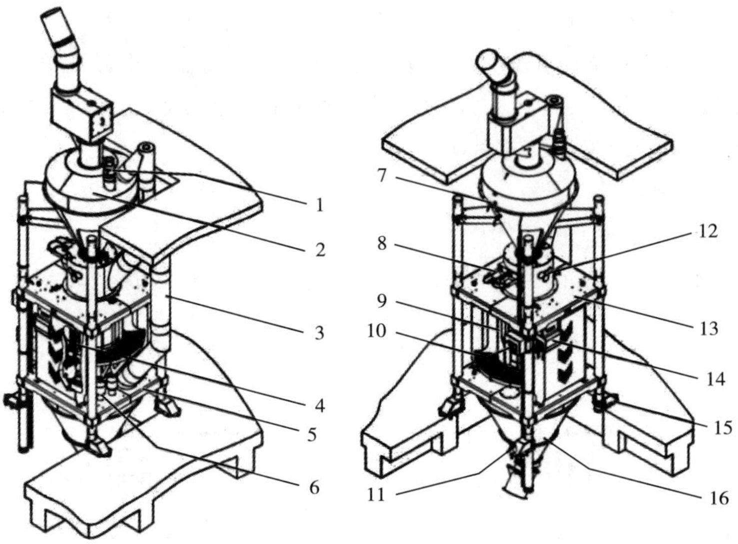

1—带有节流阀和吸风接口的过剩气体接管；2—上缓冲料斗；3—循环空气管；
4—底部翻板气动缸；5—下部支撑板；6—过剩空气翻板；7—上缓冲料斗的料位探头；
8—进料口闸门气动缸；9—称量筒；10—通用控制装置；11—下缓冲料斗的料位探头；
12—进料口闸门；13—上部支撑板；14—阀组；15—支脚；16—下缓冲料斗。

图 6-41 MWBL 型自动计量秤结构示意图

喂料器为单筒单门单气缸，喂料门打开关闭的速度可通过气缸上的两个截流阀进行调节，喂料门开启的大小可通过气缸顶端的螺杆进行调节，螺杆越往里旋，喂料门打开的幅度就越小，反之则越大。

称量筒由三只悬臂式力传感器悬挂在秤支架上，内置不锈钢扇型气动卸料装置，有 60、120、170、210L 等不同规格，代表秤筒的有效容积，这个有效容积决定了秤的最大称重范围。

下缓冲料斗的容积应大于秤最大卸料量的 1.5 倍，以利于解决秤的气流压力问题。秤内部压力平衡解决的好坏，对称重的精度有很大的影响。电子控制系统采用秤控制器，基本组成包括电源板、计算板（基板）和显示板，具有运行可靠、计量精确等优点。

为防止称量过程中灰尘外溢，上缓冲料斗、称量筒和下缓冲料斗采用全封闭结构，为了不影响称重精度，需在三部分之间配置连接管，以平衡称重过程中各部分的气流压力，称为压力平衡系统。

计量秤需用清洁、干燥的压缩空气，压缩空气的输送管道需选用不锈钢薄壁管、铝合金超级管道或镀锌钢管。如采用黑铁管、无缝钢管（易生锈、堵塞电磁阀）需要在秤前增加过滤器，压缩空气质量的好坏对气动元件的寿命有很大的影响。运行所需的压缩空气的压力为：0.5~0.6MPa；耗气量一般为 $30m^3/h$。

MWBL 型计量秤在稻谷、大米等颗粒状物料的计量中，溜管与上储料斗连接时，要使溜管有一定的角度。除此之外，在储料斗的上方最好安装一个冲击缓冲箱，避免物料直接冲击喂料器、秤筒，导致设备磨损。

工作过程：物料从上部缓冲料斗流入进料口闸门，当气动控制的闸门打开时，物料流入称重筒中。悬挂在测力传感器上的称重筒在上部与进料口闸门机械式分离，在下部通过底部翻板封闭。底部翻板由气动缸开启，此时将向下反转90°。如果物料处于称重筒中，则对其进行称量。之后底部翻板打开，物料将通过下缓冲料斗流出。

（三）斗式流量秤的选用

1. 每秤质量的计算

已知生产线中需要计量的最大流量 Q，流量秤正式的工作频率 N，则每次斗式流量秤的计量的设置质量应为：

$$G = \frac{1000 \times Q}{N} \tag{6-3}$$

式中　G——每次斗式流量秤的计量的设置质量，kg/次；

Q——需要计量的最大流量，t/h；

N——流量秤正式的工作频率，次/h，一般气动流量秤的工作频率约为360次/h。

2. 流量秤的选用计算

流量秤的选用主要是选用称重斗的容积。计算公式如式（6-4）：

$$V \geqslant \frac{G}{1000 \times \gamma} \tag{6-4}$$

式中　V——流量秤称重斗的容积，L；流量秤容积一般是固定的，选用时要大于计算值；

G——每次斗式流量秤的计量的设置质量，kg/次；

γ——被称量物料的体积质量，kg/m^3。

二、一次包装

大米包装是指运输、保管产品时，为了保护其商品价值和状态，将适当的材料、容器等施加在产品上的技术及施加后的状态。大米包装是稻谷加工过程中的一个重要环节，也是大米生产过程的最后一道工序，影响成品大米的贮藏、运输和销售。同时，大米包装对加强产品品质管理、保证食品安全、提高大米的商品价格等具有重要意义。

大米包装也必须经过计量，确定某个质量后才能进行。定量包装的称重一般采用重力式计量秤，是把散状物料分成预定的且实际上恒定质量的装料，即每一斗称量值都是恒定质量（相对）的载荷，考查的是“定量”。大米包装可分一次包装和二次包装。

（一）包装材料和包装方法

1. 包装材料

（1）编包　编包即采用编织袋为包材的大米包装。编织袋，又称蛇皮袋，是塑料袋的一种，其原料一般是聚乙烯、聚丙烯等各种化学塑料原料。编包的成品形式有独立包装和卷材包装两种。独立包装又称独立式包装，或成品袋包装，其编包袋是单个成形的袋子完成成品包装。卷材包装是指采用整卷的编织筒袋通过设备在线进行切缝后完成成品包装。编包的成品类型有直边和M边两种。编包的两侧是双层且呈现为直边的称直边编包；编包的两侧是四层且呈现为“M”形的称M边编包。

（2）塑包　塑包即塑料包装，也有独立包装和卷材包装两种形式，以及直边和M边两种类型。

（3）易拉罐　易拉罐即用罐盖本身的材料经加工形成一个铆钉，外套上一拉环再铆紧，配以相适应的刻痕而成为一个完整的罐盖。罐体材料有钢、铝、纸质等。

（4）瓶装　瓶子容器，一般口较小，颈细肚大，多用塑料、瓷或玻璃制成。

2. 包装方式

（1）称重式计量包装　又称定量包装，是按照事先设定的程序和定量值将大批散状物料自动分成质量相等的小份额载荷的一种计量包装方式。

（2）开口袋包装　又称预制袋包装，包装袋基本成形只留一端开口进行灌装。

（3）卷材包装　又称卷膜包装，在包装行业上没有明确严格的定义，只是业内约定俗成的一个叫法，简单地讲就是卷起来的包装膜，对包装生产企业而言只是比生产成品袋少了一道工序而已，其材质种类也与塑料包装袋一致，常见的有 PVC 收缩膜卷膜、聚丙烯（OPP）卷膜、聚乙烯（PE）卷膜、PET 保护膜、复合卷膜等。卷膜应用于自动包装机。

3. 包装方法

成品米的包装方法可分为含气包装、真空包装和充气包装三种。

（1）含气包装　也称普通包装，是在常压下进行，不需要特别处理的包装技术。

（2）真空包装　在具有一定气密性和耐压性的塑料袋内盛装一定量的成品米后，抽出袋内空气，达到预定真空度后再进行封口的包装方法。由于袋内形成一定的负压，使成品大米与包装袋贴紧，呈密实硬块，耐压性增强，方便运输。同时，由于霉菌、好氧细菌在无氧状态下不能增殖，真空包装还具有保鲜期长、卫生、方便等优点，因此使用较为普遍。

（3）充气包装　在复合薄膜塑料袋内盛装一定量的成品米后，用氮气、二氧化碳等气体置换袋内空气后再进行封口的包装方法。这种方法主要是利用二氧化碳等气体抑制成品米的呼吸作用，防止大米中脂肪的分解与氧化，延缓大米的陈化，从而保持成品米的品质。由于米粒具有吸附二氧化碳的特性，充气包装的成品米经过一定时间后与袋子贴紧，呈现与真空包装同样的密实硬块，成形后非常坚实，便于运输和储存，即使在高温、高湿条件下，也能较好地保持成品米的品质。

（二）计量工艺流程

定量包装秤的计量工艺流程如图 6-42 所示。

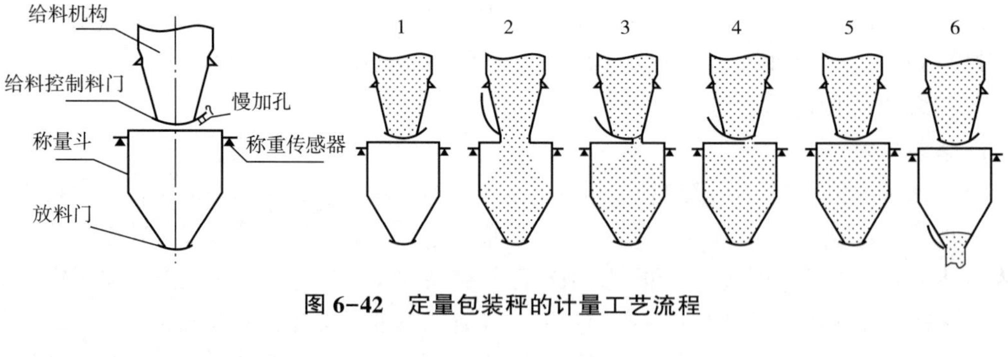

图 6-42　定量包装秤的计量工艺流程

第 1 步：计量系统待机状态。

第 2 步：给料机构中的给料控制料门完全打开，对称量斗进行“快加”给料，并将物料给料至目标量的 70%左右，目标量的测量通过称重传感器来实现。

第 3 步：给料机构中的给料控制料门逆时针转动并保留一定的开口，对称量斗进行“中加”给料，并将物料给料至目标量的 85%左右。

第 4 步：给料机构中的给料控制料门逆时针转动只保留“慢加孔”，对称量斗进行“慢加”给料，并使物料给料至质量符合要求。

第 5 步：给料机构中的给料控制料门完全关闭。

第 6 步：称量斗打开放料门使物料流淌到包装袋里完成计量包装。

注意：在设置“快加、中加、慢加”时，当“快加”占比较大时，容易造成“过冲”，会导致计量不准。当“快加”占比较小、“中加、慢加”占比较大时，可以实现较准的计量需求，但会导致生产效率低。因此，在设置“快加、中加、慢加”时要根据物料的颗粒度和流淌性对“快加、中加、慢加”进行合理的配比。目前随着称重传感器和称重仪表的更新，基本取消了“中加”给料，只设置“快加”和“慢加”给料，这样可以在保证计量准确性的同时也增加了生产效率。

（三）半自动包装秤

半自动包装秤是指由人工取袋皮、开袋、套袋，并控制夹袋，自动称重、放料、放袋，人工封包的包装计量设备。

DCS-50A（E）系列电子定量包装秤与 DCS-50B 系列电子定量包装秤都是通过“快加、中加、慢加”的形式完成计量工序。DCS-50B 系列采用双给料机构和双称量斗的形式，可以同时完成两次定量包装工作，产量要求较大时采用，如图 6-43 所示。

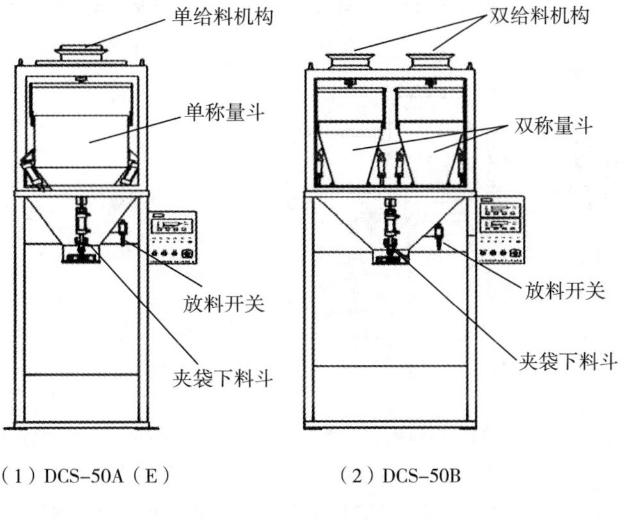

图 6-43 DCS-50A（E）系列与 DCS-50B 系列电子定量包装秤结构对比示意图

半自动包装秤的工作过程：转动自动旋钮，设备进入自动运行状态，人工手动套袋，触动料门两边的夹袋开关，称重控制系统打开给料门开始加料。给料装置为快、慢两级给料方式，当物料质量达到快给料设定值时，停止快给料，保持慢给料；当物料质量达到最终设定值时，关闭给料门，完成动态称重过程。此时系统检测夹袋装置处于预状态，当包装袋已夹紧后，系统发出控制信号打开称量斗卸料门，物料进入包装袋中，物料放完后自动关闭称量斗的卸料门。卸空物料后松开夹袋装置，包装袋自动落下，包装袋落下后人工将物料袋送入封包机构进行缝包并输送到下一工位。

DCS-50B 系列电子定量包装称的工作过程：开始时两个计量系统同时工作，人工将物料袋套入“夹袋下料斗”下，触动“放料开关”，此时，其中一个“称量斗”开始放料，完成后人工在套入第二个物料袋并触动“放料开关”，进行第二个物料包装，同时，第一个计量系统对第一个“称量斗”进行给料，这样往复交替工作。

（四）全自动包装秤

全自动包装秤为具有一定储存容量袋库的自动取袋、自动开袋、自动送袋、自动计量、自动灌装和自动封口的全自动包装设备。

1. QZB 系列全自动包装机

QZB 系列全自动包装机适合大米等颗粒物料，由电子秤、缝包机、整形装置、输送机、线盘架、控制柜和组合供袋机等部分组成，如图 6-44 所示。

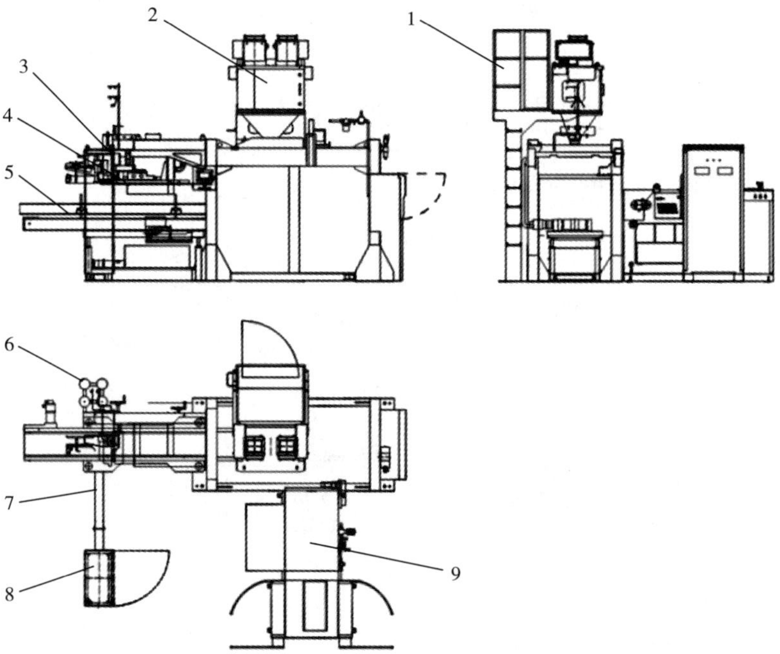

1—机架；2—DCS-50FB 计量秤；3—缝包机总成；4—组合整形；5—输送机总成；
6—线盘架；7—线槽；8—控制柜；9—组合供袋机。

图 6-44 QZB-900M 型全自动包装机结构示意图

全自动包装秤工作过程：选择好包装规格之后运行设备，设备各部件进入运行状态，自动运转到原点位置或者参数设定位置，各部件到位之后，点击自动按钮，设备进入自动状态。人工将包装袋放入袋库之后，供袋机自动工作，经过取袋、供袋、送袋等工序将包装袋送入灌装工位。开启秤联动，电子秤进入工作状态，包装袋到位之后，放料门打开，将称量好的物料灌入包装袋。包装灌装完成之后，经过抱袋装置将包装运转到输送机上，经过夹口整形和组合整形对袋口进行整理，使袋口符合缝包要求。

QZB-600M 型主要进行无覆膜编织袋 25~50kg 容量的包装，包装速度 500~600 包/h。QZB-900M 型主要进行双面覆膜编织袋（M 边、扁平和硬扣手）5~25kg 容量的包装，包装速度 500~900 包/h。

2. QZB-900Z 型全自动包装机组

QZB-900Z 型全自动包装机组是集两面真空和普通软包包装为一体的全自动包装机组，可根据客户生产需求生产两面真空包装和普通塑料包装，在程序控制下可实现一键换产。其主要结构如图 6-45 所示。

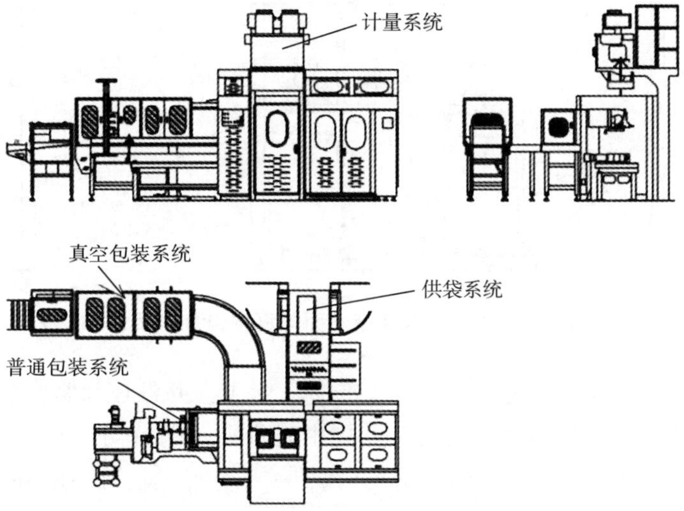

图 6-45　QZB-900Z 型全自动包装机组示意图

3. YC-ZKBC 型两面真空包装机

YC-ZKBC 型两面真空包装机为双工位两面真空包装机，主要生产 2.5~10kg 两面真空包装。其包装机工艺流程如图 6-46 所示。

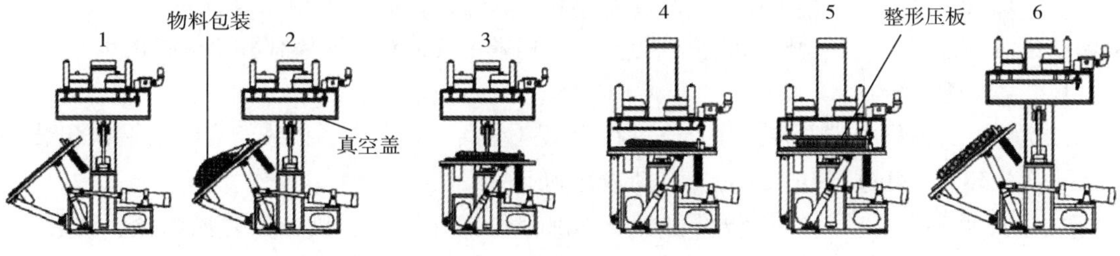

图 6-46　YC-ZKBC 型两面真空包装机真空机构工程流程图

第 1 步：开机时物料装载台板向前翻转并保持倾斜状态。

第 2 步：人工将灌装好的物料包放到装载台板上，并由压袋机构将袋口压住。

第 3 步：物料装载台板翻转至水平状态。

第 4 步：真空盖下移并与装载台板密合。

第 5 步：整形压板下压并将物料包整平。

第 6 步：热封后装载台板向前翻转并人工将包装好的包装取出。

4. DCS-720B 型六面体真空包装机

DCS-720B 型六面体真空包装机主要由计量系统、套袋筒、造口真空盖和下整形真空机构组成，如图 6-47 所示。

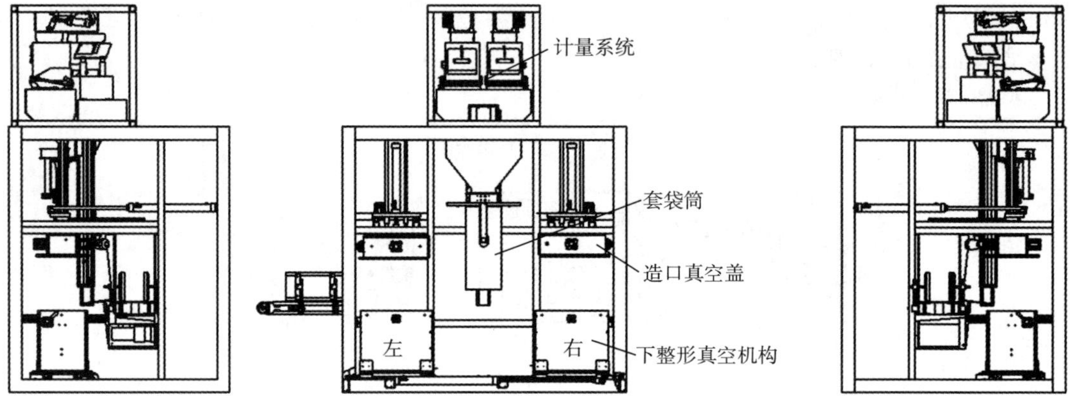

图 6-47　DCS-720B 型六面体真空包装机示意图

工艺流程：①人工将 M 边物料袋套入“套袋筒”上，并保证物料袋底与套袋筒下端贴合；②“左”或“右”下整形真空机构移动到中间位置（保持与套袋筒对正）；③“套袋筒”下移并将物料包装套入“下整形真空机构”；④下整形真空机构回移到“造口真空盖”下方并与之对正；⑤“造口真空盖”下移并与“下整形机构”密合；⑥“造口真空盖”对物料包装口进行整理并夹持；⑦抽真空；⑧热封；⑨“造口真空盖”夹持住已经热封的物料袋并送入下一道工序。

三、二次包装与输送

（一）二次包装

二次包装是指用于实现小包装袋到大袋包装，或一次包装到装箱的过程，以便于产品的运输或搬运，包括二次套袋机、装箱机等。二次套袋主要针对六面体秤和小规格的编包。

1. 二次套袋机

二次套袋又称袋中袋包装，其工作过程为：自动供袋、开袋、撑袋，自动将一次包装件送入二次包装袋内并进行自动封包、自动输送到下一工位。

TDJ-1200 型全自动二次套袋机主要组成部分包括立式供袋机、悬臂控制盒、套袋机、电控柜、真空泵等，如图 6-48 所示，主要针对 2.5～5kg 容量的六面真空包装的二次套袋。包装米砖尺寸：宽 170～230mm；厚 40～80mm；高 230～350mm。包装速度 900～1200 袋/h。

ZDJ-1800 型全自动二次装袋机由装袋机主体、缝包机架、输送机和电控柜等组成，如图 6-49 所示。主要针对 5～10kg 容量的普通软包包装的二次装袋，包装速度 1500～1800 袋/h。

2. 装箱机

装箱机是将包装成品按一定排列方式和定量，通过机械手采取抓或夹或吸或推的方式装入箱中。

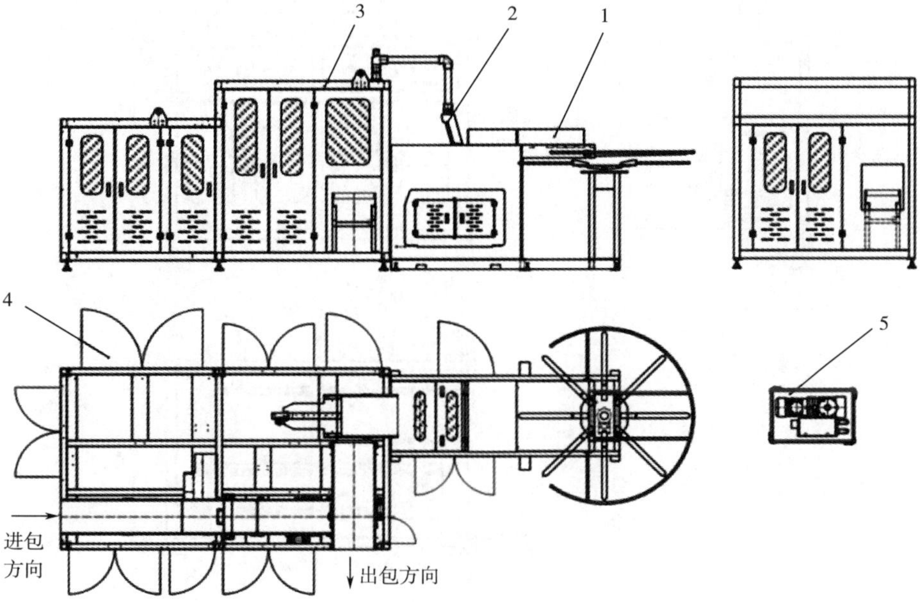

1—立式供袋机；2—旋臂控制盒；3—套袋机主体；4—电控柜；5—真空泵。

图 6-48　TDJ-1200 型全自动二次套袋机

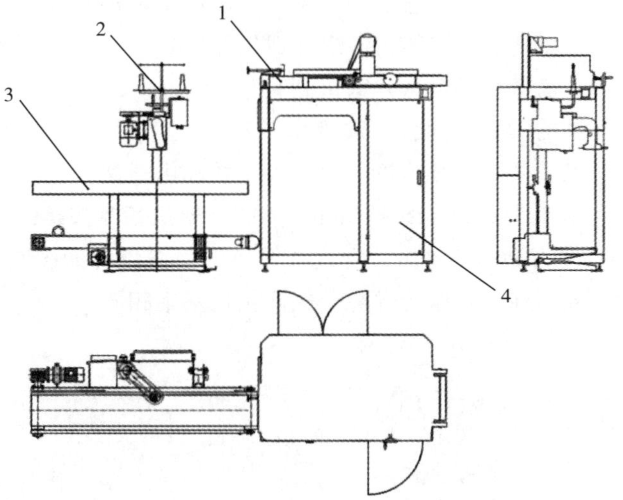

1—装袋机主体；2—多功能缝包机架；3—输送机；4—电控柜。

图 6-49　ZDJ-1800 型全自动二次装袋机

ZXJ 系列全自动装箱机主要针对 2.5~5kg 小包装的真空包装对纸箱内进行码垛，可根据生产能力选用不同机型，采用直角坐标机器人进行移装，适用于大米等颗粒状物料的真空包装装箱。结构如图 6-50 所示。

3. 开箱机及空纸箱柔性输送线

自动开箱机也称纸箱自动成型封底机、成型机，是把叠成纸板的纸箱板打开，箱子底部按一定程序折合，并用胶带密封后输送给装箱机的专用设备。自动纸箱成型机、自动开箱机

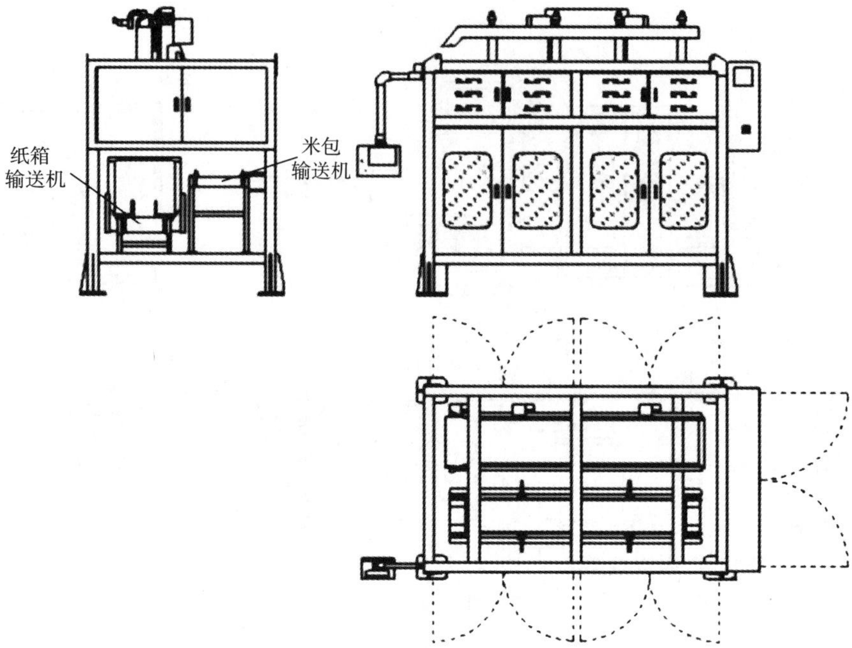

图 6-50 ZXJ 系列全自动装箱机

是大批量纸箱自动开箱、自动折合下盖、自动密封下底胶带的流水线设备，机器全部采用可编程逻辑控制器（PLC）和显示屏控制，一次完成纸箱吸箱、开箱、成型、折底、封底等包装工序。柔性输送线用于输送空纸箱从开箱机到装箱机。

不同厂家的开箱机结构形式不同，一般都由纸箱板储存库、取纸箱板机构、开箱机构、封底、控制系统组成。米厂采用的开箱机一般分为立式和卧式两种，按速度可以分为低速和高速两种。低速一般开箱速度为 13~15 箱/min，立式开箱机基本都是低速开箱机；高速开箱机可达 25~30 箱/min，多为卧式开箱机。卧式开箱机的工作流程如图 6-51 所示。立式开箱机的纸箱板储存库为立式排列，工作流程与卧式开箱机基本相同。

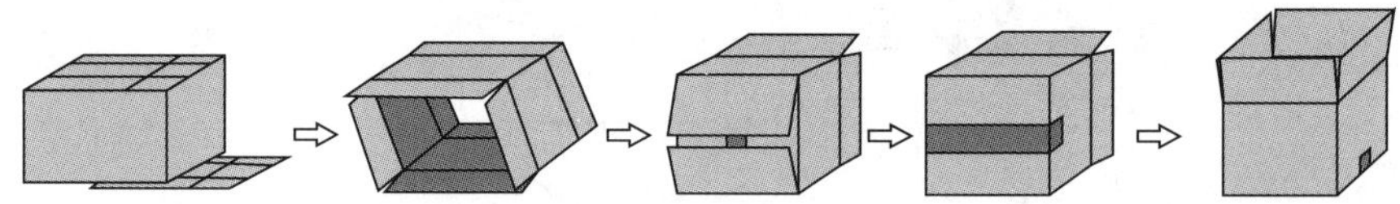

图 6-51 卧式开箱机的工作流程图

ZXJ 系列全自动装箱机型号和主要性能参数见表 6-6。

4. 折盖封箱机

折盖封箱机对一定规格纸箱上箱盖进行折合后用自粘性胶带封口，除了按纸箱的大小手工调整本机外，可实现高速自动折合上箱盖和胶带封箱，是包装流水线作业所必需的设备。折盖封箱机主要由机架、高度升降机构、底部传动机构、上部传动机构、后折盖机构、侧折盖机构、高速机芯以及电控箱、急停开关、光电开关等部件组成。一般设备适用于一定规格的纸箱和相应宽度的胶带，具体应根据纸箱和胶带的尺寸与设备制造厂家提前沟通好。米厂常用折盖封箱工艺流程如图 6-52 所示。

表 6-6　　ZXJ 系列全自动装箱机性能参数

型号	外形尺寸/mm			装箱能力/（包/h）	装箱范围/kg	箱内码垛规格（质量×层数）/（kg×层）
	长	宽	高			
ZXJ-1400	2310	1880	2383	1000~1400	2.5~10	2.5×4
ZXJ-2400	3772	1960	2795	2000~2400		5×4
ZXJ-2800	6110	1960	2570	2400~2800		10×3

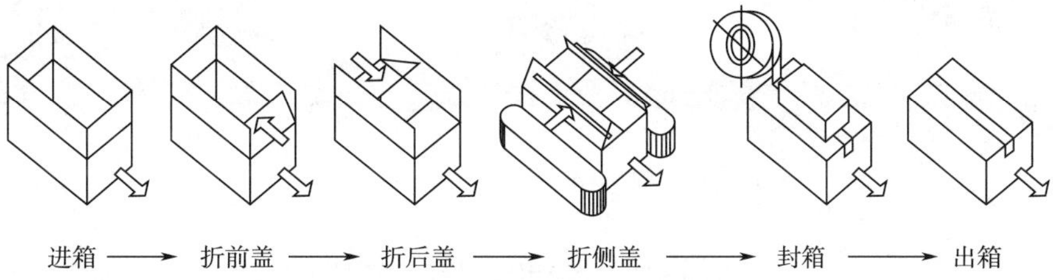

图 6-52　折盖封箱机的工作流程图

（二）输送设备

本节所介绍的输送设备指包装后的粮食在不同设备之间转移流动设备，是现代粮食加工企业不可或缺的，包括皮带输送机、滚筒输送机、链板输送机等。

1. 皮带输送机

皮带输送机主要由两个端点滚筒（托辊）及紧套其上的环形输送皮带组成。带动输送带转动的滚筒称为驱动滚筒（传动托辊）；另一个仅用于改变输送带运动方向的滚筒称为改向滚筒（回程托辊）。驱动滚筒由电动机通过减速器驱动，输送带依靠驱动滚筒与输送带之间的摩擦力拖动。环形皮带上侧的下面一般会有板件进行支撑。驱动滚筒一般都装在卸料端，以增大牵引力，有利于拖动。包装好的粮食落在转动的输送带上，依靠输送带摩擦带动运送到下一工序。

2. 滚筒输送机

滚筒输送机主要承载为滚筒，根据滚筒的动力形式分为动力滚筒和无动力滚筒。滚筒输送机包括阵列滚筒、传动链（无动力滚筒输送机无传动链）、支架、动力源（无动力滚筒输送机无动力源）组成。包装好的粮食在滚筒上运送到下一工序。

3. 链板输送机

链板式输送机是连续运输机械的一种，以链板总成作为运输物料的承载装置，链条带动链板移动时向前输送物料。链条（一般用片式链）在运输机两端绕过驱动链轮和张紧链轮。张紧装置使输送机在运行时有足够的张紧力，保证牵引机构运转平稳。传动装置用来传递驱动装置的转动力矩，并传递或改变驱动装置运动的速度与方向。驱动装置将驱动电机的动力传递到驱动链轮，从而带动牵引构件工作。

（三）全自动包装线

图 6-53 是某工厂两面真空包装生产线，由上至下、由左至右采用了两面真空包装机组。真空物料包通过真空包装机组内部数字装置，进入设置在出口处的“激光喷码机”进行喷码，然后经过直线输送和弯道输送机进入“金属检测仪”，再通过直线输送机进入“软包检测剔除”装置，软包检测后将真空包装物料送入“装箱机”进行装箱。

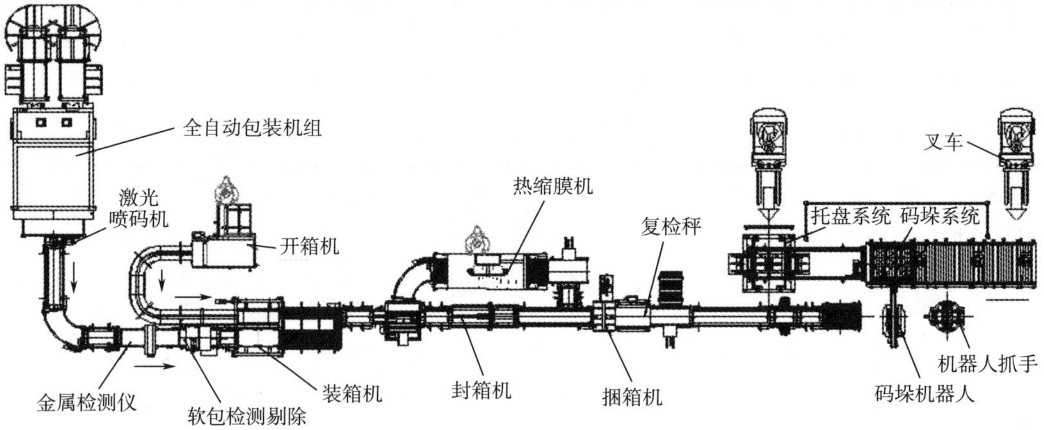

图 6-53　全自动包装线示意图

同时，纸箱用“开箱机”进行开箱，通过若干直线输送机和弯道输送机进入“装箱机”内纸箱输送机上，物料包装按设定层数进行装箱，然后通过输送机进入封箱机内进行封箱作业。封箱完成后通过输送机进入捆箱作业，再进入“复检秤”进行二次复检，复检合格产品进入待码机。此时，“码垛机器人”根据程序设定对托盘进行码垛，码垛完成后由“叉车”搬运至库房或在线装车作业。

若不进行装箱工作，则在装箱输送机上进行码垛作业，然后进入“热塑膜机”进行裹包作业，裹包完成后进入“复检秤”进行二次复检，复检合格产品进入待码机。此时，“码垛机器人”根据程序设定对托盘进行码垛，码垛完成后由“叉车”搬运至库房或在线装车作业。

四、码垛与装车

（一）码垛

码垛由码垛机和托盘机构组成，主要作用是将物体按照设定方式在托盘上进行堆叠。码垛机是指机器人码垛机，它可集成在任何生产线中，为生产现场提供智能化、机器人化、网络化。根据不同应用场景可以实现各种物体多种多样作业的码垛，广泛应用于各种灌装线等，对各类瓶罐箱包进行码垛。码垛机自动运行分为自动进箱、转箱、分排、成堆、移堆、提堆、进托、下堆、出垛等步骤。托盘机构是码垛作业最基本单元，主要作用是承载物体堆垛。

1. 码垛机械手

码垛机械手按其结构可以分为：直角坐标码垛机械手、全关节架构码垛机械手、平行四边形架构码垛机械手、直线水平多关节码垛机械手。码垛机械手包括包装袋整理、检测抓取、码垛输送、托盘库供给托盘。

（1）包装袋整理　合格的包装袋经输送机送到整平机，利用整平机将包装袋进行压平操作，将物料压实，均匀充满包装袋，保持袋型平整；包装箱无须压平整理。

（2）检测抓取 整理好的包装袋到达抓取辊道，机械手检测到抓取辊道上有包装袋（包装箱）后，机械手到达定位点转向包装袋（包装箱）处，机械手张开，夹起包装袋进行转向，按照设置好的编组进行堆放、码垛。

（3）码垛输送 将包装袋（包装箱）按照设置好的垛型进行码放，完成码垛后有叉车或行车直接将托盘运走，完成码垛工序。

（4）托盘库供给 托盘码垛工序完成后，需要空托盘的时候，托盘库提升机构将整个空托盘抬起，留下最下面一个托盘，输送机将最下面的一个托盘输送到机械手码垛机进行码垛，托盘提升机将其余空托盘放下，这样完成一次空托盘的输送，机械手码垛机继续码垛，依次循环。

2. 高位码垛机

高位码垛机将封包好的产品通过进料输送带输送进料，进入压平机和加速输送机，升降机移载着机械手夹具到产品上方，升降机构下降抓取产品后平稳上升，水平移动到栈板位，按事先输入的码垛形式进行产品码放。这样码完 10 层即为 1 垛，码好后升降机下降到底部，再由垛盘输送机输送到无动力垛盘输送机上，然后由叉车运走入库。码垛装置是依靠伺服电机和链条传动来同步运行控制，确保产品码放位置准确。

（二）自动立体库

自动立体库即自动化高架仓库，可实现仓库高层合理化、存取自动化、操作简便化。自动化立体仓库的主体由货架、巷道式堆垛起重机、入（出）库工作台和自动运进（出）及操作控制系统组成。货架是钢结构或钢筋混凝土结构的建筑物或结构体，货架内是标准尺寸的货位空间，巷道堆垛起重机穿行于货架之间的巷道中，完成存货、取货的工作。管理上采用计算机及条形码技术。主要组成如下：

（1）货架 用于储存货物的钢结构，有焊接式货架和组合式货架两种基本形式。

（2）托盘（货箱） 用于承载货物的器具，也称工位器具。

（3）巷道堆垛机 用于自动存取货物的设备。按结构形式分为单立柱和双立柱两种基本形式；按服务方式分为直道、弯道和转移车三种基本形式。

（4）输送机系统 立体库的主要外围设备，负责将货物运送到堆垛机或从堆垛机将货物移走。输送机种类非常多，常见的有辊道输送机、链条输送机、升降台、分配车、提升机、皮带机等。

（5）AGV（automated guided vehicle）系统 即自动导向小车，分为感应式导向小车和激光导向小车。

（6）自动控制系统 驱动自动化立体库系统各设备的自动控制系统，以采用现场总线方式为控制模式为主。

（7）储存信息管理系统 也称中央计算机管理系统。是全自动化立体库系统的核心。典型的自动化立体库系统均采用大型的数据库系统构筑典型的客户机/服务器体系，可以与其他系统联网或集成。

穿梭机应用于穿梭式货架，由叉车将货物放在穿梭式货架的巷道导轨的最前面，通过无线电遥控操作穿梭台车承载托盘货物在导轨上运行；穿梭台车将货架深处的托盘移动至货架最前端，用叉车将托盘货物从货架上取下。通过叉车可将穿梭台车放置在不同巷道，多个巷道可以共同用一部穿梭车。穿梭台车的数量由巷道深度、货物总量、出货频率等综合因素来决定。

自动立体库可提高空间利用率、提高企业生产管理水平、提高生产效率、减少库存资金积压，是现代化企业的标志。

（三）装车

1. 叉车装车

多数工厂成品（副产品）都是将码盘存放于成品（副产品）库，根据发货订单，再安排叉车把一盘的成品（副产品）叉到车上，车载有人员，人工把包装袋（纸箱）码放于车上。目前市场上有一种托盘，采用7字型结构，配合叉车的特殊叉尺、叉车推拉器，可以实现整托盘的装车，不用人工重新搬倒。

2. 打包直接装车

在小型米厂，或大型米厂的副产品，产品规格相对统一，在打包速度满足发货需求的情况下，可以利用移动式或伸缩式皮带机或自动装车机，直接进行装车。目前自动装车机对车型有要求，因此多数还是人工在皮带机头的车上进行人工码包作业。

3. 自动装车机

自动装车机即在线装车系统，主要是针对已经包装完成的粮食进行装车的一种智能系统，主要包括固定式输送机、移动式输送机、自动伸缩升降排摆输送机以及控制系统。可通过控制系统在车厢内进行有序码垛和摆放包装好的粮食。但目前自动装车受车型、包装规格、一车多运等条件限制，在米厂并没有真正使用。

4. 自动装车叉车

自动装车用叉车又称“无人叉车”或“AGV叉车”，是一种智能工业车辆机器人，包含托盘叉车式AGV、宽脚堆高式叉车AGV、无脚堆高式叉车AGV等。AGV叉车用于堆栈托盘类货物的物流周转，由液压升降系统、差速驱动系统、PLC控制系统、导引系统、通信系统、警示系统、操作系统和动力电源组成，是集液压升降和PLC控制的可编程无线调度的自动导引小车。

目前AGV在粮油行业应用不多，因还局限于包装材料的储存使用，目前还无法用于多样性成品。

复习思考题

1. 大米的成品整理工段主要包括哪些工序？其主要作用分别是什么？
2. 长度精选机是如何利用粒度的差异将大米分级的？简述其工作过程。
3. 在白米分级工序中，白米分级筛和长度精选机的用途有何区别？
4. 请简述大米抛光的目的和原理。
5. 抛光机的出机大米光洁度不够的原因是什么？应如何解决？
6. 简述色选机的工作原理及其在大米加工工艺中的应用。
7. 色选机主要由哪几部分组成？各部分的作用分别是什么？
8. 色选机的带出比偏高，应如何解决？
9. 配米秤和中间计量秤有何异同点？

CHAPTER 7

第七章 稻谷加工厂的生产技术管理与工艺测定

重点与难点

①稻谷加工生产的劳动组织和生产管理组织结构；②劳动保护的概念和主要内容；③现场操作管理的主要内容；④数据管理的内容和意义；⑤人员管理的方法；⑥稻谷加工工艺测定的主要内容；⑦生产线的流量平衡及其控制点。

课程思政点

生产技术管理是一项科学性很强的技术，随着现代化生产技术的不断发展，它在工厂企业生产中的作用也就显得更为重要。所谓技术，就是人们在物质资料生产和科学研究中所使用的手段和技能。而生产技术管理则是有关生产技术的组织工作和管理工作，也就是对生产中的全部技术活动进行科学的管理，其目的在于不断提高劳动生产率，保证产品质量，增加产量，减少各种消耗，降低生产成本，全面和超额完成生产计划。先进的管理方式，既能更好地调动人的积极作用，又能充分发挥设备的效能，即能更合理地利用人力和物力，以最经济的方法、现代化的技术，最快的速度去生产更多更好的产品。所以，加强生产技术管理，是实现企业根本任务的需要。

所有生产工作都是围绕成本、质量、效率进行管理。稻谷加工工艺测定主要是指生产过程中对工艺指标进检测，以保证加工质量，既要保证加工精度、品质合格，又不能过度加工造成质量损失。

第一节　稻谷加工的生产技术管理

广义的稻谷加工生产技术管理是指稻谷从采购、检验、清理、贮藏、加工到成品及副产品仓储与发运的全产业链管理与运营。

采购是指稻谷由农户、经销商或储备单位经过商洽、竞争、拍卖获得稻谷的过程。由于稻谷的价格主要由稻谷品质、品种决定，因此稻谷采购时一般会对稻谷进行检化验。稻谷检化验内容包括：样品的检验、到厂的扦样检验、卸粮的复检、贮藏过程中的检验、入车间加工的过程检验、成品检验、成品库内的抽检、市场对标竞品的检验等。清理是稻谷入厂后进行清理去杂的过程，主要是为存粮保粮提供保证，同时减少贮藏量。贮藏是在厂区内或异地库对稻谷进行保管的过程，因为我国绝大多数稻谷都是一季稻，且品种和品质不同，所以对收购的稻谷要进行可靠保管，保证贮藏期内稻谷品质的稳定。加工是把稻谷加工成白米的过程，目前采用的稻谷加工是物理过程，基本无法改变稻谷的品质。

由于广义的稻谷加工生产技术管理涉及范围很广，本书所述的稻谷加工生产技术管理的内容重点针对加工环节，主要包括：劳动管理、技术管理、人员管理三个方面。其中，劳动管理包括劳动组织与劳动生产保护，技术管理包括现场管理和数据管理。生产技术管理框架如图 7-1 所示。

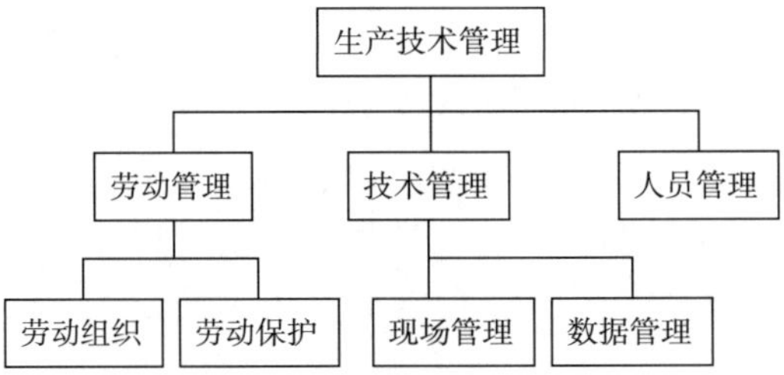

图 7-1　生产技术管理框架图

一、劳动管理

（一）劳动组织

1. 劳动分工与劳动力合理分配

谷物加工厂的生产过程是连续性的生产活动，在生产旺季一般会 24h 轮班生产。这种集体生产，必须有科学的劳动组织，否则，生产就不能顺利进行。谷物加工厂的劳动组织工作，就是合理地、科学地组织工人的劳动，协调好工人在劳动过程中的相互关系，处理好工人与机器设备的关系，充分发挥每个工人的积极性和创造性，从而不断提高劳动生产率。

工人在从事生产工作时，应该进行合理的劳动分工。谷物加工厂在配备工人时，应该达到以下要求：

（1）按照技术内容进行分工　工人的配备都要建立在合理的劳动分工和协作的基础上，按照技术内容合理配备相应的人员，以便充分发挥每个人的专长。

（2）保证每个工人有足够的工作量　要考虑工人同时承担几种不同却又相互关联的工作，使他们能够做到“一专多能”。

（3）每个工人都有明确的责任　凡是可以独立进行的工作，都应该交给专人负责。必须有几个工人共同完成的工作，应该指定负责人，并明确规定各个成员的职责范围。这样，既可以防止职责不清和无人负责的现象，又便于评定工人的劳动成果。

网格化管理为新型劳动管理方式，具体做法是将生产车间按一定标准划分成为单元网格，通过加强对单元网格的设备和事件巡查，建立一种监督和处置互相分离的管理形式。例如，将米厂车间按控制室、碾米间、清理间、打包间、副产品间等网格化，每一个网格有明确的负责人，负责区域内生产运行、生产安全、食品安全、设备管理等工作，无法处理时及时上报各项工作的负责人。

2. 劳动组织的形式

合理的劳动分工，还要有科学的劳动组织，这样才能加强各项工作的相互协作。这种劳动协作是通过各种组织形式来实现的。

稻谷加工厂的劳动组织形式一般有生产班组与工作轮班组织两种。

（1）生产班组　生产班组是企业劳动组织最普通的形式。它是在劳动分工的基础上，把生产过程中相互协作的有关工人组织在一起的劳动集体。班组既是进行生产活动的基础组织，又是企业行政管理系统中属于车间的下一级行政组织。有的企业不设车间一级，班组直属厂部领导。生产班组是按照工艺专业化和产品专业化原则来组织的，前者是同一工种的工人组成的，后者是由不同工种的工人组成的，班组工作是企业管理的基础，班组工作做好了，就为管好整个企业创造了条件。

（2）工作轮班组织　工作轮班是谷物加工厂劳动组织在时间上的划分。每个企业应根据生产工艺特点和生产任务大小来决定是实行单班制还是多班制。组织好轮班，对于合理使用劳动力，充分利用生产设备，搞好安全生产，保证职工的身体健康，提高劳动生产率，都有很重要的意义。在轮班生产的情况下，各班组任务力求合理，要正确安排好各班工人的倒班和轮休，合理安排各班人数和技术力量。

目前连续型生产企业多采用三班或四班制。四班人员配备时不会存在加班，但用人数量较多。三班制在满负荷生产时会存在一定的加班，目前粮食加工企业存在淡旺季，因此多采用三班制，更有的采用两班制。三班制有三班两倒（上 12h 班，休 48h）和三班四倒（两个白班、两个夜班，休息 2d）的工作方式。稻谷生产车间，除了正常倒班班组外，还设有常白工作人员，一般主要是负责管理的人员，如车间安全及食品安全管理、运营计划对接、备品备件管理、人员培训、绩效考核、生产报表、文件整理等人员。

3. 生产管理组织结构

生产管理组织由生产技术员、生产班长、生产主任、生产经理和生产管理层组成。

（1）生产技术员　生产技术员是指米厂车间基本操作（包括 PLC 操作）人员，直属上司是生产班长。主要职责包括：①熟练掌握本工序的工艺流程和品质指标，保证所属工段设备运转稳定，各工段相互配合，确保生产的连贯性和安全性；②规范操作，定期巡检设备，发现情况及时排除，以及设备的正常定期维护保养及简单维修；③加强生产现场管理，保持作业现场清洁卫生，符合 5S 标准［5S 指整理（seiri）、整顿（seiton）、清扫（seiso）、清洁（seiketsu）、素养（shitsuke）五个项目，因日语的罗马拼音均以“S”开头，简称为 5S 标准］；④按照检验标准及检验频率要求，完成当班检验项目，及时、准确、真实地完成原始记录及报表填写，按照 HACCP 及公司食品安全体系规定进行生产；⑤遵守公司的 EHS［环境（environment）、健康（health）、安全（safety）的缩写］制度，保证自己、他人及公司的安全。

（2）生产班长　生产班长是生产车间技术员的管理者。简单说，就是直接管理和安排生产技术员的人员，直属上司是生产主任。主要职责包括：①按照公司及米厂各项管理细则，管理本班具体事务（包括人员及工作安排，本班劳务及保洁等）；②每班巡检车间，保证车间设备良性运转，如有设备故障，及时与机电维修联系进行处理，如果处理不好，及时汇报；③对生产技术工艺上提出合理化建议，检查班组工艺操作和工艺指标的执行情况，对异常数据进行简单分析；④做好生产交接班记录、报表检查，并检查本班检验记录、白米仓投料、库存等原始记录情况，并签字确认；⑤稳定产品的产量、质量，同时保证副产品质量在合格范围内，每班处理本班所存留的散料；⑥对本班员工（特别是新员工）进行有效的操作培训，确保员工掌握应有的技术水平；⑦关注食品安全，对生产、储运环节涉及食品安全的问题及时提出整改要求并汇报领导；⑧与储运沟通配合，保证外输物料输送正常；⑨合理安排劳务人员作业。

（3）生产主任　生产主任是生产车间人员管理和技术管理的主要负责人，直属上司是生产经理。主要职责包括：①协调部门之间的配合，根据贸易计划，审核领班制订的日常生产计划并组织实施，与品检、原粮、成品、劳力公司沟通，出现问题时及时处理；②负责车间各项工作的认真贯彻执行，主要是检查部门班组及常白人员的工作落实，组织车间经济指标考核和员工绩效考核，合理配置资源，降低成本，提高效率与效益；③贯彻落实公司各项规章制度，建立、健全车间各项制度；④负责报表数据准确与及时，建立、健全车间数据库及资料存档，定时检查车间交接班记录，及时做好月度总结；⑤努力降低生产成本，技改革新，停车检修，解决工艺及设备上存在的问题及隐患，努力提高生产效率；⑥负责米厂岗位员工的培训工作，培养车间各岗位的备用人员。

（4）生产经理　生产经理是整个生产部门的管理者，负责整个生产运行、规划协调、生产系统的维护、生产数据的管理等所有生产管理工作，直属上司是生产管理层。主要职责包括：①了解管理层要求与方向，并制定相应的具体措施，保证贸易的长期目标，进行各项组织协调；②优化管理流程、实施全面质量管理，确保产品达到公司标准，组织生产成本核算，努力提高生产效率，落实有效创新技改，降低生产成本；③组织员工培训工作，提高员工生产技能和素质，加强职工安全消防教育，严格动火管理，确保安全生产；④关注员工思想动态，提高员工士气，减少员工流失率；⑤制定和优化考核标准，确保考核公开、公平地进行，并对车间绩效和员工技能有所提升。

（5）生产管理层　生产管理层是生产的最高管理者，一般会由公司副总经理或生产总监负责，或者总经理直接负责。主要职责包括：①参与制订公司的发展战略、生产经营计划目标等；②制订公司的生产计划，管理、控制和监督整个生产系统，以实现公司的生产目标；③建立和完善生产管理制度，组织实施并进行监督检查；④协调各部门之间的沟通与合作，指导生产系统的运行等。

（二）劳动保护

劳动保护工作，是为了在生产过程中保护职工的安全和健康而进行的一系列组织工作和技术工作。努力做好企业的劳动保护工作，是实现安全生产，使生产顺利进行的首要保证，起到保护职工的生产人身安全、公司财产安全的作用。

不安全行为和条件是构成工作场所事故的基础，如图 7-2 所示的海因里希法则-事故伤害率。不安全行为同时遵循着墨菲定律。

1. 安全措施

安全措施是劳动保护工作的一项重要内容。它为了防止和清除生产过程中发生人身伤亡事故和设备事故，保障职工安全，保护国家财产所采取的各种措施。谷物加工厂的安全措施

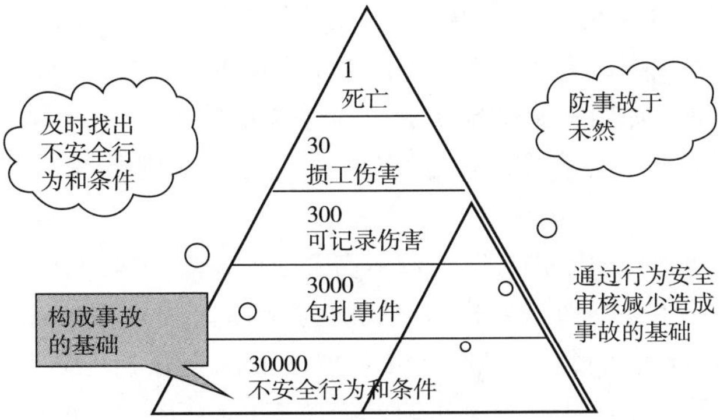

图 7-2 海因里希法则-事故伤害率

有以下几方面的内容。

（1）机器设备的安全措施　谷物加工厂的生产过程具有高度的连续性。在生产的各个环节，都有较多的传动装置，为了避免在生产中发生事故，必须安装防护装置。一般来说，凡是曝露在机器外部的传动部分以及危险部分，如明带、明轴、明轮等，都应当安装必要的防护装置，如防护栏、防护罩、防护网等。另外，还要加强机器设备的维修，认真执行安全操作规程，维修时做好能源隔离与挂牌上锁，确保机器设备的安全。正常传动设备的防护罩，应采用全封闭式结构，如果需要开孔，开孔的大小原则上不应该手指插入。打开后即有运动部件的门、罩，需要用非手动能打开的固定，即打开需要用工具才可以。例如，大米加工车间发生机器设备安全事故最多的是关风器（回转阀）"咬手"，主要是发生堵料清理时，没有实施能源隔离与挂牌上锁措施。

（2）电气设备的安全措施　谷物加工厂里的电气设备很多，除了电动机外，还有变压器、电动工具等。企业应当注意电气设备的安全，防止发生火灾和触电事故。一般来说，电气设备要有保险装置，电动工具在使用前必须采取保险性接地措施，必须有良好的绝缘性。高压线路经过的地方，应有高压设备的警告标志。工人操作时，要严格遵守安全操作规程，防止人身触电事故的发生。

2. 工业卫生

工业卫生是在生产过程中，为了改善劳动条件、保护职工健康，防止和消除高温、粉尘、噪声、有害气体和其他有害因素，而采取的医疗预防措施和技术组织措施。根据谷物加工厂的生产特点，在工业卫生方面应该做好以下几项工作。

（1）防止粉尘危害　谷物加工厂在原料清理、砻碾、打包和运输过程中，往往产生粉尘。这些粉尘长期与工人接触，对工人的呼吸系统有很大危害。根据多年的经验，清除粉尘应采取"密闭为主，通风为辅，结合清扫"的措施。谷物加工厂应当结合本单位的具体情况，认真贯彻这一措施，努力减少车间空气中的含尘量，使之达到国家规定的空气中含尘量不超过 $10mg/m^3$ 的标准。

（2）防止噪声刺激　在谷物加工厂中，有些环节会产生强烈的噪声，如高压风机等。噪声对工人的听觉器官有过分的刺激作用，不仅容易使人烦躁不安，也会引起听觉器官的疲劳，导致听力下降。应尽量采取消音等措施，把噪声控制在 85～90dB。但目前粮食加工厂无法达到这个水平，一般采取个人防护，用戴耳塞的方式来降低噪声的危害。

（3）环境卫生及合理采光　工人从事生产劳动的工作场所，需要有整洁卫生的环境和合理的照明，才不致妨碍工人的工作，有助于保护工人的健康。这就要求工作场所的机器设备要排列整齐、擦洗干净，原料、辅助材料、成品等要堆放整齐，下脚、垃圾等要及时清理，要保证工作场所通风良好，空气新鲜。厂房内要充分利用自然采光，工作地点的照明要合理。

安全无小事，应该遵守四不伤害原则：不伤害他人、不伤害自己、不被他人伤害、保护他人不受伤害。做任何工作前，都要进行 JSEA（job safety and environmental impact analysis）分析，即工作安全和对环境的影响分析。JSEA 把一项作业分成几个步骤，识别每个步骤中可能发生的隐患或风险，进而找到控制风险的措施。JSEA 是一个识别作业过程中的潜在危险因素，进而提出控制措施，从而减少甚至消除事故发生的有效工具。

二、生产技术管理

稻谷加工生产技术管理的优劣，以结果为导向，管理好的稻谷加工厂没有安全、食品安全事故，客户投诉少，加工成本低。具体体现在现场操作管理、生产数据指标、人员素质三个方面。

（一）现场操作管理

1. 现场操作管理的主要内容

（1）成品生产达到成品要求　成品各项指标要贴近指标上限。不能出现质量过剩，也不能超出指标，出现质量不合格。对于异色、异物等重点指标，必须零容忍。

（2）副产品带出比在合理范围内　副产品的带出比，是加工效果的重要指标。带出比多时，成品得率低。没有带出比，成品质量可能存在问题，需要去确认。

（3）生产设备运转参数正常　建立标准化操作规程，并在设备现场做出相应的标识，让新员工有章可循，减少对经验的依赖性。例如，每一道碾米机的压力最终体现在电流表的数值上，只有电流在合适范围内，才可能是正常的，如果电流过高才能达到相同的碾白效果，说明设备内部肯定出现了问题。

2. 操作规程

操作规程是生产工人的工作规范，是工厂加强技术管理、维持正常生产秩序、确保产品质量、节约粮食和安全生产的基本准则。操作规程的具体内容主要为：谷物加工厂的工艺流程、各工序或各作业机的生产技术参数和操作指标、开车前的准备工作和开车后的注意事项、各作业机的操作程序和操作方法、停车前的准备工作和停车后的注意事项等。

操作规程应根据原粮情况、成品质量要求、设备的工艺性能，并结合操作经验，本着实事求是的科学态度来制定，使之既先进又合理，以期达到较好的生产效果。同时，操作规程应在经过实践验证之后，方可批准执行。2023 年发布的《稻米加工技术规程》（LS/T 1231—2023）规定了稻米加工的总则、原粮接收、初清及干燥、原料暂存、稻谷加工、成品暂存等的工艺流程、设备选择、操作指标等要求，可供稻谷加工企业参考。

操作规程并不是永远不变的，应随着新技术、新工艺的采用和设备的不断改进等情况变化及时地加以核查和修订，以保证操作规程的科学性和先进性。

3. 现场 5S 情况

遵循 5S 原则，做到没有多余的物品，物有本位，物见本色，动物还原。现场的跑、冒、滴、漏应发现一处，处理一处。任何物品都有明确标识，并且做到可视化管理、形迹管理，一目了然。这需要管理人员不断的监督与鼓励，使员工形成良好的习惯与意识，提高工作效率，减少不必要时间浪费。

（1）安全情况　米厂的安全隐患主要是机械损伤、噪声和火灾。因此现场管理时，应该注意个人防护装备（PPE），特别是耳塞的佩戴。现场机械传动防护、设备可开防护是否到位。现场的消防器材是否正常，有无火源隐患。动火、登高、受限空间的管理是否到位。

（2）食品安全情况　米厂食品安全主要是异物的风险控制。打包车间是米厂的高清洁区，进出人员应严格管理管控，打包车间内人员的穿戴防护应满足高清洁区的要求。此外要重点关注车间设备内部的卫生情况，对于日常清理和定期清理点，确保清理到位，减少生虫的机率；对于车间虫、鼠害管理，建议由专业公司来负责，以便得到有效控制。

（3）备品备件管理情况　稻谷加工车间，因为设备种类多而杂，备件更是又多又零散。对于开机率大于50%的工厂，备品备件需有专人管理。备品备件过多或者货龄过长，会造成浪费；备品备件过少，会影响正常生产，造成生产效率降低，甚至停机损失。备品备件的采购周期与备件寿命和货龄管理等，需要管理人员对备件进行分类管理。集团性工厂还可以考虑建立区域库存，以减少不常用备件过多地储存，同时避免因缺少备件而造成的停机损失。

（4）辅材管理情况　辅材的管理主要是包材、缝包线等易耗品的管理。辅材管理主要是对到货验收、货物发放（原则上是按批次，先进先出）、退货的盘点、垛位布置及标识等进行管理。辅材管理是一项细致且有耐心的工作。对于超期包材应提前预警，并进行反馈。对于食品接触面的包材，保管时应保证食品安全。

4. 现场巡视点

主要巡视设备运行、保养等情况，按工艺顺序，主要有以下内容。

（1）提升机　运行是否平稳，有无异响，回料是否严重；减速机是否漏油，轴承是否过度润滑；机尾是否漏料，进料口是否长期未清理等。

（2）圆筒初清筛　运行是否正常；排出大杂是否顺畅；筛筒、进料溜槽有无磨损等。

（3）旋振筛/振动筛　上层后段筛面是否堵塞、跑粮；小杂是否含粮；垂直吸风道风量否正常，风道厚度调节是否到位；物料在筛面上分料是否均匀等。

（4）去石机　石中含糙是否过多；负压是否正常；物料在筛面上分布是否正常；以及出石口附近筛面的石子含粮情况等。

（5）磁选器　是否清理过，是否有破损现象等。

（6）砻谷机　快慢辊的直径是否正常；脱壳率是否正常；稻壳中是否跑粮；辊压是否正常；胶辊是否起槽；进料淌板是否对准两辊中心；有无异响、振动；传动皮带是否有掉屑情况等。

（7）重力谷糙分离机　糙米中是否含稻谷；稻谷中含糙米情况；工作面上物料厚度是否正常；各个工作面的分料是否均匀；分料挡板弹簧是否正常工作；进机原料的流量、脱壳率是否正常等。

（8）厚度分级机　未熟粒中是否含饱满粒；清理刷是否正常；进料机构是否有料溅出、堆积等。

（9）碾米机　各道碾米机碾白效果是否合理，特别是砂辊开糙的效果是否正常；电流是否正常；带喷风的碾米机喷风风机是否正常工作；不带喷风的米机进风口是否正常；负压是否正常；米筛筛面是否正常清理等。

（10）抛光机　除与碾米机相同的检查项目外，还要看喷嘴雾化效果是否正常，加水点与面板的控制点是否对应等。

（11）色选机　振动喂料器振动是否正常，周边是否溅料；风道是否需要清理积糠；色选机喷射是否正常；清理刷是否正常工作；每个通道的设置及效果是否一致；电加热板是否正常开启使用；背景板阈值是否一致、正常；喷射阀、灯管（灯带）寿命是否正常；报警有没有被关闭等。

（12）流量秤　每秤是否归零；每秤质量是否正常；动作是否正常，有无异响；气压是否正常等。

（13）打包秤　每次称量的稳定性；秤的精度（检斤秤）是否正常；喷码、缝包是否正常；秤的动作是否正常等。

（14）脉冲除尘器　压差和喷吹是否正常；关风器是否正常运行；是否有漏风等。

（15）刮板输送机　是否有异响；链条是否过松；刮片是否有磨损；闸门是否正常工作等。

（16）气路系统　空压机的加、泄压值是否正常，满足车间用气压力的情况下，尽量采用低压供气；气罐、干燥机、过滤器的排水是否正常；干燥机是否正常，干燥过后的气路含水是否正常；气路管道需定期检查有无漏气等。

（17）水路系统　水箱水位是否正常；过滤器是否需要更换；水泵工作是否正常；水箱及水管是否需清理等。

（18）传感器　是否正常工作。

5. 车间现场情况

（1）现场情况　各种物品摆放是否有标识，是否正确摆放；寻找所需物品的时间；地面的防护是否到位；现场卫生情况。

（2）记录情况　外来人员、巡检、清理、生产记录等是否完善，与现场是否一致；各种问题的记录是否有明确时间点；数据记录的涂改是否有签字确认；首检记录是否正常；计量设备的校秤记录是否正常；各种虫、鼠害记录及设备是否正常等。

6. 人员表现情况

（1）个人 PPE 防护是否到位。

（2）设备操作、5S 管理是否按要求执行。

（3）员工积极性的情况。

（4）问题处理能力（故障时间）的表现，现场观察与问答等。

7. 现场问题分析及处理

遵循：发现问题→分析问题→处理问题→改进→预防的方法步骤。

发现问题是基础，问题的表象容易在巡视时发现，但问题处理的关键在分析问题，一定要找到问题的根本原因，进而才能从根本上解决问题，否则只能处理表象，问题会重复发生。问题处理后，需要对同类问题进行进一步的分析，推理，做出预防性措施，并做出系统的解决方案。

问题的分析及处理能力是米厂是否高效运行的关键，只有正确的分析处理问题，才能保持米厂的良性运行。例如，某斗式提升机发生堵料停机后，应该清空堵的物料，同时检查出料口是否有异物堵塞。在确认以上情况后，再点动设备运行，观察是否有异常。如果没有发现异常，开始进料，通过提升机的观察窗观察是否有返料的情况，确认是在皮带上行端返料还是皮带下行端返料，并及时断料检查。根据斗式提升机工作的原理，如果下行端发生大量返料的情况，应该是下道设备或出料管道出现不通畅。如果上行端发生大量返料的情况，说明进料流量过大或皮带张紧力度不足，也可能是头轮包胶磨损等情况，应该逐一检查确认出问题的原因，解决后方可以正常进料。如果没有找到原因就盲目地进料生产，还会接二连三地发生相同的故障，从而增加了劳动强度，降低了工作效率。

（二）数据管理

生产过程中会产生很多数据，必须对这些数据进行管理和分析，才能从中发现问题。

1. 管理数据

（1）计量数据　大米生产车间最常见的原始数据是计量数据，根据工艺不同，数据内容可能不一样。除了秤的计量数据以外，还有水、电、气的计量数据等。根据秤的计量数据、损耗数据及其他成本数据，最终可计算出稻谷加工得率和成本。例如，在筛选工段，投入的原粮成本为3858元，筛选损耗率1.12%，筛选成本12元，则产出净粮成本=(原粮成本+筛选成本)/(1－筛选损耗率)=(3858+12)/(1－1.12%)=3913(元)。

（2）三率一比　对于米厂所有数据中，最重要数据为三率一比，即成品得率、综合得率、产能利用率和副产品带出比。

$$成品得率(\%)=\frac{成品米质量}{投入的原粮质量}\times 100 \tag{7-1}$$

$$综合得率(\%)=\frac{成品米质量+\Sigma 副产品质量}{投入的原粮质量}\times 100 \tag{7-2}$$

$$产能利用率(\%)=\frac{实际产能}{设计产能\times 计划加工天数}\times 100 \tag{7-3}$$

其中成品得率、产能利用率越高越好。综合得率应该在一个合理的范围内，一般要求99.5%以上，过高（超过100%过多）或过低都是有问题的。副产品带出比是越低越好，但应保证产品合格。对于不同品种的原粮，在一定时期内会有相对稳定的数据，通过这些数据的统计对比，可以及时发现问题。

每天的报表数据关注三率一比，是每个合格车间管理人员的必修课。同时，要重点关注打包间报表与成品库成品交接管理以及车间存料管理。只有这些数据准确、及时，才能保证生产报表数据的准确，从而通过分析对比，发现问题，进而解决问题。

2. 精益六西格玛生产管理

精益六西格玛（LSS）是精益生产与六西格玛管理的结合，其本质是消除浪费。精益六西格玛管理的目的是通过整合精益生产与六西格玛管理，吸收两种生产模式的优点，弥补单个生产模式的不足，达到更佳的管理效果。稻谷加工生产管理要落实精益六西格玛生产管理理念。例如，打包的质量等数据，定期制作成能力分析，找出打包偏差大的秤，联系厂家对其检查并校准。

粮食加工厂利润率低，打包时每包如果多打出米，会带来巨大的利润损失。以1000t稻谷加工厂，生产5kg产品为例，如每包多出5g，每天生产600t，就造成了0.6t的损失，以每吨米6000元计，每天的损失就达到3600元。

3. 数据分析

通过专业的数据分析（透视图、表）对比，可以让我们找到生产中的问题，从而进行改进。一般我们从横向（同类工厂之间）和纵向对比（工厂自身不同时间段）来进行分析。一般每个月组织一次得率和成本分析是十分有必要的，这样可以及时调整生产加工。成品得率对于生产是至关重要的，以成品米与碎米的差价 3000 元/t 计算，每提高 1%的成品率，就相当于降低 30 元/t 的成本。

通过对车间生产日报的数据分析，可以发现一些可能存在的问题。例如，某稻谷加工厂生产的原粮当日全部清空，清空后的生产报表数据（准确抄数）见表 7-1。

表 7-1 车间生产报表中流量秤数据

项目	流量称					
	稻谷秤 A	糙米秤 B	白米秤 C	稻壳秤 D	米糠秤 E	头道小碎 F
吨数/t	331	287	248	71.2	35.8	4.1

通过计算出糙率为 86.7%（数据高于合理值）、出米率为 74.92%（数据高于合理值）、糙出白率为 86.41%、稻壳得率为 21.51%（数据高于合理值）、米糠得率为 10.82%，糙米与稻壳总量（385.2t）大于稻谷投料量（331t），同时以糙米与稻壳总量为基数重新验算，各项得率均在合理范围内。因此可以基本确定稻谷秤 A 不准确，数值偏低，并且低于误差允许范围，需要对秤进行检查。

根据流量秤的结构及工作原理，可以分析出问题的原因，并进行逐一排查，直到找到问题点并处理。对流量秤出现的问题或故障需要进行拍照并存入设备管理档案。流量秤故障处理好后，投入使用前需要重新校秤，以保证秤的精度。

4. 设备档案及问题处理记录

每一台设备从采购（包含配置要求）、安装、调试到运行中的故障处理、备件的更换都应该建立相应的记录，这些内容称之为设备档案。完整的设备档案，是对设备进行预防性维修的前提，是保证高效连续生产运行和技术改造的基础。稻谷加工厂很多易损部件在设备外部看不到，如碾米机的筛片、砂辊、推进器等，只有拆开设备才能看到。加强对设备备件的管理，更换完易损件后做好记录，通过经验来估算一个加工量或运行时间，就可方便提前检查以确认是否要更换。因此，应该建立设备点检表，对于检查点、检查周期、检查内容及检查标准做出明确规定。

例如，对于碾米机砂辊，当辊径磨损比原始尺寸小 10mm 时要更换；当出机白米米温过高、碎米过多、精度达不到正常数值时，要考虑是不是磨辊磨损造成。对于碾米机米刀，当米刀磨损原始尺寸一半时或当出机白米精度达不到正常数值时，要考虑更换。

5. 设备检查基本方法

可以依据检查项目的具体情况而定，一般采用目视、耳听、手摸、鼻嗅等方法，也可采用仪器或仪表检测的方法。检查可分为日常检查和定期检查两种。

（1）日常检查　是指操作工人每天对设备进行的检查，一般和日常维护保养结合起来，通过检查，及时发现不正常的技术情况，并加以清除。

（2）定期检查　是指专业维修工人协同操作工人，按计划定期对设备进行检查。通过检查，全面、准确地掌握零部件的实际磨损程度，以确定修理种类和修理时间。

（3）自动化应用——备件寿命预警系统　采用 PLC 控制系统的米厂可以记录设备运行时间和带料时间，并根据设定的加工量或运行时间提前设计警告提醒，以免备件过度磨损后，造成得率降低或生产数据错误。

三、人员管理

1. 人员管理的方法

任何工作都需工作人员的配合与协作。目前大型米厂生产一般分工段进行操作，是一个紧密相连的整体。车间内无论是设备问题（备件磨损、故障率高等），现场管理问题（混米、配米比例超标、不合格品入库、现场脏乱差等），还是操作问题（参数调整不到位，成品、副产品不合格等），所有问题归根究底都是人的问题。特别是在米业自动化程度较低的现状下，如果能够提高车间人员的素质和水平，就能提高员工的意识和主观能动性。下面就一些管理方法进行简介。

（1）调整心态　每位员工以主人翁的心态来工作，才能打造一个高质量的团队。

（2）规范制度　人员的管理最主要是依靠公司的制度，管理者不是“裁判员”，而是制度和标准的制定员。对员工要用制度来约束、管理，但又不能没有人性化，应在合理的范围内，保护员工的基本利益。

例如，为了明确责任，保证工厂的正常生产，凡是分班生产的谷物加工厂，均应建立交接班工作制度。交接班的内容为：车间生产情况，故障、质量问题情况；工具、对讲机的数量等。办理交接手续，应以不影响生产为原则，可采取对口交接的办法，即生产组长与生产组长交接，操作人员与操作人员交接。原则上，上一个班未完成的工作不可以留在下一个班。为使交接班工作作为一项制度坚持下去，车间负责人应定期或随机地参加交接班。

（3）公正、公平、公开　作为管理人员，只有做到“无私”，才能获得大家的认可，要公平做事、公平待人。

（4）人才培养　人员管理的最大成本是时间和人力资源，一些企业为了节约成本，控制编制，车间人员十分紧张。这种做法会造成没人可培养、没时间可培养。新员工的培训周期一般是以年为单位进行的，现有人员流失会造成无形的损失，最终会在成本中体现出来。人员管理时，应重视 A/B 岗、一岗多能的培养，提高人员效率和能力，加大深度，这样才能为生产管理的提升提供保证。

2. 人员管理的工作内容

（1）确定合理的人员编制　对于企业而言，人员是成本也是资本。人员过多增加了企业的负担，但人员过少会造成不必要的停机，会对在岗员工有依赖，不利于管理。因此，根据企业的不同时期、员工的不同技术水平，配备不同的人员数量（编制）是十分重要的。

（2）重视新员工的选拔与培养　建立新员工培养体系、入职指导体系，确定员工晋升通道，对新员工，特别是高素质的人员要重点关注，把人员培养作为首要、长期工作，分配固定时间来做。

（3）重视 B 角培养　一定要做好每个人都会离职的准备，确保任何员工离职都不会对生产工作造成较大影响。

（4）重视思想教育与人员沟通　要培养员工的食品安全意识，建立生产安全红线。要培养员工的成本意识，关注细节。注意与员工的沟通方式方法，尊重员工的意见与建议，尽量不当众批评个人，当众表扬个人时表扬要到具体的内容。

3. 操作工人的培训

操作工人的培训是生产技术管理中非常重要的内容之一。通过培训使操作工人从理性上对谷物加工厂的产品种类及等级、工艺流程、设备的工作原理及结构以及操作规程等方面有一个初步的认识，为其上岗打下一定基础。同时，也为谷物加工厂的产品质量、机器设备的使用寿命提供了一定的保障。

操作工人的岗前培训需要制定详细的计划，包括培训时间、培训内容等。工艺培训内容一般主要有以下几个方面：①需要加工的谷物品种、类型、物理特性、谷物含杂量及杂质种类，在加工过程中杂质对工艺效果的影响等；②谷物加工厂所生产的产品种类、等级及鉴别依据、产品质量的分析；③工艺流程的工序组成、各工序的作用及应达到的指标和数据；④整个工艺流程的开、停车顺序；⑤各个单机设备的工作原理、结构组成及作用、操作程序、常见故障的分析及解决；⑥学会让员工主动去讲授，而不是被动去学习；⑦学会利用各种形式学习，而不是拘泥于集中培训。

第二节　稻谷加工的工艺测定与质量监控

一、工艺测定的内容

通过对生产线的产能、设备检查和生产取样，对生产线整体运行效率、效果以及单机的使用效果进行评价，通过计划—实施—检查—处理（plan-do-check-action，PDCA）循环并不断进行调整，实现生产控制水平的提高。米厂生产检测主要内容和要点如下：

1. 产能测试

产能测试包括产能测试及其原因分析。产能测试包括清理段、砻谷段、碾光段、抛光段、打包段等各工段产能。主要分析不达产原因（设备问题、切换问题等），包括设备不达产、管理不达产等。

2. 标准化操作检查

标准化操作检查包括设备运行状态、设备维护状态和备件情况检查。主要检查设备操作参数设定和设备运行是否正常；对设备进行预防性维修、润滑保养；以及建立备件安全库存清单、明确目前备件库存和历史备件消耗情况等。

3. 人员构架的核查

人员构架主要核查：车间正式员工编制和分工，包括实际人数和人员岗位安排是否合理或者需要优化；劳务人员和分工（主要在打包间）是否合理或者需要优化；以及人员培养、能力考核方面是否完善或者需要提升。

4. 加工效果测试

加工效果测试包括：大米加工工艺效果（取样检测）；成品质量、标准、质量损失；副产品带出，包括杂质跑粮、小碎含整、稻壳含粮、色选带出等；综合得率，包括计量是否准确等。

5. 生产安全检查

生产安全主要检查：设备、溜管、风管、闸门等部位的现场粉尘或者物料（包括水、气）的跑冒滴漏现象；设备有无安全防护，安全设施（如防火设施）等是否有效；断电上锁，登高、动火等作业的人员操作安全。

6. 食品安全检查

按照相关标准检查异物控制点、食品接触面、水路系统等，重点检查去石机、磁选、色选机、金检、返米口等部位。处理工厂客诉情况，如喷码异常、异物（产品中有异物）、短重（指质量缺失，低于产品要求的质量标准值）等。

7. 能耗检测

主要检测电、气耗用量相关数据是否在正常生产标准范围内，以及空气压缩系统设备是否完好，空压机使用是否达到正常效率。

8. 关键绩效指标（key performance indicator，KPI）考核情况

主要考核：生产加工得率，即产品和副产品（包括杂质）得率（产出率）是否正常；设备运行效率是否稳定，是否达到设计产能；产品质量是否有问题，是否存在质损（加工质量过度）或者客诉；备件成本、辅料（包材）损耗是否在标准范围以内等。针对 KPI 比较差的项目，进行原因分析和制定改善措施。

9. PLC 系统检查

检查备件寿命 PLC 系统，确认是否需要及时更换备件；检查 PLC 联锁是否存在问题，是否需要改进优化；检查并核对 PLC、现场实物、工艺流程图三者是否一致，并更新至最新版。

10. 新技术应用

如：脉冲压差自动喷吹、空转时间管理系统、激光喷码应用、在线分析仪应用、视觉检测等应用情况。

另外，生产检测还包括工厂困难点跟踪。由于各工厂存在一定差异，检测具体实施内容细节，根据实际加工情况调整。

二、现场关键控制点

（一）生产线的流量平衡

1. 流量平衡的重要性

对于生产线系统而言，每台设备的流量对加工效果都有影响，并且会影响其他设备参数。因此保证设备在正常的流量下工作，并保证稻谷生产线加工质量的稳定性和工作效率，最关键是要确保前后工序之间的流量平衡，特别是在没有大容量中间仓的情况下。当前后工序流量不平衡时，就会出现料仓料位器频繁报警现象，导致员工疲于流量调节。同时流量的波动会影响设备的加工效果，不利于标准化操作的实施和产品稳定。当每道工序只有一台设备时，流量调节相对比较容易。当生产线产量大，每道工序有多台设备时，保证每台设备的流量基本一致，同时保证前后道产量平衡，一般需要通过一定时间来积累经验，但更科学的是采用计量的方法。

2. 流量的测量方法

对于同一设备而言，即使设定参数一致，但设备制造精度、装配精度、调试校准总会有差别，而且即使设备流量控制机构的开启程度和变频数相同，对于不同的原料、不同粒形的大米，产量也会不同。因此要针对不同物料品种，找到设备参数对应的流量。

一般可以通过实测的方式进行计算。如果工艺中，在该道设备后有流量秤，而且此道设备去除的副产品又很少，那么只开一台此道设备，通过控制进料流量和后道的流量秤可以直接计量出该设备的大体流量。

例如，在抛光机后有流量秤，抛光机去除的糠粉量很少，就可以将后道流量秤的数量认为是抛光机的流量。也可以配合计量去除糠粉的量来准确计算抛光机的流量，但一般这些千分位的差异在流量平衡中是可以忽略不计的。

如果设备后没有流量秤，一般采用人工计量换算法。将设备出料口拆掉，把溜管接到方便接料的位置，溜管出料口人工接料并计量。操作时人工控制设备的流量值（流量控制机构开启的程度或频率值），通过固定的开启时间 t，t 应根据大概产量来取值，主要是要保证下面人工接料能接得过来。t 值宜为 9 的倍数，如 9s、18s、36s 等。一般来说产量越大，t 取值会越小，但误差也会大。人工接料的质量为 G（kg），通过对比计算，我们就可以计算出流量 Q（t/h）$=3.6\times G/t$，流量 Q 一般取多次测量的平均值。

单台设备加工每种物料，每个进料值对应的流量都测定好后，应根据生产的设计量，将流量固定下来进行设备的其他操作，并在流量一定的情况下，将其他参数也进一步固定下来，从而实现操作的标准化。

对于有些采用振动进料的设备，可能由于设备装配与振动材料批次不同，导致振动有差异；或随着时间的推移，设备振动机构的老化、松动，导致振动会有变化。采用智能调频振动送料控制器（振动送粒控制器）检测振动喂料器的工作状态，并实现闭环回路控制振动喂料器，可实现流量的一致性。

（二）单机设备控制点示例

以安徽丰良优和两优培九两个品种的原粮为例，介绍稻谷加工过程中各主要加工设备的取样点、检测项目及结果分析。

1. 入机原粮取样检测及分析

稻谷原粮在进入生产线加工之前，需使用实验精米机对原粮工艺品质进行检测，以方便加工过程中设备加工工艺的参数调整和产品质量控制。检测项目见表 7-2。

表 7-2　入机原粮工艺品质检测项目　单位:%

原粮品种	取样点	检测项目（实验精米机）											
		水分	杂质	谷外糙含量	出米率	碎米率	垩白粒含量	重垩粒含量	病斑粒含量	黄粒米含量	糙米率	出糙率	爆腰率
安徽丰良优	入机原粮	12.2	0.5	1.5	68.0	31.0	36.5	8.2	1.6	0.3	79.6	77.6	10.0
两优培九	入机原粮	13.2	0.5	2.0	69.0	45.6	42.0	9.2	2.9	1.2	80.1	78.0	15.0

原粮（两优培九、安徽丰良优）工艺品质分析评价：①原粮整体品质一般，水分低于14%，偏低，垩白粒含量较高；②爆腰率很高，需关注烘干仓储环节；③杂质含量较少，在1%以内，基本正常；④谷外糙含量较高，病斑粒和异色粒比例高，原粮波动较高。

2. 振动清理筛和旋振筛取样及分析

振动清理筛和旋振筛的工艺效果控制点为大杂和小杂出口的稻谷含量，检测项目见表7-3。

表7-3　振动筛取样检测项目

取样点	检测项目		备注
	稻谷含量/%	糙米含量/%	
大杂出口	0.39	0.00	筛上物大杂中应不含稻谷；
小杂出口	0.00	0.00	筛下物不含稻谷。

分析评价：①振动清理筛配置较好；②大杂中含少量稻谷，需关注。

3. 去石机取样及分析（第一道去石）

去石工艺采取主、副流两道去石工艺。主流去石机保证稻谷出口不含石子，石子出口物料进入副流去石机处理。副流去石机保证石子出口不含稻谷，稻谷出口物料返回主流去石机继续处理。检测项目见表7-4。

表7-4　去石机取样检测项目　单位：%

设备	取样点	检测项目	品种			
			安徽丰良优-1	安徽丰良优-2	两优培九-1	两优培九-2
主流去石机	进料口	石子含量	0.05	0.03	0.00	0.02
		糙米含量	1.60	1.46	1.49	1.98
	稻谷出口	石子含量	0.00	0.00	0.00	0.00
		糙米含量	0.54	1.10	1.20	1.20
	石子出口	糙米含量	61.33	65.71	82.00	71.49
		稻谷含量	10.90	7.9	15.60	26.35
副流去石机	稻谷出口	石子含量	0.67	0.55	0.17	0.05
		糙米含量	74.33	86.91	81.65	75.18
	石子出口	糙米含量	8.09	12.08	7.08	14.17
		稻谷含量	0.00	0.00	0.00	0.09

注：品种后缀1、2表示不同时间取样。

分析评价：①主流去石机石子出口物料进入副流去石机，物料中稻谷含量较高；②副流去石机石子出口含稻谷较低，配置较合理。

4. 砻谷机取样及分析

砻谷机的工艺效果主要体现在脱壳率，同时也要控制糙碎和稻壳跑，因此需从进料口、糙米出口和稻壳出口三个部位取样，分别检测物料中的稻谷含量、糙米含量和糙碎含量，见

表7-5。

表7-5 砻谷机取样检测项目 单位：%

检测项目	安徽丰良优-1			安徽丰良优-2			两优培九-1			两优培九-2		
	进料口	糙米出口	稻壳出口	进料口	糙米出口	稻壳出口	进料口	糙米出口	稻壳出口	进料口	糙米出口	稻壳出口
稻谷含量	99.50	23.52	0.08	99.80	22.80	0.13	100.00	29.90	0.06	99.91	24.39	0.06
糙米含量	0.50	76.48	0.10	0.20	77.20	0.08	12.23	70.10	0.06	0.09	75.61	0.17
糙碎含量	—	6.80	—	—	10.63	—	—	8.46	—	—	9.21	—

注：品种后缀1、2表示不同时间取样。

分析评价：①砻谷机脱壳率偏低，只有75%左右，根据原粮情况，应适当提升脱壳率，以降低重力谷糙分离机的筛选压力；②当天设备流量不稳定，也造成效果不稳定，糙碎波动比较大，设备操作时应设定固定流量参数，达产即可。

5. 重力谷糙分离机取样及分析

采用一道谷糙分离设备，需同时控制回砻谷含糙和糙米含谷指标，为了更好地监控设备工艺效果，三个出口的物料均需进行检测，检测项目见表7-6。

表7-6 重力谷糙分离机取样检测项目 单位：%

检测项目	安徽丰良优-1			安徽丰良优-2			两优培九-1			两优培九-2		
	糙米出口	混合物出口	回砻谷出口	糙米出口	混合物出口	回砻谷出口	糙米出口	混合物出口	回砻谷出口	糙米出口	混合物出口	回砻谷出口
稻谷含量	0.03	16.33	50.66	0.20	25.40	60.70	0.25	29.24	72.95	0.44	23.70	67.00
糙米含量	99.97	83.67	49.34	99.80	74.60	39.30	99.75	70.76	27.05	99.56	76.30	33.00
糙碎含量	17.20	—	—	14.73	—	—	7.87	—	—	14.14	—	—

注：品种后缀1、2表示不同时间取样。

分析评价：①回砻谷机的物料中，糙米比例偏高，易导致糙米损伤或爆腰，可适当调整回砻谷挡板位置，降低回砻谷含糙；②两优培九的糙米出口物料中，含稻谷0.44%，偏高。

6. 碾米机组取样及分析

本碾米机组采用三道砂辊碾米机，连续碾白得到的标米进入凉米仓，需连续监测碎米率、白度、米温等项目，具体取样点和检测项目见表7-7。

表 7-7 碾米机组取样检测项目

品种	取样点	检测项目					
		碎米/%	白度/kett	透明度/%	加工精度/%	爆腰/%	温度/℃
安徽丰良优-1	入米机糙米	12.65	21.60	0.79	0	4	24.8
	一道米机	14.52	29.10	1.62	40	6	32.5
	二道米机	11.68	36.50	2.55	78	4	32.8
	三道米机	14.51	39.40	2.72	92	7	37.8
	入仓标米	18.24	38.60	2.81	89	3	37.1
安徽丰良优-2	入米机糙米	10.60	21.60	0.76	0	8	23.6
	一道米机	14.18	29.00	1.59	40	6	33.0
	二道米机	14.89	36.40	2.61	78	5	35.9
	三道米机	15.40	38.10	2.75	86	8	39.7
	入仓标米	17.14	39.40	2.86	93	7	38.3
两优培九-1	入米机糙米	9.50	20.00	0.74	0	8	22.60
	一道米机	15.80	28.10	1.69	37	14	29.45
	二道米机	15.00	31.90	2.28	55	10	32.15
	三道米机	16.10	35.10	2.67	73	10	34.50
	入仓标米	18.60	35.40	2.47	72	10	35.40
两优培九-2	入米机糙米	15.10	19.90	0.66	0	10	23.00
	一道米机	15.97	28.00	1.59	36	2	31.00
	二道米机	15.69	34.20	2.45	67	3	35.50
	三道米机	15.65	37.00	2.52	80	4	38.50
	入仓标米	18.94	37.20	2.31	79	2	38.10

注：品种后缀 1、2 表示不同时间取样。

分析评价：①碾米机温升明显；②增碎不高；③入凉米仓标米含碎大于三道碾米机含碎，较高，具体原因待查。

7. 白米分级筛（第一道）取样及分析

第一道白米分级筛主要目的是提出小碎米，需从进料口、主流物料出口和小碎出口分别取样，检测项目见表 7-8。

表 7-8 白米分级筛取样检测项目 单位：%

检测项目	品种			
	安徽丰良优-1	安徽丰良优-2	两优培九-1	两优培九-2
进机物料含碎米	18.40	18.69	23.30	20.30
主流物料含碎米	18.27	17.14	18.60	18.94
小碎含整米	2.30	3.14	6.30	4.80

注：品种后缀 1、2 表示不同时间取样。

分析评价：①小碎出口中含整米较高，需要检查设备内部密封情况；②筛孔配置：Φ4.0mm-Φ4.0mm-Φ3.7mm-Φ3.2mm-Φ2.0mm，较为合理。

8. 抛光机（第一道）取样及分析

抛光机主要检测入机前后物料中碎米率、表面光洁度和米温的变化。表7-9列出第一道抛光机的取样点和检测项目。

表7-9　抛光机取样检测项目

检测项目	品种+取样点							
	安徽丰良优-1		安徽丰良优-2		两优培九-1		两优培九-2	
	一道抛光机入料	一道抛光机出料	一道抛光机入料	一道抛光机出料	一道抛光机入料	一道抛光机出料	一道抛光机入料	一道抛光机出料
碎米率/%	17.20	20.58	19.50	18.80	20.00	18.30	19.10	18.70
白度/kett	35.50	37.20	38.50	37.90	39.10	37.20	34.80	36.30
透明度/%	2.21	2.67	2.16	2.67	2.55	2.61	2.42	2.77
加工精度/%	71.00	82.00	84.00	85.00	90	81	69.00	98.00
温度/℃	—	—	—	—	27.90	34.25	27.00	31.15

注：品种后缀1、2表示不同时间取样。

分析评价：①抛光增碎差异比较大，碎米含量不稳定；②抛光机进出料温升较高；③白度波动较大，与操作相关，白度增加大，增碎较明显，需根据产品要求调整设备。

9. 色选机（第一道）取样及分析

四道色选工艺，第一道和第二道色选机均用于同时选出黄粒米和垩白粒；第三道色选机用于选出异色粒；第四道色选机采用红外色选，用于选出异物。检测项目见表7-10。

表7-10　色选机取样检测项目　单位：%

设备	检测项目	品种			
		安徽丰良优-1	安徽丰良优-2	两优培九-1	两优培九-2
一道色选（黄白同选）	进机物料含不良品	6.36	6.52	4.49	5.43
	一次良品含不良品	5.04	3.6	2.87	3.47
	一次不良品含良品	56.61	62.8	59.41	47.63
	二次良品含不良品	—	5.67	—	6.43
	二次不良品含良品	—	29.98	—	29.65
二道色选（黄白同选）	进机物料含不良品	5.44	4.42	3.27	3.47
	一次良品含不良品	3.78	2.37	2.79	3.02
	一次不良品含良品	53.69	50.55	66.81	57.04
三道色选（选异色）	一次良品含不良品	6.33	2.17	1.32	7.65
	一次不良品含良品	24.47	37.13	67.46	26.7

续表

设备	检测项目	品种			
		安徽丰良优-1	安徽丰良优-2	两优培九-1	两优培九-2
三道色选（选异色）	二次良品含不良品	5.47	7.96	5.23	9.88
	二次不良品含良品	11.49	14.02	43.70	19.67
	三次良品含不良品	41.56	67.94	28.27	22.43
	三次不良品含良品	3.61	8.94	3.36	3.79
四道色选（红外选异物）	进机物料含不良品	3.3	2.03	1.44	2.85
	一次良品含不良品	0.94	0.95	1.08	1.04
	一次不良品含良品	51.67	75.87	84.54	55.94
	二次良品含不良品	17.64	3.10	7.27	9.28
	二次不良品含良品	21.27	21.10	11.56	15.02

注：品种后缀 1、2 表示不同时间取样。

分析评价：①前两道色选机进行黄白同选时，带出比较高，需根据原料情况和成品要求标准，考虑是否调节色选工艺或者色选模式（包括参数），同时需要现场检查设备运行情况；②原料中碎垩较高，影响色选精度。

总之，生产技术管理是按照企业目标的要求，建立技术上可行、经济上划算、物质技术条件和环境条件允许的生产系统；制定生产系统优化运行的方案，及时有效地解决生产过程中的各种问题和困难，使生产系统的运行符合既定生产计划的要求，达到预期生产的质量、产量和生产成本的目标。生产管理的目的就在于做到投入少、效率高，产出多，取得最佳经济效益。

复习思考题

1. 广义的稻谷加工生产技术管理包括哪些主要环节？各环节的作用是什么？
2. 稻谷加工厂的劳动组织形式有哪些？你更认可哪种形式？为什么？
3. 作为一名管理人员，你认为在生产过程中可以采取哪些措施，以保护员工的安全和健康？
4. 现场操作管理包括哪些主要内容？
5. 现场巡视过程中，如果发现碾米机碾白效果异常，应如何应对？
6. 米厂的生产数据中，“三率一比”指的是什么？综合得率是不是越高越好？为什么？
7. 稻谷加工工艺测定包括哪些主要内容？
8. 生产线的流量出现不平衡现象时，应如何调整？

第八章

CHAPTER 8

稻谷加工工程设计

重点与难点

①新建项目流程和相关手续；②稻谷加工工艺流程设计的步骤、方法以及工序的确定；③设备选择和工艺流程组合；④流量的计算与平衡；⑤设备数量和仓容的计算；⑥工艺流程图的绘制和设计说明书编写；⑦稻谷加工厂厂房设计和设备布置；⑧钢平台和料仓设计；⑨稻谷加工工艺联锁的基本要求与原则。

课程思政点

第一节　概述

稻谷加工工程一般指稻谷加工厂的单体项目从项目立项开始，到正式生产的整个过程。稻谷加工工程设计是项目设计阶段进行的工艺设计，本章从新建项目施工简介、工艺流程设计、设备布置、工艺联锁、建设工程项目管理等方面对稻谷加工工程设计进行系统的论述。

一、新建项目

新建稻谷加工工程项目流程包括待建阶段、筹建阶段和在建阶段。

1. 待建阶段

待建阶段是指从确定项目，到前期资本支出审批（AFCE）下来的这段时期，前期 AFCE 是项目前期做项目设计和办理相关手续所需的前期费用。待建阶段一般用时约 4 个月，主要是做前期的调研、立项、明确新项目调查表、组织框架的确定、总平的确定和申请前期 AFCE 等工作。

2. 筹建阶段

筹建阶段，共约 7 个月时间，主要包括工艺设计和土建设计（约 4 个月）、图纸审核（约 1 个月）和第三方审核及土建 AFCE（约 1 个月），同时完成预算编制和 AFCE 的审批。此时申请的 AFCE 是指项目主体工程的预算。加工工程设计属于工艺设计，在最开始进行，是其他工作的基础工作。

3. 在建阶段

在建阶段，共约 16 个月，主要包括工程招标并确定施工队（约 2 个月）、施工许可证的办理（约 2 个月）、土建施工（约 6 个月）、设备和电气安装及调试（约 6 个月），同时完成设备采购工作。其中土建施工和设备、电气安装在一定范围内可交叉施工，以减少工期。

二、工厂项目组织框架建立

工厂应根据新项目的业务需要，建立项目组，包括项目经理（负责人）、工程、电气、工艺等人员。对全新的工厂，工艺人员主要负责工艺相关的技术工作，可以工厂自己培养，也可以外部招聘。工艺人员建厂后可负责车间的生产管理工作，需要有较好的技术和管理经验。项目组织框架图见图 8-1。

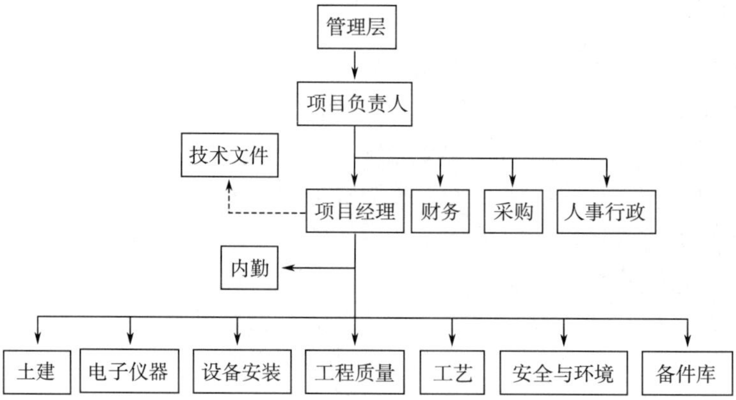

图 8-1　项目组织框架图

三、相关手续简介

（1）立项批复部分　编写可研报告→审批通过（发改委、经信委立项批复）→开展前期工作意见。

（2）规划批复部分　选址审批（规划局）→用地预审→土地挂牌→工程规划设计方案及批复→建设用地规划许可证→土地出让合同→土地所有权证→建设工程规划许可证。

（3）节能专篇（按项目需求）　编制节能专篇→节能审查会议→节能专篇批复。

（4）安全评价专篇（按照项目需求）　编制安全评价报告→安全评价审查会议→修改安评报告→安全评价报告定稿→安全评价批复。

（5）环评专篇　项目环境影响评价报告→环评会议→修改环评报告→定稿及提交环评报告→评估中心审核意见→环评报告批复。

（6）消防专篇　编制消防设计专篇→消防设计审核受理→消防审核意见反馈→反馈意见整改→消防设计合格。此项审核属于建设工程施工许可证办理范畴，目前部分地区已经与建筑施工图纸审核合格证合并。

（7）安全设计专篇　编制安全设计专篇→安全设计专篇审查会议→安全设计专篇批复。

部分特殊项目需要在施工前编制，具体按项目性质及项目所在地要求。

（8）住建局批复施工部分 岩土勘察报告审批→施工图审查（以上两项为专业公司审查）→招投标备案（建设局）→质监、安监报批→建设工程施工许可证。

（9）建设工程验收 住建局部分，含消防验收。第三方出具检测报告→消防验收现场审查→消防验收合格书质检验收备案→规划竣工验收→竣工验收备案（档案馆）→房产证。

（10）安全生产许可证 安监试生产申请→安监试生产批复→编制安监验收报告→现场审查→安监验收通过→安监批复或备案→安全生产许可证。

（11）环保验收 环保试生产申请→现场审查→环保试生产批复→（环评修编报告→环评修编审查会议）→环评报告定稿→环评修编批复→环保验收检测申请→现场检测出具检测报告→现场验收→环保验收通过→污染物排放许可证。

第二节 稻谷加工工艺流程设计

一、工艺流程设计的要求与依据

（一）工艺流程设计的重要性

工艺流程设计的主要任务：根据原粮品质及成品米的等级要求，按照经济合理的原则，确定生产工序及其顺序，选择加工机械设备，科学地组合工序，规定工艺技术指标，确定设备的型号、规格，计算所需设备的数量，并确定各设备的技术参数等。

工艺是整个加工的灵魂，工艺流程设计是整个工艺设计的基础，其他各项建厂设计都是围绕工艺设计进行的。因此，工艺流程设计的先进与否，不仅影响产品质量、产品成本、生产能力等各项经济技术指标，还关系到工厂的安全生产和文明生产等一系列问题。没有最好的工艺，只有适合的工艺。所以，要设计出好的工艺流程，必须具备正确的设计思想和相应的技术与经验。工艺流程设计工作，必须遵循国家有关方针政策，慎重考虑如何最合理、最有效地利用粮食资源，以积极的态度，采用科学技术上的最新成就，使设计达到技术上最先进、经济上最合理的要求。

（二）工艺流程设计的要求

工艺流程和设备布置方案确定以后，才能进行全厂工艺设计和土建设计。而设备布置要依据工艺流程设计进行，所以工艺流程设计在很大程度上决定了建设速度、建厂的投资和投产后的产品质量及经济效益等。为此，工艺流程设计必须符合以下要求：

（1）根据原粮质量和成品要求，积极采用成熟的先进技术、先进经验、先进设备，使生产过程连续化、机械化。

（2）充分利用原粮，保证合理加工，提高产品纯度，提高产品出率。

（3）遵循同质合并、减少回路、尽量避免恶性循环的原则，在保证产品质量的前提下，简化工艺流程，发挥各工序最大效率。

（4）优先选用国家定型的、生产效率高的设备，以发挥最大的加工效能，减少动力消耗，降低生产成本。

（5）流程灵活，能适应原粮品种和成品等级变化的要求。

（6）确保生产稳定和工序间的流量平衡，并需考虑生产中可能发生的临时故障，尽量减少对工厂生产连续性的影响。

（7）采用气力输送提升物料时，应考虑到气流的综合利用，使气流在输送物料的同时能完成一部分除尘、除杂、分级和冷却等工艺要求，以达到一风多用的目的。

（三）工艺流程设计的依据

工艺流程设计的主要依据是单位编制的设计任务书、设计文件和国家颁布的有关设计标准、规范。主要有以下几点。

（1）生产规模　生产规模包括日产量、每天生产的班次和年生产能力。生产规模应符合国家关于碾米厂生产规模的标准，现在普遍采用每天所处理的稻谷量为设计规模，主要依据是单台碾米机的稻谷生产规模。因为稻谷原料不同，碾米工艺、配置不同，相同型号的设备产量也会有差异。常见生产规模按日处理稻谷量计，有 150t/d、220~240t/d、450~500t/d 等不同规模。

（2）原料情况　包括原料的品种、产地及主要工艺品质参数等。需要注意的是，即使相同品种，年份不同会有差异，相同年份不同地区也会有差异。

（3）成品要求　包括生产大米的等级种类、企业标准、各种包装形式及规格大米生产的产量比例。需要注意的是，需要明确淡旺季产品结构的差异。

（4）主要技术经济指标　根据市场情况、建厂的投资规模、投产后所要求的生产成本以及出米率、电耗等技术经济指标，最终计算出投资回收期。

（5）其他条件　运输、气候、厂区环境、地质、生产发展的可能性等。

（四）新项目调查表

新项目调查表，是设计任务书和工艺流程设计的依据，由相关的部门、版块负责人确认的，明确且详细的设计要求。新项目调查表要多部门的讨论确认，要明确需求，可以减少工艺变更带来的浪费与损失，如表 8-1 所示。

表 8-1　新项目调查表

序号	目录	内容	相关部门	负责人
1	单个仓容及数量以及仓形式（钢板、水泥）是否有预留		经营/贸易	
2	卸粮坑车道数量及类型		经营/贸易	
3	稻谷卸粮坑接收产量；配液压翻板数量，地坑大小		经营/贸易	
4	稻谷倒仓产量		运营/研发/销售/储运	
5	烘干机的台数及形式		经营/贸易	
6	稻谷加工产量，以及生产线条数		经营/贸易	
7	凉米仓后白米加工的产量，以及生产线条数		经营/贸易	

续表

序号	目录	内容	相关部门	负责人
8	白米接收产量		经营/贸易	
9	稻壳仓数量和大小		经营/贸易	
10	稻壳压块机型号和数量		运营/研发/销售/储运	
11	稻壳打包秤数量及型号，是否有散发稻壳		运营/研发/销售/储运	
12	大米是否需要散发及散发车道数量		运营/研发/销售/储运	
13	大米仓库面积		运营/研发/销售/储运	
14	副产品库面积		运营/研发/销售/储运	
15	食品级副产品仓数量和大小		运营/研发/销售/储运	
16	凉米仓数量和大小		运营/研发/销售/生产	
17	配米秤数量		运营/研发/销售/生产	
18	是否要大的成品仓		运营/研发/销售/生产	
19	大米打包机型号和数量，打包规格和产量		运营/研发/销售/生产	
20	大米是否需要直接装车，几个车道		运营/研发/销售/储运	
21	是否需要大米码垛机械手，几套		运营/研发/销售/生产	
22	副产品打包机型号和数量		运营/研发/销售/储运	
23	副产品是否需要直接装车，几个车道		运营/研发/销售/储运	
24	是否需要副产品码垛机械手，几套		运营/研发/销售/储运	

二、工艺流程设计的步骤与方法

工艺流程设计的步骤：资料的收集与整理→确定工序→组合工艺流程→选择设备→流量、设备数量及仓容的计算→绘制工艺流程图→编制设备清单及设计说明书。

（一）资料的收集与整理

接受设计任务之后，必须认真周密地研究设计任务书，考虑如何收集设计所需的一切资料。这不仅关系到设计工作能否顺利进行，而且关系到所设计的工艺流程在技术上是否先进，经济上是否合理，生产上是否切实可行，因此必须慎重对待。收集资料的内容主要有以下几项。

1. 原粮的类型、品种和数量

（1）根据全年加工原粮的类型、品种和数量，以及各种类型原粮在近几年生产中的数量及其所占总量的百分比，可以确定生产量比较大、出米率比较低、难以加工的品种，并将它作为工艺设计时的原粮依据。

（2）原粮的等级和含杂情况，包括出糙率、杂质的种类及质量百分比，是选择设备、确定清理工段中各个环节的可靠依据。

（3）原粮、杂质及其加工产品的工艺特性，包括粒形、粒度、体积质量、千粒重、爆腰率、水分等，这是确定各个设备技术参数的重要依据。据此，可以绘制稻谷、糙米的粒度曲线，以便在设计中进一步考虑所提供的原粮及杂质的工艺特性，从而采用合理的加工方法，配备适宜的工作参数。

（4）稻谷出糙率、糙出白率、出米率等，可作为估算经济效益的依据。

2. 成品要求

成品要求包括成品米的规格、包装形式和成品米的指标，如碎米率（要区分大小碎）、异色粒含量、垩白度、加工精度、亮度等要求。

3. 其他相关资料

（1）建厂地区现有厂的生产情况，包括工艺流程、设备选用、经济指标、产品质量等。

（2）同规模工厂的经济指标、技术参数、产品质量、下脚和副产品的整理等。

（3）与设计有关的各种机械设备的生产能力、主要结构及尺寸、技术参数、工艺指标、工作线路等。

（4）标准化设计文件、粮食加工厂设计手册、产品样本、有关的专业教科书等。

对于收集的资料必须经过认真的分析整理、汇总，方可用于设计。对资料的收集与整理，需去粗取精、去伪存真。对新技术的采用，要根据具体情况而定，不可机械搬用，最好使用有国内外实践例证的新技术。

（二）确定工序

为了保证成品米质量、减少粮食在加工过程中的损失、提高出米率，稻谷加工必须经过清理、砻谷、砻下物分离及糙米整理、碾米、凉米、成品整理、打包等工艺过程。各阶段的工艺并不是固定不变的，应根据原粮品种、原粮含杂、成品要求及厂型大小等有所侧重与取舍，选择最佳的工序组合，形成最经济合理的工艺流程。

1. 清理工艺

（1）清理工艺的主要任务　清除原粮中各种杂质，以达到砻谷前净谷的要求。由于清理车间的清理能力有限，一般要求经过初步清理后，原粮含杂小于1%，再进入清理车间进一步清理。同时，被清除的各种杂质中，含粮不允许超过有关的规定指标。

为了保证生产时流量的稳定，稻谷进入加工车间前应该设立筒仓，或在清理流程的开始设立毛谷仓，将进入车间的原粮先存入毛谷仓内。筒仓或毛谷仓既可调节物料流量，又可储存一定量物料，还可稳定车间的流量。筒仓或毛谷仓一般设置两个以上，以方便不同稻谷品种的加工切换。

（2）清理工艺设计原则　先易后难，先大后小，指先去除与稻谷在某些物理特性上差异大、容易去除的杂质；后去除与稻谷在物理特性上差异小、不容易去除的杂质。

（3）清理工艺流程　稻谷从收购到砻谷之前，一般经过二次清理，一次清理是收购到入仓贮藏之前的清理，主要位于工作塔（也称机械楼），可与烘干相结合。二次清理是从筒仓或毛谷仓进入加工车间后到砻谷之前的清理。

一次清理一般工艺：

①不需要烘干的原粮→初清→筛理→计量→贮藏（筒仓或平房仓）。

②需要烘干的原粮→初清→筛理→计量→贮藏（筒仓）→（计量）→烘干→（缓苏）→计量→毛谷（筒仓或毛谷仓）。

二次清理一般工艺：毛谷（筒仓或毛谷仓）→计量→筛理→去石→磁选→净谷。

（4）清理工艺主要环节

①初清：初清的目的是清除原粮中易于清理的大杂质，并加强风选以清除大部分灰尘。需要指出的是，我国稻谷原粮中所含大杂，大都长而软，呈纤维状，这类杂质如不首先清除，将会堵塞自溜管与加工设备、计量设备的进口或出口，或缠绕在设备的主要工作部件上，严重影响生产的正常进行。初清不仅有利于充分发挥以后各道工序的工艺效果，而且有利于改善卫生条件。原粮初清采用的设备比较简单，以往用圆筒式初清筛，除去稻草和部分大杂，并将这一部分与其他设备分开（称为初清间）。现在多采用带自清理结构的多层旋振筛进行清理，即保证产量又保证效果，可同时清除大、小、轻杂。

②筛理：与风选结合，主要用于去除大、小、轻杂。以往主要采用振动筛，目前多采用旋振筛。旋振筛单位处理量大，设备结构比较紧凑，并可节省厂房面积。

③计量：计量设备的设置原则，一是设置在车间与其他部门之间的交接位置，用于交接计量；二是设置在不同工段之间用于计算得率；三是设置在车间内大容量仓储的进出仓，用于计算仓内物料存储量与得率。

一般清理段的计量设置在原粮进车间的第一道，即清理之前，或者第一道清理之后。如设置在原粮进入车间清理之前，可以正确地反映出原粮的加工数量，有利于经济核算，但是原粮如未经清理而直接进入称重设备，将会影响计量的准确性和计量设备的可靠性，严重时将使称重设备无法正常工作。因此，计量最好设置在第一道清理设备之后，该设备清理出来的杂质应集中称重，加以记录，并计算到原粮中，以便能正确地反映出原粮的使用量，供计算出米率使用。

④去石：去石的目的是清除原粮中所含的并肩石。去石工段一般设在清理流程的后路，经过前面清理设备，已将原粮中所含的大杂、小杂、轻杂、磁性杂质等去除，可避免去石工作面的鱼鳞孔或筛孔堵塞，保证良好的去石效果。此外，在去石工段的顺序安排上，还应根据设计时对整个清理工序的要求加以考虑。例如，可以利用分级去石机将稻谷中的重质与轻质物料进行分离，分开加工。

⑤磁选：磁选的目的是清除原粮中的磁性杂质。磁选应安排在筛理之后，高速运转设备之前，以及成品打包前。磁选设备一般设置在去石机、砻谷机、碾米机、抛光机以及打包机前。磁选安装在清理之后，可使粒度比稻谷大或小的磁性杂质先通过筛选除去，以减轻磁选设备的负担。磁选安装在高速运转的设备之前，可避免损坏这些设备，也可避免因打击起火而引起火灾。磁选安装在成品打包前，保证成品的质量安全。

2. 砻谷工艺

（1）砻谷工艺的主要任务　剥去稻谷的稻壳，获取纯净的糙米（净糙），并使分离出的稻壳中尽量不含完整粮粒。稻谷脱壳过程中，由于机械力的作用会产生糙米的破碎，特别是长粒籼稻，糙碎达到8%~13%，因此减少糙碎也是砻谷工艺的需求。

（2）砻谷工艺流程　目前使稻谷脱壳的方法，大都是利用胶辊砻谷机直接对稻谷施加机械作用力，使稻壳遭到破坏并与糙米分开。受稻谷粒度的差异及砻谷机性能的限制，尚不能一次将所有稻谷都脱壳，所以砻下物中除糙米外，还含有稻谷、稻壳、糙碎等。为了获取纯净糙米，砻谷工艺主要包括砻谷、谷壳分离、谷糙分离等工序，有些加工厂还设置糙米精选和糙米调质等工序。为了保证生产中流量稳定和安全生产，在砻谷工序的最后还需设置净糙仓，储存一定数量的糙米，以确保后路工序的正常生产。一般设计两个或以上的净糙仓，可以减少不同品种物料的切换时间。

砻谷工艺流程一般做如下安排：净谷→磁选→砻谷→谷壳分离→(糙米筛理)→谷糙分离→(糙米精选)→(净糙计量)→(糙米调质)→净糙（糙米仓）。

砻谷工序的副产品主要是稻壳，在可能的条件下，应设置稻壳整理工序，把混入稻壳中的谷粒、未熟粒、糙碎分选出来，充分利用粮食资源，同时也应将瘪稻、糙粞、小碎分出。

3. 碾米工艺

（1）碾米工艺的主要任务　碾去糙米表面的大部分或全部皮层，制成符合成品米精度的白米，该白米一般称为标米或普米。碾米是直接对米粒进行加工，直接影响成品米的出率和质量。碾米工序的目的是达到加工精度要求，同时尽可能地减少碎米，减少米糠的产出。

（2）碾米工艺流程　碾米是将糙米的皮层去除，并尽量保证胚乳部分完整的加工过程，是碾米工程中最重要的工艺之一。为得到较好的碾米效果，一般采用多道碾米机的组合碾米方式。糙米经碾制后，米粒表面往往粘有糠粉，可根据碾米工艺、碾米设备、成品要求等确定是否设置刷米工序，将米粒表面附着的米糠刷除。另外，米粒中混有碎米，可采用筛选设备将超出标准的小碎米分出。

从碾米机出来的白米温度较高，一般高于室温 11~20℃。这样的温差会造成结露，形成粘糠、糠块，另外高温不利于保证抛光的稳定性，因此抛光前需经过凉米以降低米温。凉米工艺的设置应根据碾米厂所在地区的气候情况、碾白精度高低要求、碾白道数多少来确定。

碾米工艺流程一般做如下安排：净糙→磁选→碾米→(刷米或抛光)→(白米分级)→白米（凉米仓）。

碾米工序的主要副产品是糠粞混合物，应根据副产品综合利用的途径，合理设置糠粞分离工艺流程，将混合物中的米糠、米粞、碎米和整米逐一分出，做到物尽其用。

4. 成品整理工艺

（1）成品整理工艺的主要任务　根据成品的质量要求，通过抛光、色选、筛理工艺，将白米制成符合标准的成品米。成品整理的目的主要是在保证成品质量的前提下，尽可能地减少增碎，尽可能地减少副产品的带出比，副产品主要有异色粒（病斑、黄粒）、垩白粒、碎米等。

（2）成品整理工艺流程　抛光与色选的道数与原粮品种、成品质量及副产品质量要求有关。抛光一般设置两道以上，具体抛光道数根据产品质量要求决定。色选机根据选别模式的不同（选别模式是指：选病斑、选黄粒、选垩白、选碎等），选择不同的型号，以保证副产品带出比达到最优。

提碎和白米分级工序的主要作用是分出超标准的碎米，并将大米按粒度大小进行分等。白米分级可采用筛选设备，也可采用精选设备（长度选）。因筛选设备的分级精度较低，而精选设备的处理量较小，因此实际应用中多是筛选和精选组合使用，以达到白米分级的目的。

成品大米打包之前，可根据用户对成品大米的要求以及加工成本等，进行不同品种、不同含碎标准大米的混配，以使成品大米的蒸煮品质、口感、碎米含量等指标等符合用户的要求，达到生产效益最大化。打包前也可增加一道色选，以确保成品质量安全。

成品整理工艺流程一般做如下安排：白米→抛光→色选→白米分级→贮藏→配米→（色选）→打包→成品。

5. 包装工艺

目前成品米包装方法有普通编织袋包装（简称编包）、真空包装、充气包装三种，其中真空包装和充气包装都采用塑料袋，因此也称为塑料包装，简称塑包。按每包质量不同，编包主要有10kg、25kg、50kg、15kg等规格；塑包主要有5kg、10kg、2.5kg等规格。随着消费的升级，近年出现了六面体（方砖）包装，规格从500g到5kg，其中大于2.5kg的一般采用二次套袋，即第一次六面体包装采用无印刷信息的透明袋，外面再套一个有信息的包装。

需要指出的是，真空包装与充气包装所使用的包装袋，不仅要有一定强度，而且还必须具备很小的透气性，以保证产品货架期较长。塑包米在形成真空后，一般还会将几包米一起进行热缩膜包裹或装入纸箱，进行二次包装，以利于搬运和保护。

无论是编包还是塑包，二次包装后都要进行码盘或直接装车作业。其中连接各主机设备的除了输送设备外，还有排队等待、漏气检测、质量检测设备、金属检测设备、未封检测等功能，所有设备由统一的自动控制系统控制完成。

（三）设备选择

1. 加工设备的选择

碾米厂各个工序所担负的任务都是通过加工设备完成的。设备选择的恰当与否，不仅直接影响工艺效果，而且也影响碾米厂各项经济技术指标。选择设备时，应考虑以下因素：①根据收集和整理的资料，尽量采用工艺效果较好、结构简单、操作方便的先进设备；②根据原粮的特点和工艺流程中的要求，优先选用标准化、系列化和零部件通用化的设备；③在资金许可的条件下，尽量选用自动化程度高的先进、可靠设备；④物料的输送方式尽可能采用机械输送方式。采用气力输送时，应考虑物料增碎的影响、输送的高能耗以及一风多用的作用；⑤考虑设备布置与操作的要求，以便有利于工艺流程设计完成之后的其他各项设计，使新建厂或改建厂能做到安全生产、文明生产。

2. 输送设备的选择

碾米厂各个工序之间是通过物料输送相互连接的。我国大多数碾米厂是多层建筑（3~5层楼），物料自上而下输送时都是采用自溜管。垂直提升物料时，有机械输送（斗式提升机）与气力输送两种方法。主物料垂直提升多采用斗式提升机，气力输送多用于稻壳、糠粞混合物等副产品的输送。这样不仅可以防止灰尘外逸，而且能降低机器（砻谷机、碾米机）主要工作部件的温升，利于延长主要工作部件（胶辊）的使用寿命，降低材料和物料消耗，保证出米率等。

某些工序的进、出料还需设置水平输送或倾斜输送设备，此时可采用埋刮板输送机、皮带输送机、振动输送槽等。皮带输送机在输送散料时密闭性不好，有食品安全隐患，一般只用于成品包装米的输送。近年来管链（线）输送机在米厂的应用也越来越多，一台设备可以代替多台提升和气力输送设备，但造价较高。

3. 通风除尘设备的选择

良好的卫生环境，是保障工人身体健康、保证安全生产、提高企业经济效益的一个重要条件。因此，通风除尘设施要设计得完善、合理，尤其是清理工序的各个设备（包括中间仓）更应如此。在设计各个工序的吸风装置时，应做到以下几点。

（1）“密闭为主，吸风为辅”，减少和防止粉尘外逸。

（2）尽量靠近并对准尘源和含尘气流的运动方向，在保证一定吸尘风速的条件下，能有效地以最少的风量，最大限度地吸除所产生的粉尘。

（3）控制好风速，防止吸走物料。对于颗粒物料，分离区的风速宜为 3~4m/s，粉状物料易为 0.5~1m/s。

（4）对需要吸除余热、余湿以及用于风选的设备，吸风装置应留有适当的吸风口尺寸和合理的风道高度及截面尺寸，并保证合理的吸风量。

（5）坚固耐用、拆卸方便、便于操作和维修。

为了使生产车间内、外空气含尘浓度达到国家规定标准，一般都采用二级除尘。第一级采用离心除尘器收集粒径较大的灰尘，第二级可采用简易布袋除尘器、反吹风除尘器、脉冲除尘器、组合脉冲除尘器、湿式除尘器等。此外，还应选用高效率风机，风网参数选择和组合要合理，确保安装质量。

（四）组合工艺流程

在确定工序及其顺序、选择设备之后，便可组合工艺流程。组合工艺流程是将各道工序紧密地组成一个完整的工艺路线，并以工艺流程图的形式，明确地表示由原粮到成品米的整个生产过程及各种物料的来龙去脉。

1. 清理工艺组合流程

任何清理设备进行除杂时，结果都有四种可能性。一是谷杂完全分清；二是谷中基本无杂，而杂中有谷；三是杂质中基本无谷，而谷中有杂；四是谷中有杂，而杂中也有谷。除了分离工艺性质上与稻谷差别十分显著的杂质外，目前还没有哪一种设备能够达到第一种生产结果。长期的生产实践证明，只有第二种生产结果比较理想，因为它可以用最少的设备和动力，获得较高的工艺效果。如果工艺流程组合合理，并辅之以适当的产量定额和操作指标，就有可能以较短的流程获得谷杂基本分清的结果。

清理工序中，并肩石的清理难度较大，因此需要根据碾米厂规模大小、原粮的含石情况等进行合理的组合去石流程。中、小型碾米厂一般采用主流去石、下脚整理的去石流程，保证主流基本不含石子时，下脚量一般不会超过进机流量的 3%。因下脚数量少，可用人工进行整理或用一小容量的仓暂存，停机后再用去石机处理这部分下脚，得到的谷石混合物可并入主流物料。大型米厂可在副流中单独设置副流比重去石机，用以整理下脚石子（图 8-2），也可采用自带副选去石筛面的去石机。

比重分级去石机除可以去石之外，还可以将物料进行分级。分级去石机内有两层筛面，第一层为分级筛面，第二层为去石筛面。利用分级的作用，可将稻谷分为轻质稻谷和重质稻谷，轻质稻谷中含有瘪谷量较多，可以通过厚度机、比重分级机等进一步分级，从稻谷中提取瘪谷。需要指出的是，去石过程中必须保证去石设备的额定流量，并保证流量和风量的稳定，才可能保证去石机的效果。

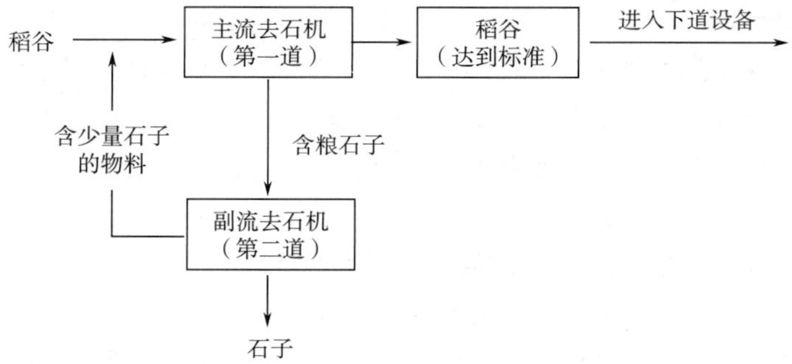

图 8-2　去石组合流程

2. 砻谷处理流程

净谷脱壳的流程一般较为简单，但对回砻谷的脱壳比较特殊。回砻谷的数量较少，但经过一次挤压，稻壳已经松动，籽粒结构有一定损伤，易产生糙碎或爆腰，不能承受较大的压力。所以，回砻谷再次进行脱壳时，所配线速差、辊间压力以及对脱壳率的要求，都应与净谷有所不同。生产规模较大的加工厂，回砻谷处理量较大，可考虑配备专用砻谷机，对回砻谷进行单独脱壳。但实际使用中，存在回砻谷中瘪谷、小颗粒稻谷含量高，部分物料一直多次循环的情况，并没有起到真正的回砻谷单独脱壳降低糙碎的作用，因此，目前多是将回砻谷混入净谷中，一起进入砻谷机进行脱壳。

3. 稻壳整理组合流程

采用吸式稻壳分离器，不能一次将粮粒与稻壳截然分清，所以碾米厂普遍存在稻壳吸不净，同时壳中带粮超过国家规定标准的问题。因此，可采取下述方法解决：在保证主流（谷糙混合物）不含稻壳的前提下，允许吸出的稻壳中含有少量的粮粒，然后再对稻壳进行整理，分出粮粒。

如图 8-3 所示为一种常用的稻壳整理流程。从砻谷机吸出的稻壳由玻璃制的离心分离器收集后，进入风选器进行二次分离。这种流程效果较好，一般情况下，一台风机可吸多台砻

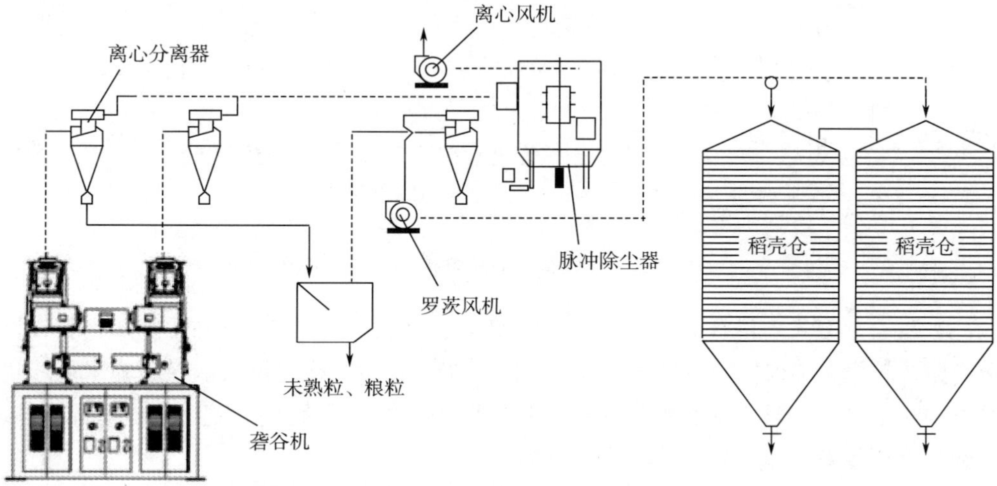

图 8-3　稻壳整理工艺流程

谷机的稻壳，整个系统为负压吸运，在吸气管道处没有灰尘外扬，可以改善车间卫生条件。

配置循环风式谷壳分离器的砻谷机，不需要外接风网，整体动耗低于外接风网的稻壳分离设备，而且分离时气流的稳定性好。目前在大型稻谷加工厂多采用这种方式进行谷壳分离，但这种谷壳分离器的占地大，加大了主车间的占地面积。

4. 谷糙分离组合流程

谷糙分离工艺效果的好坏，直接影响碾米厂的经济效益。如分出的糙米中含稻谷较多，将会影响碾米工艺效果，降低成品米质量；如回砻谷中含糙米过多，不仅影响砻谷机产量、胶耗和动力消耗，而且使糙米表面受到损伤，增加碎米和爆腰率，降低出米率。加工粒度均匀、脱壳率较高的稻谷（如粳稻）时，单道谷糙分离即可满足工艺要求；加工粒形、粒度混杂的稻谷时一般需采用组合工艺流程进行谷糙分离。

（1）单道谷糙分离工艺流程　如图 8-4 所示。该流程的特点：流程简单，投资少。由于只采用一道谷糙分离，确保“两头清”难度大，即同时确保回砻谷和糙米质量困难。同时，适应原粮变化的能力较差，尤其是大量加工长粒稻如杂交稻，谷糙分离效果更难以保证。谷糙分离设备可采用筛面宽大的重力谷糙分离机。

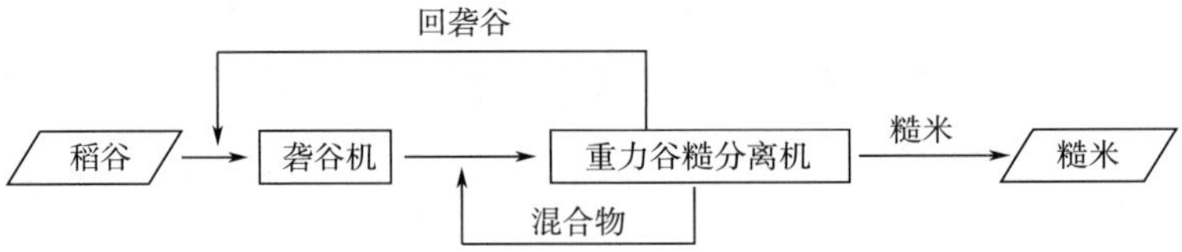

图 8-4　单道谷糙分离工艺流程

（2）两道主流串联谷糙分离工艺流程　如图 8-5 所示。该流程的特点：糙米分离路线长，糙米质量高，各个出口物料的合并符合同质合并原则，而且流量稳定。头道选糙应确保回砻谷的质量，二道选糙则控制糙米的质量。适用的典型设备是双体式重力谷糙分离机。

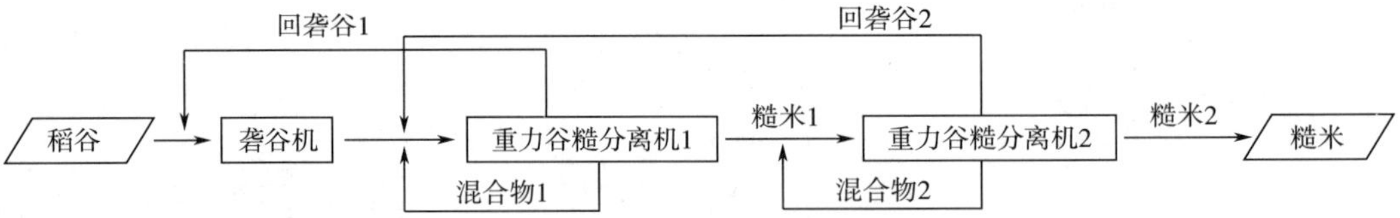

图 8-5　两道主流串联谷糙分离工艺流程

（3）混合物复选谷糙分离工艺流程　如图 8-6 所示。该流程的特点：糙米产量大，但糙米分离路线较短，确保糙米质量难度大。实际使用过程中，往往是只能保证糙米的质量，而回砻谷中含糙过高。回砻谷重新砻谷后，糙米表面损伤较严重，易发生“恶性循环”现象，从而谷糙分离效果下降。该工艺较少使用。

（4）回砻谷色选谷糙分离工艺流程　如图 8-7 所示。该流程的特点：通过色选机对回砻谷进行选别，减少回砻谷中含糙量。色选机一般只采用一次选，出机物料为回砻谷和混合

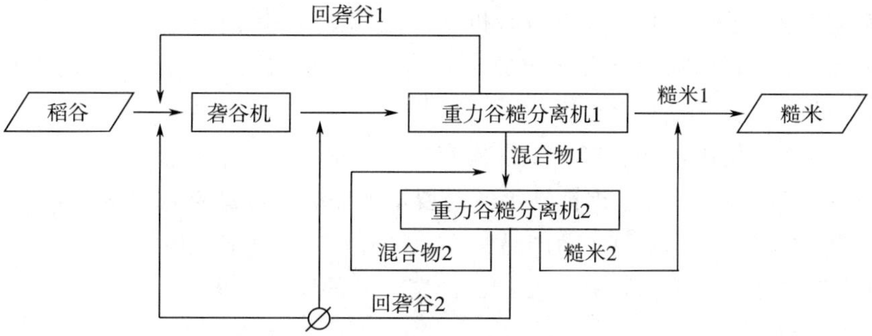

图 8-6　混合物复选谷糙分离工艺流程

物，分别返回砻谷机和重力谷糙分离机；也可做二次选，出机物料为回砻谷和糙米，分别返回砻谷机和进入下一道工序。

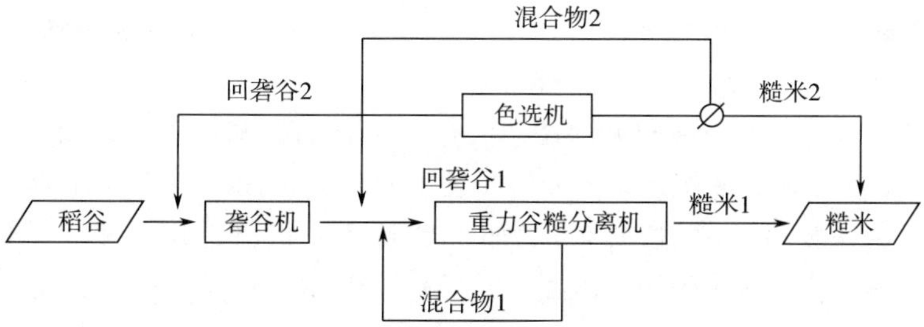

图 8-7　回砻谷色选谷糙分离工艺流程

（5）回砻谷复选谷糙分离工艺流程　如图 8-8 所示。该流程的特点：通过一台重力谷糙分离机处理回砻谷，此台设备的稻谷、糙米分隔板位置较第一道重力谷糙分离机不同，稻谷比例提高，糙米比例减少，回流本机的物料可以没有。这种工艺组合可以降低回砻谷的含糙量，从而减少对回砻谷中糙米的二次碾压，减少糙碎和爆腰，提高得率。同时因为减少了回砻谷的总量，变向减少了砻谷机的进料流量，提高了净谷的处理能力，从而提高了产量。

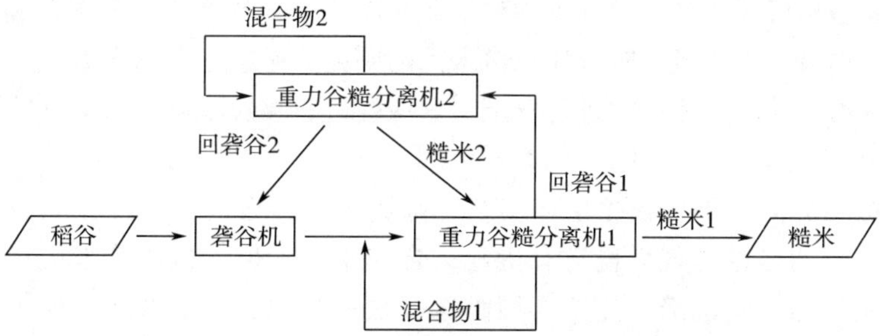

图 8-8　回砻谷复选谷糙分离工艺流程

5. 糙米精选组合流程

糙米精选一般包括糙米筛选、糙米去石、糙米色选、糙米调质、净糙计量等工序，大米加工厂可根据实际生产需要进行选择性组合。

（1）糙米筛选　主要是利用厚度分级机或筛选设备选别出糙米中的未熟粒和糙碎。

（2）糙米去石　利用糙米与石子的密度差，通过比重去石机去除糙米中的并肩石，主要用于对成品质量要求较高的生产工艺。

（3）糙米色选　使用色选机选出正常糙米中的红糙、黑糙、杂质以及稻谷。一方面，红糙、黑糙的皮层较难碾除，为了保证精度，需要增加压力，因此会增加碾米时的增碎；另一方面，红糙、黑糙选出后可单独作为产品销售，提升了产品的附加值。同时该道色选机可以去除糙米中的杂质（不完善粒）和稻谷粒，提高产品的质量安全。

6. 碾米工艺组合流程

目前碾米工艺基本采用多级轻碾工艺，碾白道数多，各道碾米机碾白作用比较缓和，因而加工精度均匀，米温低，米粒容易保持完整，碎米少，出米率高。在单机流量相同的情况下，电耗增加不多，但与增加的出米率相比，性价比高。

在组合流程时，应根据稻谷品种和碾米机类型设定碾米工艺。采用多机碾白时，碾米机的选择应遵循砂（辊）铁（辊）结合、先砂后铁的原则，以砂辊米机开糙，采用铁辊米机碾去难以脱除的胚，而且以喷风碾米为宜。一般以砂辊为主，适当选用铁辊，以提高产品得率。

碾米流程要有一定的适用性和灵活性，可根据稻谷品种和加工等级要求进行灵活组合。例如：①加工东北圆粒米，多采用 1 砂 3 铁工艺，此工艺采用 1 道砂辊开糙，之后是 3 道铁辊碾米，其中 3 道铁辊可以跳过一道，供加工易脱胚原粮时选用，减少动耗，提高得率；②加工苏北米或粳糯，以往多采用 2 砂 2 铁，目前采用 6 道砂辊，并配置螺旋辊来提高产量和加工精度；③加工籼米，多采用 3 砂或 4 砂，也有些个别品种采用 2 砂或 5 砂碾米。

7. 白米分级组合流程

一般情况下，碾米厂全年加工的稻谷品种、品质不可能完全一样，加工大米的精度等级也不可能完全相同，因而出碎率、出糙率以及对大米含碎的要求也不一样。为了兼顾产量和出米率，应使白米分级流程机动灵活，能够根据不同的原粮情况和产品要求，分出不同粒度和数量的碎米。

加工普通大米（工业米）时，只用一道白米分级平转筛或不进行筛理即可达到要求。加工高等级大米时，采用白米分级平转筛和滚筒精选机组合的流程进行白米分级，如图 8-9 所示。这样既能获得尽可能多的含碎米少的整米，又能将混入碎米中的整米尽量提出来，使整米的质量和出率提高。工艺组合时应注意白米筛的筛路、筛孔选择与长度机的筛路、袋孔选择。这些应该根据原粮的实际尺寸进行选配，这些配置直接影响筛理效果和筛理效率。

8. 糠粞分离流程

为了提高糠粞分离效果，根据生产实践，采用风筛结合的方法效果较好，目前，许多碾米厂将糠粞分离与米糠的气力输送有机地结合起来，把碾米机或擦米机排出的糠粞混合物用风力吸至集糠器收集沉降，然后再用筛选方法将米糠、米粞分离，如图 8-10（1）所示。这种分离方法集米糠的输送和整理于一体，采用大产量糠粞分离筛，可用于产量较大的碾米厂。也可先用糠粞分离器等风选设备将糠粞混合物分离，如图 8-10（2）所示。这种方式可减少筛选设备的数量，节约占地面积，但产量小、动耗高，不适合大产量的规模化生产。

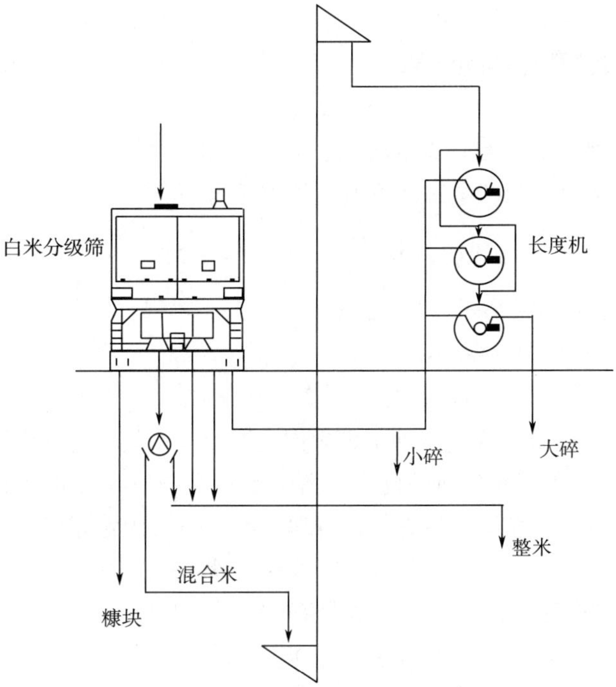

图 8-9　白米分级流程

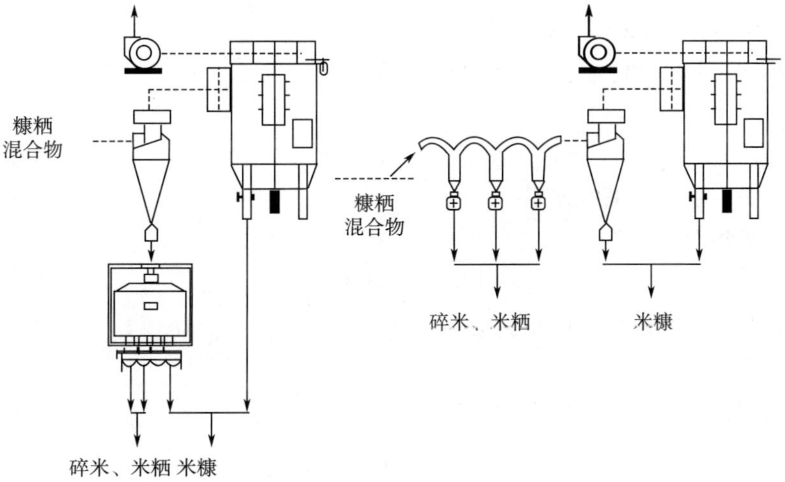

（1）风筛结合组合流程　　　　（2）风选流程

图 8-10　糠粞分离流程

组合之后的工艺流程能否获得良好的工艺效果，与各个设备的工艺效率有极为密切的关系。而设备的工艺效率，不仅与原粮的类型、品种、工艺品质和含杂量有关，也与设备本身的性能、技术参数以及操作水平有着密切的联系。

确定设备技术参数与流量定额时，可参阅前述的有关内容，结合设备使用说明书或实际生产中测定的记录，确定筛孔大小、转速、振幅及流量等。确定操作指标时，既要根据设备的规定，也要考虑原粮类型、品种、水分、含杂量等情况，主要操作指标包括回砻谷含糙率、回砻谷百分率、脱壳率、碾减率等。

（五）流量、设备数量及仓容的计算

1. 流量的计算与平衡

（1）毛谷实际产量　即原粮稻谷消耗量，是以碾米厂主设备加工量为依据进行计算的。一般按碾米机所能加工的糙米产量来计算所需的稻谷量。

$$Q = 24 \times \frac{Q_m}{W_c} \times (1.1 \sim 1.2) \tag{8-1}$$

式中　Q——毛谷实际用量，t/d；

Q_m——碾米机糙米产量，t/h；

W_c——毛谷出糙率，%，通过实验或经验取得。

（2）清理工序生产能力　确定清理工序生产能力时，一般在毛谷实际用量的基础上扩大10%～20%。这是因为，在稻谷清理过程中，由于原粮含杂情况变化较大，如含杂超过设计规定，为了保证净谷质量和产量，除应加强清理过程中的操作管理以外，还可适当降低清理设备的单位流量，以保证清理设备工艺效果。故在设计中，有意识地提高清理工序的生产能力，用扩大了10%～20%的产量去计算清理设备的数量。此外，清理设备有一定的贮备余量，为提前获得净谷创造了条件，可以对砻谷工序连续性的正常生产起到一定的保证作用。清理工序的生产能力按式（8-2）计算：

$$Q_q = K_1 Q \tag{8-2}$$

式中　Q_q——清理工序的生产能力，t/h；

K_1——储备系数，$K_1 = 1.1 \sim 1.2$。

（3）砻谷工序的生产能力　既可以净谷为基础进行计算［式（8-3）］，也可以净糙为基础计算［式（8-4）］。

$$Q_g = Q_q \times (1 - W_g) \tag{8-3}$$

式中　Q_g——砻谷工序的稻谷产量，t/h；

W_g——毛谷含杂总量，%。

$$Q_c = Q_q \times W_c \tag{8-4}$$

式中　Q_c——砻谷工序的糙米产量，t/h；

W_c——出糙率，%。

（4）碾米工序的生产能力按式（8-5）计算：

$$Q_m = Q_q \times W_m \tag{8-5}$$

式中　Q_m——碾米工序的生产能力，t/h；

W_m——出米率，%。

成品整理工序的生产能力与碾米工序相近，一般不需另外计算。

（5）副产品生成量　稻谷加工过程中，稻壳生成量按式（8-6）计算，糠粞混合物生成量按式（8-7）计算：

$$Q_d = K_c Q \tag{8-6}$$

式中　Q_d——稻壳生成量，t/h；

K_c——稻谷的谷壳率，%。

$$Q_K = HQ_c \tag{8-7}$$

式中 Q_K——糠粞混合物生成量，t/h；

H——米糠得率,%；米糠得率可以参考实验室化验得率，一般为 9%~11%。

（6）流量平衡 在上述流量计算中，因考虑原粮含杂情况的变化和为提高产量提供有利条件等，将清理工序的生产能力扩大了 10%~20%。但在正常生产情况下，清理、砻谷、碾米各工序的流量是平衡的，否则就不能保证整个生产连续稳定地进行，也不利于发挥各设备的最大效能，不利于提高生产效率。

实际生产中，当加工成品米精度等级提高时，产量将下降。原粮含杂的情况也会影响清理的产量。在设计计算时，必须考虑各工序的流量平衡。如清理、砻谷工序的生产间隙时间较长，而碾米工序是连续生产，这就要借助糙米仓来调节流量。如糙米仓仓容能满足碾米工序一个班次的生产量，则可采用清理、砻谷工序少开班次或碾米工序增开班次的办法，解决整个生产过程的流量平衡问题。这种办法需有大容量的糙米仓且碾米工序需单独进行生产。另一种办法是在设计计算时，考虑到成品米精度等级的变化，可采用增加碾米机设备道数来解决流量平衡问题。

总之，为了保证所设计的工艺流程能连续稳定地生产，能在各种条件下有利于发挥各道设备的最大效能，并有利于提高生产效率，在流量计算时必须考虑条件变化情况下的流量平衡问题。至于采用何种办法来适应条件变化时的流量平衡，必须认真分析各种办法的利弊，结合整个设计过程中的可能条件加以选择。

2. 设备数量的计算

计算出各个工序的生产能力以后，即可计算设备的数量。目前，稻谷加工所使用的设备大致可分两种。一种是各个粮食机械厂生产的设备，如振动筛、比重去石机、砻谷机、重力谷糙分离机、碾米机等；另一种是需自制的设备，如溜筛、风选器等。对于前一种设备，可根据设备的额定产量或额定流量，直接计算设备的台数。对于后一种设备，则首先计算设备主要工作部件的总尺寸，然后确定设备的规格，最后计算台数。

（1）按设备额定流量或额定产量计算，计算结果往往不是整数，需要圆整。

$$n = \frac{Q}{Q_0} \tag{8-8}$$

式中 n——设备数量，台；

Q——所处工序的生产能力，kg/h；

Q_0——设备额定流量或产量，kg/h。

（2）按设备主要工作部件尺寸计算时，先求：

$$L = \frac{Q}{q_0} \tag{8-9}$$

式中 L——设备主要工作部件的总尺寸，cm 或 m^2；

q_0——设备额定单位流量，kg/(m·h) 或 kg/(m^2·h)。

然后参照先进厂，确定同类型设备规格后再计算台数，计算结果不是整数，需要圆整。

$$n = \frac{L}{b} \tag{8-10}$$

式中 b——设备主要部件的尺寸，cm 或 m^2。

上述两种计算设备数量的方法，最后都要校核，验证设备的实际单位流量是否超过额定单位流量，如超过较多、影响工艺效果时，需要重新进行圆整，确定台数。

（3）谷糙分离流程与碾米流程中的设备数量计算

①每道谷糙分离设备台数的计算

$$n = \frac{Q_c}{Q_0} \tag{8-11}$$

式中　Q_c——砻谷工序的糙米产量，t/h。

需要特别注意的是：重力谷糙分离机的标称产量一般为糙米的产量，而不是进机的谷糙混合物的产量。一般重力谷糙分离机回本机的流量与糙米产量差不多，回砻量为净谷流量的10%~20%。因此，如果砻谷后进重力谷糙分离机的物料与回流重力谷糙分离机的物料共用一台提升机，则该提升机的产量是正常糙米产量的2倍左右。

②每道碾米机的台数计算

$$n = \frac{Q_m \eta}{Q_0} \tag{8-12}$$

式中　η——毛谷出米率，%；

Q_m——碾米工序的白米产量，t/h。

（4）磁选设备　磁选设备数量按结构形式和料层厚度验算，一般按厂家提供的产量直接计算。

3. 仓容的计算

如上所述，仓不仅具有保持和稳定整个碾米厂连续生产的作用，而且还可以使清理、砻谷、碾米三个工序之间流量平衡。但是仓容应适当，仓容过大，不仅增加制造仓的费用，而且占地面积大。仓容过小，将使操作人员忙于协调各设备之间的流量。过小的毛谷仓与成品仓，还会增加进料人员和成品米包装人员的劳动强度。

仓的仓容按式（8-13）计算：

$$V = \frac{Qt}{\rho K_2} \tag{8-13}$$

式中　V——仓的仓容，m^3；

Q——工序产量，kg/h；

K_2——装满系数，一般 $K_2 = 0.8$；

ρ——所装物料的体积质量，kg/m^3；

t——物料存放时间，h。

ρ、t 值可参照表8-2选取。

表8-2　不同仓柜所装物料的体积质量与储存时间

项目		仓型				
		净糙仓	稻谷中间缓冲仓	米缓冲仓	凉米仓	成品仓
储存时间/h		1~2	0.15	0.15	（4~5）×24	12~16
物料体积质量/（kg/m^3）	粳稻	780	560	800	800	800
	籼稻	780	580	800	800	800

注：表中各种仓柜储存物料的时间是参考数值，可根据厂房建筑、设备等实际情况加以变动。

设备的型号、规格与数量确定以后需编制设备一览表，主要内容包括：序号、设备名称、型号规格、产量、动力、台数、备注等。

（六）绘制工艺流程图

工艺流程图（process flow diagram，PFD），是整个工艺流程设计的总结，是碾米厂其他各项设计的主要依据。绘制工艺流程图的方法应符合以下要求。

（1）流程图上各种设备参照《粮油工业用图形符号、代号　第1部分：通用部分》（GB 12529.1—2008）和《粮油工业用图形符号、代号　第2部分：碾米工业》（GB 12529.2—2008）规定，用统一的图形符号和文字加以表示。标准中未作规定的图形符可遵循简单明了、反映实物主要特征的原则自行绘制。

（2）流程图应根据需要在设备图形符号的附近注明设备的工艺编号、型号、规格、主要功率参数、仪表情况等。

（3）工艺流程图应按清理、砻谷、碾米的顺序，从左向右、自上而下绘制，并根据主要设备在各层楼面上的相应位置，比较形象地安排设备图形符号的上下顺序。

（4）在流程图上，表示主流物料的流线一般以粗实线或特粗实线表示，副流物料的流线以细实线表示，下脚、副产品物料的流线以虚线或细实线表示，吸尘网路以细点划线表示。流程图中各类相同线条尽量避免相交，如需相交，可在相交处画成半圆弧，表示物料从此处通过，不是两路物料合并。各线条的转弯处或合并处可画成小圆角。各设备分出的副产品、下脚及成品，在流线的末端应画一小箭头并注上物料的名称。不同线条可以用不同颜色进行区分。

（5）气力输送网路中的卸料器和接料器，一般要对应地画在流程图的上下方，中间可用粗实线或细实线连接，也可用相同的编号表示同一根输送管道。通风除尘设备，如风机、除尘器等，可绘制在图面的上方或下方空位处。

（6）所有物料应该都有明确的去向。

（7）标题栏的作用是表明图名、设计单位、设计、制图、审核人员、签名图号、日期等，位置一般在流程图的右下角。

（8）使用AutoCAD软件绘图时，应将设备样图清理干净，按图元进行分层管理。

近年来，随着碾米厂自动化程度的提高，为配合PLC控制系统的设计和操作，在绘制工艺流程图时基本按照设备样图的立面或侧面图来表示，应用时可根据实际需要适当缩小或放大。这样的工艺图与设备外形一致，方便PLC操作人员的识别，工艺流程图中设备按实际台数绘制，同时标出工艺流程的各控制点。这样绘制的工艺流程图也称带控制点的工艺流程图（piping instrument diagram，PID）。

（七）编写设计说明书

工艺流程设计说明书是流程设计的最终文件，可作为下一阶段其他各项设计的依据，主要内容如下。

（1）前言　简要说明流程设计的指导思想、设计依据、设计原则以及碾米厂的生产规模、投资金额、原粮情况、产品质量、副产品利用和预计经济效果。

（2）工艺流程的确定　简述所设计的工艺流程，可用框线图（图8-2）来表达，并将几种设计方案加以对比，论证所设计流程的合理性。同时指出为了确保良好的工艺效果所采取的必要措施和注意事项，对流程中尚不能克服的不足之处也需加以说明。

（3）设备的选择与计算　简述选择、确定各种型号设备的理由，列出各种设备的主要技术参数、操作指标以及各种设备的计算步骤和计算结果。

（4）流程设计对其他设计的要求　简述对设备布置、通风除尘、气路、水路、溜管、料仓、钢平台、配电、照明、厂房建筑等方面的要求。

（5）附录　流程设计中所采用的有关资料及各种表格。

三、工艺流程举例

以日处理1000t稻谷加工工艺为例。50t/h的稻谷经过筒仓下刮板输送机进入车间，经过计量后，通过两道串联的旋振筛，筛出的杂质经计量后风运到大杂仓。稻谷通过提升机、刮板输送机、配米秤（用于控制流量）后，均匀进入各重力分级去石机，去石机分出来的重质稻谷直接去砻谷，轻质稻谷进入厚度分级机。经厚度分级机分选，厚度较大的稻谷籽粒未穿过筛孔，送去砻谷机；瘪谷和少量饱满粮粒穿过筛孔，则送去重力分级去石机进行再次分选。经过去石机的再次分选后，瘪谷中含谷很少，可以作为副产品收集打包、销售。去石机的出口有三通，可以选择是否进行轻质、重质物料的分离或合并。在瘪谷含量少或经济价值低、对稻壳质量要求不高时，可以不进行瘪谷的提取。

稻谷经过砻谷机脱壳后，稻壳通过刮板输送机收集，与清理风网的下脚料一起计量后进入稻壳仓储存。清理部分风网的刹克龙分离物，通过刮板输送机收集后进入谷壳分离器，对可能存在的瘪谷进行提取。

谷糙混合物经过旋振筛及循环气流风选器去除少量稻秆、糙碎及稻壳后进入重力谷糙分离机，回砻谷经过二次谷糙分离后回砻。糙米经过计量后进入糙米仓。碾米工艺有3砂3铁组成，根据三通切换，可实现1砂3铁、3砂1铁、3砂2铁、2砂2铁、2砂3铁等工艺，针对不同原料可以采用不同的工艺。碾米机组风网根据工艺，只考虑5台碾米机同时使用的情况进行设计。

经过碾米机碾白后的白米，先筛理后抛光，经过3道色选机后进入凉米仓凉米、配米。凉米仓还作为外来白米的储存仓，外来白米入仓前主要经过计量、风选、筛选，以保证白米的质量安全。凉米仓中的米出仓时经过配米后，再通过两道抛光和筛理分级（白米筛与长度机组合的方式），对成品做最后的红外色选把关，主要去除异物，保证质量安全，最后进入成品仓暂存。成品仓的主要作用是在打包不同包装规格的大米时，平衡生产线加工能力和打包能力。

本工艺灵活采用重力分级去石机和厚度分级机相结合的工艺，必要时可有效提取原粮中的瘪谷，同时配备谷壳分离器对稻壳进行整理以提取瘪谷，既可避免瘪谷对后续工艺的不良影响，又可避免瘪谷资源的浪费。谷糙分离采取主、副流二道谷糙分离工艺，主流谷糙分离设备确保净糙品质，副流谷糙分离处理主流设备的回砻谷出口物料，确保回砻谷含糙达标，实现“断糙回砻、断谷上机”。碾米流程充分利用三通切换，针对不同原料可以灵活采用不同的组合工艺，实现设备效率和工艺效果的优化。碾后白米经过筛理、抛光和三道色选后进入凉米仓，凉米仓兼具配米功能，凉米仓后可进一步进行分级、抛光、色选，可根据需求灵活组合工艺，实现产品的多样化。

其具体工艺流程如图8-11（清理和砻谷工段）和图8-12（碾米和成品整理工段）所示。

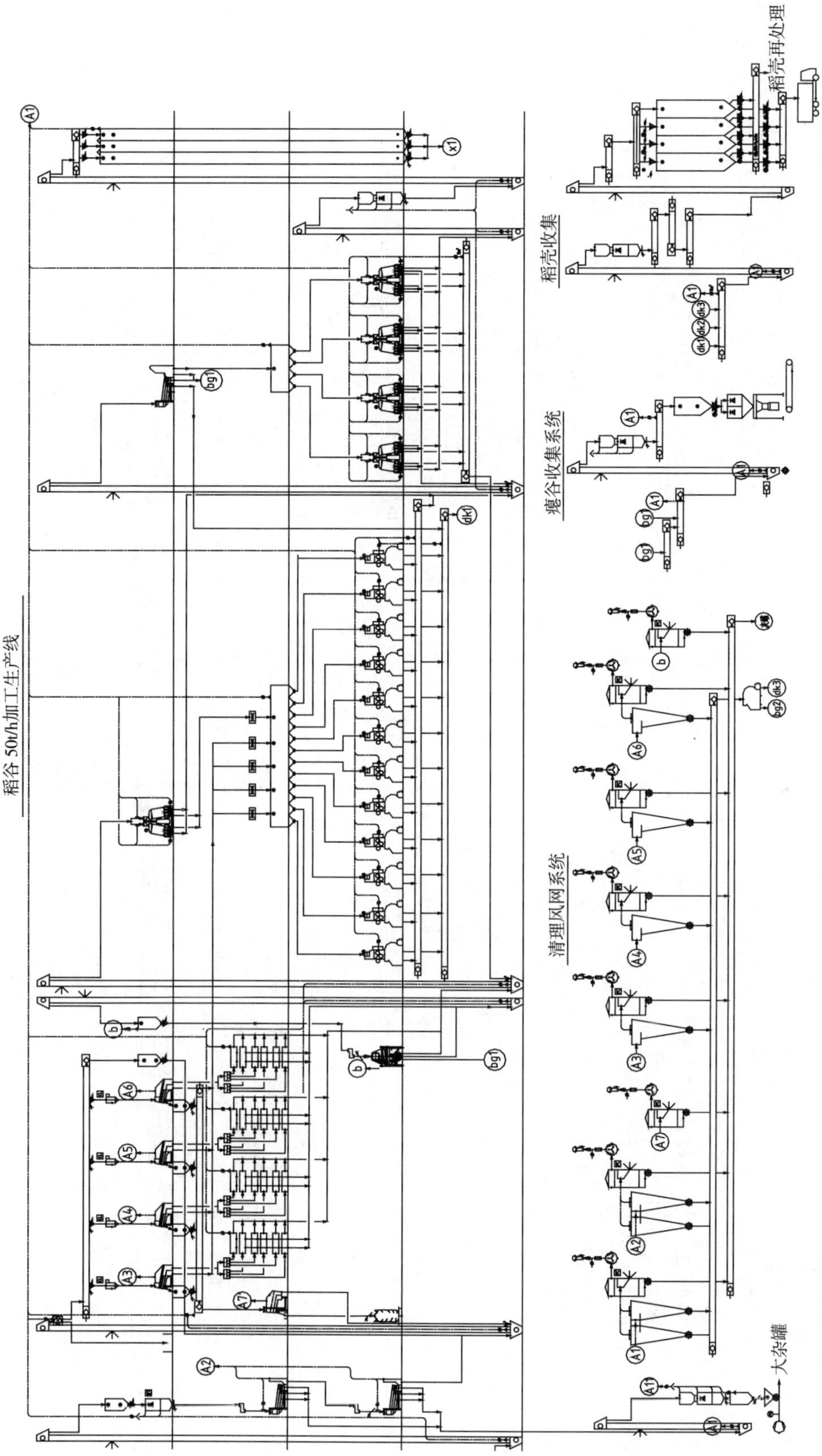

图 8-11　日处理1000t稻谷工艺流程——清理和砻谷工段

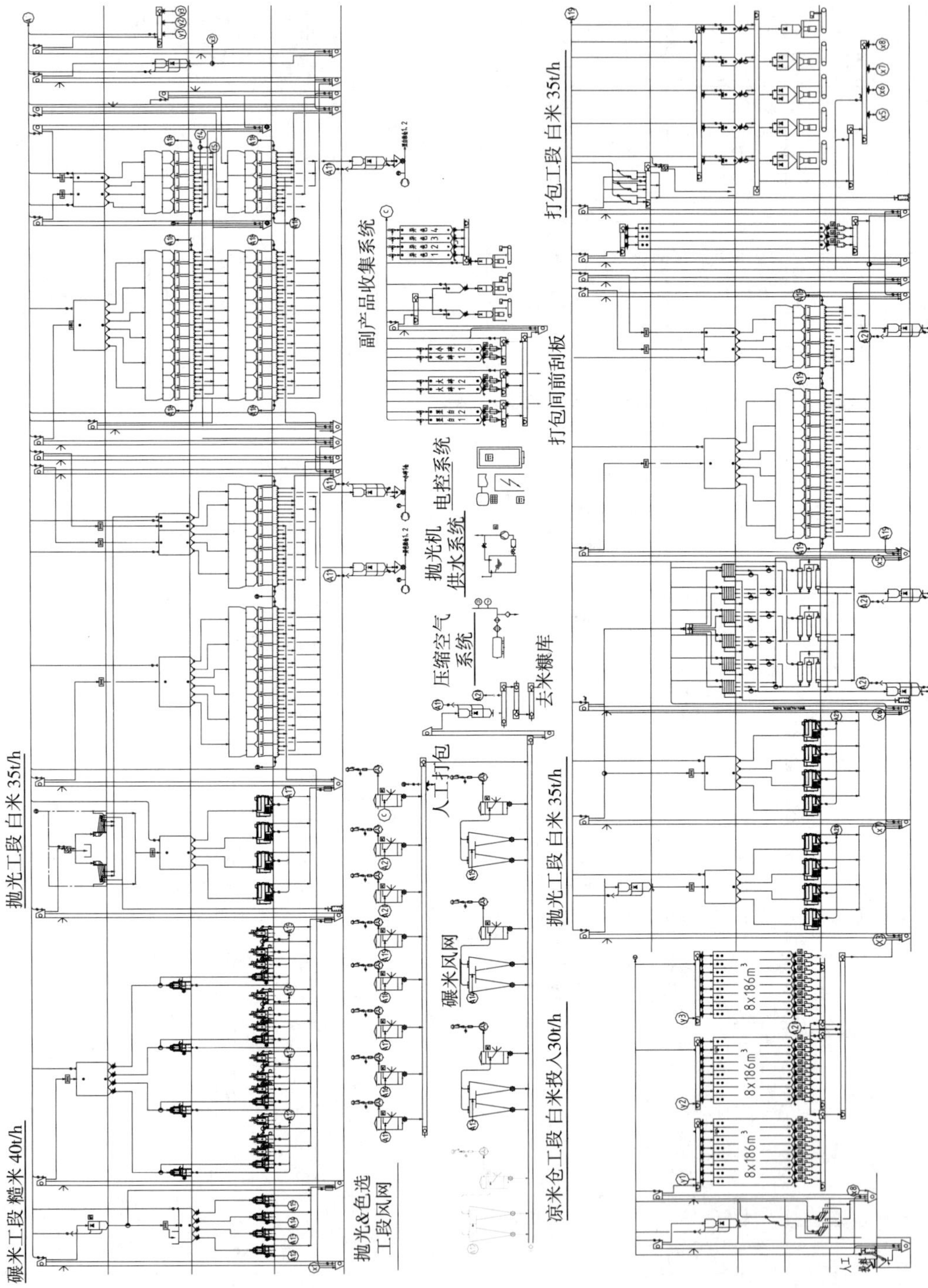

图 8-12 日处理1000t稻谷工艺流程——碾米和成品整理工段

第三节　稻谷加工厂的设备布置与非标设计

一座现代化米厂的设计，对于设备布置的要求是严格的、矛盾的，既要保证操作和维修的空间，又要最大限度地节省空间；既要保证物料在管路内的畅通，又要有良好的扩展性。这就对厂房的设计提出了特殊的要求，以达到布置效果，满足新建米厂减少投资和日后加大产量的要求。

一、厂房设计要求

1. 楼层的确定

现在新建稻谷加工厂厂房大多以平台式或 2~4 层楼的混凝土建筑为主。

（1）平台式　平台式米厂是指在一个大的单层生产车间内，安装制作平台，在平台上安装生产线，国内中小型工厂和东南亚多采用这种结构形式的米厂。平台式有利于加工管理和操作，便于实现米厂灵活的工艺。国内平台式米厂的二层设备平台多采用混凝土结构，料仓及提升机维修平台采用钢平台。国外所有平台都采用钢结构。

（2）多层厂房　多层厂房一般以 2~4 层结构为主。为节省空间，可把加工车间设备进行上下层布置，碾米、成品整理部分需要经常操作的设备布置在二楼，方便操作。除尘设备尽量集中，统一收集副产品。打包部分的计量秤、装箱、输送都布置在二楼，三楼布置料仓及开箱机、纸（箱）板存放区。四楼一般用于储存一次包材。一楼一般作为小规格包装的打包区、在线装车区等。

（3）高层厂房　除非车间面积受限，一般不建高层厂房，因为高层操作不方便，建筑成本会增加，防火分区小，目前稻谷加厂自动化程度低，不便于管理与操作。

2. 门窗的设置

（1）窗　在厂房窗的设置上，除主要考虑采光、通风外，还要考虑窗的高度，保证容易清洁。

（2）门　对于门的设置则主要考虑到以下因素：进出是否方便，如果有车辆进出是否安全；门的大小是否能让机器设备、车辆、其他器具进入；经常接物品的门，不应设门槛等。

3. 隔间与楼梯

在房间的分隔上，主要考虑功能的使用需求。一般包括：电动机控制中心（MCC）室、控制室、品检室、留样室、空压机房等功能间。一般将灰尘、稻壳（大糠）、米糠分别收集，有单独的房间，此外除尘设备与风机最好也能隔离开来，一可减少噪声，二可防止灰尘不外溢，有条件的厂可设置中控室，没有条件的只需在生产现场设置控制柜。在厂房的设计中还要考虑吊物洞和楼梯的位置，一般可将楼梯做成二折式或三折式的，这样可与吊物洞结合。总之，总的工艺要求要表达清楚，以便更好地与土建相结合，不会因厂房而影响了设备的布置、工艺和加工效果。

二、设备布置

设备布置与厂房的结构息息相关，因设备的出口要避开厂房的梁，而振动设备和过重设备又对厂房的结构强度提出了更高的要求，因此厂房和设备布置要紧密结合。一般先由工艺设计人员列出厂房的开间、跨度，进行设备布置，并对厂房的门窗设置、结构强度提出具体的要求，提供给建筑方，最后由建筑方来设计具体的厂房结构。由此可见设备的布置关系到厂房的建设和今后设备的使用，并直接影响日后的工艺。

1. 常规的设备布置

目前国内设备布置的主要原则是：设备的出口不能在梁上，同一道并联设备主操作面对齐，有主走道等，对于多楼层厂房，要求主要加工设备要集中等。大多数厂家的设备布置都类似图 8-13 所示。

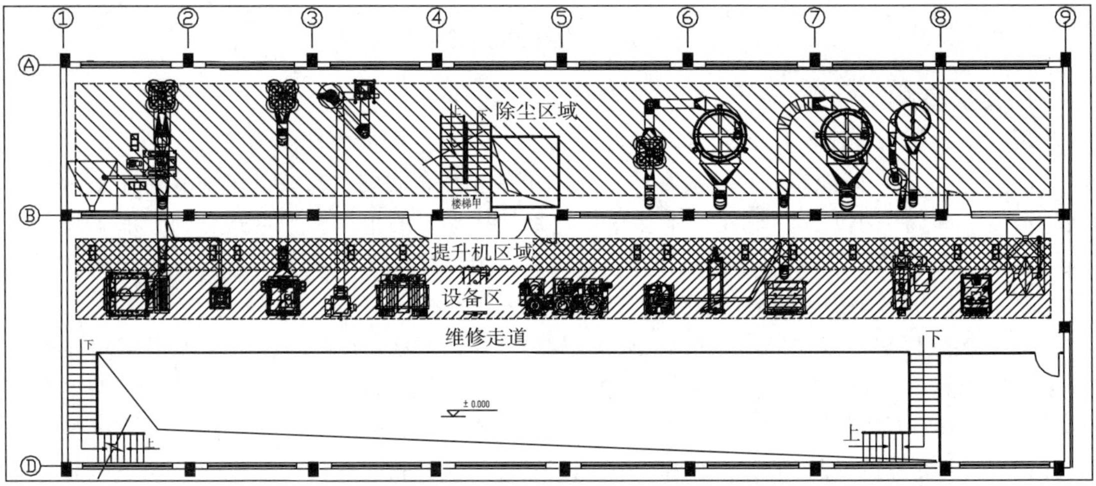

图 8-13 常规的设备布置

这种设备布置美观、便于操作。设备布置成一条线，设备布置紧凑，不利于再次增加设备，扩大产量。1 条生产线至少要有 10 台以上的加工设备。如果扩大产量就要新建一条生产线，但这不仅增加投资，而且可能出现产量的断档。例如，1 条 150t/d 的生产线，随着市场的扩大，可能要求达到 200t/d，而此时再投资新建一条生产线，风险又太大。但如果仅靠 150t 的设备来完成 200t 的生产，又会使设备超负荷动作，不仅增加损耗，对设备损伤也很大。因此这种布置方式适合一次性投资确定规模的工厂。

2. 多样的设备布置

多样的设备布置方法，可有效地避免常规布置方法的缺点，见图 8-14。

设备可按①~⑥六种方式布置。其中①适合于布置产量大的设备，无须考虑以后增加设备的情况，如初清筛。在设备需要用两台时可考虑按照③的排放方式，这种方式不仅可扩展为 3 台，还可增加到 4 台；也可按照②的布置方式，这种布置最好考虑在其后面留出一定的空间来用于扩展，如预留出②2 的位置。只有 1 台加工设备的可按⑤的方式布置，在提升机的对面有空间为其扩展。当有 3 台设备时，可按照④和②布置，将来可增加 1 台设备。对于外形为方形，且体积较大的设备采用②，包括②1、②2、②3 三台设备。对于长形设备采用④方式较好。

设备布置时为了减少设备占地，对于类似碾米机的皮带传动设备，可将设备垫高，使电

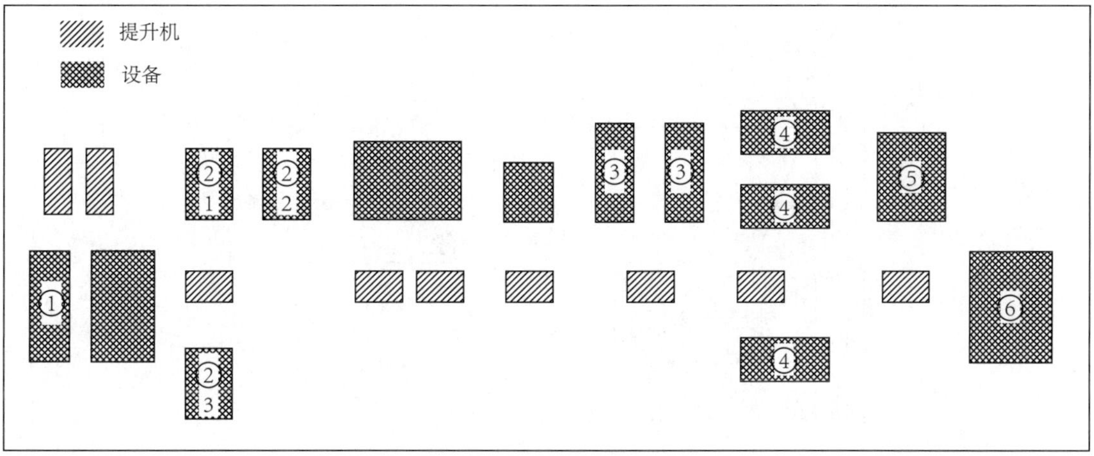

图 8-14　多样的设备布置

机与设备不用错开，从而使设备间有足够的间距。这种布置方式，不是一成不变的，要结合实际情况，打破常规的布置思维。布置时要保证设备的出料口不会在梁上，保证设备有足够的操作和维护空间，保证各管道的溜角的情况下，尽可能地将同类型设备集中，如提升机、风机、除尘器等，以方便固定、维护、隔离、副产品集中收集等操作。

3. 设备布置与溜角

溜角即溜管的实际倾角，是指溜管中心线与其在水平面的投影的夹角，只有当溜角大于自流角（即物料与管道的摩擦角），物料才能顺畅通过。因此设备布置的同时要进行溜管角度的计算，以保证管路不会出现堵塞或出管路不通的现象。设备的布置与溜角的校核应结合在一起进行，每台设备都要保证设备操作空间和进出料溜管角度满足要求。在计算溜角时要充分考虑其他因素的影响，如梁、弯头等，要给其留出一定的空间，保证实际的溜角与设计相符。设备布置时要使设备之间有足够的空间来行走，以便操作维护，一般设备之间要有800mm 以上的间距，这是设备布置的一个重要依据。主要的设备布置方法有以下两种。

（1）先布置后校核溜角　此方法是先进行设备的布置，不考虑溜角的要求，在设备布置好后再计算溜角是否满足要求。此方法一般用于溜角明显满足时。关于溜角的计算，可利用列夫雅金线解图或三角函数直接求得，限于篇幅就不在此详细介绍。

（2）先求布置范围再布置　此方法是利用溜角确定设备进料口的范围，在此范围内确定设备的准确位置。该方法一般用于角度较难满足要求时的布置。下面举例说明，以提升机与白米分级筛分别代表流程中的两个连续设备，见图 8-15。已知提升机的出料口高度 H，设备进料口高度 H_2，根据溜管的直径可估计出进出料口处要留的高度 H_5，以及到物料进口的装置 H_3。由此就可以求出溜管的高度 H_4，再根据物料的自流角 α，就可求出下道设备的进料口的位置范围，即是以该设备出料口中心 A 为圆心，以溜管的高度 H_4 乘以自流角 α 的余切值为半径的圆（$r=H_4\times\cot\alpha$），下道设备的进料口在该圆内均可保证物料的溜角，在此范围内再考虑设备之间的距离，进行布置。

（3）特殊的布置方式　设备布置有时无论如何布置都无法同时满足设备间距和溜角，此时应只考虑让设备的布置间距满足要求，而对溜角不能满足进行特殊处理。如利用平运设备

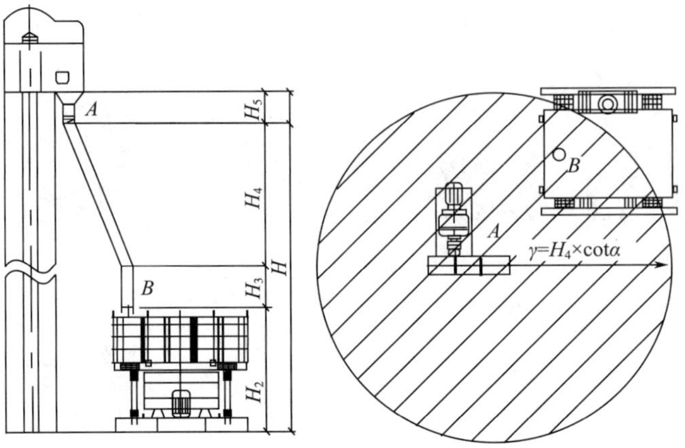

图 8-15 设备布置范围的确定方法

进行输送来解决这一问题，但不应一遇到角度不足就用平运设备，要多思考、多试试其他的布置方式。

设备布置是米厂设计中一项艰巨而重要的工作，不是简单的一两次排布就能确定的。设备布置的方法有很多，每种布置都会有不同的效果和影响，这还要从加工厂的实际要求出发，经过多次讨论最终找到合适的布置方法。

4. 设备载荷洞孔图

设备洞孔载荷图，是在设备布置基础上，将设备地脚及洞、管道、线缆桥架、预埋件等在楼面及墙面上，需要开孔的位置、大小，以及确定所承受质量（载荷）并进行标注的图纸。该图纸决定土建设计的梁、洞位置等。一般建筑的开间以 3 的倍数，以 6m 左右的居多，开间值小于跨度值。跨度一般为 7~8m，不超过 10m，跨度一般按厂房所在地的地质情况，由土建设计单位给出经济的跨度值。一般将洞孔图与地脚载荷标在同一图中，方便土建设计院进行结构设计。由于在土建设计与工艺布置中，梁可能会有避不开的情况，因此需要工艺设计与土建设计进行协调，找到合适的解决方案。这个过程，不可避免地要对设备布置进行一些移动等变更。实际设计中，为了保证工期，让土建设计与工艺设计同步进行，一般在主设备、主风管确定好走向后，即可出土建要求的载荷洞孔图，而不是在全部工艺设计结束。为了减少工艺设计的变更，工艺设计之初就应对一些土建知识有所了解，如车间的主轴线上的主梁在设计时必须让开等。

设备载荷包括静荷载、动荷载、温度荷载、冲击荷载等多种类型，其中静荷载、动荷载是粮食加工设备需要考虑的主要载荷。静荷载是指设备静止时所受的荷载，动荷载则是指设备在运行过程中所承受的震动、冲击等载荷。料仓（含物料）、溜筛等主体没有运动部件或运动部件只是少量或局部的设备，只需要计算静荷载即可。而对于大多数设备主体进行运动，需要提供设备的动荷载。

（1）静荷载的计算方法　设备的静荷载为设备的质量值（kg），如果设备有多个地脚与基础相连接，如无特殊说明，荷载是均匀分布于各个地脚。

料仓的静荷载应为料仓的质量与装满物料质量之和。计算料仓物料质量时，应考虑在装料时，物料是从落料点向四周流动，料堆的顶面呈尖锥状，所以一般情况下料仓是不会完全装满的，也就是说其有效容积要小于几何容积。有效容积与几何容积之比称为装满系数。料仓的静荷载可按式（8-14）计算：

$$f_z = f_{仓} + f_{料} = f_{仓} + V \times \gamma \times \psi \tag{8-14}$$

式中 f_z——料仓的静荷载，kg；

$f_{料}$——料仓的材料质量，kg；

V——料仓的几何容积，m^3，根据工艺需求选用；

γ——物料的体积质量，kg/m^3；

ψ——料仓的装满系数，一般取 0.75~0.85，深仓取大值，浅仓取小值。

实际应用中，一般利用 AutoCAD 三维建模直接计算，或直接按筒体部分容积计算，不考虑装满系数。料仓对基础的受力点，根据设计位置而定，一般缓冲仓在预留洞孔四周，而糙米仓、凉米仓、成品米仓等较大带支脚的仓，承重较大，一般均匀分布于支腿（基础）上。对于联体仓，需要考虑共用支腿的承重重量加大的情况。

（2）动荷载的计算方法　单台设备的动荷载根据设备运动的方向不同又为垂直动荷载和水平动荷载。设备动荷载的计算是根据设备运动部件的质量（含正常运动时的物料质量）、回转半径或工作振幅、转速或频率、振动方向角度，依据向心力公式分解计算而得出。整理和简化后的公式如下：

$$f_z = m \times r \times \omega^2 \times \sin\alpha/980 \tag{8-15}$$

$$f_h = m \times r \times \omega^2 \times \cos\alpha/980 \tag{8-16}$$

式中 f_z——料仓的垂直动荷载，kg；

f_h——料仓的水平动荷载，kg；

m——设备旋转部件及带料的质量，kg；

r——回转运动时的半径，cm；$r = s/2$，s——往复运动时行程，cm；

ω——转动的角速度，rad/s；$\omega = 2\pi \times n/60$，$n$——设备转速，转（次）/min；

α——振动方向与水平夹角，弧度。

在使用 AutoCAD 绘制设备平面图时，可以将平面图与洞孔载重图通过块编辑器的“可见性”做一个可以在平面图和洞孔载重图之间切换的复合块，只要保证两个块的定位是一致的，那么在确定布置图后，可以很快地绘制出相当的洞孔载重图。

5. 工艺给排水及照度要求

（1）照度要求　由于大米加工的很多指标是感观标准，因此米厂车间不同功能区域、设备周边对光照的要求是不一样的，这就需要在工艺设计时对各个区域照度进行要求。目前国内还没有明确的标准，参照国外米厂的相关标准要求：工作现场的照明为 150lx（lx，勒克斯，照度单位）以上，其他场所为 70lx。在设置机器设备时，若需特别照明的，应根据照明标准配备照明设备。

（2）工艺给排水　米厂设计时应根据功能需要，在合适位置提出给排水的要求。如检化验室、每层楼的拖布池、抛光机用水的水箱位置等。在设计给排水时，可以将检修电源的位置一并考虑在图中标出。

三、非标设计

非标是指安装过程中制作的非标准件，主要包括维修、检修用的钢平台；各种仓（凉米仓、成品仓、中间仓）；设备与管道的连接的进出料口；以及一些非标准设备，如分料装置、吸风分离器、非标的气动三通、刹克龙等。

非标一般由工艺设计人员提出要求，由非标制作单位或有资质的公司进行细化设计和结构强度计算。有经验的设计人员也可以根据经验进行细化设计。

（一）钢平台

钢平台是主要用于设备检修、维修使用的平台，主要需要确定平台的面积、支撑或吊装点位置及承重量、上下平台的梯子及位置。稻谷加工厂常用的平台包括提升机机头检修平台、料仓平台、设备（维修）平台三种。

1. 提升机机头检修平台

将提升机机头维修平台连成一个整体，便于提升机的安装、固定、电机维修、头轮张紧、更换皮带时使用。一般只要承受维修人员的载荷就可以，同时提升机固定后，对平台也有一定的支撑作用。因此平台采用的材料规格一般不大，以型材（矩形钢管、方形钢管、槽钢、角钢）为骨架，上面铺3mm的花纹钢板，也有铺设网板的，但网孔应较小，维修的工具、螺母等不应穿孔掉落。提升机平台一般采用反吊的方式为主，也有地面支撑，或者二者相结合的。一般平台的吊点或支撑点与建筑轴线重合，在平台尺寸变化的位置考虑适当增加吊点。

2. 料仓平台

主要用于料仓清理或料仓上的设备清理维修，如磁选器等。料仓平台如果只用于清理，则采用的钢材规格较小，与提升机平台类似，只需考虑行走方便和安全防护。料仓平台如果用于吊挂料仓，计算平台载荷时则应把料仓内装满物料的质量一并计算入平台载荷中，这时使用的型材规格较大，吊点应适当多设计一些，以保证平台的稳固性，可以考虑吊点或支撑点采用斜撑。

3. 设备（维修）平台

由于角度或布置原因，一些设备不布置在楼层面上，这时就需要做设备平台，一方面支撑设备，同时方便设备的操作、维修与保养，例如悬吊的刮板输送机。平台设计时要考虑设备的动载荷，设计时要在设备的地脚下设计较大的型材做主框架，设备外围也应根据设备的操作维修空间设计合适尺寸。设备平台高度较低时，可采用钢格板，不影响采光。

平台上、下净空高度在条件允许的情况一般大于2m，方便人员行走。所有平台的安全防护应按国家标准要求配相应的栏杆、踢脚线。在空间允许的情况下，平台设计优先考虑配踏步钢梯，在没有空间或极少使用的钢平台，考虑设计成垂直爬梯，梯子同样应该有安全防护装置。

（二）料仓

料仓也称料斗或存仓，是在粮食储运和加工过程中，为协调各机械设备间的工作、均衡物料流量和暂时储存物料而设的一种装置。

1. 料仓分类

根据实际生产需要，碾米厂中需设置多个料仓，料仓的用途和使用功能有所不同。

（1）按料仓的用途　分为过渡性料仓和储存性料仓。过渡性料仓容量小，一般只是起稳定流量或缓冲作用，物料在料仓内停留时间短。储存性料仓能储存一定量的物料，如汽车卸载时的受料斗、装车的备载仓、生产线的中间料仓（缓冲仓）等，物料在料仓内需停留一段时间。

（2）按使用功能不同　主要分为毛谷仓、糙米仓、凉米仓、成品仓、副产品仓等较大的仓，和中间仓、打包仓等较小的仓。

2. 料仓材质

料仓通常用钢板焊接而成。根据料仓储存的物料不同，采用不同的材质。一般稻谷、糙米和非食品级副产品采用碳钢仓，白米及食品级副产品宜采用304不锈钢。

3. 料仓形状

常见的形状有圆形、长圆形和方形（矩形）等几种，见图8-16。

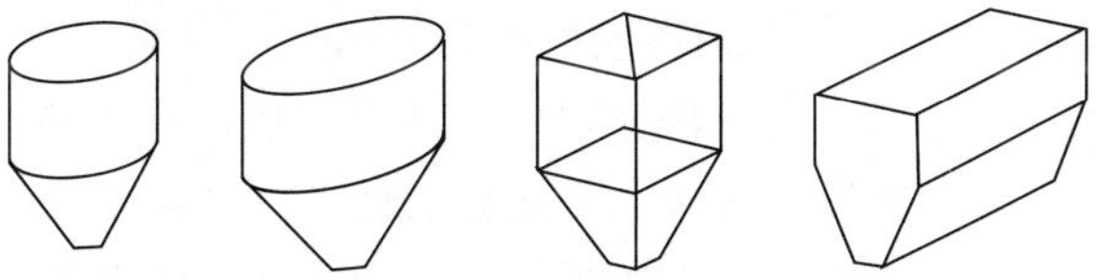

图8-16　料仓的型式

选择料仓的形状一方面要考虑到制造方便、用材较少的经济性，另一方面要考虑保证贮量和装料方便、卸料流畅。一般来说，圆形料仓仓壁受力状态较矩形仓的好，而且节省材料，但圆形仓的占地面积较大。不对称（偏出料口）的仓型比对称的仓型更有利于物料的流动。

根据料仓竖直壁高度与最小宽度的比值，料仓分为深仓和浅仓。当竖直壁高度大于最小宽度的1.5倍时称为深仓，反之则称为浅仓。无论何种类型的存仓，其形状和尺寸的设计应尽量能使物料以自流的方式顺畅地卸出，并且容积利用率高，节省材料。

根据使用的要求，料仓可为单出口或多出口。一般情况下可采用单出口。如果要求物料出仓时必须是整体流动，应考虑采用多出口仓同时出料。

4. 料仓的外形尺寸设计

料仓的高度一般根据上下溜角来确定。料仓的长、宽一般根据容积需求、板材尺寸、上下对接角度要求、结构形式等确定。同时要注意高度不宜比长、宽小，否则有效容积很少。仓底的倾斜角度要保证物料无停滞地顺利卸出。仓底的最小倾斜角（平面图中最长棱边所对应有角度）必须满足：

$$\alpha \geqslant \rho + (5° \sim 10°) \tag{8-17}$$

式中　ρ——物料对仓壁的静摩擦角，（°）。

一般车间内糙米仓、凉米仓、成品仓单仓在110t以下。仓容超过150t的仓，建议由专业的结构设计院进行设计。料仓设计时，要考虑内部无死角、不存料，对于稻谷部分的仓斗，应该考虑锥斗及物料冲击部位内的耐磨处理；对于糙米、白米部分较高的仓，应该考虑物料进入仓后内部的缓冲，减少因高差撞击产生的增碎。

5. 料仓的组成

料仓主要由仓体、锥斗、人孔、进料口、吸风口、观察窗、补风口、料位器固定点、爬梯、缓冲器及固定装置等组成。

（1）仓体和锥斗　稻谷仓一般以矩形为主，锥斗以棱锥为主，这样平台的结构利于耐磨板的铺设、更换与维修。白米仓一般以矩形导角或导圆形为主，包括仓顶也做成导角，及倒锥，让两个面之间的角度都大于90°，这样的设计主要是防止仓内部存留米糠，白米仓锥斗设计时以圆锥为主。

锥斗设计时，应根据物料的自流角，设计足够的高度。设计多出仓口时，尽量不要将锥斗设计成多个，而是将锥斗做一个，这样可以减少料仓内可能的分料不均。锥斗角度较大，且需要经常进人去清理的，应考虑人员在锥斗内可以上下，大仓可以设计沿锥斗的爬梯，小仓可以做格栅板。

（2）人孔　用于内部的维修、清理工作，根据仓的大小位置不同，一般高大仓在顶部，人孔有安全格栅，仓内有垂直爬梯。对于中间仓等小仓，侧面方便操作的，人孔宜设计在侧面，用厚的有机玻璃板为门板，采用螺栓或拉扣可靠固定在仓壁，方便人员的清理作业。

（3）吸风口与补风口　清理部分一般不设计补风口，保证仓的负压，防止灰尘外溢。碾米及后面工序的缓冲仓，应设计补风口，主要是为了吸走仓内顶部的热气，减少因温差而产生结露的可能。补风口设计时，应该防止物料外溢、堵死以及外部异物、虫害的进入。

（4）观察窗　主要布置在便于人员观察的位置，用于确定仓内物料高度，同时有固定料位器的功能。一般需要保证观察窗内平面与仓内壁平齐，并方便拆卸更换。

（5）缓冲器　一般采用折淌板式的缓冲器，通过不断的换向及折板的摩擦力减少物料的流动速度，达到降速减碎的作用。缓冲器固定于仓内，缓冲器受仓内出料时物料的拉力影响，易将仓顶拉变形，需要在缓冲器的底部及中间进行固定加固。

6. 主要仓的介绍

（1）凉米仓　目前多为独立矩形仓，以不锈钢编织网或鱼鳞板为仓壁，外部采用型材为骨架支撑，内部配为通风管或角状盒，用于内部米的通风。有的米厂采用内部强制通风的方式，对米进行通风降湿，但还无法准确控制米的降湿情况。当凉米仓单边为连体仓时，连体的仓壁可采用折板或采用双面加强筋的平台，两仓共用的仓壁设计时一定要保证无存料、死角。凉米仓的质量较重，一般采用H钢做支脚，锥斗外部也要用型钢进行加固处理。仓顶板一般采用不锈钢花纹板铺盖，主要是防止异物掉入。凉米仓的外侧每隔2~2.5m建议设计清理平台，用于外溢的糠粉、米粞的清理。凉米仓设计时，要注意缓冲器及通风管的固定，特别是垂直安装的通风管，因通风管多为鱼鳞管，与固定件焊接后，在出料时被拉动，易损坏。因此，鱼鳞管不易直接与固定件焊接。

（2）糙米仓、成品仓、副产品仓　以连体矩形仓为主，成品仓也可做圆仓。一般仓内要保证达到无残留、无死角、易清理的要求。仓壁一般有两种形式，折板式或平板外部加强筋方式。仓体较大时内部用于固定缓冲器的拉筋，可以作为简易的清理用站脚点使用。采用平板外部加强筋方式的结构，加强筋应以环筋为主、竖筋为辅的结构。锥斗也应考虑用加强筋加固。对于多楼层固定的仓，可以将载荷分布在各个穿过的楼层，在每一层都做支撑，支撑点的土建要求和仓体支撑设计时应一致，否则可能会出现严重的安全事故。

（三）进出料口

进出料口是将设备与标准管道进行连接的部件，也可以是直接连接在前道设备出口到下道设备进口的异形管。在设计进出料口时，首先要确定好设备的进出料口法兰或翻边口径，设备因厂家、选型不同而各异；其次要确定标准管道的类型与尺寸或进料口尺寸，标准管道基本是确定的。在确定以上两要素后，就可以根据进出料口的具体位置尺寸，设计与进出料口标准管对应的非标件，设计时主要要考虑物料在进出料口自溜满足要求，即进出料口安装后，其内部的最小角度应大于物料在该部件内的自流角。如垂直吸风道的出料口较大，此时设计时角度应适当增加 5°左右，保证流动性。

1. 稻谷部分标准管道

目前主要有玻璃圆溜管、玻璃方溜管、加耐磨内衬的溜槽（管）、内部硫化聚氨酯的溜管。

（1）加耐磨内衬的溜槽　主要用于大产量或易堵的稻谷、稻壳的自溜输送。输送稻谷时，可采用的内衬为高分子耐磨板、聚氨酯板、耐磨钢板、锰钢板（有的直接以耐磨钢、锰钢做溜槽），或者容易磨损部位铺设钢格栅、角钢等，以降低溜速方式，减少磨损。

（2）玻璃溜管　玻璃管表面光滑、摩擦因数小，稻谷在其内的自流角小，正常使用寿命长。但其不耐磕碰，玻璃破碎后进入稻谷中较难去除，存在食品安全隐患。要求高的工厂会在玻璃溜管外贴防爆膜以减少玻璃破碎后的风险。

玻璃方溜管是以 25/30 角钢、扁钢焊接为外骨架，内部用玻璃胶粘 5～8mm 厚的玻璃。作为稻谷溜管使用时，一般边长为 150mm、200mm 或者在进料口、出料口对接法兰上现场拼焊接骨架，拆下骨架再粘玻璃。采用吸风方式的砻谷机风网的风管，以及短距离稻壳吹送风道，一般都采用矩形玻璃管道。

玻璃圆溜管是标准成品管道，一般管道两端壁厚有差异，安装时应保证薄壁在上，厚壁在下，采用圆平卡及橡胶套进行连接。弯头也为成品玻璃制品，一般为 45°，非 45°的角度，只能通过橡胶套来调节。玻璃直管切截不方便，造价较高，一般采用热熔法，但破损较多，对安装人员技术水平要求较高。

2. 大米部分标准管道

主要采用 304 不锈钢薄壁管，壁厚一般为 0.8～1.5mm，采用翻边、卡箍连接。管径一般为 110mm、127（120）mm、159（150）mm、180mm、200mm。弯头也为节片式，有 10°、15°、20°等规格。安装时现场对直管切割、翻边，对弯头进行拼装组装。

（四）非标设备

非标设备主要指没有定型的简单构件，设计非标设备时应该明确该设备的用途和环境限制。

1. 分料器

分料器的作用是均匀或不均匀分料，且产量变化时保持分料效果不变。例如，设计从 1 台提升机出口到 3 台白米筛的分料器，首先根据设备布置计算出分料器的最大高度，然后根据设备功能和物料情况来确定分料形式。如果物料是稻谷，且杂质较多，可以考虑电动旋转式分料器。如果物料是（糙）米或米，可以考虑将米均匀平铺，然后进入多个等分料口，也可以在提升机出料口，沿提升机宽度方向做多个等分出口，在两个相邻出口间做手动调节的拨板。

2. 缓冲器

主要是利用堆积的物料，使通过长的直管后，高速流动物料冲击的不是管道，而是堆积的物料。这种物料冲击物料的缓冲方式，一方面可以减少磨损，另一方面可以减少物料冲击而引起的增碎。在米类物料使用时，要考虑物料堆积后可以排空，无残留。缓冲器应考虑方便清理和观察。

3. 非标三通

主要是根据设计确定的一些异形三通。如提升机出口先做方变圆后，再做圆三通，当溜角不足，可以考虑在提升机出料口直接做方盒式的三通，这样既可以起到三通的作用，又减小高度。一般来说方三通的结构密封性要比圆三通好。

第四节 稻谷加工工艺联锁

一、稻谷加工工艺联锁的作用与目的

稻谷加工的 PLC 控制系统是为了实现自动控制、集中控制、节省人工、及时发现问题而制作的米厂控制系统。而 PLC 控制联锁是为减少人工犯错的机率，提高自动化水平，而预先设定在 PLC 程序的逻辑关系要求。

例如，去石机采用独立风网，为了保证去石机的正常运行，可以设定，去石机的风机不启动，则去石机无法启动。但在风机启动前，应将除尘器的关风器、脉冲除尘器内部的刮（料）板等启动，以防止吸过来的轻杂等物料堵在除尘器内。当去石机风网系统设备发生故障时，可以停止去石机的进料。需要注意的是：PLC 控制可以停止去石机、重力谷糙分离机等设备，因为这些设备可以带料启停，但其他主机设备的主电机不可以带料停机，只关闭设备的进料即可。

设计联锁时一定要对单机设备可参与联锁的控制点和工艺流程中的操作控制点十分熟悉，同时有一定的逻辑思考能力。PLC 控制联锁就是把正常对设备的操作、故障处理顺序进行了一定的固化，以防止因技术不熟练而造成不必要的错误操作。同样以去石机启联锁为例，如果没有联锁程序，开机时工人只开了设备，忘记开刹克龙的关风器，从去石机吸过来的轻杂质就会把刹克龙堵满，当工人发现不及时，只能人工进行掏料处理，还可能造成设备损坏。

二、稻谷加工工艺联锁要求与原则

（一）系统控制点、单机设备和功能要求

1. 联锁控制对系统控制点要求

为了达到联锁的目的，需要设备有对应的控制点，并对其有控制要求。例如，工艺中应采用自动三通、闸门（气动或电动）；对于有 PLC 流量控制要求的点，气动闸门（三通）的气缸需要配备到位传感器；电动闸门可以设计带直线位移传感器（也称电子尺）的电动闸门，可以在 PLC 的界面上设定闸门的开度，从而实现远程控制流量；采用刮板输送机出料的，可以采用刮板输送机变频控制转速来控制流量。料仓要有高（低）料位传感器或激光料位器，来反馈料位状态。

2. 联锁控制对单机设备的要求

（1）流量秤的联锁要求

①有流量值，当前秤内质量值显示。

②可以电脑上设定每秤称重的质量。

③可以自动记录累积数据。

④总累计质量数值不可以清零，班累计可以清零。

⑤流量秤报警或未送电、无压缩空气时，PLC 要有报警并参与到联锁中。

（2）配米秤的联锁要求

①车间所有配米秤均可由中控室直接启停。

②中控室可设置配米秤每小时流量大小。

（3）砻谷机的联锁要求

①自带 PLC 系统，可进行自身控制，如监视辊径、线速差、线速和、流量、电流等。

②米厂整体 PLC 系统要控制砻谷机的暂停（振动喂料器远程停止），当远程停止不取消时，现场无法启动。

③砻谷机如果配套使用循环风选谷壳分离器，砻谷机需要和谷壳分离器的绞龙失速开关进行联锁，谷壳分离器绞龙失速，砻谷机停止进料。

（4）谷糙分离设备的联锁要求

①自带进料料位，有料延时（在设备电柜内）开启，无料暂停。

②米厂整体 PLC 可以远程控制暂停设备。

（5）全自动碾米机和抛光机的联锁要求

①自带控制系统，自带进料料位，自带进料控制（闸门或回转阀）。

②米厂整体 PLC 可以控制单机进料的停止。

③可以根据设定电流值自动调节出料口压力。

（6）色选机的联锁要求

①自带 PLC 系统，可进行自身控制。

②米厂整体 PLC 可以控制其进料的流量控制器（振动喂料器）停止、启动。

（7）除尘器的联锁要求

①脉冲的压差控制报警信号要接入 PLC 中。

②脉冲控制仪的供电不能与风机相同，可以与关风器相同，如果单独供电，需要参与到启停及故障联锁中。

3. 联锁功能要求

（1）基本要求　所有电表的计量按工艺分段，并在 PLC 上显示。

（2）压缩空气　生产线应有的总压缩空气流量及压缩空气压力值显示。

（3）工作频率　工作频率的输入以百分比（%）为单位，50Hz 对应 100%；通过变频器控制流量的刮板机，应由工艺人员或设备厂家通过计算给出，达到设计流量的频率值，并设置为默认初始频率（%）。

（4）电流显示　除碾米机、抛光机按实际电流显示外，其他电流按百分比显示。

（5）自动报表　连续生产时，每 12h 自动读取生产线的流量秤数据。

（6）流量控制　生产线流量控制点（暂停生产的控制点），应该在 PLC 突出显示。

（7）状态切换　每个画面上有一键切换成自动状态的快捷键。

（8）报警　有报警时，对应的报警页面选择卡变色或闪烁。

（9）操作界面颜色　不同的物料名称对应不同的颜色，物料所在仓与物料相同颜色。选择颜色时，和生产或工艺设计人员协商，对于粒形差异大的物料，应该用色差较大的颜色。

（10）物料线

①选择运行的路线是绿色线，不选择的路线是灰色线。不选择的线路的设备及配套设备，应该无法启动。

②所有物料都要明确去向。

③跨画面的物料线，应可以链接到对应的工艺画面中。

（11）水系统　水系统要有水压、水箱水位显示，并可设置缺水报警。

（12）料仓　每个稻谷筒仓、糙米仓、凉米仓、成品仓在PLC画面中都有物料名称、吨数以及最后进仓日期。物料名称选择（录入），料仓未低位报警时，没有管理权限无法更改物料名称，料仓低位报警后，可以人工更改为空仓。更改物料名称时系统自动记录更改人和更改时间。

（13）料仓管理表　设备启动开始记录，每班一表，包括进、出仓吨数，进、出仓日期，起止时间。

（14）任务记录　所有任务操作要有记录，有物料名，可查询。要有任务自动记录，自动报表功能。报表形式为生产车间的手工报表，由车间提供。

（15）备件管理　要有备件寿命管理系统，通过PLC提前预设备件使用时间，通过PLC监视使用时间，并提前发出预警提示。

除此之外，还要求有配米控制和配方管理系统。PLC系统中所有的延时时间均可修改。

（二）运行要求

1. 启动要求

（1）首先启动空压机，确定气压在压力范围内（过低应有报警）。对于必须加水的设备，如抛光机、洗米机，确保水泵处于开启状态。

（2）先确定工艺路线（选择线路中的三通），再确定进、出料的位置（进料及出料可以是多仓，并有一定排列顺序）。选好三通后，单击“路线确认”，根据确定的路线，把路线及关联设备闪烁提示确认。人员检查确认后，单击“启动”，根据启动顺序启动相应的设备。

（3）进仓任务选择时，如料仓内高位报警，将进行仓号过滤，无法选择，并提示，该仓已满。料仓的物料与投入物料（选择）不一致时，则提示“物料不一致，混料!”，并无法选择该路线。仓为空仓时，可以直接选择，自动与投入物料名称变为一致。

（4）分段一键启动，整体工艺由前段向后段依次启动。例如：①原粮筒仓→糙米仓，为清理砻谷段，首先启动；②糙米仓→凉米仓，碾米段启动；③凉米仓→成品仓，抛光段启动；④成品仓→打包仓，打包段最后启动。

（5）设备之间无料仓时，工艺流程中箭头指向的设备如果不全部启动，则前面的设备无法启动；设备之间有料仓时，以料仓不高位报警为设备启动条件。

（6）每段启动时，首先启动配套的副产品输送，由最后一台向前逐一启动。例如，清理段一般先从稻壳仓上的刮板机启动，再启动清理风网，再由入糙米仓的提升机开始向稻谷出料口依次启动。碾米段一般先启动最后一台米糠输送机，再启动碾米部分的风网，再从入凉米仓的提升机开始向糙米仓出口依次启动。

（7）独立风网或碾米、抛光风网，风网设备不启动，设备无法启动。

（8）启动设备的顺序，不是联锁的顺序；设备故障时，应按故障联锁执行。

（9）两台 15kW 及以上电机直接启动（非降压启动）时，延时不小于 10s。

（10）变频输送设备后有流量秤的，应根据流量秤的设定目标值，用比例积分微分控制（proportional-integral-derivative control，PID）自动控制刮板机变频。

2. 待机、切换要求

（1）当任务完成或中途变更任务时，不要关机，而是关闭出料闸门，记录相关数据（待生产线物料走空后，记录清空生产线后物料的数据），进入待机工状态。

（2）当某工段待机时长超过 15min 时（可根据该工段出料流量秤的断料时间来判断），提示“是否关闭该工段”。

（3）生产过程中变更生产线路：如果设备切换是进入料仓，可直接切换，再启动未投入的设备。如果设备上方没有料仓，应设计预切换功能，预切换时切换阀并未动作，但改变工艺线路的设备已启动，设备启动完成后，进行正式切换。

（4）使用中的设备不允许自动切换，切换时提示：设备物料是否排空！确认后才可以切换。如果需要跳过的设备上部有料仓，不可以在生产过程中切换，只能切断该设备的来料，并且等要跳过的设备走空物料后再进行切换。

（5）计划加工量中途可以更改，但加工量不应小于流量秤此次已过的物料量。

（6）正常情况下只能一个原料仓出料，当这个原料仓流量不足（变频已达上限，但流量达不要设定要求），则开启另一个相同原粮名的备用原料仓。此时流量控制方式如下：清仓闸门开到最大，流量秤与非清仓的出料刮板（可以与清仓刮板为同一台）联锁，自动控制流量。

3. 停机要求

（1）停机的原则是分段停机。根据启动的分段情况，沿启动的逆向顺序分段停机。

（2）停机时，所有风网的风机延时 1min 停止。所有风机停后，脉冲除尘器的刮糠片、关风器以及喷吹系统，延时 3min 停止。（以上参数设定到初始设定值中）

（3）对于脉冲除尘器，自已改造压差控制喷吹的，可以把控制仪加入关机联锁中。采用压差控制并带外部控制的，可以把除尘器的手、自动切换开关接入 PLC 中；采用压差控制但不带外部控制的，可以采用控制仪断电重启（会重新喷吹一轮）的方式来处理。

4. 故障联锁要求

（1）故障处理的基本原则是断料不停机。但如果发生主机自身保护性控制（失速、堵料）及主机主电机故障，除停机外，也应同时切断来料。

（2）风网设备（风机、脉冲除尘器、关风器）出现故障或跳电闸时，触发暂停任务，停止对应的进料源头阀门，同时停止本身成套的除尘设备（不要直接关闭生产线的设备，而是停止生产线主设备的进料），延时 2min 后，停风网设备，主设备不断电。

（3）设备故障时单机自动切换到手动，故障处理后手动启动，再人为切换到自动状态。可以直接初始化后，从中间设备开始，再逐台延时启动。设备故障时（包括失速、堵料）按联锁关系，停相应设备外，同时把该设备工艺之前的设备执行暂停工作（断料）。

（4）单台有流量控制的设备，后道最近料仓高位报警，则按设定延时（时长由高位报警位置决定），高位报警不消除，则关闭该设备的进料。

（5）有流量控制的几台设备并联，后道最近料仓高位报警，则按高位报警不消除的时间顺序，逐步关闭并联设备的一部分设备。如果高位报警消除，则按时间顺序反向开启设备。

（6）长距离输送物料的输送机，当输送机后没有足够的存料空间时，最终物料高位报警或中间某输送机故障时，应及时切断来料，并把问题点及以前的所有输送机同时带料停机，一直到有料仓为止。

第五节　建设工程项目管理简介

米厂从无到有的建设过程，是属于建设工程管理，对工程项目的管理知识的了解，有助于我们对项目建设的管理。

建设工程项目的全寿命周期包括项目的决策阶段、实施阶段和使用阶段（运营阶段、运行阶段）。项目立项（立项批准）是项目决策的标志，决策阶段管理工作的主要任务是确定项目的定义。

建设工程管理涉及工程项目全过程（工程项目全寿命）管理，包括：①决策阶段的管理（DM）；②实施阶段的管理（PM），即项目管理；③使用阶段的管理（FM），即设施管理，FM 包括物业资产管理（财务、空间、用户）和物业运行管理（维修、现代化）。

工程项目管理工作仅限于项目实施期，而建设工程管理则涉及项目全寿命周期。建设工程管理的核心任务是为工程的建设和使用增值，包括：①建设增值：确保建设安全、提高工程质量、投资控制、进度控制；②使用（运行）增值：使用安全、节能、环保、使用功能、运营成本、维护。

一、建设工程项目管理的目标与任务

（一）建设工程项目管理

工程项目建设包括项目决策阶段和项目实施阶段。项目决策阶段包括编制项目建议书和编制可行性研究报告；项目实施阶段包括设计前的准备阶段、设计阶段、施工阶段、动用前准备阶段和保修期，如图 8-17 所示。

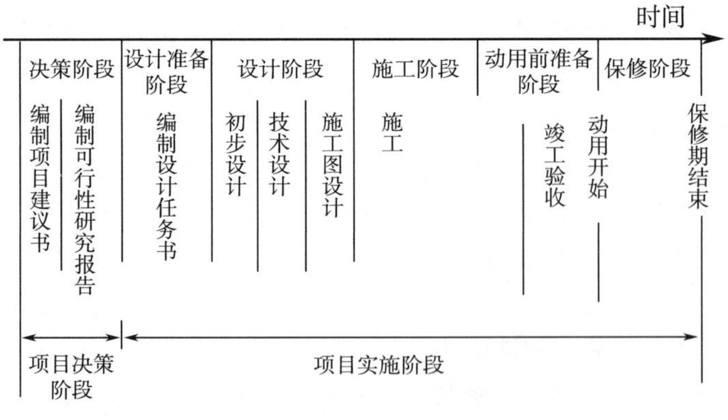

图 8-17　工程项目建设

项目管理的核心任务是项目的目标控制，即通过管理使项目的目标得以实现。建设工程项目管理的内涵是，自项目开始至项目完成（项目的实施阶段），通过项目策划（目标控制前的一系列筹划和准备工作）和项目控制，使项目的费用目标（对业主而言是投资目标，对施工方而言是成本目标）、进度目标和质量目标得以实现。

（二）项目管理的目标和任务

各参与单位的工作性质、工作任务和利益不尽相同，因此就形成了代表不同利益方的项目管理。业主方的项目管理往往是项目管理的核心。

1. 业主方项目管理的目标和任务

业主方的项目管理目标为投资、质量、进度。其中，进度目标指的是项目动用的时间目标，也即项目交付使用的时间目标。质量目标不仅涉及施工质量，还包括设计质量、材料质量、设备质量和影响项目运行或运营的环境质量等。质量目标包括满足相应的技术规范和技术标准的规定，以及满足业主方相应的质量要求。

业主方的项目管理工作涉及项目实施阶段的全过程。各阶段分别进行 7 项工作，即：质量控制、进度控制、成本控制、信息管理、合同管理、安全管理和组织协调。其中，安全管理是项目管理中的最重要的任务。

2. 设计方项目管理的目标和任务

设计方的项目管理目标为投资、质量、进度和项目总投资。设计方项目管理主要服务于项目的整体利益和设计方本身的利益。设计方的项目管理工作主要在设计阶段进行，同样包括上述 7 项工作。

3. 供货方项目管理的目标和任务

供货方的项目管理目标为成本、质量和进度，主要服务于项目的整体利益和供货方本身的利益。供货方的项目管理工作主要在施工阶段进行，同样包括上述 7 项工作。

4. 项目总承包方项目管理的目标和任务

项目工程总承包方的项目管理目标为投资（项目的总投资和总承包方的成本）、质量、进度和安全，主要服务于项目的整体利益和建设项目工程总承包方本身的利益，工作涉及项目实施阶段的全过程，即设计前的准备阶段、设计阶段、施工阶段、动用前准备阶段和保修期。

项目总承包方的管理工作涉及项目设计管理、项目采购管理、项目施工管理、项目试运行管理和项目收尾。管理的任务包括风险管理、进度管理、质量管理、费用管理、安全管理、职业健康与环境管理、资源管理、沟通与信息管理、合同管理等。

5. 施工方项目管理的目标和任务

施工方的项目管理目标为投资、质量、进度和安全。施工方项目管理不仅应服务于施工方本身的利益，也必须服务于项目的整体利益。施工方项目管理的目标应符合合同的要求，包括：①施工的安全管理目标；②施工的成本目标；③施工的进度目标；④施工的质量目标。

指定分包商在签约前必须得到施工总承包方或施工总承包管理方的认可，施工总承包方或施工总承包管理方应对合同规定的工期目标和质量目标负责。成本目标是施工企业根据生产和经营情况自行确定的。

施工方的项目管理工作主要在施工阶段进行，同样包括上述 7 项工作。

施工方的项目管理不仅仅是施工企业的项目管理，施工企业委托项目管理咨询公司对项目管理某方面提供的咨询服务也属于施工方项目管理范畴。

二、建设工程项目的组织

（一）系统的目标和系统的组织的关系

1. 系统的目标

影响一个系统目标实现的主要因素为组织、人、方法和工具。系统的目标决定了系统的组织，而组织是目标能否实现的决定性因素。控制项目目标的主要措施包括组织措施、管理措施、经济措施和技术措施，其中组织措施是最重要的措施。如果对一个建设工程的项目管理进行诊断，首先应分析其组织方面存在的问题。

2. 组织论和组织工具

组织论由组织结构模式、组织分工和工作流程组织等部分组成，如图 8-18 所示。

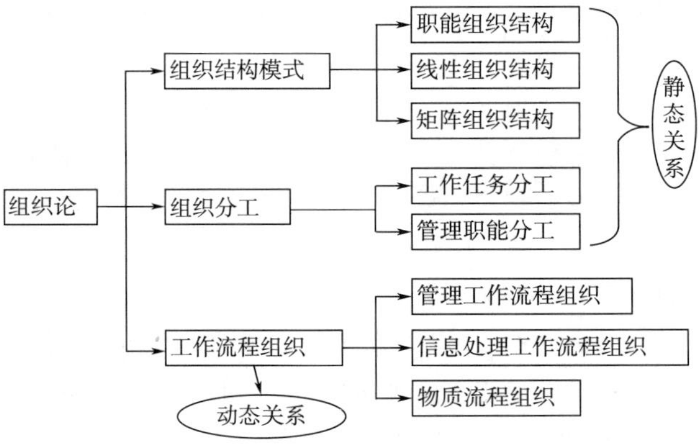

图 8-18　组织论框架图

（1）组织结构模式　反映一个组织系统中各子系统之间或各元素（各工作部门或各管理人员）之间的指令关系。

（2）组织分工　反映一个组织系统中各子系统或各元素的工作任务分工和管理职能分工。组织结构模式和组织分工都是一种相对静态的组织关系。

（3）工作流程组织　可反映一个组织系统中各项工作之间的逻辑关系，是一种动态关系。

（4）三图二表　用图表形式表示各种组织关系，包括：①项目结构图；②组织结构图（管理组织结构图）；③工作任务分工表；④管理职能分工表；⑤工作流程图。

（二）建设工程项目采购的模式

1. 项目管理委托模式

在国际上，项目管理咨询公司所提供的这类服务的工作性质属于工程咨询（工程顾问）服务。在国际上业主方项目管理的方式主要有三种；①业主方自行项目管理；②业主方委托项目管理咨询公司承担全部业主方项目管理的任务；③业主方委托项目管理咨询公司与业主方人员共同进行项目管理，业主方从事项目管理的人员在项目管理咨询公司委派的项目经理的领导下工作。

2. 设计任务委托模式

对工业与民用建筑工程而言，在国际上，建筑师事务所往往起着主导作用，其他专业设计事务所则配合建筑师事务所从事相应的设计工作。我国业主方主要通过设计招标的方式选择设计方案和设计单位。设计任务的委托主要有两种模式，即：①业主方委托一个设计单位或多个设计单位组成的联合体或合作体作为设计总负责单位，设计总负责单位视需要再委托其他设计单位配合设计；②业主方不委托设计总负责单位，而平行委托多个设计单位进行设计。

3. 项目总承包模式

项目总承包的核心是通过设计与施工过程的组织集成，促进设计与施工的紧密结合，以达到为项目建设增值的目的。其意义并不在于总价包干和"交钥匙"，即使采用总价包干的方式，稍大一些的项目也难以用固定总价包干，而多数采用变动总价合同。

（1）总承包的内涵　工程总承包企业按照合同约定对工程项目的质量、工期、造价等向业主负责。工程总承包企业可依法将所承包工程中的部分工作发包给具有相应资质的分包企业，分包企业按照分包合同的约定对总承包企业负责。

（2）总承包主要方式

①设计施工总承包：指工程总承包企业按照合同约定，承担工程项目设计和施工，并对承包工程的质量、安全、工期、造价全面负责。

②设计采购施工总承包（EPC）：承担工程项目的设计、采购、施工、试运行服务等工作，并对承包工程的质量、安全、工期、造价全面负责。

总承包的基本出发点是借鉴工业生产组织的经验，实现建设生产过程的组织集成化，以克服由于设计与施工的分离致使投资增加，以及克服由于设计和施工的不协调而影响建设进度等弊病。

（3）项目总承包方的工作程序

①项目启动：任命项目经理，组建项目部。

②项目初始阶段：项目策划、编制项目计划、召开开工会议；编制计划；确定项目控制基准。

③设计阶段：编制初步设计、设计审查，编制施工图设计或详细工程设计文件。

④采购阶段：采买、催交、检验、办理交接手续。

⑤施工阶段：施工前准备、现场施工、竣工试验，移交工程资料，办理管理权移交，竣工决算。

⑥试运行阶段：试运行指导和服务。

⑦合同收尾：取得合同考核证书、办理决算手续，清理各种债权债务；缺陷通知期满后取得履约证书。

⑧项目管理收尾：资料归档，项目总结，人员考核评价，解散项目部。

4. 施工任务委托模式

（1）施工任务委托模式　常见的主要有：①施工总承包；②施工总承包管理；③平行承发包。

（2）施工组织设计　基本内容包括：①工程概况；②施工部署及施工方案，合理安排施工顺序；③施工进度计划，资源需求计划；④施工平面图，以有组织进行文明施工；⑤主要技术经济指标。

（3）施工管理计划　作为管理和技术措施编制在施工组织设计中，是施工组织设计必不可少的内容，包括进度管理计划、质量管理计划、安全管理计划、环境管理计划、成本管理计划以及其他管理计划等内容。

三、建设工程项目目标的动态控制与监理

（一）项目目标动态控制

项目目标动态控制的核心是，在项目实施的过程中定期地进行项目目标的计划值和实际值的比较，当发现项目目标偏离时采取纠偏措施。为避免项目目标偏离的发生，还应重视事前的主动控制。

1. 项目目标动态控制的方法及其应用

在项目实施过程中必须随着情况的变化进行项目目标的动态控制。项目目标的动态控制是项目管理最基本的方法论。运用动态控制原理进行项目目标控制将有利于项目目标的实现，并有利于促进施工管理科学化的进程。

2. 项目目标动态控制的工作程序

（1）准备工作　将项目的目标进行分解，以确定用于目标控制的计划值。

（2）执行动态控制

①收集项目目标的实际值，如实际投资、实际进度等。

②定期（如每两周或每月）进行项目目标的计划值和实际值的比较。

③通过计划值和实际值的比较，如有偏差，则采取纠偏措施进行纠偏。

（3）目标调整　如有必要，则进行项目目标的调整，目标调整后再回复到第一步。

3. 项目目标动态控制的纠偏措施

（1）组织措施　调整项目组织结构、任务分工、管理职能分工、工作流程组织和项目管理班子人员等；组织是目标能否实现的决定性因素，应充分重视组织措施对项目目标控制的作用。

（2）管理措施　调整进度管理的方法和手段，改变施工管理和强化合同管理等。

（3）经济措施　落实加快工程施工进度所需的资金等。

（4）技术措施　调整设计、改进施工方法和改变施工机具等。

（二）建设工程监理

1. 监理的工作性质

我国工程监理属于国际上业主方项目管理的范畴。国际上把这类服务归为工程咨询（工程顾问）服务。工程监理活动，应遵循守法、诚信、公平、科学的原则。

工程监理的工作性质特点：①服务性；②科学性；③独立性，在组织上和经济上不能依附于监理工作的对象（承包商、供应商等）；④公平性，在维护业主的合法权益时，不损害承包商的合法权益。

2. 监理的工作任务

建筑工程监理应当依照法律、行政法规及有关的技术标准、设计文件和建筑工程承包合同，对承包单位在施工质量、建设工期和建设资金使用等方面，代表建设单位实施监督。

复习思考题

1. 新建项目包括哪些阶段？需要经过哪些手续？

2. 一项完整的工艺流程设计工作，包括哪些主要环节？

3. 计量设备一般设置在工艺流程的什么位置？其主要作用是什么？

4. 砻谷工序包括哪些主要环节？各环节的主要任务是什么？

5. 大型米厂中，如果原粮中并肩石含量较高，应如何设计去石流程？

6. 谷糙分离流程有多种组合方式，对于原料品种混杂比较严重的物料，你认为哪种组合方式能够获得较好地工艺效果？

7. 在实际生产中，成品米加工精度要求经常会发生变化，在工艺设计时应如何考虑？

8. 在布置设备时，应考虑哪些问题？

9. 料仓有哪些部分组成？白米仓和稻谷仓在设计时有何区别？

10. 砻谷段的启动联锁应如何设计？

APPENDIX

附录

附录一　　常用溜管产能参考表

物料		稻谷（存料下）/（t/h）	稻谷/（t/h）	米（存料下）/（t/h）	米/（t/h）
管内径/mm	100	—	10	10	15
	127	—	15	15	25
	150	15	25	25	40
	216	35	55	50	70
	264	50	85	—	—
	300	65	120	—	—

注：①表中数据为稻谷水分≤15%，稻谷和米的密度分别为 0.56t/m^3 和 0.70t/m^3 时的实测数据，仅供参考。

②“存料下”意指料仓下面的溜管，此时溜管内满料，物料流速较低。

附录二 不同空气相对湿度和不同粮温条件下的稻谷、大米的平衡水分

粮食种类	粮温/℃	在以下空气相对湿度下粮食的平衡水分/%															
		解吸								吸湿							
		20%	30%	40%	50%	60%	70%	80%	90%	20%	30%	40%	50%	60%	70%	80%	90%
稻谷	35	7.0	8.6	9.9	11.2	12.6	14.1	15.6	18.1	6.2	7.5	8.8	10.0	11.5	12.9	14.7	17.6
	30	7.4	9.0	10.4	11.7	13.0	14.5	16.0	18.5	6.5	7.8	9.0	10.3	11.7	13.1	14.9	17.8
	25	7.8	9.4	10.8	12.1	13.5	14.9	16.5	19.0	6.7	8.0	9.2	10.5	11.9	13.4	15.2	18.1
	20	8.2	9.8	11.2	12.5	13.9	15.4	16.9	19.4	6.9	8.2	9.4	10.7	12.2	13.6	15.4	18.3
	15	8.6	10.2	11.6	12.9	14.3	15.7	17.3	19.8	7.1	8.4	9.6	11.0	12.4	13.8	15.6	18.5
	10	9.1	10.6	12.1	13.4	14.7	16.2	17.8	20.2	7.4	8.7	9.9	11.2	12.6	14.1	15.9	18.8
	5	9.5	11.1	12.5	13.8	15.2	16.6	18.1	20.7	7.6	8.9	10.1	11.4	12.9	14.3	16.1	19.0
	0	9.9	11.5	12.9	14.2	15.6	17.1	18.6	21.1	7.8	9.1	10.4	11.7	13.1	14.6	16.4	19.3
大米	35	7.6	9.1	10.5	11.8	13.2	14.4	16.1	18.5	7.0	8.3	9.6	10.8	12.2	13.5	15.2	18.0
	30	8.0	9.6	10.8	2.2	13.5	14.8	16.5	18.8	7.2	8.6	9.8	11.1	12.4	13.8	15.5	18.2
	25	8.4	9.9	11.2	12.6	13.9	15.2	16.8	19.2	7.5	8.8	10.1	11.4	12.7	14.1	15.8	18.5
	20	8.8	10.3	11.6	12.9	14.3	15.5	17.2	19.5	7.7	9.1	10.4	11.6	12.9	14.3	16.0	18.7
	15	9.2	10.7	12.0	13.3	14.6	15.9	17.6	20.0	8.0	9.4	10.6	11.9	13.2	14.6	16.3	20.1
	10	9.6	11.1	12.4	13.7	15.0	16.3	18.0	20.4	8.3	9.6	10.9	12.1	13.4	14.8	16.6	19.3
	5	9.9	11.5	12.8	14.1	15.4	16.7	18.4	20.7	8.5	9.9	11.1	12.4	13.7	15.1	16.8	19.6
	0	10.4	11.8	13.1	14.5	15.8	17.1	18.8	21.1	8.7	10.1	11.4	12.6	14.0	15.4	17.1	19.8

附录三

设备加工巡检标准

工段	设备	检查项目	取样点	检验指标	生产巡检频率	品管检验频率	车间总频率（生产+品管）	生产巡检方法
清理段	旋振筛	大杂	设备出口	不含稻谷和糙米，带杆（芒）粮除外	1次/2h	1次/班	7次/班	感官判定
		小杂（含轻杂）	设备出口	不含稻谷和糙米	1次/班（交接班）	1次/班	2次/班	感官判定
	去石机	石头	设备出口	一道去石，石头中含糙米≤10%； 二道去石：石头中含糙米≤5%，不含稻谷	1次/4h	1次/班	4次/班	感官判定
		产品	设备出口	1kg抽样不含石子	1次/班	—	1次/班	感官判定
	厚度机	筛下物	设备出口	筛瘪谷：瘪谷含量60%~90%； 筛青粒：青粒中含饱满糙米低于1%	1次/6h	1次/班	3次/班	感官判定
	比重机	瘪谷	设备出口	不含稻谷和糙米	1次/6h	1次/班	3次/班	感官判定
	砻谷机	混合物	设备出口	粳米脱壳率≥90%，籼米75%~85%	1次/4h	—	3次/班	感官判定
		稻壳	设备出口	正常200g取样不含饱满稻谷和糙米	1次/4h	1次/班	4次/班	感官判定
	谷糙筛	回砻谷	设备出口	回砻谷：籼稻含糙≤20%，粳稻含糙≤50%	1次/4h	—	3次/班	感官判定
		糙米	设备出口	稻谷含量≤10粒/kg	1次/4h	—	3次/班	感官判定
碾米抛光段	碾米机	黄糠	糠称处	不含大碎和整米	1次/2h	1次/班	7次/班	感官判定
		碎米	最后一道碾米机出口	碎米量稳定，无明显波动	1次/6h	1次/6h	4次/班	分析仪/人工
		留皮	设备出口	最后一道碾米机出口； 籼稻控制在成品标准+2%以内； 粳稻根据工厂产品要求决定是否需要检测	1次/2h	1次/6h	8次/班	分析仪/感官判定

续表

工段	设备	检查项目	取样点	检验指标	生产巡检频率	品管检验频率	车间总频率（生产+品管）	生产巡检方法
碾米抛光段	碾米机	留胚	设备出口	最后一道碾米机出口，控制在成品标准+2%以内（针对粳稻和圆粒，籼稻不需测）	1次/2h	1次/6h	8次/班	分析仪/感官判定
		米温	糙米和最后一道碾米机出口	温升小于20℃。各工厂制定温升表格并记录	1次/6h	—	2次/班	红外测温枪
	白米筛	小碎	小碎称处	含整米≤0.5%	1次/6h	1次/班	3次/班	感官判定
		糠块	设备出口	不含米、异物	1次/班	—	1次/班	感官判定
	长度机	大碎	设备出口	大碎含整米≤1%	1次/6h	1次/班	3次/班	感官判定
		小碎	小碎称处	含整米≤0.5%（与白米筛同一个样品）	1次/6h	1次/班	3次/班	感官判定
	抛光机	白糠	糠称处	不含大碎和整米	1次/4h	1次/班	4次/班	感官判定
		亮度	设备出口	不差于标样	1次/4h	—	3次/班	感官判定
	色选机	异色	异色称处	最终剔除物带出比≤3%，以及是否含异物	1次/4h	1次/班	4次/班	感官判定
		垩白	垩白称处	最终剔除物带出比≤3%，以及是否含异物	1次/4h	1次/班	4次/班	感官判定
		红外色选	设备出口	是否含异物（石子、玻璃、塑料等）	1次/4h	—	3次/班	感官判定
	溜筛	筛上物	设备出口	不含米、异物、杂质	1次/4h	—	3次/班	感官判定
		筛下物	设备出口	不含异物、杂质	1次/4h	—	3次/班	感官判定
	循环风选器	风网	设备出口	不含米、异物	1次/班	—	1次/班	感官判定
	磁选器	—	—	是否含大量铁屑、铁质异物	1次/班	—	1次/班	感官判定

打包段	打包称	检斤	打包间	1kg内：偏差±5g；1~15kg：偏差±10g；15~25kg：偏差±15g；25kg以上：偏差±20g。同品项同规格同批次产品的单重平均值不得出现负偏差 注：打包仓必须要有低料位连锁，避免打空	1次/6h（连续3包以上）	1次/6h	4次/班	检斤秤
		塑包	打包间	是否漏气和热合不好、整形是否美观	1次/30min	1次/6h	27次/班	感官判定
	缝包机	缝包	打包间	是否有断线跳针、缝包歪斜	1次/30min	1次/4h	27次/班	感官判定
	喷码机	米袋、纸箱	打包间	喷码信息是否清晰、完整，是否有歪斜、漏喷	1次/30min	1次/4h	27次/班	感官判定
	金属检测仪	测试	打包间	按HACCP操作，能100%报警或剔除	1次/6h	—	2次/班	HACCP
	检斤剔除	测试	打包间	确保短重产品100%剔除	1次/班	不定期	1次/班	标准化测试
	成品	碎米	打包间	接近指标上限值，不得低于产品指标1%以上	1次/3h	1次/3h	8次/班	分析仪/感官判定
		白度	打包间	达到产品白度要求（根据工厂产品要求决定）	—	—	—	白度仪

备注：

1. 设备要求：以上涉及的巡检设备，必须要有合适的安全的取样口，如无法取样，工厂必须尽快改造。
2. 应用范围：本标准仅限于普通稻谷，如加工特殊品项，无法达到标准，需报备事业部。
3. 感官判定：生产巡检通过感官判定方法进行检验时，可通过对照标样进行判定；当对照标样无法判定时，结合人工检验进行判定，以提升人员感官判定能力。
4. 生产切换：产品品项（包括稻谷）切换后，必须重新巡检加工效果，并按照以上标准执行。生产巡检检查时间和品管检验时间错开，避免同一时间段重复检验。
5. 加工量：如某品项（稻谷）加工量小，加工时间不满足以上巡检间隔时间，应必须检测1次。
6. 巡检频率：工厂巡检频率次数不应低于以上事业部要求的频率。
7. 其他情况：各工厂工艺、设备存在一定差异，如特殊原因无法达到以上标准，需报备事业部。对于存在特殊加工要求，包括但不限于以上标准。
8. 设备的操作参数（流量、电流、风压、水量等）不包括在此标准范围内，每个工厂必须按照标准化操作手册的参数进行细化调整，及时更新操作参数。

参考文献

［1］ Cnossen AG, Siebenmorgen TJ. The glass transition temperature concept in rice drying and tempering：Effect on milling quality ［J］. Transactions of the ASAE, 2000, 43 （6）：1661-1667.

［2］ Meng XY, Jia FG, Xiao YW, et al. Effect of operating parameters on milling quality and energy consumption of brown rice ［J］. J Food Sci Technol, 2019, 56 （2）：674-682.

［3］ MÜLLER A , Nunes MT, Maldaner V, et al. Rice drying, storage and processing：Effects of post-harvest operations on grain quality ［J］. Rice Science, 2022, 29 （1）：16-30.

［4］ Wiset L , Srzednicki G , Wootton M , et al. Effects of high-temperature drying on physicochemical properties of various cultivars of rice ［J］. Drying Technology, 2005 （23）：2227-2237.

［5］ 曹峰. 一种凉米仓动态仓容管理系统 ［J］. 粮食与饲料工业, 2021 （3）：4-5.

［6］ 陈海峰. 重力式自动装料衡器与非连续累计自动衡器的差异分析 ［J］. 中国标准化, 2017 （10）：35.

［7］ 陈璐, 闫康, 薛军, 等. 利用光电色选进行谷糙分离的技术探讨 ［J］. 粮食与饲料工业, 2023 （1）：3-5.

［8］ 陈思思, 樊琦. 我国稻谷过度加工造成营养物质损失浪费的研究 ［J］. 粮食与油脂, 2020, 33 （7）：10-13.

［9］ 戴智华, 黄文雄, 程科, 等. 一种新型柔性智能碾米机 ［J］. 粮食与饲料工业, 2022 （3）：4-6.

［10］ 杜红光, 蒲一帆. 自动流量平衡器在配米工艺上的应用优势 ［J］. 粮食加工, 2021, 46 （2）：41-42.

［11］ 丁艳明. 我国稻谷加工行业产能布局研究——以黑龙江、湖南、江西、江苏、湖北五省为例 ［J］. 中国粮食经济, 2022 （8）：49-52.

［12］ 黄海军, 曹峰, 尹学亮, 等. 基于全景分析技术的自动调压大米抛光机的研究 ［J］. 粮食与食品工业, 2023, 30 （1）：16-18.

［13］ 李坚. 大米加工行业组装式凉米仓新型通风的方法研究 ［J］. 粮食科技与经济, 2020, 45 （7）：94-95, 117.

［14］ 林亲录. 稻谷资源与利用 ［M］. 北京：科学出版社, 2019.

［15］ 刘程, 王旺平, 宋少云. 碾米机的发展现状与发展前景 ［J］. 粮食加工, 2022, 47 （2）：73-76.

［16］ 刘英. 谷物加工工程 ［M］. 北京：化学工业出版社, 2005.

［17］ 陆启玉. 粮油食品加工工艺学 ［M］. 北京：中国轻工业出版社, 2021.

［18］ 任晋博. 胶辊砻谷机的改进优化 ［J］. 粮食加工, 2018, 43 （5）：66-71.

［19］ 阮竞兰, 武文斌. 粮食机械原理及应用 ［M］. 北京：机械工业出版社, 2017.

［20］ 阮竞兰, 伍维维, 武照云, 等. 大型气压全自动胶辊砻谷机关键技术研究与研制 ［J］. 包装与食品机械, 2020, 38 （5）：35-39.

[21] 阮少兰，刘洁. 稻谷加工工艺与设备 [M]. 北京：中国轻工业出版社，2019.

[22] 申良栋. 散粮输送非连续累计自动衡器系统设计研究 [D]. 济南：山东大学，2014.

[23] 魏振承，张名位，马永轩，等. 籼稻配方米配制技术研究 [J]. 食品工业科技，2017，38（4）：253-258，262.

[24] 吴杰俊，曹育金，曹铁. 同步带传动气动砻谷机的改进 [J]. 粮食科技与经济，2017，42（4）：68-71.

[25] 吴紫薇，于晓秋. 中外大米品质标准与安全标准的对比 [J]. 粮食与油脂，2023，36（2）：150-153，162.

[26] 席佩花. 可见及近红外多路谷物色选检测系统关键技术的研究 [D]. 吉林：长春理工大学，2021.

[27] 谢天，杨会宾，郭亚丽，等. 我国稻米加工工艺的沿革与展望 [J]. 中国稻米，2021，27（4）：71-76.

[28] 鱼鹏飞. 胶辊砻谷机活动辊装置可靠性分析及优化设计 [D]. 郑州：河南工业大学，2021.

[29] 周显青. 稻谷加工工艺与设备 [M]. 北京：中国轻工业出版社，2011.